Klaus-Jürgen Götting

Malakozoologie

Weichtierkunde in Stichworten

Mit 7 Farbtafeln, 50 Abbildungen und 7 Tabellen

Schweizerbart · Stuttgart · 2014

Klaus-Jürgen Götting
Malakozoologie
Weichtierkunde in Stichworten

Verfasser:
Prof. i. R. Dr. rer. nat. Klaus-Jürgen Götting
Institut für Allgemeine und Spezielle Zoologie
Justus-Liebig-Universität Giessen
Heinrich-Buff-Ring 29
35392 Giessen

Gerne nehmen wir Hinweise zum Inhalt und Bemerkungen zu diesem Buch entgegen:
editors@schweizerbart.de

Umschlagabbildungen:
Vorderseite: oben: Veliger, s. Abb. 3 (S. 8), links: Gastropoda, s. Tafel IV (S. 16), rechts: Cephalopoda, s. Tafel V (S. 17).
Rückseite: links: Käferschnecke (s. Abb. 6, S. 22), mitte: *Clanculus bertheloti* (s. Abb. 16, S. 60), rechts: *Octopus vulgaris* (s. Abb. 9, S. 27).

ISBN 978-3-510-65286-0
Information on this title: www.schweizerbart.de/9783510652860

Verlag: E. Schweizerbart'sche Verlagsbuchhandlung (Nägele u. Obermiller), Johannesstr. 3 A, 70176 Stuttgart, Germany
mail@schweizerbart.de
www.schweizerbart.de

∞ Gedruckt auf alterungsbeständigem Papier nach ISO 9706-1994
Satz: satzwerkstatt Manfred Luz, Neubulach
Printed in Germany by Gulde Druck GmbH, Tübingen

Vorwort

Wir leben in einer Zeit des enormen Zuwachses an Wissen. Das gilt auch für die Weichtierkunde. Die steigende Anzahl an Spezialisten auf dem Gebiet, neue Methoden und mehr geförderte Projekte führen zu fortschreitender Verbesserung unseres Kenntnisstandes. In den letzten Jahren haben Schnecken und Muscheln wegen ihrer Reviertreue zunehmend Bedeutung bei der ökologischen Bewertung ihrer Umwelt erlangt. Diese Tendenz wird sich zukünftig verstärkt fortsetzen.

Wir leben aber auch in einer Zeit des enormen Verlustes an Wissen. Das betrifft vor allem die „klassischen Fächer" wie Eidonomie und Anatomie. Die diesen Fachgebieten zugehörigen Termini werden im Studium kaum mehr vermittelt, sie geraten in Vergessenheit. Ihre Kenntnis ist aber häufig notwendig, um ältere Publikationen zu verstehen, die wiederum Voraussetzungen für aktuelle Fragestellungen sind.

Dieses Buch kann und will keinen Nomenklator ersetzen. Das verhindert schon die große Anzahl der Mollusken-Arten, auch wenn hier nur die rezenten aufgeführt sind. Doch werden die mitteleuropäischen Taxa bis herunter zum Familienrang schwerpunktmäßig berücksichtigt. Gattungen und Arten sind aufgenommen, soweit ihnen nach aktuellem Kenntnisstand besonderes allgemeines Interesse zukommt und sie für Natur und/oder Mensch von besonderer Bedeutung sind.

Im Tierreich ist die „Art" die einzige einigermaßen zufriedenstellend definierte Kategorie, auf der ein hierarchisches System höherer Kategorien aufgebaut ist. In dieses fließen individuelle und daher unterschiedliche Bewertungen der Autoren ein. Daher gibt es mit fortschreitendem Kenntnisstand ständig Verschiebungen im System. In der wissenschaftlichen Literatur werden zu einer Art der Gattungsname und in der Regel auch die Zuordnung zu einer bestimmten Familie angegeben. Deshalb sind im Anhang die Familien der rezenten Mollusca nach dem derzeitigen Stand aufgeführt. Diese Zusammenstellung soll es auch dem Sammler erleichtern, seine Objekte angemessen einzuordnen.

Den „Internationalen Regeln für die Zoologische Nomenklatur" und dem in unserem Fach üblichen Brauch entsprechend wurden die Gattungs- und Artnamen *kursiv* gesetzt, ihre erstbeschreibenden Autoren in KAPITÄLCHEN, gefolgt von der Jahreszahl ohne das im Angelsächsischen gebräuchliche, trennende Komma. Autoren höherer Kategorien sind nur dann genannt, wenn das der Klarstellung der Beziehungen dient. Die Unterschiede in der Schreibweise können Unterschiede in der Kategorie widerspiegeln: so ist beispielsweise *Trochoidea* der Name einer Gattung, Trochoidea der einer Überfamilie nichtverwandter Schnecken.

Während Begriffe aus der Anatomie nach ihrer Definition weitgehend unverändert bleiben, vollziehen sich die oben schon erwähnten Verschiebungen im taxonomischen wie im systematischen Bereich ständig. Die hier getroffene Auswahl soll die Orientierung erleichtern. Sie wendet sich an den allgemein zoologisch Interessierten und speziell den Malakologen. In die Auswahl der Stichwörter sind die Erfahrungen eingeflossen, die der Autor in Vorlesungen und Praktika sowie auf Exkursionen gesammelt hat.

Frau Helga Schmidt (Gießen) hat vielen Abbildungsvorlagen den letzten Schliff gegeben. Die Verantwortlichen und Mitarbeiter des Verlags, insbesondere Herr Dr. A. Nägele und Frau Yvonne Zeusche, gaben dem Buch die Gestalt. Meine Frau Sigrid hat jahrelang anhaltendes Verständnis für meine Arbeiten aufgebracht und bei der Fertigstellung des Manuskripts intensiv mitgeholfen. Ihnen allen danke ich sehr herzlich!

Giessen, im Frühjahr 2013 Klaus-Jürgen Götting

Korrekturen/Ergänzungen zu Götting: Malakozoologie – Weichtierkunde in Stichworten

ISBN 978-3-510-65286-0, Schweizerbart 2014

Das vorliegende Buch kann wegen der Vielfalt der Mollusken in diesem Umfang nur einen knappen Überblick über den Tierstamm bieten. In die Auswahl der Stichwörter sind die jahrelangen Erfahrungen des Autors eingeflossen, doch müssen diese Auswahl und der dem einzelnen Stichwort zugebilligte Umfang subjektiv bestimmt bleiben. Das Buch wendet sich an Studierende der Zoologie, an Hobby-Malakologen und an Sammler, die wertvolle Beiträge vor allem zur Taxonomie und Systematik der Weichtiere liefern, jedoch waren hier vor allem auch andere Sachgebiete wie z. B. Morphologie, Physiologie und Ökologie zu berücksichtigen, und nicht zuletzt sollten „klassische", heute oft veraltete Begriffe erläutert werden.

Addenda und Corrigenda

Erläuterung zur Benutzung: Zahl = Seitenzahl, (A) = Addendum, (C) = Corrigendum.

39 (A): ***Angulus***, anfügen: Jetzt Gattung oder Untergattung der Tellinidae im Indopazifik. Bei den heimischen Vertretern handelt es sich um *Macomangulus tenuis* (daCosta 1778) und *Fabulina fabula* (Gmelin 1791).

43 (C): **Argnidae**, 2 Arten ersetzen durch mehrere Arten

52 (A): ***Bathymodiolus***, anfügen: Zahlreiche Arten (etwa 45 beschrieben) in abgesunkenem Holz, auch an und in Knochen von Wirbeltieren lebend.

64 (C): ***Candidula***, (▶ Helicellidae) streichen

66 (C): ***Causa***, *C. holosericum* ersetzen durch *C. holosericea*

67 (C): ***Cecilioides***, in Mitteleuropa selten streichen

68 (C): ***Cernuella***, (Helicinae) streichen

74 (C): ***Cochlicella***, nach „Gehäuse" streichen

80 (A): **Cultellidae**, jetzt ▶ Pharidae, Familie der Solenoidea. Restlichen Text streichen.

94 (C): ***Euomphalia***, ▶ Helicidae ersetzen durch ▶ Hygromiidae

101 (C): **Flussmützenschnecken**, Familien ersetzen durch Taxa

107 (C): **Geldschnecke**, *Erosaria* ersetzen durch *Monetaria*

110 (C): ***Granopupa***, nach Kornschnecke: , Gattung der Chondrinidae. *G.granum* (Draparnaud 1801), lebt circummediterran-westeuropäisch.

114 (C): ***Helicella***, ▶ Helicellidae ersetzen durch ▶ Hygromiidae

114 (C): **Helicellidae**, ganzen Eintrag streichen

139 (A): **Limnaea-Meer**, nach (Draparnaud 1805) einfügen: oder *Radix balthica*.

140 (C): ***Lithoglyphus***, ▶ Wattschnecken ersetzen durch ▶ Schnecken

142 (A): **Lucinidae**, nach „reduziert" einfügen: Die zahlreichen Arten werden über 80 Gattungen zugeordnet, darunter ▶ *Lucina ..... Phacoides*. Alle Arten leben in Symbiose mit chemo-autotrophen Bakterien.

148 (C): ***Melanoides***, *tuberculata* ersetzen durch *tuberculatus*

152 (C): **Molluskengeld**, *Erosaria* ersetzen durch *Monetaria*
174 (A): ***Panopea***: 28 cm ersetzen durch 27 cm.
174 (A): ***Panopea***: nach „im Sediment stecken": Eine der größten Arten ist *P. generosa*…vor „Getrenntgeschlechtliche" einfügen: Übertroffen wird sie durch die mediterran-westafrikanische *P. glycymeris* BORN 1778 mit bis zu 27 cm Schalenlänge.
177 (C): ***Perforatella***, mit mehreren Arten ersetzen durch mit einer Art
182 (A): **Pharidae**: Familie der Solenoidea mit über 50 Arten, vor allem in Atlantik und Pazifik. Schalen oft langgestreckt, compress mit gerundeten, klaffenden Enden. Leben in selbstgegrabenen Wohnröhren, in denen sie sich auf- und abbewegen können. In europäischen Meeren leben *Ensis*-, *Pharus*- und *Phaxas*-Arten, *Siliqua*-Spezies im Westatlantik, in Ostpazifik und Indopazifik.
182 (A): ***Pharus*** gesamten Text löschen und ersetzen durch: GRAY 1840, Gattung der ▶ Pharidae (Solenoidea), artenarmes Taxon, mit langgestreckten, geraden Schalen; hinterer Schließmuskeleindruck dreieckig, Siphonen getrennt. Die Taschenmessermuschel, *P. legumen* (LINNAEUS 1758), ist die einzige europäische Art.
182 (A): ***Phaxas*** : Cultellidae ersetzen durch Pharidae.
183 (A): **Physidae**: *Physella* HALDEMAN 1842 ersetzen durch *Haitia* CLENCH & AGUAYO 1932.
184 (A): **Pinnidae**, anfügen: Sie steht unter dem Schutz de*s* Washingtoner Artenschutzabkommens (Sammel- und Handelsverbot!).
193 (C): ***Pupilla***: 4 Arten ersetzen durch 5 Arten
202 (C): ***Ruthenica***, Sie ist im Bestand gefährdet streichen
203 (C): **Sarcobelum**, fingerförmiger Fortsatz am ersetzen durch kegel- oder zungenförmiger Fortsatz im
216 (A): ***Siliqua***, Cultellidae ersetzen durch Pharidae.
218 (A): **Solemyidae**, ungleichklappiger ersetzen durch ungleichseitiger
219 (A): **Solenidae:** anfügen: Etwa 65 Arten mit Verbreitungsschwerpunkt Indopazifik.
220 (C): ***Spermodea***, West- ersetzen durch Nordwest-
226 (A): ***Strombus:*** anfügen: Geschützt durch das Washingtoner Artenschutzabkommen und unterliegt daher einem Sammel- und Handelsverbot.
237 (C): ***Trichia,*** ersetzen durch *Trochulus*
241 (C): **Turmdeckelschnecken**, *tuberculata* ersetzen durch *tuberculatus*
249 (C): **Veronicellidae**, etwa 30 Arten ersetzen durch zahlreiche Arten.
249 (A): **Vesicomyidae**: letzten Satz (ab „Rezent") ersetzen durch: Die über 100 Arten lassen sich zwei Unterfamilien zuordnen, deren eine im Durchschnitt kleine, die andere große (25 cm) Arten umfasst. Sie leben auch an Hydrothermalquellen.
250 (C): ***Vitrea***, Vitrinidae (Vitrinoidea) ersetzen durch ▶ Zonitidae (Zonitoidea)
250 (C): ***Vitrina***, Kugelige Grasschnecke ersetzen durch Glasschnecke
251 (A): ***Vulsella***: ergänzen: , die oft in Schwämmen und Korallenriffen lebt.
254 (C): ***Zenobiella***, ▶ Heideschnecken streichen

Gegenüberstellung der klassischen, im Text erwähnten und der aktuellen Namen

Seite	Zeile li/re	Klassischer Name in früherer Literatur	Aktueller Name
36	li 11	*Alloposus mollis* VERRILL 1880	*Haliphron atlanticus* (STEENSTRUP 1861)
41	li 34	*Apollon* MONTFORT 1810	*Gyrineum* LINK 1807
60	li 4	*Bradybaena fruticum* (O. F. MÜLLLER 1774)	*Fruticicola fruticum* (O. F. MÜLLER 1774)
66	re 40	*Causa holosericum* (STUDER 1820)	*Causa holosericea* (GMELIN 1788)
68	li 1	*Cerastoderma lamarcki* (REEVE 1844)	*Cerastoderma glaucum* (BRUG. 1789)
69	re 25	*Chione ovata* (PENNANT 1777)	*Timoclea ovata* (PENNANT 1777)
71	re 5	*Chlamys opercularis* (LINNAEUS 1767)	*Aequipecten opercularis* (LINNAEUS 1758)
71	re 8	*Chlamys varia* (LINNAEUS 1758)	*Mimachlamys varia* (LINNAEUS 1758)
77	li 18	*Congeria leucophaeata* (CONRAD 1831)	*Mytilopsis leucophaeata* (CONRAD 1831)
82	re 8	*Dentalium vulgare* DACOSTA 1778	*Antalis vulgaris* (DA COSTA 1778)
93	li 22	*Epitonium commune* (LAMARCK 1822)	*Epitonium clathrum* (LINNAEUS 1758)
94	re 35	*Euspira pulchella* (RISSO 1826)	*Euspira nitida* (DONOVAN 1804)
97	re 3	*Fasciolaria trapezium* (LINNAEUS 1758)	*Pleuroploca trapezium* (LINNAEUS 1758)
98	re 24	*Ferrissia clessiniana* (JICKELI 1882)	*Ferrissia fragilis* (TRYON 1863)
114	re 29	*Helicodiscus singleyanus* (PILSBRY 1890)	*Lucilla singleyana* (PILSBRY 1889)
135	re 12	*Lasaea rubra* (MONTAGU 1803)	*Lasaea adansoni* (GMELIN 1791)
141	re 12	*Loligo pealei* LESUEUR 1821	*Doryteuthis pealeii* (LESUEUR 1821)
142	re 11	*Lycoteuthis diadema* (CHUN 1900)	*Lycoteuthis lorigera* (STEENSTRUP 1875)
146	li 11	*Littorina zebra* DONOVAN 1825	*Echinolittorina peruviana* (LAMARCK 1822)
146	li 15	*Cymatium pileare* (LINNAEUS 1758)	*Monoplex pilearis* (LINNAEUS 1758)
157	li 23	*Musculus marmoratus* (FORBES 1838)	*Modiolarca subpicta* (CANTRAINE 1835)
165	re 43	*Nucula tenuis* (MONTAGU 1808)	*Pronucula tenuis* POWELL 1927
167	re 4	*Octopus dofleini* (WÜLKER 1910)	*Enteroctopus dofleini* (WÜLKER 1910)
168	li 35	*Oenopota turricula* (MONTAGU 1803)	*Propebela turricula* (MONTAGU 1803)
180	re 46	*Petricola pholadiformis* (LAMARCK 1822)	*Petricolaria pholadiformis* (LAMARCK 1818)
181	re 27	*Phacoides pectinatus* (GMELIN 1791)	*Cardiolucina semperiana* (ISSEL 1869)
187	re 4	*Polinices josephina* RISSO 1826	*Neverita josephinia* (RISSO 1826)
211	li 14	*Olivancillaria nana* (LAMARCK 1811)	*Olivella nana* (LAMARCK 1811)
218	li 24	*Siphonodentalium lofotense* M. SARS 1859	*Pulsellum lofotense* (M. SARS 1865)
229	li 25	*Tapes rhomboides* (PENNANT 1777)	*Polititapes rhomboides* (PENNANT 1777)
231	re 23	*Teredo norvegica* SPENGLER 1792	*Nototeredo norvegica* (SPENGLER 1792)
232	re 40	*Thais haemastoma* (LINNAEUS 1758)	*Stramonita haemastoma* (LINNAEUS 1767)
233	re 23	*Thracia papyracea* (POLI 1791)	*Thracia phaseolina* (LAMARCK 1818)
237	li 36	*Trichia* W. HARTMANN 1841	*Trochulus* CHEMNITZ 1786
243	re 29	*Unio tumidus* (PHILIPSSON 1788)	*Unio tumidus* RETZIUS 1788
243	li 26	*Umbraculum mediterraneum* (LAMARCK 1819)	*Umbraculum umbraculum* (LIGHTFOOT 1786)
248	li 16	*Venerupis pullastra* (MONTAGU 1803)	*Venerupis corrugata* (GMELIN 1791)
248	li 46	*Ventrosia ventrosa* (MONTAGU 1803)	*Ecrobia ventrosa* (MONTAGU 1803)
249	li 7	*Serpulorbis arenarius* (LINNAEUS 1767)	*Thylacodes arenarius* (LINNAEUS 1758)
254	li 7	*Xylochiton xylophagus* GOWLETT-HOLMES & JONES 1992	*Ferreiraella xylophaga* (G.-HOLMES & JONES 1992)

Quelle: WoRMS

Bildnachweise

Farbtafeln I – VII Originale des Autors

Abbildungen

1, 5, 6, 9, 10, 14, 33, 34, 36, 38, 39, 41, 46 Originale des Autors

2, 22	Götting, K. J. (1974): Malakozoologie, G. Fischer, Stuttgart
3	Werner, B. (1955): Helgoländer wiss. Meeresuntersuchungen 5, 169–216
4	Edlinger, K. (1991): Nat. Mus. 121, 116–122
7, 42	Lemche, H. & Wingstrand, K. G. (1959): Galathea Report 3, 9–71
8, 20	Ankel, W. E. aus Götting 1974
11	Wilbur, K. M. & Yonge, C. M. (1964): Physiology of Mollusca I, Acad. Press, New York
12, 21, 24	Nesis, K. N. (1987): Cephalopods of the World, Moskau
13	Mangold-Wirz, K. & Fioroni, P. (1970): Zool. Jb. Syst. 97, 522–631
15	Kawaguti, S. & Baba, K. (1959): Japan Biol. J. Okayama Univ. 5, 177–184
16	Thorson, G. (1967): Z. Morph. Ökol. Tiere 60, 162–175
17, 50	Bullock, T. H. & Horridge, G. A. (1965): aus Götting 1974, verändert
18	Cloney, R. A. & Florey, E. (1968): aus Götting 1974, verändert
19, 30	kombiniert n. verschiedenen Autoren, aus Götting 1974
23, 28, 44	Westheide, W. & Rieger, R. (2004): Spezielle Zoologie I. Spektrum, Heidelberg
25	Pruvot, G. (1892): aus Götting 1974
26	Kaestner, A. (1969): Lehrbuch der Speziellen Zoologie. G. Fischer, Stuttgart
27	Mangold-Wirz, K. & Fioroni, P. (1966): Vie et Milieu 17, 1139–1196, verändert
29	Thorson, G. (1961): Oceanography 455–474
31	Smith, E. H. (1967): Trans. Roy.Soc. Edinb. 67, 23–42
32	Graham, A. (1949): aus Götting 1974
35	McLean, J. H. (1962): aus Götting 1974
37	Richter, G. (1962): Veröfftl. Inst. Meeresforsch. Bremerhaven 142–152
40	Naef, A. aus Hennig, W. (1963): Taschenbuch der Speziellen Zoologie, Wirbellose I. Harri Deutsch, Frankfurt.
43	National Science Museum, Tokyo
45	Bulnheim, H.-P. (1962): Z. Zellforsch. 56,371–386
47	Lang, A. & Hescheler, K. (1900): Lehrbuch der Vergleichenden Anatomie der Wirbellosen Thiere, 2. Aufl. G. Fischer, Jena.
48	Heath, H. (1899): aus Götting 1974
49	Boettger, C. R. (1962): Verh. Dtsch. Zool. Ges. Wien, 403–439.

Inhaltsverzeichnis

Verwendete Abkürzungen

Ggs.:	Gegensatz
griech.	griechisch
i. s.:	incertae sedis (von unsicherer systematischer Stellung)
K:	Klasse
lat.	lateinisch
NS:	Nervensystem
O:	Ordnung
pl.	Plural, Mehrzahl
s. l., i. w. S.:	sensu latu, im weiteren Sinne
s. s., i. e. S.:	sensu strictu, im engeren Sinne
SF:	Superfamilia, Superfamilie
sing.	Singular
syn.	Synonym
u. a.:	unter anderem
u. a. m.:	und andere mehr
ÜO:	Überordnung
UK:	Unterklasse
UO:	Unterordnung
vgl.:	vergleiche
„“	schließen paraphyletische Gruppen ein

Allgemeine Einführung

Die ▶ Weichtiere oder ▶ Mollusca (lat. mollis – weich) bilden nach den Gliedertieren (Articulata) den zweitgrößten Tierstamm. Sie verdanken ihren Namen einem charakteristischen Konstruktionsmerkmal, nämlich dem Fehlen im Körperinneren gelegener, harter Stützstrukturen. Das wird dadurch ausgeglichen, dass sie im Inneren neben anderen Merkmalen eine scherengitterartig dreidimensional verflochtene Muskulatur und nach außen eine ▶ Schale haben. Beides gibt Festigkeit und weitgehend Formkonstanz und ermöglicht die große Mannigfaltigkeit der Arten. Die Mollusca, präkambrisch entstanden, sind rezent vor allem durch ▶ Schnecken, Muscheln und ▶ Kopffüßer vertreten. Die Anzahl der beschriebenen lebenden Arten wird sehr unterschiedlich eingeschätzt (50.000–130.000, ▶ Tab. 1); viele Taxa hatten den Höhepunkt ihrer Präsenz in vergangenen Erdzeitaltern. Die Neubeschreibung weiterer Arten ist zu erwarten, vor allem aus der ▶ Tiefsee, den Korallenriffen und dem tropischen Regenwald.

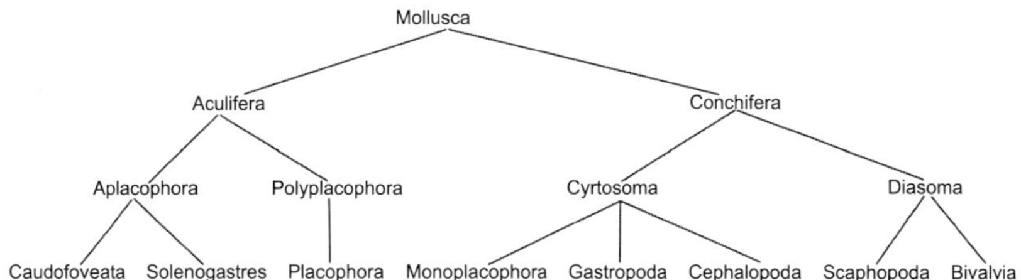

Abb. 1. Übersicht über die Großgruppen der Mollusca.

Merkmale

Die ▶ Mollusca sind unsegmentierte Spiralier, deren Körper meist aus den beiden Hauptabschnitten ▶ Kopffuß (▶ Cephalopodium) und ▶ Eingeweidesack mit ▶ Mantel und ▶ Schale (▶ Visceropallium) zusammengesetzt ist. Hartteile fehlen im Körperinneren (daher ▶ „Weichtiere"), doch können in bestimmten Funktionsbereichen Knorpel ausgebildet werden (vor allem bei ▶ Gastropoda und ▶ Cephalopoda), die Stütz- und Schutzfunktion haben. Nach außen wird der Körper durch eine drüsenreiche, schleimproduzierende Haut gegen die Umwelt abgeschirmt. Formerhaltung und ▶ Bewegung werden durch dreidimensional verflochtene Muskulatur im Zusammenwirken mit flüssigkeitserfüllten ▶ Lakunen ermöglicht. Als ursprünglich bilateralsymmetrische Tiere haben die Mollusca am Vorderende einen ▶ Kopf mit Mundöffnung sowie zahlreiche Sinneszellen und/oder Sinnesorgane, die oft auf ▶ Fühlern konzentriert sind, die bei der Bewegung als Erste Kontakt mit der Umwelt haben. Im Kopfinneren liegen die als übergeordnete Schaltzentren fungierenden ▶ Cerebralganglien, die bei hochentwickelten ▶ Cephalopoda ein ▶ Gehirn bilden. An sie schließen meist zwei Paar Konnektive an, die nach hinten in den Körper ziehen und dort mit weiteren Ganglien verbunden sind. Bei den meisten ▶ Weichtieren sind die inneren Organe zum großen Teil in den ▶ Eingeweidesack, eine dorsale Ausstülpung, hineinverlagert. Der ▶ Mantel (▶ Pallium) entsteht als Hautfalte von dorsal und legt sich schützend über den ▶ Eingeweidesack. Zwischen seinem Außenrand und dem ▶ Fuß bildet er die ▶ Mantelrinne, die sich zu einer ▶ Mantelhöhle erweitert. In dieser sind die ▶ Pallialorgane enthalten: die

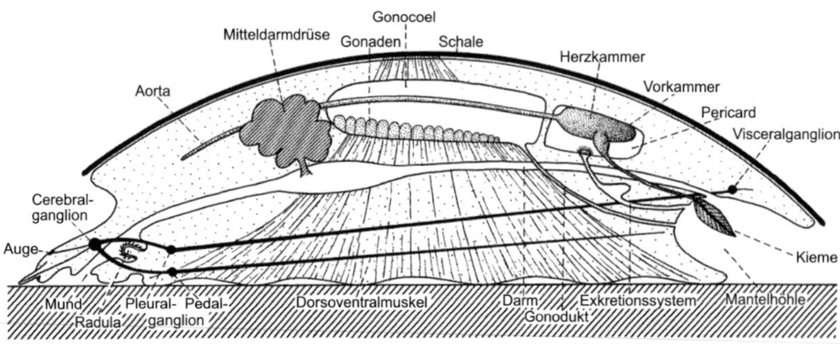

Abb. 2. Vereinfachtes Organisationsschema eines beschalten ▶ Weichtiers.

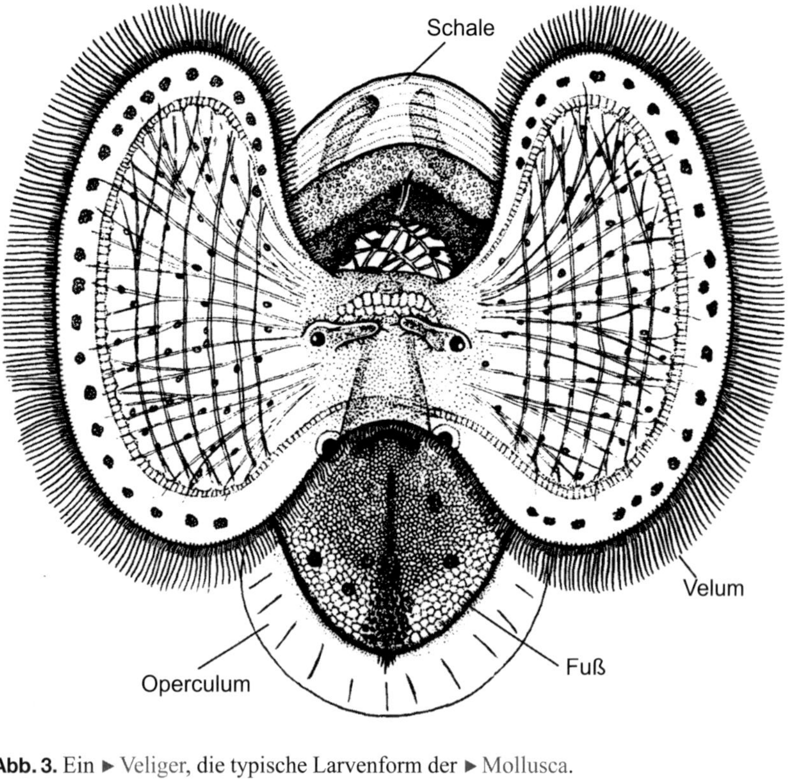

Abb. 3. Ein ▶ Veliger, die typische Larvenform der ▶ Mollusca.

► Kiemen, ► Osphradien und ► Hypobranchialdrüsen sowie die Öffnungen von Enddarm, Nieren und ► Gonaden. Das ► Coelom ist (mit Ausnahme der ► Cephalopoda) schwach ausgebildet und umfasst im Wesentlichen den ► Herzbeutel, die Gonadenhöhle und Teile des Exkretionssystems. Letzteres besteht ursprünglich aus offenen Wimpertrichtern, die aus dem ► Herzbeutel entspringen, wird später aber durch drüsige Nieren ersetzt. Ein besonderes Merkmal der Mollusca (mit Ausnahme der ► Bivalvia) ist die ► Radula (► Reibzunge), die ihnen ermöglicht, die unterschiedlichsten Nahrungsquellen zu erschließen. Der Verdauungstrakt ist entsprechend angepasst: Zentrum der Verdauung und Resorption ist die paarige ► Mitteldarmdrüse (fälschlich ► „Leber" genannt), in welche die Nahrung über Mundöffnung, Schlund (► Pharynx), Speiseröhre (► Oesophagus) und ► Magen hineingelangt. Der Kreislauf ist offen, das ► Herz liegt ursprünglich in der hinteren Rückenmitte. Das Blut (mit ► Haemocyanin, oft auch Haemoglobin) wird aus der ► Kammer (► Ventrikel) in eine vordere und eine hintere ► Aorta gepumpt. An diese schließen sich Arterien an, die sich schließlich in ► Lakunen öffnen. Ein Teil des Blutes strömt über die ► Kiemen zu den ursprünglich zwei Vorkammern (Atrien, ► Aurikeln) zurück und von diesen in die Hauptkammer. Die als basal bewerteten Mollusca sind getrenntgeschlechtlich, abgeleitete Arten zwittrig. Bei marinen ► Weichtieren findet häufig eine äußere ► Befruchtung statt, bei den anderen eine innere, manchmal verbunden mit einer einfachen Form der ► Brutpflege. Die ► Entwicklung erfolgt über eine ► Spiralfurchung zu einer ► Larve (► Hüllglockenlarve, ► Veliger, ► Glochidien, ► Lasidien), kann jedoch auch stark verkürzt sein, so dass ein bereits adultähnliches ► Kriechstadium die ► Eikapsel verlässt.

Vorkommen

Die meisten ► Mollusca bewohnen das Meer, wo sie in der Regel am oder im Boden leben. Marine Dauerschwimmer gibt es unter den ► Opisthobranchia und ► Cephalopoda. Land und ► Süßwasser sind mit Ausnahme der vom Eis ständig bedeckten Gebiete sowie der Hochgebirgsregionen von oft stark angepassten ► Weichtieren besiedelt. Viele Arten werden für den Menschen als Indikatoren wertvoll, da sie im Allgemeinen reviertreu und dadurch den Einflüssen ihrer Umwelt in besonders intensiver Weise ausgesetzt sind. Manche Arten werden in Pflanzenbeständen schädlich (Schadfraß, Übertragung bakterieller Erkrankungen etc.), viele werden vom Menschen als Schmuck (► Gehäuse, Muschelklappen, ► Perlen) geschätzt oder als Nahrung kultiviert (► Abalone, ► Austern, ► Miesmuscheln etc.).

Historisches

Als Nahrungsmittel, Zier- und Gebrauchsgegenstände sowie Kultobjekte waren ► Weichtiere dem Menschen sehr früh vertraut. Aristoteles (384–322 v. Chr.) teilte die Tiere ohne Blut in Krebse, Insekten sowie Mollusken und Ostracodermen ein. Dabei verstand er unter Mollusken die ► Cephalopoda, unter Ostracodermen die ► Gastropoda und ► Bivalvia. Jonstonus fasste um 1650 Cephalopoda und Seepocken als Mollusca zusammen; das erste Buch über sie wurde von dem Jesuitenpater Filippo Buonanni 1681 in Rom publiziert („Ricreatione dell'Occhio e delle Mente nell' ‚Osseruation' delle Chiocciole"). Linnaeus (1707–1778) trennte die weichen „Mollusca" von den hartschaligen Testacea. Allerdings wies er den Mollusca auch die Quallen, Seerosen, einige Polychaeten, Echinodermen und Tunicaten zu; unter Testacea verstand er neben Chitonen, Muscheln, ► Schnecken, Nautiliden auch röhrenbauende Polychaeten und

Seepocken. Georges de Cuvier (1795) definierte die Mollusca etwa im heutigen Umfang, de Blainville führte dafür 1825 die Bezeichnung „Malakozoa" (vom gr. malakos – weich, zoon – Tier) ein, die sich nicht durchsetzen konnte, jedoch in Begriffen wie „Malakozoologie" und (verkürzt) „Malakologie" erhalten blieb. Die Aufklärung, was im heutigen Sinne zu den ▶ Weichtieren gehört, zog sich bis Ende des 19. Jahrhunderts hin, als die Armfüßer (Brachiopoda) als letzte größere Gruppe aus den Mollusca herausgelöst wurden. Andere Taxa wurden hinzugefügt: die ▶ Aplacophora, von Lovén 1841 entdeckt und für ▶ Seewalzen (Holothurioidea) gehalten, wurden von Graff (1875) als Mollusken erkannt. Korrekturen auf niederer taxonomischer Ebene erfolgen auch jetzt noch, vor allem bei aberranten, parasitischen Arten: so wurden z. B. die 1910 als ▶ Mesogastropoda eingestuften Ctenosculidae inzwischen als Krebse identifiziert.

Systematik

▶ Taxonomie und ▶ Systematik der Mollusca sind ständigen Veränderungen unterworfen. Neben der Neuentdeckung von Arten ermöglichen fortschreitende Untersuchungsmethoden und aktuelle ▶ phylogenetische Überlegungen weiterführende Einsichten in die Beziehungen der ▶ Weichtiere untereinander und zu anderen Tiergruppen. Wertet man das Taxon Mollusca als Tierstamm, so lässt sich dieser in die beiden Unterstämme ▶ Aculifera und ▶ Conchifera unterteilen. Die Aculifera umfassen die ▶ Aplacophora und ▶ Polyplacophora, während zu den Conchifera die ▶ Monoplacophora, ▶ Bivalvia, ▶ Scaphopoda, ▶ Gastropoda und ▶ Cephalopoda gerechnet werden. In der Diskussion ist zurzeit, ob es berechtigt ist, die Monoplacophora, Bivalvia und Scaphopoda als ▶ Diasoma den ▶ Cyrtosoma (Gastropoda und Cephalopoda) gegenüberzustellen (▶ Tab. 1).

Farbtafeln I–VII

Die Mollusca zeigen eine große Mannigfaltigkeit. Von den unscheinbaren Wurmmollusken bis zu den höchstentwickelten Kopffüßern sind die unterschiedlichsten Konstruktionen realisiert. Für jede der großen Gruppen lassen sich die Merkmale auf gemeinsame Grundformen zurückführen, die Baupläne, die in Schwarz-Weiß-Darstellung in nahezu jedem Lehrbuch nachzuschlagen sind. Eindrucksvoller sind diese Abstraktionen in farbiger Wiedergabe, weil die Gemeinsamkeiten und Unterschiede in Farbe besser hervortreten. Noch deutlicher wird dieser Effekt beim Vergleich von Vertretern aus verschiedenen Großgruppen. Einem in der Zoologie häufig verwendeten Farbsystem liegen als Bezugsquelle die Keimblätter zugrunde. Danach werden das Ektoderm (mit Abkömmlingen) blau, das Mesoderm rot und das Entoderm gelb dargestellt. Um weiter zu differenzieren, werden unterschiedliche Mischfarben benutzt. So lassen sich z. B. Exkretionsorgane grün, Geschlechtsorgane violett darstellen. Während bezüglich der Keimblattfarben weitgehende Übereinstimmung besteht, werden die Hilfsfarben unterschiedlich gebraucht. In den anschließenden Darstellungen wird zugunsten der Übersichtlichkeit von diesem Farbsystem abgewichen.

Die folgenden 7 Farbtafeln geben in stark vereinfachter und verallgemeinerter Form die Konstruktionstypen eines auf die Grundformen reduzierten Vertreters der jeweiligen Gruppe wieder:

Tafel I: ► Aplacophora, Wurmmollusken (Caudofoveata, Solenogastres)

Tafel II: ► Polyplacophora, Käferschnecken

Tafel III: ► Monoplacophora, Urmützenschnecken

Tafel IV: ► Gastropoda, Schnecken

Tafel V: ► Cephalopoda, Kopffüßer

Tafel VI: ► Scaphopoda, Kahnfüßer

Tafel VII: ► Bivalvia, Muscheln

Solenogastres

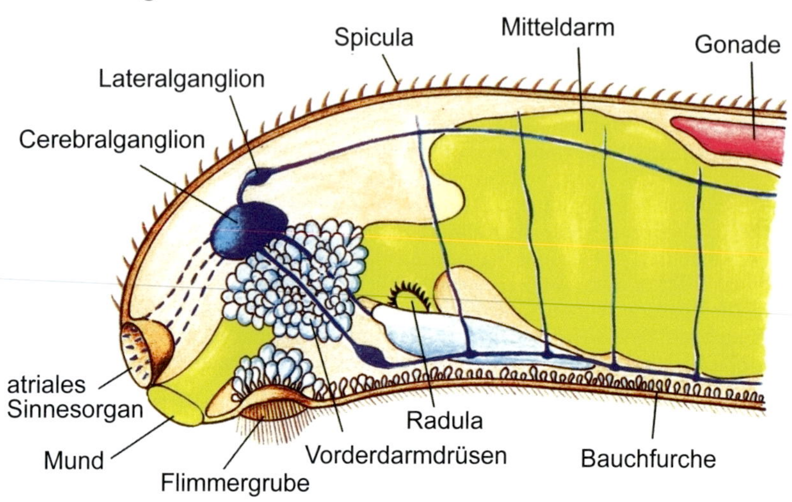

Caudofoveata

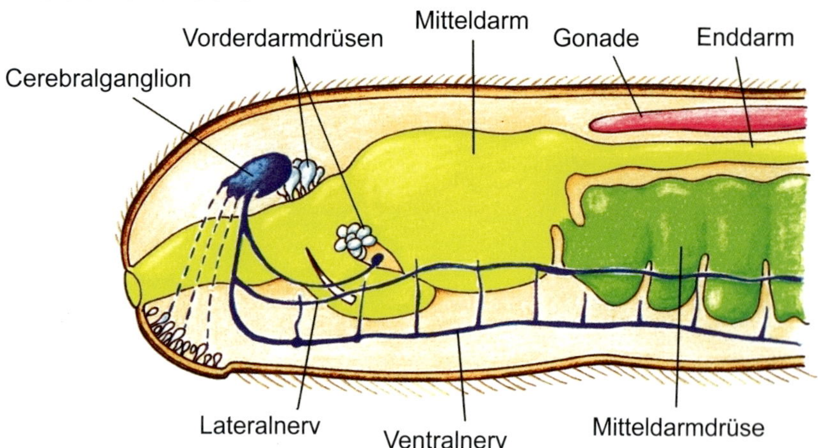

Tafel I. Vereinfachtes Schema der inneren Organisation der ► Aplacophora. Oben: ► Solenogastres, unten: ► Caudofoveata, links: Kopfende.

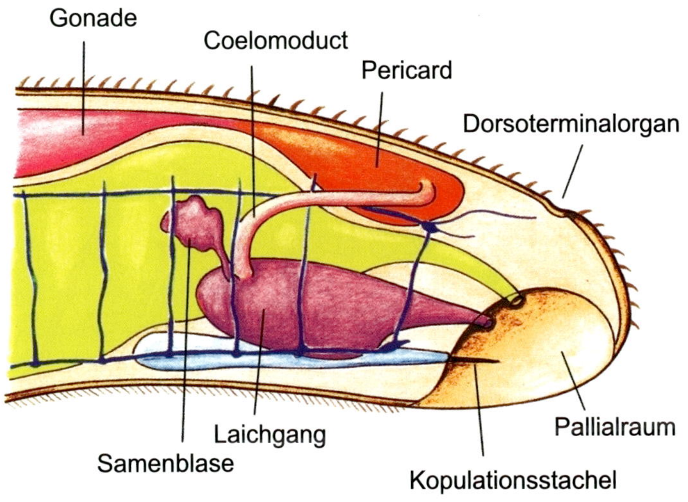
Gonade
Coelomoduct
Pericard
Dorsoterminalorgan
Pallialraum
Kopulationsstachel
Laichgang
Samenblase

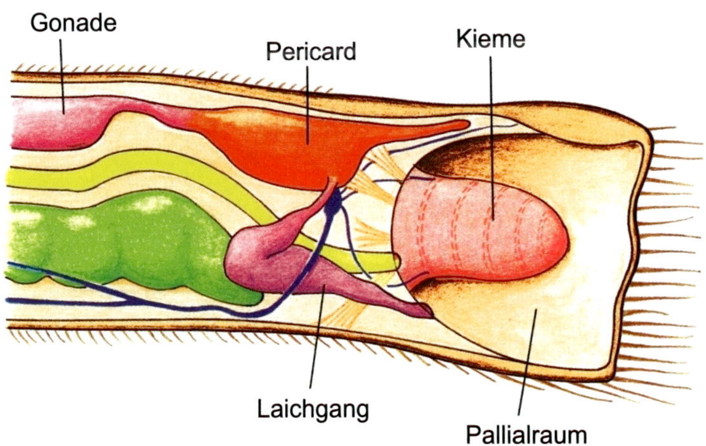
Gonade
Pericard
Kieme
Laichgang
Pallialraum

Polyplacophora

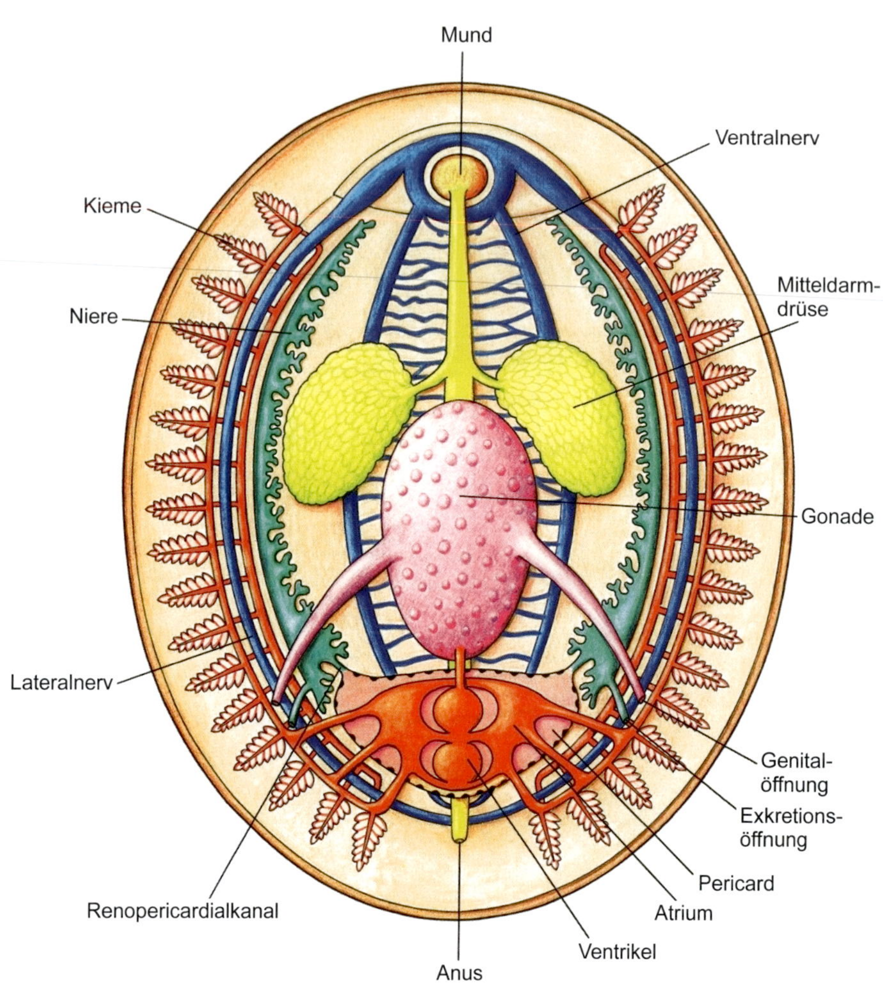

Tafel II. Vereinfachtes Schema der inneren Organisation der ▸ Polyplacophora.

Monoplacophora

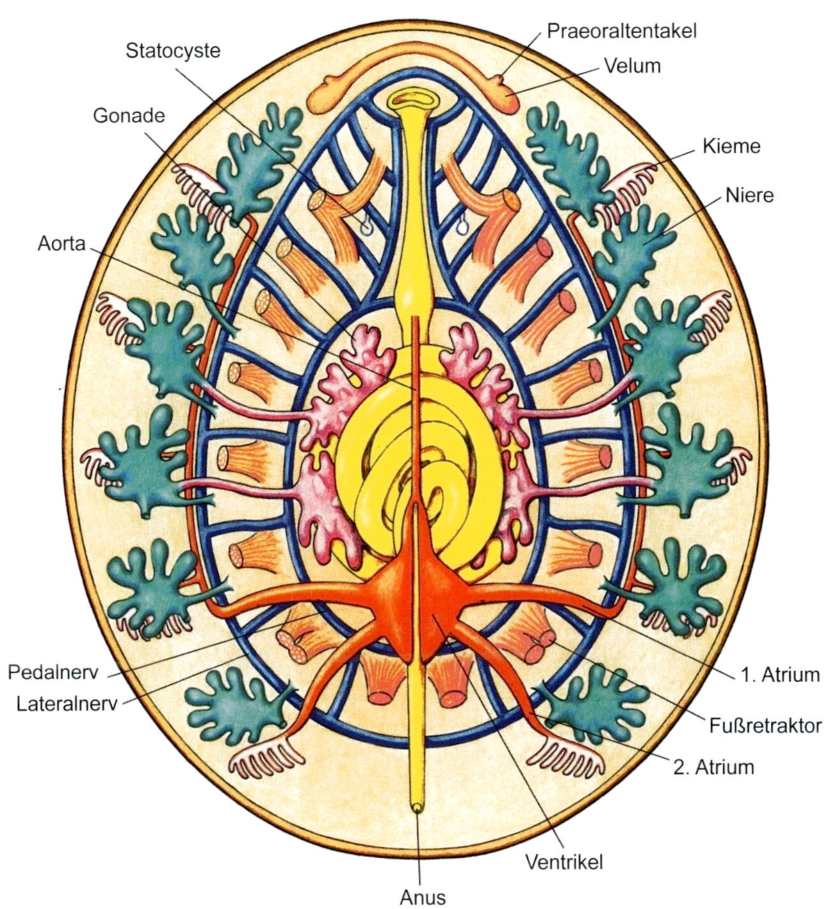

Tafel III. Vereinfachtes Schema der inneren Organisation der ▶ Monoplacophora.

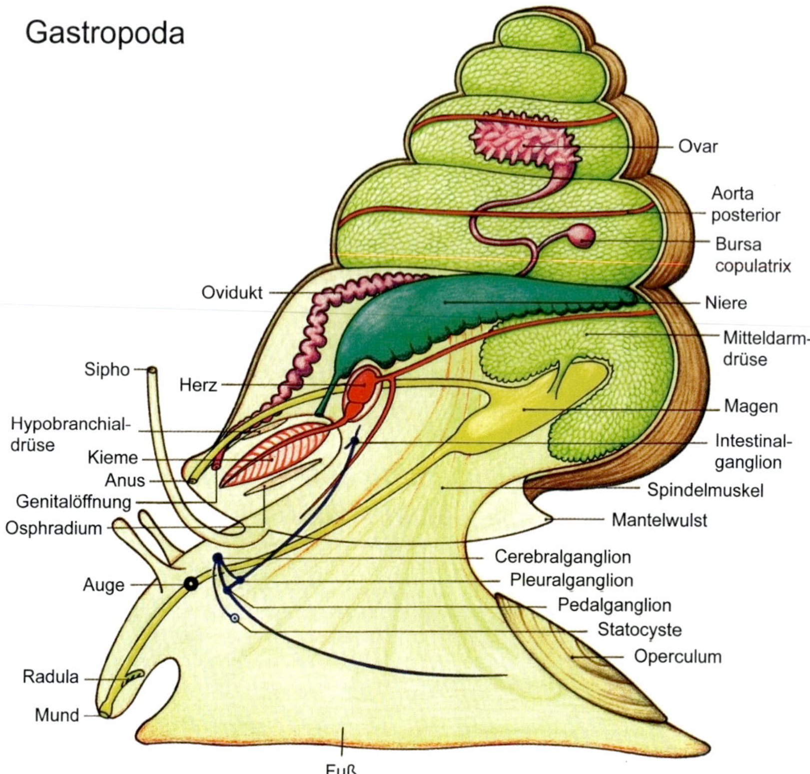

Tafel IV. Vereinfachtes Schema der inneren Organisation der ► Gastropoda.

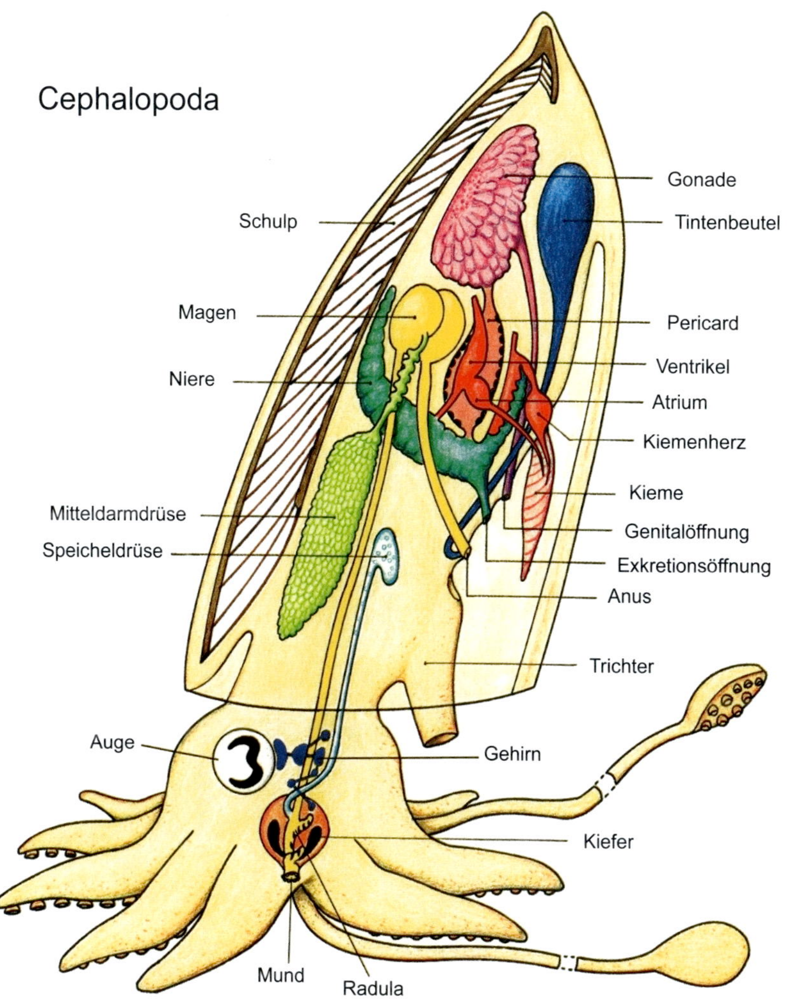

Tafel V. Vereinfachtes Schema der inneren Organisation der ► Cephalopoda.

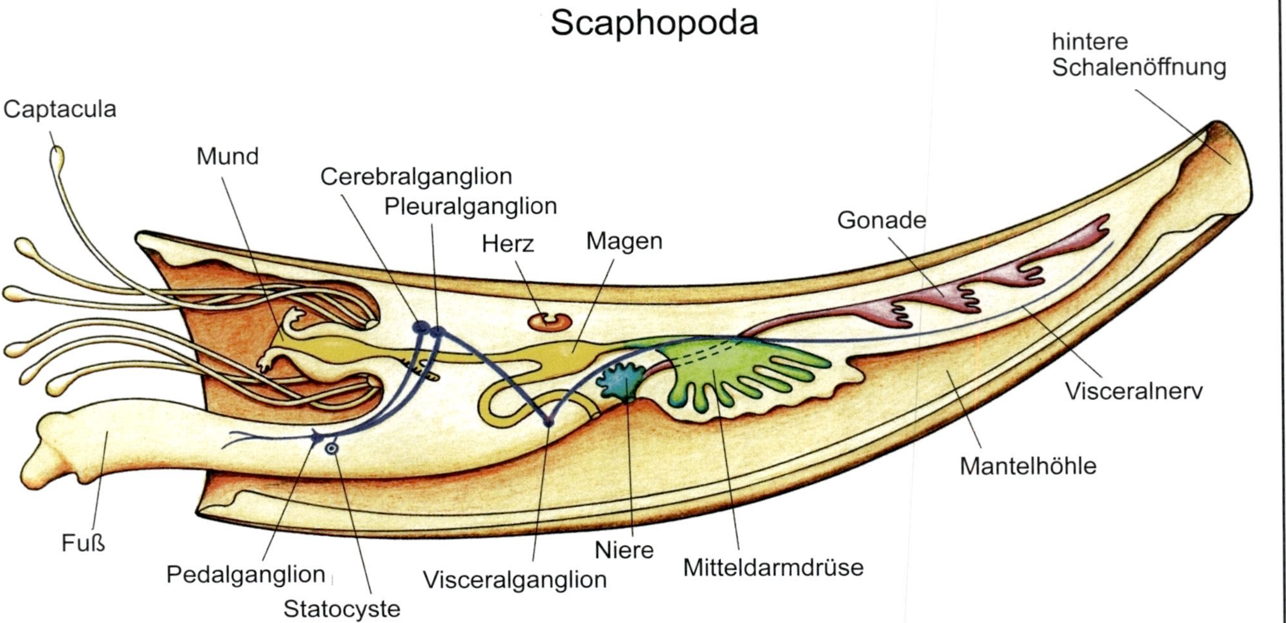

Tafel VI. Vereinfachtes Schema der inneren Organisation der ▸ Scaphopoda.

Bivalvia

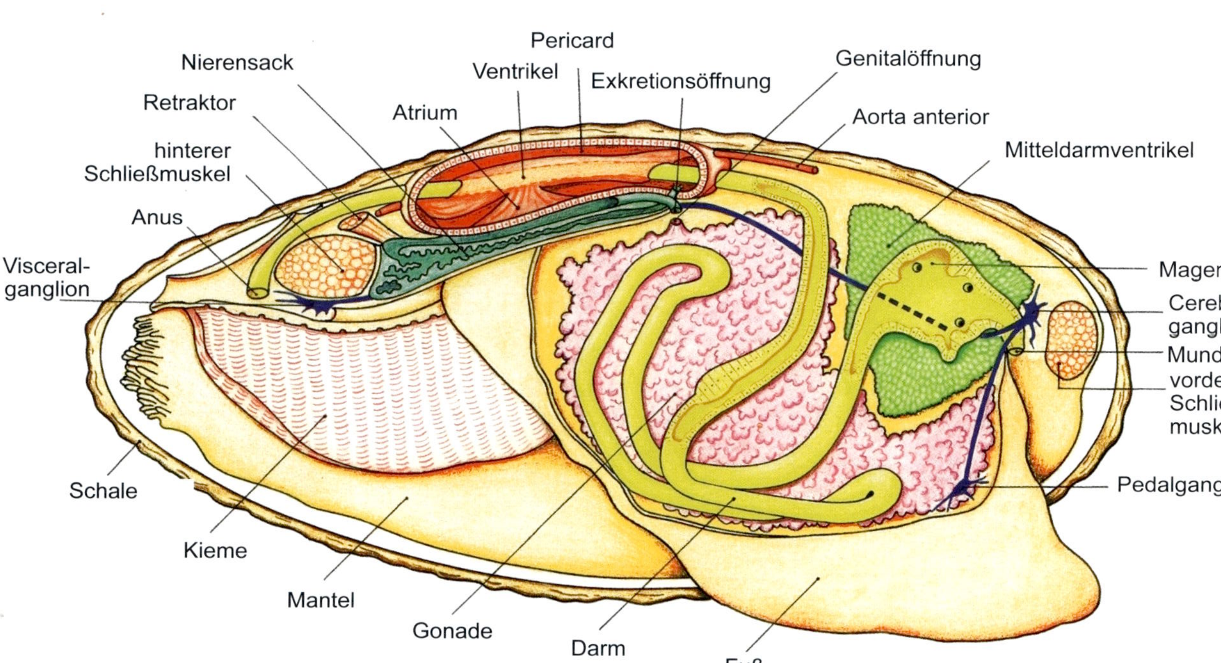

Tafel VII. Vereinfachtes Schema der inneren Organisation der ▶ Bivalvia.

Die Großgruppen der Mollusca

1 Aculifera, Stachelweichtiere

1.1 Aplacophora, Wurmmollusken

Die Aculifera (früher: ▶ Amphineura), Stachelträger, umfassen die ▶ Mollusca mit einer Kalkstachel-bewehrten ▶ Cuticula. Dazu gehören die ▶ Wurmmollusken (▶ Aplacophora: ▶ Solenogastres und ▶ Caudofoveata) und die ▶ Käferschnecken (▶ Polyplacophora). Die stammesgeschichtlichen Beziehungen zwischen diesen Taxa und zu anderen Mollusken sind ungeklärt.

1.1.1 Caudofoveata, Schildfüßer

Die ▶ Caudofoveata (auch ▶ Chaetodermomorpha), ▶ Schildfüßer, sind ein Taxon der ▶ Aplacophora, deren Körper wurmförmig langgestreckt ist und am Hinterende einen glockenförmigen Mantelraum hat, in den die beiden ▶ Kiemen (▶ Ctenidien) hineinragen. Der ▶ Fuß ist völlig reduziert, ein gattungstypisch geformter ▶ Fußschild fungiert als Grab- und Sinnesplatte des Kopfbereichs. Die Körperwand ist ein dicker Hautmuskelschlauch, in den ▶ Aragonitspicula eingebettet sind. Die ▶ Caudofoveata graben sich schräg in das marine Sediment ein und sind mit ca. 75 Arten (in 3 Familien, ▶ Tab. 2) bis in etwa 4.000 m Tiefe nachgewiesen.

1.1.2 Solenogastres, Furchenfüßer

Die ▶ Solenogastres (auch ▶ Neomeniomorpha), ▶ Furchenfüßer, bilden ein meist als Klasse gewertetes Taxon der ▶ Aplacophora mit ca. 250 Arten in 22 Familien, mit langgestrecktem, im Querschnitt rundem Körper. In einer Bauchfalte liegt der wahrscheinliche Rest des Fußes. Den Körper umgibt eine ▶ Cuticula mit Kalkschuppen oder

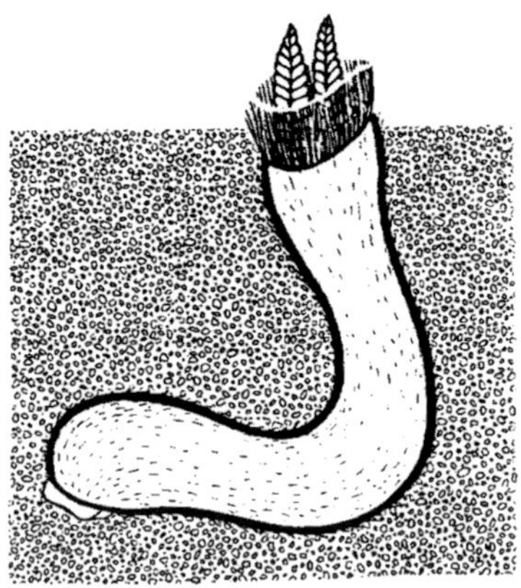

Abb. 4. Ein ▶ Caudofoveat, kopfüber im Sediment, über dessen Oberfläche er sein Hinterende mit den Kiemen vorstreckt (Edlinger 1991).

Abb. 5. Ein Vertreter der ▶ Solenogastres (*Rhopalomenia* spec.).

-stacheln. Der Verdauungstrakt ist bei vielen Arten zu einer Saugpumpe umgeformt, eine ▶ Radula fehlt bei etwa 30 % der Arten. Sie sind Zwitter mit paarigen, dorsomedianen ▶ Gonaden; die Keimzellen werden durch den ▶ Herzbeutel und anschließende ▶ Laichgänge in den Mantelraum befördert. Die ▶ Entwicklung verläuft über ein trochophora-ähnliches Stadium oder eine ▶ Hüllglockenlarve. Während der Frühentwicklung streckt sich der Körper stark in die Länge. ▶ Furchenfüßer sind marine, auf oder im Sediment oder ▶ epizoisch lebende Arten, manche parasitisch an Polypenstöckchen und Korallen. In der Nordsee lebt *Neomenia carinata* TULLBERG 1875 (Neomeniidae) in Sand und Schlamm. ▶ Tab. 3.

1.2 Polyplacophora, Käferschnecken

Die ▶ Polyplacophora, ▶ Placophora, ▶ Loricata, ▶ Käferschnecken, sind ein Taxon der ▶ Aculifera, marine Mollusca, deren rezente Arten auf dem Rücken 8 ▶ Schalenplatten tragen. Diese Platten werden außen vom ▶ Gürtel (▶ Perinotum) eingefasst, seltener von diesem teilweise oder völlig bedeckt. Der ▶ Gürtel kann lederartig nackt oder mit Kalkschuppen und -stacheln bewehrt sein. Die meisten ▶ Polyplacophora sitzen mit einem breiten Kriechfuß auf Fels im küstennahen Bereich und weiden mit Hilfe ihrer ▶ Radula pflanzlichen und tierischen ▶ Aufwuchs ab. Vor dem ▶ Fuß ist ein Mundfeld ausgebildet. In einer um den Fuß verlaufenden Rinne inserieren zahlreiche, doppelt gefiederte ▶ Kiemen. Die ▶ Schalenplatten sind jeweils aus drei Schichten aufgebaut,

Abb. 6. ► Käferschnecke (*Ischnochiton contractus*), Süd-Australien.

von denen das äußere ▶ Tegmentum von gewebeführenden Kanälen durchzogen ist, in denen chemische und Tastsinneszellen sowie lichtempfindliche ▶ Aestheten lokalisiert sind. Das ▶ Nervensystem besteht überwiegend aus ▶ Marksträngen: einem Schlundring sowie paarigen Lateral- und Ventralsträngen, die durch zahlreiche Kommissuren verbunden sind. Die ▶ Käferschnecken sind getrenntgeschlechtlich, haben äußere ▶ Befruchtung und entwickeln sich über eine trochophoroide ▶ Schwimmlarve. Die seit dem Kambrium erhaltenen, fossilen Arten werden der Unterklasse Palaeoloricata Bergenhayn 1955, die etwa 800 rezenten Arten den ▶ Loricata Schumacher 1817 (auch Neoloricata) zugerechnet. Die weitere Unterteilung in die Ordnungen (▶ Tab. 4) ist umstritten.

2 Conchifera, Schalenträger

Die ▶ Conchifera Lamarck 1818, ▶ Schalenträger, umfassen die schalentragenden Mollusca, nämlich die ▶ Cyrtosoma (mit den ▶ Monoplacophora, ▶ Gastropoda und ▶ Cephalopoda) und die ▶ Diasoma (mit den ▶ Scaphopoda und ▶ Bivalvia). Schwestergruppe sind die ▶ Aculifera.

2.1 Cyrtosoma, Gedrehtschaler

Die ▶ Cyrtosoma sind eine Gruppe der ▶ Conchifera mit ausgeprägter Tendenz zur spiraligen Einrollung des Eingeweidesackes mit ▶ Mantel und ▶ Schale und U-förmig gebogenem Darm, sodass der Anus kopfnah mündet. Hierher werden die ▶ Monoplacophora, ▶ Gastropoda und ▶ Cephalopoda gerechnet. Schwestergruppe sind die ▶ Diasoma.

2.1.1 Monoplacophora, Urmützenschnecken

Die ▶ Monoplacophora, ▶ Tryblidiida, ▶ Urmützenschnecken, ▶ Napfschaler, sind ein Taxon der ▶ Conchifera, ▶ Mollusca mit napfförmiger ▶ Schale, deren ▶ Apex nach vorn gewandt ist. Die bis zu 4 cm lange Schale dieser Tiere wird durch 8 Paare dorsoventraler Muskeln mit dem breiten Kriechfuß verbunden. Diesen umgibt die ▶ Mantelrinne mit 3–6 Paar ▶ Kiemen, deren Blättchen dorsal reduziert sind. Vor dem ▶ Fuß liegt die von Falten umgebene Mundöffnung, in die vor allem ▶ Detritus aufgenommen wird. Die ▶ Radula ähnelt der ▶ docoglossen der ▶ Gastropoda; ihr gegenüber liegt ein ▶ Kiefer. Der ▶ Oesophagus wird durch Taschen erweitert und tritt anterodorsal in den zentral gelegenen ▶ Magen ein. Der anschließende Darm liegt in Schlingen und zieht durch ▶ Pericard und ▶ Ventrikel zu einer Analpapille hinten in der ▶ Mantelrinne. Im paarigen ▶ Pericard liegen jederseits ein ▶ Ventrikel und zwei Atrien. Bei kleinen Arten (1,5 mm Körperlänge) ist das ▶ Herz völlig reduziert. Das ▶ Nervensystem besteht neben einem zirkumoralen Ring im Wesentlichen aus je einem Paar lateraler und ▶ ventraler Markstränge. Die ▶ Exkretion erfolgt über 3–7 Paar ▶ Nierensäckchen; die mittleren Paare leiten auch die Keimzellen der meist getrenntgeschlechtlichen ▶ Napfschaler aus. Die nur 0,9 mm lange ▶ *Micropilina arntzi* Warén & Hain 1992 ist zwittrig und treibt eine einfache ▶ Brutpflege: ihre Embryonen entwickeln sich im Mantelraum. Als erste rezente Art wurde ▶ *Neopilina galatheae* 1952 erbeutet und 1957 beschrieben. Die ▶ Urmützenschnecken hatten den Höhepunkt ihrer Verbreitung vom Oberkambrium bis zum Mitteldevon, rezent sind sie nur mit etwa 25 Arten in 4 Familien (▶ Tab. 2) vertreten, die in allen Weltmeeren unterhalb 180 m vorkommen.

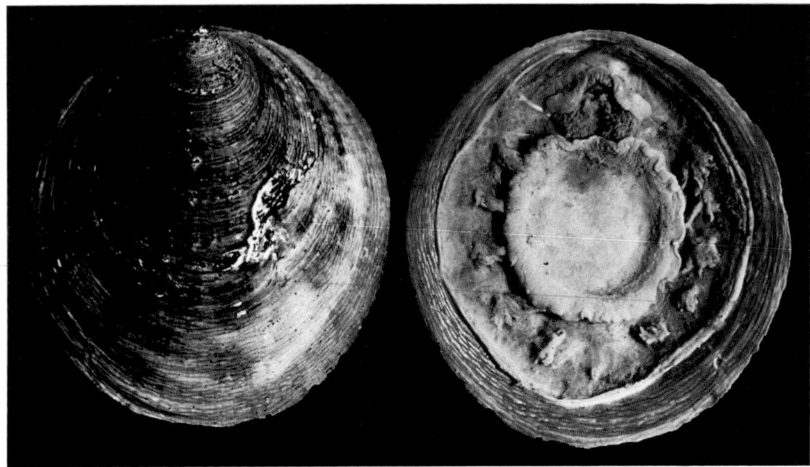

Abb. 7. *Neopilina galatheae*, ein rezenter Vertreter der ▶ Monoplacophora (Foto: Lemche).

2.1.2 Gastropoda, Schnecken

Die ▶ Gastropoda Cuvier 1798, ▶ Schnecken, sind das artenreichste Taxon der Mollusca, meist als „Klasse" der ▶ Schalenweichtiere gewertet. Typisch ist der Aufbau des Körpers aus ▶ Cephalopodium und ▶ Visceropallium. Das vom Mantelgewebe erzeugte ▶ Gehäuse ist einteilig und spiralig gewunden und zeigt damit die für den ganzen Körper charakteristische Asymmetrie. Diese wird durch die Annahme einer ▶ Torsion erklärt, die auch zu einer Nach-Vorn-Verlagerung der ursprünglich hinten gelegenen ▶ Mantelhöhle mit den ▶ Pallialorganen geführt hat. Neben der ▶ Torsion ist die ▶ Spiralisierung des ▶ Visceropallium formprägend. Die Ursache dafür ist vermutlich die Vergrößerung der ursprünglich linken ▶ Mitteldarmdrüse, die sich zum Zentrum der Nahrungsverdauung und -rezeption entwickelt hat. Die Gehäusewindungen stoßen im Inneren aneinander und bilden so die ▶ Spindel (▶ Columella). An ihr setzt der ▶ Spindelmuskel (▶ Columellarmuskel) an, der in das ▶ Cephalopodium hineinzieht und die einzige Verbindung zwischen Gehäuse und Weichkörper herstellt. Das ▶ Gehäuse ist meist rechts-, seltener linksgewunden und wird in einigen Gruppen bis zum völligen Verschwinden reduziert. In Form, Farbe und Musterung ist es sehr vielfältig und hat Menschen seit Jahrtausenden fasziniert. Gemeinsam haben fast alle Schnecken die ▶ Radula zur Gewinnung und/oder Zerkleinerung der Nahrung, nur bei parasitischen Arten wird die ▶ Reibzunge durch einen Saugapparat ersetzt. Die ▶ Exkretion erfolgte ursprünglich durch paarige Gänge aus dem ▶ Herzbeutel (▶ Renopericardialgänge), ist im Laufe der Entwicklung aber von drüsigen Nieren übernommen worden. Besonders vielfältig ist die Konstruktion des Kreislauf- und des Nervensystems und der Sinnesorgane. Der Kreislauf ist offen, das einkammerige ▶ Herz liegt über dem hinteren Ende der ▶ Mantelhöhle. Von den ursprünglich zwei Vorhöfen ist nur einer

Abb. 8. ► Wellhornschnecke (*Buccinum undatum*) mit ausgestrecktem Sipho und Operculum auf dem Fußrücken.

erhalten geblieben. Das ► Nervensystem ist durch die ► Torsion besonders stark beeinflusst worden (► Chiastoneurie, ► Euthyneurie). Zu seiner Grundausstattung gehören die jeweils paarigen ► Cerebral-, ► Pedal-, ► Pleural- und ► Intestinalganglien, ergänzt u. a. durch ► Buccal- und ► Subradularganglien. Zahlreiche weitere ► Ganglien haben spezielle Aufgaben. Die meisten Schnecken sind getrenntgeschlechtlich, nur bei ► Pulmonata und ► Opisthobranchia ist Zwittertum mit Tendenz zur ► Protandrie die Regel. Die unpaare ► Gonade ist in die ► Mitteldarmdrüse eingebettet. Der Dottergehalt der Eizellen bestimmt wesentlich den Verlauf der Frühentwicklung. Bei marinen Arten ist das Ergebnis eine typische Larvenform, der ► Veliger, der über die ► Veliconcha zum ► Kriechstadium wird. Bei limnischen und terrestrischen Arten findet die abgewandelte Entwicklung zum ► Kriechstadium in der ► Eikapsel statt. Schnecken bewohnen vorwiegend das Meer, aber auch Brack- und Süßgewässer sowie das Land mit Ausnahme der Polar- und Hochgebirgsregionen.

Traditionell wurden die Schnecken vor allem nach der Lagebeziehung von ► Herz und ► Kiemen in die Vorderkiemer (► Prosobranchia), ► Lungenschnecken (► Pulmonata) und ► Hinterkiemer (► Opisthobranchia) unterteilt. Ein aktualisiertes, hier zugrundegelegtes System rechnet zu den ► Gastropoda die beiden Gruppen (Unterklassen) ► Eogastropoda und ► Orthogastropoda Ponder & Lindberg 1995 (► Tab. 5).

2.1.3 Cephalopoda, Kopffüßer

Die ► Cephalopoda Cuvier 1797, ► Kopffüßer, weniger treffend auch ► Tintenschnecken oder fälschlich ► Tintenfische genannt, sind eine ausschließlich marine Gruppe der Mollusca, in vielen Fällen hochentwickelte ► Weichtiere, deren Sinnesleistungen die der anderen wirbellosen Tiere übertreffen. Zu ihnen gehören auch die größten rezenten Wirbellosen (► Architeuthidae). Die ► Kopffüßer unterscheiden sich verglei-

chend-anatomisch, physiologisch und entwicklungsgeschichtlich von allen anderen Mollusca. Ihre Körperlängsachse ist stark verkürzt, das Wachstum erfolgt bevorzugt im Bereich des ▶ Eingeweidesackes. Dieser wölbt sich kuppelartig über den Kopf-Fuß-Bereich (▶ Cephalopodium). Der bilateralsymmetrische Körper ist aus diesem und einem Komplex aus ▶ Eingeweidesack und ▶ Mantel (▶ Visceropallium) aufgebaut. Die Hauptachse des Körpers ist in die Horizontale gekippt. Dadurch wird beim schwimmenden ▶ Kopffüßer die ursprüngliche Vorderseite oben, die Hinterseite unten. Schon die seit dem Oberkambrium fossil in reicher Fülle erhaltenen ▶ Cephalopoda hatten einen komplizierten hydrostatischen Apparat, dessen wesentliche Teile ein mehrschichtiges, ▶ aragonitisches Gehäuse mit zahlreichen gas- oder flüssigkeitsgefüllten ▶ Kammern und dem ▶ Siphonalstrang waren. Diese Vorrichtungen sind unter den rezenten ▶ Kopffüßern nur bei wenigen ursprünglichen Arten erhalten.
Der Körper ist muskulös und kann durch Wasserausstoß aus der ▶ Mantelhöhle und durch einen ▶ „Trichter“ nach dem Rückstoßprinzip hohe Geschwindigkeiten erreichen. Muskulöse seitliche Hautfalten (▶ Flossen) ermöglichen langsames Schwimmen. Am ▶ Kopf sitzen meist große ▶ Augen. Die Mundöffnung wird von aus Teilen des Fußes hervorgegangenen Armen (▶ Tentakeln) umstanden. Einige Arten leben von ▶ Plankton, die meisten sind ▶ carnivor und ernähren sich von Fischen, Krebsen und Muscheln, in der ▶ Tiefsee von Schlangensternen und Ringelwürmern. Die Beute wird mithilfe der ▶ Arme und den daransitzenden ▶ Saugnäpfen oder Haken festgehalten und zum Mund geführt. Von großen Objekten werden mit zwei ▶ Kiefern, die verkehrt-papageienschnabelartig sind, Stücke abgebissen und an die ▶ Radula übergeben. Diese transportiert die Nahrung weiter in den differenzierten Verdauungstrakt. Zentren der Verdauung sind ein Blindsack (▶ Caecum) und Teile der ▶ Mitteldarmdrüse. Viele Arten verfügen über ▶ Tintendrüsen und ▶ Tintenbeutel (Trivialnamen!), die in den Enddarm einmünden und deren Sekret der Abwehr und Irreführung von Angreifern dient. Charakteristisch sind die in die Haut eingelagerten ▶ Pigmentzellen und die ▶ Flitterzellen, die ein arttypisches Muster bilden, das stimmungsabhängig verändert werden kann. Bei Tiefsee-Arten sind stattdessen ▶ Leuchtorgane häufig. Das Licht wird durch symbiotische ▶ Bakterien oder durch ein ▶ Luciferin-▶ Luciferase-System erzeugt. Der Kreislauf ist prinzipiell offen, bei einer Reihe von Arten aber fast oder wahrscheinlich völlig geschlossen und ermöglicht dadurch höhere Leistungen. Dabei wird das arterielle ▶ Herz von ▶ Kiemenherzen und kontraktilen Gefäßen unterstützt. Geatmet wird über vier (▶ „Tetrabranchiata“) oder meist zwei ▶ Kiemen (▶ „Dibranchiata“) in der ▶ Mantelhöhle. Die ▶ Exkretion erfolgt entsprechend über 4 oder 2 ▶ Nierensäcke, die mit dem ▶ Herzbeutel verbunden sind. Das ▶ Nervensystem ist hochentwickelt. Wichtige ▶ Ganglien sind oft zu einem ▶ Gehirn verschmolzen, Riesenfasersysteme ermöglichen besonders schnelle Reizleitung. Während bei den ▶ Nautilida noch Markstränge auftreten, finden sich bei den ▶ Kraken (▶ Octopoda) besonders hochentwickelte Nervenkonzentrationen im Gehirn, das über 40 Lappen sowie Rinden- und Markschicht aufweist. Die paarigen Augen stehen auf sehr unterschiedlicher Konstruktions- und Leistungsstufe: vom Lochkamera-Auge bei Nautilida bis zum ▶ Linsenauge mit Sekundärlid bei den ▶ Myopsida. Die ▶ Kopffüßer sind getrenntgeschlechtlich mit ausgeprägtem ▶ Sexualdimorphismus. Die Männchen haben in der Regel einen Arm als ▶ Begattungsarm (▶ Hectocotylus) modifiziert, der die ▶ Spermatophore in eine Tasche des Weibchens überträgt. Mit Hilfe des „ejakulatorischen Apparates“ werden die Spermien aus der Hülle befreit und befruchten die dotterreichen Eier, die sich ▶ discoidal furchen. Der

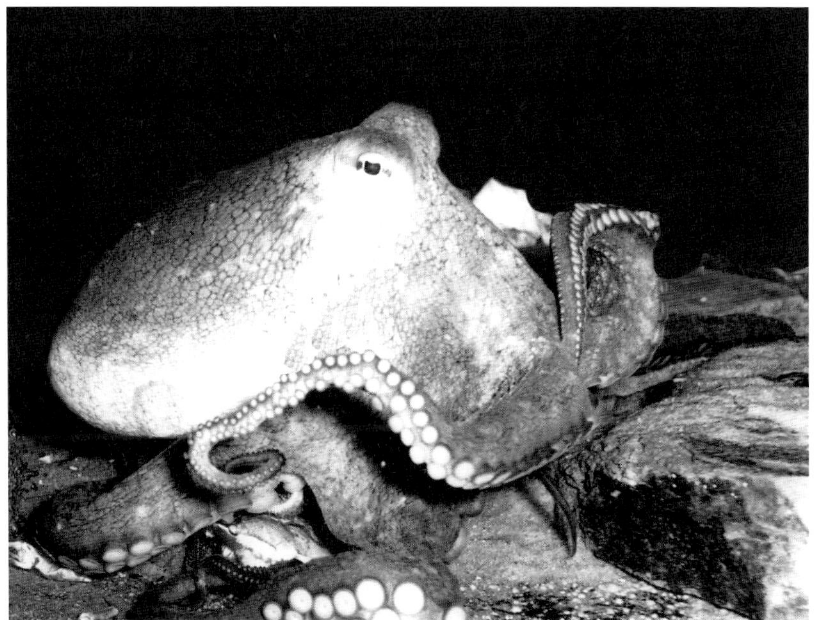

Abb. 9. ► Krake (*Octopus vulgaris*), ein Vertreter der achtarmigen ► Cephalopoda.

Embryo ernährt sich vom Dotter. Die Jungtiere schlüpfen mit einem typischen Pigmentmuster und wachsen schnell heran. Ihre Lebenserwartung liegt bei den meisten Arten bei etwa einem Jahr. Viele Arten werden vom Menschen gegessen, besonders die ► Kraken und die schwarmbildenden ► Kalmare. Einen Höhepunkt ihrer Entwicklung hatten die ► Cephalopoda in vergangenen Erdzeitaltern (seit Oberkambrium); Paläontologen schätzen die Anzahl auf bis zu 30.000 Arten (► Belemniten, ► Ammoniten), rezent sind sie mit etwa 750 Spezies vertreten, die in die beiden Taxa (Unterklassen) ► Nautilida und ► Coleoida gestellt werden (► Tab. 6).

2.2 Diasoma, Gestrecktschaler

Die ► Diasoma bilden eine umstrittene Gruppe der ► Conchifera mit gestrecktem Körper und primär vorn und hinten offener ► Schale; der Darm verläuft ohne U-förmige Schlinge. Hierher gehören die ► Bivalvia und (vielleicht) die ► Scaphopoda. Schwestergruppe sind die ► Cyrtosoma.

2.2.1 Scaphopoda, Kahnfüßer

Die ► Scaphopoda Bronn 1862, früher ► Solenoconcha oder ► Cirrobranchiata, ► Grabfüßer, ► Kahnfüßer, ► Elefantenzähne, ► Röhrenschaler, sind ein Taxon

(„Klasse“) der ▶ Conchifera, das jetzt oft den ▶ Diasoma zugeordnet wird. Sie haben eine langgestreckte, röhrenförmige ▶ Schale, die an die Form eines stark verkleinerten Elefanten-Stoßzahns erinnert, aber an beiden Enden offen ist. Der ▶ konischen, leicht gekrümmten Form liegt die Ausbildung des Mantels zugrunde, dessen Ränder röhrenförmig miteinander verwachsen sind. Die dreischichtige Schale wird bis 15 cm lang, ist aber meist viel kleiner. Der ▶ Kopf ist im Wesentlichen auf einen Mundkegel reduziert. Der ▶ Fuß bildet ▶ Fangfäden (▶ Captacula), mit denen die Nahrung (z. B. Foraminifera) festgeklebt und zum Mund befördert wird. Die Beute wird zwischen ▶ Kiefer und Muskelmasse zerdrückt und durch die ▶ Radula in die Speiseröhre gedrückt. Zentrum der Verdauung sind die ▶ Mitteldarmdrüsen; der anschließende Darm ist in Schlingen gelegt, der Anus mündet hinter dem Fuß in die ▶ Mantelhöhle. Blutgefäße und ▶ Herz sind stark reduziert, letzteres oft bis auf eine dorsale Falte im ▶ Pericard. Die ▶ Exkretion erfolgt mittels ▶ Podocyten; das Ultrafiltrat gelangt durch ▶ renopericardiale Gänge in gelappte ▶ Nierensäcke (▶ Perianalsinus), die neben dem Anus in die ▶ Mantelhöhle münden. Das ▶ Nervensystem hat die molluskentypische Ausstattung mit paarigen ▶ Cerebral-, ▶ Pedal-, ▶ Pleural- und ▶ Visceralganglien und weiteren, kleineren ▶ Ganglien. Im Fuß liegen ▶ Statocysten, und chemischer und Tastsinn sind nachgewiesen. Die ▶ Scaphopoda sind getrenntgeschlechtlich. Die in der unpaaren Keimdrüse gebildeten Keimzellen werden über den rechten Nierensack ausgeleitet, die ▶ Befruchtung ist eine äußere. Die ▶ Entwicklung verläuft über eine ▶ Schwimmlarve. Diese bildet zwei Mantelfalten und zwei Schalenstücke, die miteinander zur Röhre verwachsen. Die ▶ Kahnfüßer sind vom marinen Flachwasser bis in 7000 m Tiefe gefunden worden. Sie graben sich mit Hilfe ihres kräftigen Fußes in Sand- und Weichböden so tief ein, dass das ▶ konisch verjüngte Röhrenende gerade die Sedimentoberfläche überragt. Etwa 600 Arten mit wenig ausgeprägten Merkmalen sind beschrieben worden, die in die beiden Ordnungen ▶ Dentaliida und ▶ Gadilida mit je 4 Familien aufgeteilt werden (▶ Tab. 2). Die meisten Arten sind klein, die größte bekannte Art ist *Fissidentalium vernedi* (Hanley 1860) aus südostasiatischen Meeren, das 13,5 cm Schalenlänge erreicht. Einige ▶ Scaphopoda dienten dem Menschen als Schmuck oder Zahlungsmittel (▶ *Antalis*).

2.2.2 Bivalvia, Muscheln

Die ▶ Bivalvia Linnaeus 1758 (Zweischaler, früher auch ▶ Acephala, ▶ Cormopoda, ▶ Dithyra, ▶ Elatobranchia, Elatocephala, ▶ Lamellibranchia, Lamellibranchiata, ▶ Pelecypoda), Muscheln, nach den ▶ Gastropoda das zweitgrößte Taxon innerhalb der ▶ Mollusca, dessen Angehörige ausschließlich im Wasser leben und daher über ▶ Kiemen atmen. Der ▶ Kopf ist reduziert, der Körper seitlich abgeflacht und von zwei Mantellappen umschlossen. Diese scheiden eine entsprechend geformte, zweiklappige Schale ab, die den Weichkörper meist völlig umschließt. Sie besteht im Allgemeinen aus einem äußeren ▶ Schalenhäutchen (▶ Periostracum) und darunterliegenden (zwei) Kalkschichten aus unterschiedlichen Kristallformen, meist ▶ Aragonit und ▶ Calcit. Die beiden Schalenklappen werden in der Rückenmitte durch ein elastisches ▶ Ligament (▶ Scharnierband) aneinander befestigt, und in der Kontaktzone wird ein System von Leisten und Höckern (▶ „Zähnen“) ausgebildet, das als ▶ Scharnier fungiert (früher fälschlich ▶ „Schloss“ genannt). Dieses verhindert scherende Bewegungen der Klappen gegeneinander. Der Flächenzuwachs der Schalen erfolgt am ▶ Mantelrand, weshalb Muschelschalen meist konzentrisch zum ältesten Teil, den ▶ Wirbeln, gestreift oder gerippt sind. Die Manteloberfläche lagert Kalk von innen an die Schale an und verstärkt sie so. Die Klappen werden untereinander und mit dem Weichkörper durch ursprünglich zwei ▶ Schließmuskeln (▶ Adduktoren) verbunden, deren einer bei vielen Muscheln reduziert wird (▶ Monomyaria, ▶ Anisomyaria). Die ▶ Cerebropleuralganglien steuern das antagonistische Zusammenwirken von ▶ Ligament und ▶ Schließmuskeln bei der Bewegung der Klappen. Die Schließmuskeln sind aus einem schnellen Schließer und einem trägen ▶ Sperrmuskel aufgebaut, der mit geringem Energieaufwand die Klappen lange geschlossen halten kann. Der ▶ Mantelrand bildet drei Falten: von der inneren entspringen Muskelfasern, die in der ▶ Mantellinie an der ▶ Schale ansetzen; die mittlere enthält Sinneszellen, manchmal Augen und ▶ Tentakeln; die äußere bildet die Schale. Verwachsen die Mantelränder der beiden Körperseiten, so bleiben Öffnungen für den ▶ Fuß sowie den Wasserein- und -ausstrom erhalten. Diese Ingestions- und Egestionsöffnungen werden bei manchen ▶ Bivalvia an die Spitze einer röhrenförmigen Mantelrandverlängerung (▶ Sipho) verlagert und können so die Richtung der Wasserströme bestimmen. Letztere werden durch die Bewimperung der ▶ Mantelhöhle und der in dieser gelegenen ▶ Kiemen erzeugt. Das Atemwasser transportiert gleichzeitig Partikeln, die an den ▶ Kiemen durch ▶ Schleimnetze abgefangen werden. Wenn verdaulich, werden sie über Wimperbahnen zum Mund befördert. Die unverdaulichen Partikeln werden aussortiert, in ▶ Schleim gehüllt und als ▶ Pseudofaeces ausgeschieden. Die Nahrungsteilchen werden im ▶ Magen mit Enzymen vermischt, die großenteils aus dem ▶ Kristallstiel stammen. Die Resorption erfolgt in den Magendivertikeln. Unverdauliche Reste gelangen über Mittel- und Enddarm in die ▶ Mantelhöhle und werden ausgespült. Bei vielen Muscheln zieht der Enddarm durch das ▶ Herz, das aus einer Kammer und zwei Vorhöfen besteht. Das Blut gelangt aus der ▶ Kammer in eine vordere und eine hintere ▶ Aorta, strrömt durch ▶ Lakunen, sammelt sich in ▶ Sinus und kommt (teilweise) durch Nieren und ▶ Kiemen zurück zu den Vorkammern. Blutfarbstoff ist meist ▶ Haemocyanin, seltener ▶ Haemoglobin. Die primäre ▶ Exkretion erfolgt in den ▶ Herzbeutel, aus dem die schlauchförmigen Nieren mit einem Wimpertrichter entspringen. Zusätzlich werden ▶ Konkremente in das Gewebe eingelagert. Die Keimdrüsen sind paarig, oft gelappt oder verästelt. In einer Gattung können getrenntgeschlechtliche und zwittrige Arten nebeneinander vorkommen, mehrfacher Wechsel des Geschlechts ist möglich (z. B. ▶ Austern). Die Genitalöffnungen liegen neben den Exkretionsöffnungen in der ▶ Mantelhöhle, die ▶ Gameten werden mit dem Atemwasserstrom ausgestoßen. Die ▶ Befruchtung erfolgt meist im Wasser, seltener in der ▶ Mantelhöhle. Aus der ▶ Spiralfurchung gehen ▶ Hüllglockenlarven oder (meist) ▶ Veligerlarven hervor, bei ▶ Süßwassermuscheln ▶ Glochidien, ▶ Lasidien und ▶ Haustoriallarven. Die zunächst einheitliche Larvenschale knickt später dorsomedian ab und bildet so die zweiklappige Schale. Oft produziert der ▶ Fuß aus Drüsenkomplexen den ▶ Byssus, mit dessen Hilfe sich die Jungmuschel am Substrat festhalten kann. In einigen Gruppen bleibt die Fähigkeit, Byssus zu bilden, auch bei den Adulten erhalten. Durch Reduktion und/oder allometrisches Wachstum können die Schalenklappen asymmetrisch und gelegentlich bizarr geformt werden. Das ▶ Nervensystem ist relativ einfach; Zentren sind die paarigen ▶ Cerebropleural-, ▶ Pedal- und ▶ Visceralganglien. Sinneszellen sind im gesamten Weichkörper verteilt, an Sinnesorganen gibt es ▶ Statocysten, ▶ Osphradien und bei einigen Muscheln mantelrandständige Augen unterschiedlicher Komplexität (z. B. ▶ Pectinidae). Das Verhaltensinventar ist einfacher als bei anderen ▶ Conchifera. Die ▶ Bivalvia leben meist auf oder im Sediment, in

Meer-, Brack- und Süßwasser. Einige Arten können hohe Bestandsdichten bilden, vor allem in den „Bänken“ (▶ Muschelbank, ▶ Austern, ▶ Miesmuscheln). Einige Arten vermögen zu schwimmen (▶ Pectinidae, ▶ Limidae), viele ▶ bohren in Holz, Torf und Kalkgestein. Durch ihre filtrierende Ernährungsweise und die Ablagerung von ▶ Faeces und ▶ Pseudofaeces tragen sie dazu bei, das Wasser zu reinigen und das Sediment zu erhöhen. Viele Arten stellen ganz bestimmte Anforderungen an ihren ▶ Lebensraum und eignen sich daher als Leitformen für ▶ Biozönosen und als Indikatoren für ihre Umweltfaktoren. Sie sind wichtige Nahrungsgrundlage für viele Tiere und werden auch vom Menschen geschätzt (z. B. ▶ Austern, ▶ Herzmuscheln, ▶ Miesmuscheln, ▶ Venusmuscheln). Die Systematik der ▶ Bivalvia ist noch unzureichend begründet und beruht im Wesentlichen auf der Ausbildung der ▶ Kiemen, der ▶ Schließmuskeln und des ▶ Scharniers. Die etwa 12.000 Arten werden hier den meist als Unterklasse bewerteten ▶ Protobranchia, ▶ Pteriomorpha, ▶ Palaeoheterodonta und ▶ Heterodonta zugeordnet, wobei in die ▶ Heterodonta auch die früher als gleichrangig gewichteten ▶ Anomalodesmata und ▶ Septibranchia einbezogen werden (▶ Tab. 7).

Abb. 10. ▶ Teichmuscheln (*Anodonta cygnea*), mit dem Hinterende aus dem Sediment ragend, nach Abgabe von ▶ Glochidien (weiße Punkte).

Liste malakozoologisch relevanter Stichwörter

Aaht, ein früher auf den Marshall-Inseln gebräuchliches ▶ Muschelgeld, das vor allem aus den farbigen, scheibenförmig herausgeschliffenen Teilen von ▶ *Spondylus*-Schalen hergestellt wurde. Die Scheiben wurden auf Schnüre aufgezogen, deren Länge und Schönheit den Wert bestimmte.

Abalone, Handelsname von ▶ *Haliotis*-Arten (▶ Meerohren), insbesondere von deren als Delikatesse geschätztem Fleisch, das frisch und konserviert in den Handel kommt. Wegen der starken Nachfrage wird versucht, diese Schnecken in Meeresfarmen zu züchten (u. a. Kalifornien, Peru). Die innen oft prächtig irisierenden Schalen werden zu Schmuck verarbeitet.

Abalone-Perlen, von ▶ *Haliotis*-Arten erzeugte, meist grünblaue, stark glänzende ▶ Perlen.

abanal, vom Anus weg gelegen.

adanal, am Anus gelegen.

Abdomen, im Allgemeinen Hinterleib; bei den ▶ Caudofoveata als Bezeichnung für den hintersten Abschnitt des Körpers verwendet, der in Prae- und ▶ Postabdomen unterteilt sein kann.

Abdominalstacheln, (auch: ▶ Kloakalstacheln), bei den ▶ Solenogastres in den ▶ Pallialraum verlagerte Kalknadeln der ▶ Cuticula. Möglicherweise dienen sie der Vorbereitung oder Einleitung der ▶ Kopulation. ▶ Kopulationsstacheln.

Abfallbeseitigung, das Entfernen von Substanzen aus dem Körper, die nicht als Nahrung verwertet werden können oder die Endprodukte des Stoffwechsels sind. An den Kontaktstellen zwischen Körper und Umwelt übernehmen bei den Mollusken häufig Wimperfelder das Sortieren in Verwertbares und nicht Brauchbares, und sie spülen das Unbrauchbare aus. Dieses wird oft durch ▶ Schleim zu größeren Ballen vereinigt, die z. B. als ▶ Pseudofaeces aus der ▶ Mantelhöhle ausgespült werden. Bei den Muscheln wechseln häufig und regelmäßig Phasen der Nahrungsaufnahme mit Zeiten, in denen die Abfälle (einschließlich der ▶ Faeces) abgegeben werden.

Abida LEACH in TURTON 1831, Gattung der ▶ Chondrinidae, in Mitteleuropa mit der ▶ Roggenkornschnecke, *A. secale* (DRAPARNAUD 1801), vertreten.

abiotische Faktoren, zusammenfassender Begriff für die physikalischen und chemischen Einflüsse der Umwelt. Für die Mollusken handelt es sich im Wesentlichen um Feuchtigkeit, Temperatur und Beschaffenheit des Substrats (Ggs.: biotische Faktoren).

Abra LEACH in LAMARCK 1818, Kleine ▶ Pfeffermuscheln, Gattung der ▶ Scrobiculariidae, meist mit eiförmigen, hinten verschmälerten Klappen, die seitlich zusammengedrückt sind. Alle Arten sind wichtig als Plattfisch-Nahrung. In O-Atlantik und Nordsee leben 4 Arten, darunter die als Leitform einer ▶ Zönose dienende *A. alba* (W. WOOD 1802).

Abundanz, Anzahl der Arten oder der Individuen einer Art pro Flächeneinheit.

abyssal, Bodenregion in der ▶ Tiefsee zwischen etwa 1.000 und 7.000 m; lichtlose Zone, an die sich auch einige Mollusken angepasst haben.

Acanthinula BECK 1847, ▶ Stachelschnecke, westpaläarktische Gattung der ▶ Valloniidae mit kegelförmigem Gehäuse von ca. 2 mm Durchmesser.

Acanthocardia J. E. GRAY 1851, Gattung der ▶ Cardiidae mit kräftigen radialen ▶ Rippen, auf denen Stacheln stehen. Mit 6–7 cm langen Klappen ist die Stachlige Herzmuschel, *A. echinata*

(LINNAEUS 1758) die größte heimische Herzmuschelart.

Acanthochitonida, Ordnung der ▶Polyplacophora, im Umriss langovale ▶Käferschnecken mit verbreitertem ▶Gürtel, auf dem Büschel von Kalkstacheln inserieren. *Acanthochitona* GRAY 1821 mit *A. fascicularis* (LINNAEUS 1767) lebt an den ostatlantischen Küsten und im Mittelmeer. Zu den A. gehört auch ▶*Cryptochiton* MIDDENDORFF 1847. Der im nördlichen Pazifik vorkommende *C. stelleri* (MIDDENDORFF 1847) ist mit bis zu 43 cm Länge die größte rezente ▶Käferschnecke und ein beliebtes Untersuchungsobjekt für physiologische Fragestellungen.

Acephala CUVIER 1798 (= Kopflose), veraltete Bezeichnung für die ▶Bivalvia.

Achatina LAMARCK 1799, Große ▶Achatschnecken, Gattung der Achatinidae, ▶Landlungenschnecken mit einigen sehr großen Arten: die Gehäuse der Afrikanischen Riesenschnecke (*A. fulica* BOWDICH 1822) werden über 20 cm hoch und 0,5 kg schwer. Die Schnecken können in Pflanzenkulturen schädlich werden und dienen selbst, einschließlich ihrer Eier, als Nahrung.

Achatina-Geld, Gehäusestücke Großer ▶Achatschnecken (▶*Achatina*), die früher in Westafrika als Geld oder Schmuck verwendet worden sind.

Achatinella SWAINSON 1828, Gattung der Achatinellidae mit kegeligem Gehäuse und nicht erweitertem Mündungsrand. Endemisch auf Hawaii und dort auf Bananen lebend.

Achatschnecken, volkstümliche Bezeichnung für 2 nicht verwandte Familien der ▶Landlungenschnecken: **1**) Kleine A., ▶Cochlicopidae oder ▶Cionellidae, bis 7 mm hohe Gehäuse, nördliche Halbkugel. **2**) Große A., Achatinidae, große, tropische Schnecken, ursprünglich in Afrika und Madagaskar beheimatet, inzwischen auch in Amerika und Ostasien heimisch (und oft schädlich) geworden. ▶*Achatina*.

Achtarmkalmare, ▶Octopoteuthidae.

Achtfüßer, die ▶Octopoda oder ▶Kraken (Taxon der ▶Cephalopoda).

Acicula HARTMANN 1821, ▶Nadelschnecke, Gattung der Aciculidae, einer auch in Mitteleuropa vertretenen Familie der ▶Architaenioglossa. Einige heimische Arten sind jetzt in die eigenständige Gattung ▶*Platyla* transferiert worden.

Acinus (= Schlauch) (Mehrzahl: Acini), bei vielen Molluskengruppen auftretende, schlauch- oder sackförmige Ausstülpungen der Keimdrüsen. So setzt sich in der Regel bei den ▶Gastropoda der ▶Testis aus Acini zusammen wie auch insbesondere die zwittrige Gonade der ▶Pulmonata und ▶Opisthobranchia. Meist entwickeln sich ▶Oocyten und ▶Spermatozoen gemeinsam in einem A., und zwar die Eizellen im peripheren, die Samenzellen im zentralen Teil. Dabei erfolgt die Trennung der Abschnitte bei Pulmonata durch vorragende ▶Sertoli-Zellen (▶Cytophor). Bei einigen ▶Opisthobranchia entstehen die Keimzellen in separaten Acini.

Ackerschnecken, mehrere Taxa der Landnacktschnecken, die sich von Pflanzen ernähren und bei Massenauftreten auf Feldern und in Gärten schädlich werden können. Dazu zählen insbesondere die Einfarbigen A., *Deroceras agreste* (LINNAEUS 1758), die Genetzten A., *Deroceras reticulatum* (O. F. MÜLLER 1774) sowie der ▶Boden-Kielschnegel, ▶*Tandonia budapestensis* (HAZAY 1880). In den letzten Jahren breitet sich auch die ursprünglich in SW-Europa beheimatete ▶Spanische Wegschnecke,

Arion lusitanicus (MABILLE 1868), verstärkt aus. Die vor allem nachts und bei feuchtem Wetter aktiven A. haben ihre Hauptfeinde in Kröten, Igeln, Maulwürfen, Drosseln, Staren und Hühnern. Im engeren Sinne sind A. die Arten der ► Agriolimacidae.

Aclididae, Spitzschnecken, Familie der ► Ptenoglossa, mit kleinem (< 5 mm), dünnwandigem Gehäuse; in der südlichen Nordsee vertreten durch *Aclis* LOVÉN 1846 mit *A. ascaris* (TURTON 1819).

Acmaeidae, Schildkrötschnecken, Familie der ► Eogastropoda, in der südlichen Nordsee durch *Acmaea virginea* (O. F. MÜLLER 1776) und *Tectura testudinalis* (O. F. MÜLLER 1776) vertreten.

acrembol, (auch: acrembolisch, akrembol), einer der bisher beschriebenen Konstruktionstypen des ► Rüssels der ► Neogastropoda.

Acroloxidae, ► Teichnapfschnecken, ► Flussmützenschnecken, Familie der ► Hygrophila.

Acteonidae, ► Drechselschnecken, Familie unsicherer systematischer Stellung im Grenzbereich zwischen ► „Streptoneura" und ► „Opisthobranchia", jetzt meist zu den „Niederen" ► Heterobranchia gerechnet. In der südlichen Nordsee ist nur *Acteon tornatilis* (LINNAEUS 1758) nachgewiesen.

Aculifera (Abb. 1), (früher: ► Amphineura), Stachelträger, umfassen die ► Mollusca mit einer Kalkstachel-bewehrten ► Cuticula. (siehe allgemeine Einführung S. 20).

Adapedonta, ► Wenigzähner, Taxon der ► Blattkiemer, mit rückgebildetem ► Scharnier; grabende oder bohrende, meist marine Muscheln. Hierher werden die ► Bohrmuscheln (Adesmoidea), ► Klaffmuscheln (Myoidea), ► Scheidenmuscheln (Solenoidea) und die ► Trogmuscheln (Mactroidea) gerechnet.

Adduktoren (= Heranzieher), allgemein Muskeln, die bei Kontraktion Körperteile zusammenziehen. Speziell versteht man darunter die ► Schließmuskeln der Muscheln. Weitere A. sind aus der Körperwand der ► Cephalopoda beschrieben worden, darunter die Adductores infundibuli am ► Trichter.

Adelphophagie, Verzehr von Geschwistern, bei mehreren, nichtverwandten Gruppen von ► „Prosobranchia" verbreitet, vor allem bei ► Calyptraeidae und ► Neogastropoda. Dabei werden entweder frühe Embryonalstadien verzehrt, oder es gibt in der ► Eikapsel unbefruchtete oder mit atypischen Spermien befruchtete Eizellen, die sich nicht entwickeln, sondern als ► Nähreier fungieren. Bei ► *Euspira catena* enthält jede Eikapsel 50–180 Eier, die Mehrzahl furcht sich atypisch und wird zu Nähreiern, und nur 2–19 entwickeln sich normal. Bei ► *Theodoxus fluviatilis* sind Größe der Eikapseln und Menge der Nähreier abhängig vom Salzgehalt des Lebensraumes: aus jeder Kapsel schlüpft nur ein Schlüpfling im ► Kriechstadium. Den ► Neogastropoda ermöglicht eine höhere Anzahl von Nähreiern eine besonders lange Entwicklungszeit und die Ausbildung größerer Schlüpflinge im Kriechstadium. Die Kapsel von ► *Neptunea antiqua* enthält ca. 5000 Eier von 300 µm Ø; von diesen entwickeln sich 1–2 zu Lasten der übrigen zum Schlüpfling, der bereits ein bis zu 2¼ Umgänge umfassendes ► Gehäuse trägt. Die Weibchen von ► *Buccinum undatum* formen bis zu faustgroße ► Eiballen aus etwa 2000 Kapseln, die jeweils etwa 1000 Eier enthalten, von denen sich ca. 10 normal entwickeln. Sie nehmen die Nähreier nach

Abschluss der ersten Phase der ▶ Torsion in einer temporären Erweiterung des Darmes auf.

Adenopoda, ▶ Drüsenfüßer, zusammenfassende Bezeichnung für die Mollusken, die eine ▶ Fußdrüse haben. Dazu zählen die ▶ Solenogastres, die ▶ Polyplacophora und die ▶ Conchifera. Die Ausbildung einer ▶ Fußdrüse wird als Autapomorphie dieser Gruppe gewertet, was umstritten ist.

Adhäsion, Haftvermögen, bei Mollusken, insbesondere Schnecken, eine Aufgabe des selbsterzeugten ▶ Schleims, der die Kriechsohle des Tieres mit dem Substrat verbindet und dessen Wirkung ergänzt wird durch in die Fußsohle einstrahlende Muskulatur, die zu saugnapfartigen Verformungen der Sohle führt. A. ermöglicht den Schnecken, sich auch an senkrechten oder überhängenden Wänden festzuhalten und fortzubewegen.

Adultus, erwachsenes, geschlechtsreifes Tier.

Adultschale, ▶ Teloconch (auch: Teloconcha), die ▶ Schale des erwachsenen (geschlechtsreifen) Tieres, deren Struktur meist abweichend von der der larvalen und juvenilen ▶ Schale ist.

advolut, paläontologische Bezeichnung für ein Schneckenhaus, bei dem sich die Umgänge innen berühren und so die ▶ Spindel bilden; diese ist hohl, der ▶ Nabel des Gehäuses daher offen. ▶ nautiloid.

Aegopinella LINDHOLM 1927, ▶ Glanzschnecken, Weitmundglanzschnecken, Gattung der ▶ Zonitidae, mit mehreren Arten in Mitteleuropa vertreten.

Aegopis FITZINGER 1833, Gattung der ▶ Zonitidae, in Mitteleuropa mit der ▶ Riesenglanz- oder ▶ Wirtelschnecke, *A. verticillus* (LAMARCK 1822), die in zerstreuten Populationen in Wäldern und Gebüsch unter Holz und Falllaub lebt.

Aeolidiidae, ▶ Fadenschnecken, Familie der ▶ Cladobranchia.

Aestheten, (auch: Ästheten), Sinnesorgane der ▶ Polyplacophora, die in der äußeren Schalenschicht liegen; sie können aus einer oder mehreren Sinneszellen bestehen. Bei einigen tropischen Arten sind sie zu ▶ Schalenaugen fortentwickelt.

Aetheriidae (auch: ▶ Etheriidae), Familie der ▶ Schizodonta (Unionoida), Blattkiemenmuscheln mit austernähnlichen, unregelmäßigen Schalen; eine ist mit dem Substrat verklebt und wird etwa viermal so groß wie die obenliegende. Die zugehörigen Gattungen zeigen zunehmende Reduktion der ▶ Schließmuskeln. Einfache ▶ Brutpflege in Taschen der inneren Kiemenblätter, in denen die ▶ Entwicklung bis zu ▶ Lasidien erfolgt.

afferent, Blutbahnen oder Nervenfasern, die zu einem Organ führen. Ggs.: ▶ efferent.

Aglossa, Zungenlose, Familie der Eulimoidea, nichtverwandte Schnecken ohne ▶ Radula, früher zu den ▶ Mesogastropoda (THIELE 1925) gestellt. Mit Hilfe einer Schlundpumpe saugen die A. an oder in Echinodermen. Wegen der parasitischen Lebensweise sind außer der ▶ Radula auch das ursprünglich turmförmige Gehäuse sowie weitere Organsysteme (z. B. ▶ Nervensystem) reduziert. Zu den A. wurden die Asterophilidae, ▶ Entoconchidae, ▶ Eulimidae, Paedophoropodidae (▶ *Paedophoropus*), Pelseneeriidae und Stiliferidae (▶ *Stilifer*) gerechnet. Heute werden alle A. auch zu den Eulimidae gestellt. Ggs.: ▶ Glossophora.

Agoya, (auch: **Akoya**), Trivial- und Handelsname für ▶ Seeperlmuscheln (▶ *Pinctada fucata* GOULD 1850 und

▶ *P. imbricata* RÖDING 1798) aus japanischen Gewässern, aus deren perlmuttrigen Schalen Knöpfe und anderer Zierat hergestellt werden.

Agriolimacidae, ▶ Ackerschnecken, Kleinschnegel, Familie der ▶ Limacoida, ▶ Nacktschnecken mit innerer Kalkplatte. In Mitteleuropa ist ▶ *Deroceras* RAFINESQUE 1820 mit ca. 10 Arten vertreten, von denen einige Massenvorkommen bilden und dann in Pflanzenkulturen schädlich werden können. ▶ *Krynickillus*.

Ahlenschnecken, ▶ Subulinidae, Familie der ▶ Landlungenschnecken. Mehrere, kleine Arten der feuchten Bodenstreu, in Mitteleuropa in Gewächshäusern vorkommend.

Akeridae, ▶ Kugelschnecken, Gruppe der ▶ Aplysiomorpha mit zartem, eiförmigem Gehäuse und deutlich abgesetzten ältesten Umgängen. Die Gemeine Kugelschnecke (*Akera bullata* O. F. MÜLLER 1776) ist als einziger heimischer Vertreter in der Kieler Bucht nachgewiesen.

Akkommodation, Einstellung des Auges auf unterschiedliche Gegenstandsweiten. Bei den ▶ Prosobranchia und ▶ Cephalopoda ist die ▶ Linse weitgehend formstabil, die A. erfolgt durch Verändern des Abstandes zwischen ▶ Linse und ▶ Retina.

Algentoxine, Algengifte, Stoffwechselprodukte von Algen und Blaualgen, die vor allem von filtrierenden Mollusken mit ihren Erzeugern aufgenommen und angereichert werden. Der Verzehr solcher Muscheln oder Schnecken kann bei Krebsen, Fischen, Vögeln und Säugetieren zu Vergiftungserscheinungen führen. A. treten häufig als Folge der red tide auf. ▶ Muschelvergiftung.

Algenzucht wird von verschiedenen Mollusken, vor allem Schnecken und Muscheln, zur Ergänzung ihrer üblichen Nahrung genutzt. So leben ▶ Zooxanthellen in den Verdauungszellen mancher ▶ Opisthobranchia, bei ▶ Riesenmuscheln (Tridacnidae) wird die ▶ Anatomie des Wirtes durch eine Drehung des Weichkörpers von ca. 180° gegen die Schale an die A. angepasst: in ▶ Lakunen des jetzt oben gelegenen, lichtzugewandten Mantelbereichs, besonders in kegeligen, transparenten Erhebungen, entwickeln sich die ▶ Zooxanthellen besonders intensiv. ▶ Flitterzellen (▶ Iridophoren) verstärken die Wirkung des Lichts. Bei einigen ▶ Herzmuscheln (z. B. *Corculum* RÖDING 1798) leben die symbiotischen Algen in ▶ Lakunen der ▶ Kiemen und des ▶ Mantels, von wo sie von Zeit zu Zeit zu den ▶ Mitteldarmdivertikeln transportiert und dort verdaut werden. ▶ Symbiosen.

Allogastropoda HASZPRUNAR 1985, vermutlich paraphyletisches Taxon der ▶ Heterobranchia mit ▶ taenio- oder ▶ ptenoglosser oder durch einen Pumpapparat ersetzter ▶ Radula. Hierher gehören z. B. die im ▶ Süßwasser verbreiteten ▶ Federkiemenschnecken (▶ Valvatidae) sowie die marinen Sonnenschnecken (▶ Architectonicidae) und Pyramidenschnecken (▶ Pyramidellidae).

alloiostroph, Form des Schneckenhauses, bei der der Zuwachs des Gehäuses nicht einer regelmäßigen Schraubenlinie entspricht, sondern unregelmäßig verläuft (z. B. ▶ *Carinaria*, *Atlanta*, *Vermetus*, ▶ *Caecum*).

Allonautilus WARD & SAUNDERS 1997, Gattung der ▶ Nautilidae, Alt-Kopffüßer mit weitem Gehäusenabel (etwa 20 % des Gehäusedurchmessers), dessen Rand gekielt ist. Von ▶ *Nautilus* unterscheidet sich das Genus durch die andere Morphologie der ▶ Kiemen und des männlichen Genitaltrakts. Bisher sind zwei Arten beschrieben, das Salomonen-Perlboot, *A. scrobiculatus* (LIGHTFOOT 1786) bei den Molukken, Neuguinea, Neubritannien und den Salomonen sowie *A. perforatus* (CONRAD 1847) aus balinesischen Gewässern.

Alloposidae, Familie der ▶Argonautoidea (▶Cephalopoda) mit der einzigen Gattung *Alloposus* VERRILL 1880. Die einzige Art *A. mollis* VERRILL 1880 ist kosmopolitisch und erreicht eine Mantellänge von 40 cm, mit Armen 2 m.

Allospermien, Partnerspermien, die ▶Spermatozoen des Kopulationspartners, die oft in einem besonderen Speicherbehälter des funktionellen Weibchens, dem ▶Receptaculum seminis, zwischengelagert werden, bis die ▶Oocyten befruchtungsbereit sind.

***Alloteuthis* (Abb. 27)** NAEF in WÜLKER 1920, ▶Zwergkalmar, Gattung der ▶Loliginidae, kleine, schlanke ▶Kopffüßer, deren endständige ▶Flossen bei Betrachtung von oben herzförmig sind. Der Gepfriemte Zwergkalmar, *A. subulata* (LAMARCK 1798), ist der häufigste Kalmar in der Nordsee und der westlichen Ostsee bis zur Mecklenburger Bucht. Die Weibchen werden 12 cm, die Männchen 20 cm lang. Gelegentlich tritt im Gebiet der kleinere Marmorierte Zwergkalmar, *A. media* (LINNAEUS 1758), auf, bei dem die Weibchen die Größeren sind.

Allotypus, taxonomischer Begriff für einen Typus, der das konträre Geschlecht des Holotypus hat (▶Typus).

Alluroteuthis ODHNER 1923, ▶Neoteuthidae.

almeja, an den Küsten von Chile und Peru üblicher Trivialname für die als Nahrung geschätzten Muscheln ▶*Ameghinomya* und ▶*Protothaca*.

Alter, ▶Lebenserwartung.

Alternanz-Regel, der regelmäßige Wechsel zwischen dexio- und leiotropen ▶Furchungen in der frühen ▶Entwicklung der ▶Spiralia, auch der ▶Mollusca. ▶Quartettbildung, ▶dexiotrop.

Altlungenschnecken, ▶Archaeopulmonata, als ursprünglich aufgefasstes Taxon der ▶Lungenschnecken, zu dem die Ellobioidea gerechnet werden.

Altschnecken, ▶Archaeogastropoda, ▶Diotocardia, ▶Aspidobranchia, paraphyletische Gruppe der Vorderkiemer, alle ▶docoglossen und die meisten ▶rhipidoglossen Schnecken umfassend: ▶Patellogastropoda, Cocculinida, ▶Neritimorpha und ▶Vetigastropoda.

Alttintenschnecken, Nautiloida, ▶Tetrabranchiata, Perlbootartige, Taxon der ▶Cephalopoda mit äußerem, ▶exogastrisch gewundenem und gekammertem Gehäuse. Fossil reich entwickelt, sind ▶*Nautilus* und ▶*Allonautilus* die einzigen rezenten Vertreter.

Alvania RISSO 1826, Gattung der ▶Rissoidae, ▶Kleinschnecken, in der südlichen Nordsee sind sie durch *A. lactea* (MICHAUD 1832) vertreten.

Alviniconcha OHTA 1988, Gattung der Provannidae, eine Tiefseeschnecke, lebt an pazifischen ▶Hydrothermalquellen.

Ama, japanische Perlentaucherinnen.

Amauropsis MÖRCH 1857, Gattung der ▶Naticidae, ▶Nabelschnecken, in der südlichen Nordsee vertreten durch *A. islandica* (GMELIN 1791).

Ameghinomya IHERING 1907, Gattung der ▶Veneridae mit 4 Arten; wird an den pazifischen Küsten Südamerikas als Nahrung für den Menschen genutzt. Besonders geschätzt ist die etwa 9 cm lang werdende ▶Chilenische Venusmuschel, *A. antiqua* KING & BRODERIP

1831, im Volksmund „almeja rayada“ genannt. Sie wird oft verwechselt mit ▶ *Protothaca*.

Ammoniten, Ammonoidea, (Trivialname: Ammonshörner), Taxon der ▶ Cephalopoda mit ausschließlich fossil erhaltenen Vertretern; im Mesozoikum weit verbreitet, starben sie in der Oberen Kreide aus. Wichtige Leitfossilien.

Amoebocyten, freibewegliche Wanderzellen für die Verdauung und den Nahrungstransport in Muscheln.

Amphibolidae, ▶ Netzschnecken, Familie der ▶ Basommatophora.

amphidet, Form des ▶ Scharniers zwischen zwei Schalenklappen der Muscheln, bei der das ▶ Scharnierband (▶ Ligament) sich von einer gedachten Linie zwischen den ▶ Wirbeln sowohl nach vorn wie nach hinten erstreckt. Ggs.: ▶ opisthodet.

Amphineura von Ihering 1876, ▶ Aculifera, veraltete, zusammenfassende Bezeichnung für die ▶ Solenogastres, ▶ Caudofoveata und ▶ Polyplacophora. Sie verfügen über je ein Paar pedaler und lateraler Nervenstränge, die sich am Hinterende des Körpers zu einem Ring vereinigen.

Amphitretidae, Familie der ▶ Bolitaenoidea (▶ Incirrata, ▶ Cephalopoda), mit gallertigem, semitransparentem Körper und oben gelegenen ▶ Teleskopaugen. Mit ▶ Tintenbeutel. Der 3. rechte Arm des Männchens ist ▶ hectocotylisiert. Zur einzigen Gattung *Amphitretus* Hoyle 1885 gehört nur eine Art, *A. pelagicus* Hoyle 1885.

Ampullariidae, ▶ Apfelschnecken (auch ▶ Kugel- oder ▶ Blasenschnecken), Familie der Ampullarioidea (▶ Caenogastropoda); amphibisch in tropischen Süßgewässern lebende ▶ Vorderkiemerschnecken mit großem, kugeligem Gehäuse. Die ▶ Mantelhöhle ist in eine rechte ▶ Kiemen- und eine linke ▶ Lungenkammer unterteilt. Der linke Mantellappen ist zu einem ausstreckbaren Atemrohr umgeformt. Beliebte Aquarientiere, die viel Zufütterung mit Obst und Gemüse brauchen.

Ampulle (Abb. 47), **1**) ▶ Vesicula seminalis, Erweiterung des gonadialen ▶ Gonoducts vieler ▶ Gastropoda, die als Speicher für die selbst erzeugten Spermien (▶ Autospermien) dient. **2**) Erweiterung im Endabschnitt des Tintenganges der Sepiiden vor der Einmündung in den Enddarm, auf beiden Seiten durch je einen ▶ Sphinkter verschlossen, so dass die ▶ Tinte portionsweise ausgestoßen werden kann.

Analauge, fälschlich so bezeichnete Struktur bei ▶ Hinterkiemern, bei der es sich wahrscheinlich um ein Exkretionsorgan handelt.

Analdrüsen, bei ▶ Proso- und ▶ Opisthobranchia ausgebildete Drüsen unbekannter Funktion, die in den Enddarm ▶ sezernieren.

Analhöhle, bei ▶ Solenogastres ein subterminal gelegener Hohlraum, in den Enddarm und Genitalwege münden.

Analkanal, am oberen (apicalen) Teil der Gehäusemündung vieler Schnecken verlaufender Kanal, der es den Tieren ermöglicht, die ▶ Faeces auf kurzem Wege abzugeben. Funktionell entspricht er dem ▶ Schalenschlitz der ▶ Pleurotomariidae.

Analkiemen, bei den ▶ Dorididae den Anus rosettenförmig umgebende, zierliche, meist zweizeilig gefiederte Kiemenblättchen.

Analnieren, bei den ▶ Veligern einiger ▶ Opisthobranchia vorkommende Exkretionsorgane. Sie sind paarig oder unpaar und münden in die ▶ Mantelhöhle.

Analogie, Anpassungsähnlichkeit, die nicht auf genetischer Übereinstimmung beruht, sondern sich durch gleichen Selektionsdruck als Anpassung an die Umwelt entwickelt hat. ▶ Homologie.

Analsinus, apicale Ausbuchtung der ▶ Mündung des Schneckenhauses, unter der der Anus liegt, so dass die Exkremente möglichst weit vom ▶ Kopf entfernt abgegeben werden können.

Analsipho, an der Ausströmöffnung der Muscheln aus dem rechten und linken ▶ Mantelrand durch Verwachsung entstandenes Rohr, das mehr oder weniger kontraktil ist. Zum A. tritt der Wasserstrom aus der ▶ Mantelhöhle wieder aus und nimmt dabei gegebenenfalls ▶ Faeces, ▶ Pseudofaeces, Exkrete und Keimzellen mit.

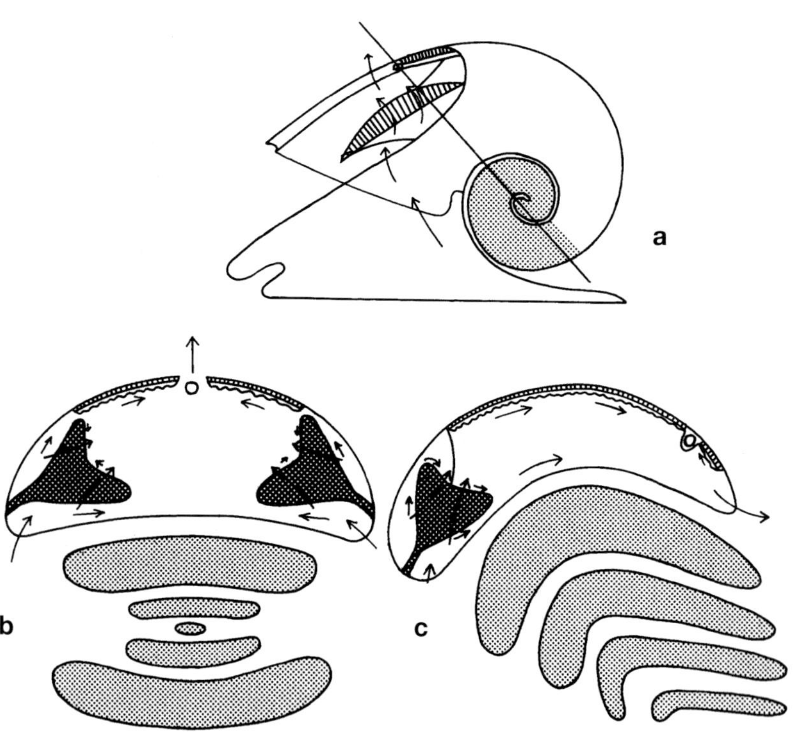

Abb. 11. ▶ Anisopleurie. a) Hypothetische Urschnecke nach der Torsion, die Mantelhöhle mit den Kiemen liegt vorn, der Eingeweidesack in den älteren Umgängen. Ein Schnitt (schwarze Linie) zeigt in b) die ursprüngliche, symmetrische Anordnung (▶ Isopleurie) dieser Urform, aus der durch seitliches Herauswachsen des ▶ Eingeweidesackes (mit Mantel und Schale) die asymmetrische Form (c) der rezenten Schnecken mit Reduktion der Kiemenzahl und Vergrößerungsmöglichkeit für den Eingeweidesack hervorgeht. Die Pfeile zeigen den Verlauf des Wasserstromes an.

Anaspidea, ► Breitfußschnecken.

Anastomose, eine abkürzende Verbindung zwischen ursprünglich contralateralen, durch die ► Torsion auf dieselbe Körperseite gelangte Ganglien im ► Nervensystem der ► Gastropoda. Vgl. ► Dialyneurie, ► Zygoneurie.

Anatomie, die Lehre von der inneren Gestalt eines Organismus und damit Teilgebiet der Morphologie. Vgl. ► Eidonomie.

Ancylus O. F. Müller 1773, Gattung der ► Planorbidae mit mützenförmigem Gehäuse, in Mitteleuropa nur durch die ► Flussnapfschnecke, *A. fluviatilis* O. F. Müller 1773, vertreten.

Anfractus, ► Windung, der ► Umgang eines Schneckenhauses.

Angariidae, ► Delphinschnecken, Familie der ► Trochoidea (► Vetigastropoda), mit der einzigen Gattung *Angaria* Roeding 1798 und wenigen Arten im Indo-W-Pazifik.

Angelhakengeld, früher auf den Salomonen und Marshall-Inseln hergestellte Angelhaken, die aus einem Perlmutterblinker (► *Pinctada*) mit einem Schildpatthaken bestanden; sie waren Gebrauchsgegenstand und Zahlungsmittel.

Anglerkalmare, ► Chiroteuthidae.

Angulus Megerle von Mühlfeldt 1811, ► Tellmuschel, Gattung der ► Tellinidae mit breitovalen, stark abgeflachten Klappen, konzentrisch und oft bunt gefärbt. In Nord- und Ostsee vertreten durch die Gerippte Tellmuschel, *A. fabula* (Gmelin 1791), und die Platte Tellmuschel, *A. tenuis* (da Costa 1778).

Anisocyclidae, Zwergturmschnecken, Familie der ► Heterostropha mit extrem schlankem, turmförmigem Gehäuse. Im Gebiet nur *Anisocycla nitidissima* (Montagu 1803).

Anisomyaria, ► Ungleichmuskler, Taxon („Ordnung“) meist zu den ► Pteriomorpha gestellter Muscheln, bei denen der vordere ► Schließmuskel klein oder völlig verschwunden ist. Hierher werden die ► Heteromyaria und die ► Monomyaria gezählt.

anisopleur (Abb. 11), Form des Schneckenhauses, bei dem die ► Windungen aus der Ebene des letzten Umgangs herausgeschoben sind, so dass die typische Form des Gehäuses mit exponiertem ► Apex entsteht. Ggs.: ► isopleur.

Anisus Studer 1820, ► Tellerschnecke, Gattung der ► Planorbidae mit flach-scheibenförmigem Gehäuse, in Mitteleuropa durch 5 Arten vertreten.

Annulus, bei ► *Nautilus* nachgewiesenes, ringförmiges Muskelfeld, verbindet Weichkörper und ► Schale und ist auf deren Innenseite als ringförmige Struktur zu erkennen.

Anodonta Lamarck 1799, ► Teichmuscheln, Gattung der ► Unionidae, ► Süßwassermuscheln mit gleichgroßen, aber oft unterschiedlich geformten Schalen. In Mitteleuropa leben die Flache Teichmuschel, *A. anatina* (Linnaeus 1758) und die Gemeine Teichmuschel, *A. cygnea* (Linnaeus 1758).

Anomalodesmata, Anomalodesmacea oder Pholadomyoida, meist als Ordnung gewertetes Taxon der ► Heterodonta, das die früher gleichrangige Gruppe der ► Septibranchia einschließt. Muscheln mit ungleichseitigen Klappen und wenig ausgeprägten Strukturen auf deren Oberfläche. Das ► Periostracum ist zweischichtig, Scharnierzähne fehlen, können aber durch Sekundärzähne ersetzt sein. Oft mit ► Lithodesma. Die Mantelränder sind meist bis auf 4 Öffnungen verwachsen. Die untersuchten Arten sind Simultanzwitter. A. leben in allen

Meeren und oft bis in große Tiefen, wo sie die verschiedensten ▶ Habitate besiedeln.

anomalodesmatisch, Scharnierform bei Muscheln: das ▶ Scharnier hat kleine ▶ Zähne oder diese sind völlig reduziert. Die Schalenklappen werden durch das ▶ Scharnierband (▶ Ligament) und oft einen ▶ Schließknorpel (▶ Resilium) stabilisiert.

Anomiidae, ▶ Zwiebelmuscheln, auch ▶ Sattelmuscheln, Familie der ▶ Pteriomorpha, dünnschalige, rundliche, am Substrat festgeheftete Muscheln mit ungleichen Klappen, die innen oft perlmuttrig sind. Die rechte ▶ Klappe hat eine Aussparung für den Durchtritt des ▶ Byssus. In der Nordsee kommen *Heteranomia squamula* (LINNAEUS 1758) und ▶ *Monia patelliformis* (LINNAEUS 1761) vor, bis in die westliche Ostsee auch *Anomia ephippium* LINNAEUS 1758.

anomphal, ungenabelt; ▶ Nabel.

Antalis H. & A. ADAMS 1854, Gattung der ▶ Dentaliidae, ▶ Kahnfüßer, die bei den Ureinwohnern des nordwestlichen Nordamerika als Schmuck und (wahrscheinlich) Rangabzeichen verwendet wurden, insbesondere *A. pretiosum* (SOWERBY 1860).

Antispadix, nicht in die Bildung des ▶ Spadix einbezogener Teil der hinteren ▶ Tentakeln von Nautiliden.

Antitragus, caudaler Vorsprung am ohrförmigen Trichterknorpel mancher ▶ Cephalopoda.

Anwachsstreifen, ▶ Zuwachsstreifung.

Aorta (Abb. 2, Tafel III), Hauptschlagader, welche die ▶ Haemolymphe vom ▶ Herz wegführt. Bei den ▶ Mollusca ist meist nur die kopfwärts gerichtete anteriore A. gut ausgebildet, die hintere (posteriore) ist schwächer oder fehlt ganz. Siehe ▶ Zirkulationssystem.

Apertura, die ▶ Mündung des Schneckenhauses.

Apex (Abb. 22), der älteste Teil des Schneckenhauses, normalerweise dessen Spitze darstellend; er wird aus der ▶ Protoconcha gebildet und unterscheidet sich meist in der Struktur von den anschließenden Umgängen. In einigen Taxa wird er vom ▶ Gewinde durch ein verkalkendes ▶ Septum abgetrennt und abgestoßen (▶ Decollation).

Apfelschnecken, (auch: ▶ Kugel- oder ▶ Blasenschnecken), ▶ Ampullariidae, in tropischen Süßgewässern vorkommende Schnecken mit bis zu faustgroßem Gehäuse; sie werden von der einheimischen Bevölkerung (SO-Asien, Amazonas-Gebiet) gegessen, sind aber auch verbreitete Aquarienbewohner. Sie können amphibisch leben, da – neben anderen Anpassungen – auch ihre ▶ Mantelhöhle in eine ▶ Kiemen- (rechts) und eine ▶ Lungenkammer (links) unterteilt ist.

aphallisch sind Gastropoden-Männchen ohne Penis (z. B. bei ▶ *Monophorus perversus*, *Epitonium clathrus*, *Bittium reticulatum*, *Eatonina fulgida*); die Spermien werden, zusammen mit Sekreten der Genitaldrüsen, wahrscheinlich mit dem ▶ Ingestionsstrom über die ▶ Mantelhöhle des Weibchens in dessen Genitalsystem transportiert. Bei anderen Arten (der ▶ Epitoniidae und Janthinidae) gibt es besondere Transporteinrichtungen für die Spermien, die ▶ Spermatozeugmen.

Aphrodisiacum, Substanz, die den Geschlechtstrieb auslöst oder intensiviert. Unter den Mollusken werden positive Auswirkungen auf Libido und Potenz des Menschen den ▶ Austern und bestimmten ▶ Purpurschnecken (▶ *Concholepas* im westlichen

Südamerika) zugeschrieben, jedoch ist die Wirksamkeit umstritten.

Apicalnabel, Einsenkung des ▶ Apex am ▶ involuten und ▶ isostrophen Schneckenhaus.

Aplacophora (Abb. 1), ▶ Wurmmollusken, wurmartig gestreckte ▶ Aculifera, die zwar eine ▶ Cuticula mit eingelagerten Kalkstacheln, aber keine Schale als äußeren Körperabschluss haben. Hierher gehören die ▶ Caudofoveata und die ▶ Solenogastres. (Siehe allgemeine Einführung S. 20).

Aplexa FLEMING 1820, Gattung der ▶ Physidae mit der einzigen mitteleuropäischen Art, *A. hypnorum* (LINNAEUS 1758), der ▶ Moos-Blasenschnecke.

Aplysia LINNAEUS 1767, ▶ Seehase.

Aplysiidae, ▶ Seehasen, ▶ Hinterkiemenschnecken, Familie der ▶ Aplysiomorpha.

Aplysiomorpha (= ▶ Anaspidea P. FISCHER 1883), Seehasenartige, Gruppe der ▶ Opisthobranchia mit den ▶ Aplysiidae und den ▶ Akeridae; eventuell sind hier auch die ▶ Parhedylidae anzuschließen.

Apogastropoda HASZPRUNAR 1985, Taxon der ▶ „Prosobranchia", das alle ▶ Vorderkiemerschnecken mit Ausnahme der ▶ Archaeogastropoda umfasst.

Apollon MONTFORT 1810, jetzt ▶ *Gyrineum* LINK 1807.

Apophallation, bei Vertretern der Ariolimaciden angenommenes Verhalten, in dessen Verlauf ein Sexualpartner dem anderen den Penis abbeißt. Soll die Beobachtung erklären, dass bei geschlechtsreifen Tieren ein Partner oft einen verkleinerten männlichen Genitaltrakt hat, dem u. a. Penis und ▶ Epiphallus fehlen. Möglicherweise handelt es sich jedoch um Fälle von genitalem ▶ Polymorphismus. ▶ aphallisch, ▶ hemiphallisch, ▶ Hermaphroditismus.

Apophyse, stiel- oder plattenförmige, verkalkte Hartstruktur, die vor allem als Ansatzstelle für Muskulatur dient (daher auch ▶ Myophor genannt): **1**) bei den ▶ Polyplacophora vom Vorderrand der 2. bis 8. Platte nach vorn unter die vorangehende Platte greifende, durch eine Bucht getrennte Kalkflächen; **2**) im Scharnierbereich mancher Muscheln gebildete, zapfenartige Struktur, an der Muskeln und einige Eingeweide befestigt sind; **3**) pfeilerartig vorspringende Spindelverstärkung im ▶ Gehäuse einiger Schnecken als Ansatzstelle für den ▶ Spindelmuskel („Gaumenapophyse"); **4**) stielartige Verankerungsstelle am ▶ Operculum von ▶ Prosobranchiern.

Aporrhaidae, (Trivialname: Pelikanfüße), Familie der ▶ Neotaenioglossa. Der äußere Mündungsrand ist in bis zu 5 fingerartige Fortsätze ausgezogen. Diese marinen Schnecken graben sich in sandig-schlickige Böden ein und benutzen ihren ▶ Rüssel, um die lebenswichtige Verbindung zur Sedimentoberfläche aufrechtzuerhalten. In der südlichen Nordsee lebt *Aporrhais pespelecani* (LINNAEUS 1758).

Apostrophie, die Ausbildung eines annähernd dreieckigen Schalenfeldes im Nabelbereich der ▶ Clausiliidae, zwischen Mundsaum und ▶ Naht gelegen.

Appendix, allgemein ein blind endendes, meist schlauchförmiges Anhängsel eines Organs.

apyren sind ▶ Spermatozoen ohne Chromatin. Vgl. ▶ eupyren, ▶ dyspyren.

Äquität, ▶ evenness, ökologische Begriffe zum Vergleich verschiedener Lebensgemeinschaften hinsichtlich ihrer ▶ Diversität. Dabei wird die tatsächliche Diversität in Bezug gesetzt zum theoretischen Maximalwert.

Aragonit, Kristallisationsform von $CaCO_3$ und wichtiger Bestandteil tierischer ▶ Schalen und Skelette, insbesondere auch der Mollusken. Bildet das A. flach-tafelige Kristalle, die in mehreren bis vielen Lagen übereinandergelegt werden, so entstehen glänzende bis irisierende, als ▶ Perlmutter bezeichnete Schichten. Diese treten bei Arten auf, die traditionell als stammesgeschichtlich besonders alt angesehen werden. Weitere wichtige Mineralien in der Molluskenschale sind ▶ Calcit und ▶ Barit.

Arangit, Scheiben aus ▶ *Spondylus*-Schalen, die früher in Niu Ailan (Neu-Irland, Bismarck-Archipel) auf Schnüre gereiht und als Zahlungsmittel benutzt wurden.

Arbeitsmuskel, ▶ Bewegungsmuskel, Teil des ▶ Schließmuskels der Muscheln, der ein schnelles Schließen der Schalenklappen ermöglicht. Seine Verkürzung ist mit andauerndem Energieaufwand verbunden, der schließlich zur Ermüdung des Muskels führt. Vgl. ▶ Sperrmuskel.

Archaeogastropoda Thiele 1925 (= ▶ Diotocardia Mörch 1863), Untergruppe der ▶ Orthogastropoda; umfasst viele ▶ Vorderkiemerschnecken mit paarigen ▶ Pallialorganen. Zu den A. werden u. a. die ▶ Neritopsina und die ▶ Vetigastropoda gerechnet.

Archaeopulmonata, ▶ Altlungenschnecken, ▶ Küstenschnecken (Ellobioidea).

Archenmuscheln, die ▶ Arcidae.

Archenteron, Urdarm, während der ▶ Gastrulation auftretende Einstülpung, aus der in der weiteren ▶ Entwicklung die ▶ Keimblätter ▶ Entoderm und ▶ Mesoderm hervorgehen.

Architaenioglossa Haller 1890, wahrscheinlich paraphyletische Gruppe von Schnecken, die z.T. im ▶ Süßwasser (▶ Ampullariidae, ▶ Viviparidae), z.T. terrestrisch leben (▶ *Acicula*, ▶ Diplommatinidae, ▶ Pomatiasidae).

Architectibranchia Haszprunar 1985, zusammenfassende Bezeichnung für die Überfamilien Acteonoidea, Diaphanoidea und Ringiculoidea.

Architectonicidae, ▶ Sonnenuhrschnecken, ▶ Perspektivschnecken, Familie der ▶ Allogastropoda (▶ Heterobranchia) mit flachkegeligem Gehäuse und sehr weitem ▶ Nabel. Die Adulten sind Zwitter, die jungen Schnecken Männchen, die zwei Sorten von Spermien bilden. Diese werden in ▶ Spermatophoren übertragen. Die A. leben von Cnidariern, vorzugsweise in warmen Meeren. Von den ca. 12 Gattungen sind *Architectonica* Röding 1798 und *Heliacus* D'Orbigny 1842 am bekanntesten.

Architeuthidae, Familie der ▶ Oegopsida mit im Verhältnis zum Körper langen Armen und extrem langen Fangarmen, aber schwacher Körpermuskulatur. Am zugespitzten Hinterende inserieren kleine ▶ Flossen. Die einzige Gattung ist ▶ *Architeuthis*.

Architeuthis Steenstrup 1850, ▶ Riesenkalmare (fälschlich ▶ Riesenkraken), einzige Gattung der ▶ Architeuthidae, zehnarmige ▶ Kopffüßer (▶ Decabrachia, ▶ Oegopsida), mit Fangarmen bis zu 18 m lang und damit die größten rezenten wirbellosen Tiere. *A.* wird in größeren Tiefen von Pottwalen gejagt, in deren Mägen sich Reste von *A.* finden, vor allem die ▶ Kiefer. Aus diesen lassen sich die Körpermaße der Beutetiere extrapolieren. Eindrucksvollstes Objekt war bisher ein Auge von 40 cm Durchmesser, das größte bekannte Sehorgan im Tierreich. Die Anzahl der Arten ist umstritten, eventuell sind es drei mit unterschiedlicher geographischer Verbreitung: *A. dux* Steenstrup 1857 im Nordatlantik,

A. martensi (HILGENDORF 1880) im Nordpazifik und *A. sanctipauli* (VÉLAIN 1877) in den südlichen Meeren.

Arcidae, ▸Archenmuscheln, zu den ▸Fadenkiemern (▸Pteriomorpha) gerechnete Gruppe von Muscheln, die etwa 1300 (fossile und rezente) Arten umfasst. Die meist langgestreckten Klappen haben ein gerades ▸Scharnier mit zahlreichen, gleichförmigen ▸Zähnen (▸Taxodonta). Oft mit Augen am ▸Mantelrand und an den ▸Kiemen. Die marine *Arca* LINNAEUS 1758 hat ein breites Rückenfeld und keinen ▸Byssus. Mit ca. 10 cm Klappenlänge ist Noahs Arche, *A. noae* LINNAEUS 1758, in Atlantik und Mittelmeer die größte Art der Familie. Sie hat am ▸Mantelrand Gruben-, Becher- und zusammengesetzte Augen. Sie wird von der Küstenbevölkerung gegessen.

Arcopagia LEACH in BROWN 1827, Gattung der ▸Tellinidae, ▸Plattmuscheln, im O-Atlantik und bis in die Nordsee in Sand und ▸Schill repräsentiert durch *A. crassa* (PENNANT 1777).

Arctica SCHUMACHER 1817, Gattung der ▸Arcticidae mit der ▸Islandmuschel, *A. islandica* (LINNAEUS 1767), als bekanntester Vertreterin mit bis 12 cm langen, gerundeten und dickschaligen Klappen, deren ▸Wirbel nach vorn gebogen sind. Sie lebt auf Weich- und Sandböden im nördlichen O-Atlantik bis in die Ostsee (Hiddensee).

Arcticidae, Familie der ▸Veneroida mit der einzigen rezenten Gattung ▸*Arctica*.

Area, hinter den ▸Umbonen gelegener Teil des Rückenfeldes auf den Schalenklappen vieler Muscheln, oft strukturell anders als die übrigen Klappenoberflächen. Das vor den ▸Umbonen gelegene Feld wird entsprechend als ▸Lunula bezeichnet.

Arenomya WINCKWORTH 1930, Sandklaffmuscheln, Gattung der ▸Myidae, in der Nordsee und in der Ostsee bis in den Bottnischen Meerbusen eingegraben lebende, mittelgroße Muscheln (bis 12 cm). Die ▸Sandklaffmuschel oder ▸Strandauster, *A. arenaria* (LINNAEUS 1758), ist auf den Wattflächen der Gezeitenzone häufig und ▸Charakterart einer ▸Zönose. Sie wird gegessen und in Nordamerika als „Soft shell clam" in größeren Mengen auf den Markt gebracht.

Argentea, reflektierende Schicht im Auge mancher Muscheln. Sie liegt (bei ▸*Pecten*) zwischen dem äußeren Schirm von Pigmentzellen und der inneren ▸Retina. Ihre etwa 6 µm hohen Zellen enthalten Stapel von ▸Guanin-Kristallen, die das Licht reflektieren.

Argnidae, Familie der ▸Orthurethra, mit 2 Arten der Gattung *Argna* COSSMANN 1889 vorzugsweise in Wäldern Ost- und Südeuropas lebende ▸Kleinschnecken mit nahezu zylindrischem Gehäuse bis 5,5 mm Höhe.

Argobuccinum HERMANNSEN 1846, Gattung der ▸Ranellidae (▸Tonnoidea).

Argonauta **(Abb. 12)** LINNAEUS 1758, ▸Papierboot, Gattung der Argonautidae mit etwa 6 Arten, die in tropischen Meeren ▸pelagisch leben und sich von ▸Plankton ernähren. Die Weibchen sitzen oft an Sternhimmelquallen (*Phyllorhiza punctata*), deren Mageninhalt sie zusätzlich nutzen. Der 3. rechte Arm des Männchens ist ▸hectocotylisiert und entwickelt sich in einer Tasche. Bei der Copula löst er sich vom Männchen und dringt mit der ▸Spermatophore in die ▸Mantelhöhle des Weibchens ein, wo er sich einige Zeit aktiv weiterbewegt und daher ursprünglich für einen parasitischen Wurm gehalten wurde. Die beiden oberen ▸Arme des Weibchens

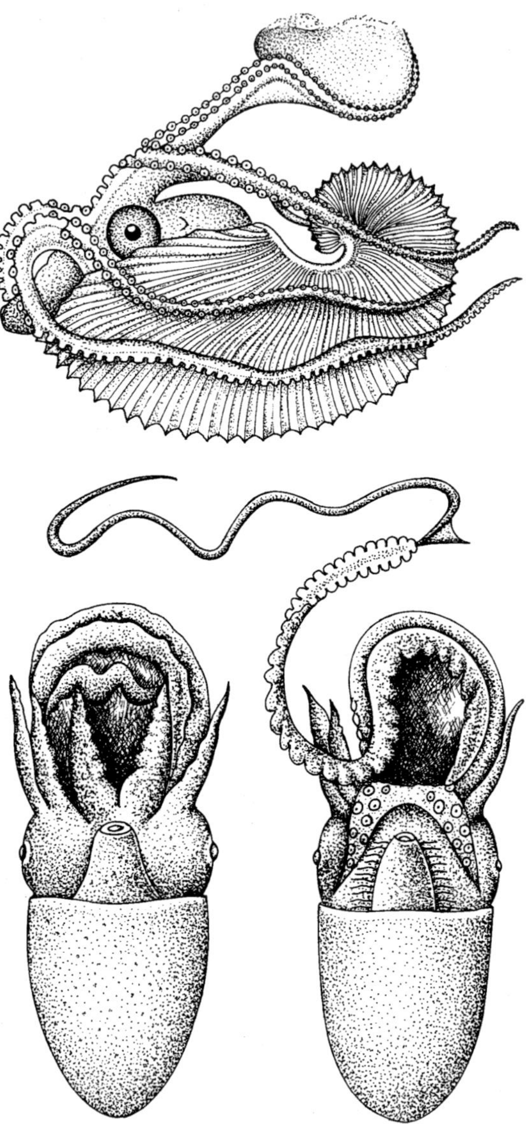

Abb. 12. ► *Argonauta argo*. Oben: Weibchen in seiner ► Sekundärschale, die auch als Brutraum dient. Unten links: Männchen mit eingerolltem, unten rechts: mit ausgestrecktem 3. linkem Arm, der ► hectocotylisiert ist (► Hectocotylus). Das Weibchen wird 45, das Männchen nur etwa 2 cm lang.

sind lappig verbreitert und halten eine von ihnen erzeugte dünne, kahnförmige, nichtgekammerte ▶ Sekundärschale, die als hydrostatischer Apparat, Schutz und Brutkammer dient, in der sich die kleinen Eier entwickeln. Die Adulten zeigen ausgeprägten ▶ Sexualdimorphismus: die Weibchen werden (ohne ▶ Arme) 30 cm lang, die Männchen nur 1,5 cm mit 3 cm langem ▶ Hectocotylus. Letztere leben in leeren Salpentönnchen. *Argonauta argo* LINNAEUS 1758 dringt auch ins Mittelmeer ein.

Argonautoidea, Überfamilie der ▶ Incirrata, ▶ pelagische oder in Bodennähe lebende ▶ Kopffüßer mit meist muskulösem ▶ Mantel und sehr gut entwickelten Augen. Die ▶ Arme sind mit 2 Reihen von ▶ Saugnäpfen besetzt. Etwa ein Dutzend Arten gehören hierher, die oft auf 4 Familien mit jeweils einer Gattung verteilt werden: ▶ Alloposidae, ▶ Argonautidae, ▶ Ocythoidae und ▶ Tremoctopodidae.

Arianta LEACH in TURTON 1831, Gattung der ▶ Helicidae, in Mitteleuropa vertreten durch die Gefleckte Schnirkelschnecke, *A. arbustorum* (LINNAEUS 1758), die in feuchten Wäldern lebt und mehrere Formen bildet.

Ariolimacidae, ▶ Bananenschnecken, Familie der ▶ Stylommatophora; der deutsche Name bezieht sich auf die überwiegende Körperfarbe. Drei ▶ Nacktschnecken-Arten (*Ariolimax* MÖRCH 1859) an der pazifischen Küste N-Amerikas, deren längste etwa 25 cm misst, mit einem Penis von fast der doppelten Länge. Da sie auch an Mammutbäumen leben, werden sie gelegentlich als ▶ Redwood-Schnecken bezeichnet.

Arionidae, ▶ Wegschnecken, Familie der ▶ Stylommatophora, ▶ Nacktschnecken mit kleinem oder rückgebildetem Gehäuse, das zu einer Platte oder zu Körnchen reduziert sein kann, die unter dem auf den Vorderkörper beschränkten, ovalen ▶ Mantel liegen, vor dessen Mitte sich rechts die Atemöffnung befindet. Pflanzen- und Aasfresser, die bei Massenvorkommen schädlich werden können. Die A. werden in etwa 15 Gattungen mit fast 50 Arten unterteilt; alle mitteleuropäischen gehören zu *Arion* FÉRUSSAC 1819.

Arme, ▶ Tentakeln, bei den ▶ Kopffüßern aus Teilen des Fußes hervorgegangene Fortsätze, die um den Mund herum angeordnet sind. Bei ▶ *Nautilus* stehen die ca. 90 A. in zwei Kränzen um die Mundöffnung. Der Basalteil jedes Armes ist dick-fleischig und dient dem distalen Teil (Cirrus) als Scheide. Ein ▶ dorsales Armpaar ist verwachsen und zu einer ▶ Kopfkappe verbreitert. Diese bedeckt die zurückgezogenen A. und verschließt die Gehäusemündung. Beim Männchen sind 4 A. des inneren Kranzes zu dem ▶ konischen und muskulösen ▶ Spadix verschmolzen, der als Kopulationsorgan dient. Bei den höheren ▶ Cephalopoda sind 8 oder 10 A. ausgebildet. Auf ihnen sitzen spezifisch angeordnete ▶ Saugnäpfe. Die A. können durch eine Haut miteinander verbunden sein. Bei einigen Arten sind dann nur noch die Armspitzen frei. Bei den Männchen der Coleoida ist oft ein A. (selten zwei) zu einem Kopulationsarm, dem ▶ Hectocotylus, spezialisiert. Er überträgt die ▶ Spermatophore in das Weibchen; dabei löst er sich im Extremfall (▶ *Argonauta*, *Ocythoe*) ganz vom Männchen.

Armganglion, ▶ Brachialganglion.

Armglocke, ▶ Velarhaut.

Art, Spezies, Species, Grundeinheit für ▶ Taxonomie und ▶ Systematik der Lebewesen. Sie ist eine Gruppe von Individuen, die (bei bisexuellen Organismen) eine zumindest potentielle Fortpflanzungsgemeinschaft bilden, deren Angehörige sich durch weitgehende Übereinstimmungen zwischen äußerer Gestalt, innerem Aufbau, in ihren physiologischen Eigenheiten, in ihrer Verbreitung, in ihrem Verhalten und in ihren Ansprüchen an ihre Umwelt auszeichnen und sich dadurch von anderen Individuengruppen unterscheiden lassen. Wegen seiner grundlegenden Bedeutung als Ordnungseinheit ist der Artbegriff Mittelpunkt einer anhaltenden Diskussion.

Artemismuschel, ► *Dosinia*.

Artenabundanz, die Anzahl der ► Arten pro Flächen- oder Raumeinheit.

Artenidentität, Maß für die Übereinstimmung der Artenzusammensetzung zwischen verschiedenen ► Biotopen, unabhängig von der ► Abundanz der ► Arten.

Arten-Individuen-Relation, Maß für den Zusammenhang zwischen den Anzahlen der ► Arten und der Individuen pro Flächen- oder Raumeinheit.

Artenzahl, Artenmannigfaltigkeit, ► Diversität, Maß für die Anzahl der ► Arten pro Flächen- oder Raumeinheit.

Articulamentum, innere Kalkschicht auf den ► Schalenplatten der ► Käferschnecken, bildet die ► Insertionsplatten und die ► Apophysen.

Ascoglossa, ► Sacoglossa.

Asiphoniata, (auch: ► Holostomata), veraltete, zusammenfassende Bezeichnung für Schnecken, die keinen Atemwassersipho ausbilden. Ggs.: ► Siphoniata.

ASP, amnesic shellfish poisoning, Erkrankung nach dem Verzehr von Muscheln, die von Diatomeen erzeugte Toxine in sich tragen. Vgl. ► Algentoxine, ► DSP, ► NSP, ► PSP.

Aspidobranchia Schweigger 1820, Scutibranchia, ► Diotocardia, ► Schildkiemer, früher für ► Altschnecken; umfasst die Vorderkiemer mit 2 doppelfiedrigen ► Kiemen. Ggs.: ► Pectinibranchia.

Assimineidae, Marschenschnecken, Grodenschnecken, Kegelstrandschnecken, Familie der ► Neotaenioglossa. An südlichen Nordseeküsten lebt *A. grayana* Leach 1828 auf Schlick oberhalb der Hochwasserlinie in Marschen und auf Außendeichswiesen.

Assonscheiben, durchbohrte Scheiben aus ► *Spondylus*-Schalen, die von den Bewohnern der Carolinen als Schmuck und Zahlungsmittel verwendet wurden.

Astarte Sowerby 1816, Gattung der ► Astartidae, bis 3 cm lange Muscheln kalter nördlicher Meere. Bis in die östliche Ostsee hinein leben zwei Arten auf Weichböden: *A. elliptica* (Brown 1827) und *A. borealis* (Schumacher 1817).

Astartidae, Familie der ► Veneroida, Muscheln mit rundlich-dreieckigen Klappen mit konzentrischer Skulptur. Adulte haben eine große, aber funktionslose ► Byssusdrüse. Sie graben in Sand und Schlamm, vertragen auch niedrigere Salzgehalte. Einige Arten speichern Fett und Kohlenhydrate im Bindegewebe des Eingeweidesackes. Die Verbreitung ist arktisch-boreal. In Nord- und Ostsee leben Arten von ► *Astarte*, ► *Goodallia* und ► *Nicania*.

Ästheten, ► Aestheten.

Ästivation, (= ► Übersommerung), jahreszeitenabhängige Ruhephase mancher Tiere. Bei unzuträglichen äußeren Bedingungen wie Trockenheit, zu hohen Temperaturen oder Nahrungsmangel stellen sie ihre Aktivitäten ein oder setzen sie zumindest herab. Neben Insekten, Vögeln und Kleinsäugern sind vor allem ► Pulmonata betroffen, die ihre Gehäusemündung durch ein ► Epiphragma verschließen, sich eingraben oder an Pflanzenteilen mit einem bestimmten Abstand vom Boden übersommern können. Der Stoffwechsel wird herabgesetzt und insgesamt ergeben sich viele Anpassungen, wie sie auch bei der ► Überwinterung auftreten.

Astraea RÖDING 1798, ► Sternschnecke, Gattung der ► Turbinidae.

Ästuar, Flussmündungsgebiet, Mündungstrichter von Flüssen, der unter dem Einfluss der Gezeiten ausgeformt wird. Da die Lebensbedingungen in diesem Gebiet rhythmisch wechseln (u. a. Wasserstand, Strömung, Salzgehalt, Temperatur), sind Ästuare Stresshabitate, die von relativ wenigen Tierarten dauerhaft besiedelt werden können: Neben Einwanderern aus dem Meer und aus dem ► Süßwasser leben hier einige ► euryöke Arten, doch ist die Artenzahl geringer als in den benachbarten marinen oder limnischen Bereichen.

Athoracophoridae, ► Tracheopulmonata, nacktschneckenartige ► Landlungenschnecken in Australien, Neuguinea und Neuseeland. Sie atmen mit ► Büschellungen.

Atlantoidea, Pterotracheoidea, ► Heteropoda, ► Kielfüßer.

atriales Sinnesorgan (Tafel I), Sinnesorgan im Mundbereich der ► Solenogastres. Es ist mit ► Papillen besetzt, die von Atrialganglien innerviert werden. Vermutlich dient es der mechanischen und chemischen Überprüfung der Nahrung. Bei einigen Arten wird es durch ein ► praeatriales Sinnesorgan ergänzt.

Atrium (Tafel II, Tafel V, Tafel VII), (= Vorhof), allgemein ein Hohlraum im Körper, der den Eingangsbereich eines Organs bildet. Meistbenutzt für die Herzvorkammern, die Blut aus dem Körper aufnehmen und an die Hauptkammer (► Ventrikel) weiterleiten, auch bei Mollusken. Ein „praeorales Atrium" findet sich bei den ► Solenogastres als Vorraum des Mundes.

Atrium genitale, Endabschnitt der Genitalgänge im zwittrigen Fortpflanzungssystem der ► Stylommatophora.

atypische Spermien, ► Paraspermatozoen, nicht befruchtungsfähige Samenzellen, die bei manchen Gastropoden in besonders stark vom Üblichen abweichender Gestaltung auftreten. So bilden sie bei ► Epitoniidae eine Treibplatte, an der die typischen Spermien ansitzen, bei anderen (z. B. ► Buccinidae) führen sie zur Ausbildung von Nähreiern, wenn sie anstatt eines typischen Spermiums in die Eizelle eindringen. ► Spermatozeugmen.

aufblasen, bei einigen ► Cephalopoda beobachtete Verhaltensweise, die vermutlich durch Vergrößern des eigenen Körpers Angreifer abschrecken soll. *Cirrothauma* (► Octopoda, ► Cirrata) pumpt die ► Velarhaut zwischen den zusammengerollten Armen mit Wasser auf, das nach ca. 30 sec wieder ausgestoßen wird.

Aufwuchs, meist dünne Schicht von Organismen, die auf dem Substrat, auch auf anderen Pflanzen und Tieren leben. Neben ► Bakterien und Algen sind zahlreiche Einzeller und Wirbellose im A. zu finden, z. B. Schwämme, Nesseltiere, Moostierchen, Krebse und Manteltiere. ► Käferschnecken und zahlreiche Schnecken leben vom Aufwuchs, den ► Gastropoda mit mäandernden Kopfbewegungen abweiden.

Augen (Abb. 2, 13, Tafel IV, Tafel V), lokalisierte Lichtsinnesorgane, die bei Mollusken in vielfältiger Weise ausgebildet werden. Nach Struktur und Funktion lässt sich eine Reihe vom Einfachen zum Komplizierten aufstellen: vom Pigmentfleck vieler

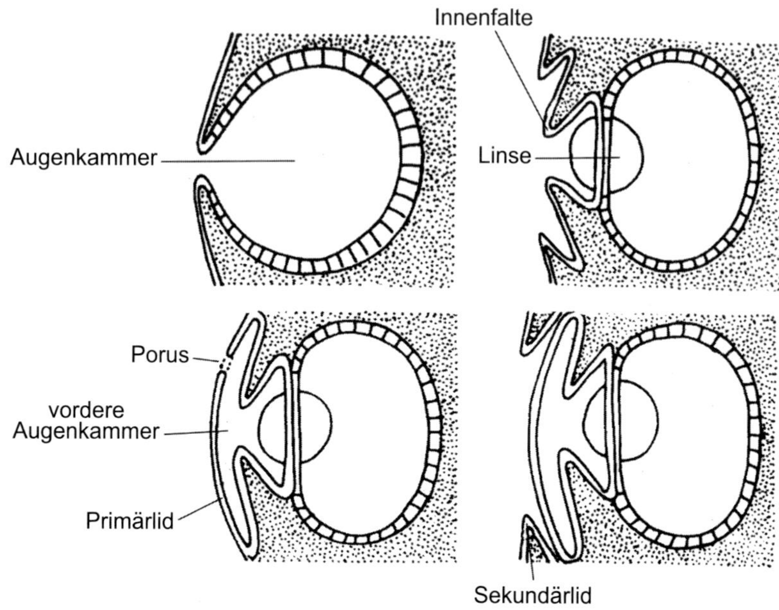

Abb. 13. ▸ Augen der ▸ Cephalopoda: Oben links: Lochkamera-Auge (*Nautilus*); oben rechts: ▸ oegopsides Auge mit offener, vorderer Augenkammer (*Todarodes*); unten links: ▸ myopsides Auge, vordere Augenkammer ganz oder bis auf einen Porus verschlossen (*Loligo*); unten rechts: ▸ myopsides Auge mit Sekundärlid (*Sepia, Octopus*).

▸ Käferschnecken über Grubenauge (*Patella*), einfaches ▸ Linsenauge und Auge mit Pupille, ▸ Linse und ▸ Glaskörper bis zu den hochentwickelten Augen der ▸ Cephalopoda, die strukturell den Augen der Wirbeltiere entsprechen, allerdings bei anderer Herleitung: sie sind ▸ evers, da sie als Einstülpung des Ektoblastems entstehen. Der Riesenkalmar (▸ *Architeuthis*) hat die größten im Tierreich bisher nachgewiesenen Augen (40 cm Ø). In der Rezeptorendichte übertreffen sie oft die Augen der Wirbeltiere: bei ▸ *Loligo* stehen 50.000, bei ▸ *Octopus* 70.000 und bei ▸ *Sepia* 105.000 Stäbchen auf einem mm^2 der Retinafläche. Siehe ▸ Oegopsida, ▸ Myopsida.

Augengruben, ▸ Grubenaugen.

Augenstiel, Träger der ▸ Augen bei einigen altertümlichen Vorderkiemern; bei weiter evolvierten Arten verschmelzen die A.e mit den ▸ Kopftentakeln, so dass diese zu ▸ Augenträgern werden.

Augenträger, Fortsätze des Kopfbereichs der Schnecken, welche die ▸ Augen tragen. A. sind entweder die ▸ Augenstiele bei vielen ▸ Diotocardia oder die ▸ Kopftentakel (z. B. das 2. ▸ Fühlerpaar der ▸ Pulmonata).

Abb. 14. ► Austern: Die drei an europäischen Küsten vorkommenden, auch in Kulturen gehaltenen Austern. Oben: die Europäische Auster (*Ostrea edulis*), unten links: die Amerikanische Auster (*Crassostrea virginica*) und unten rechts: die Japanische Auster (*C. gigas*).

Aulacomya MÖRCH 1853, Gattung der ▸ Mytilidae. ▸ *Mytilus*.

Aurikeln, (lat. Auriculae cordis), eigentlich kleine Ohren, doch werden in der älteren Literatur auch die Vorkammern des ▸ Herzens der Mollusken so bezeichnet, weil sie wie Ohren am ▸ Kopf an der Hauptkammer ansitzen.

Außensack, distaler Schenkel, der distal gelegene Teil der Exkretionsschlinge vieler Muscheln. Er schließt an den proximalen Schenkel oder ▸ Innensack an.

Austern (Abb. 14), Trivialname von Muscheln der Gattungen ▸ *Ostrea* (Eigentliche Austern), ▸ *Crassostrea* (▸ Dickaustern) und ▸ *Pycnodonta* (▸ Blattaustern; alle ▸ Ostreidae), Muscheln mit ungleich ausgebildeten Schalenklappen: die linke ist bauchiger und wird auf festem Substrat angeklebt. Die Amerikanischen, Japanischen und Portugiesischen A. gehören zu ▸ *Crassostrea*, die Europäischen zu ▸ *Ostrea*.

Austernbohrer, Arten der ▸ Purpurschnecken (u. a. ▸ *Nucella*, ▸ *Urosalpinx*, ▸ *Ocenebra*), die mit Hilfe ihres Rüssels ▸ Austern und andere Muscheln ausfressen.

Austernzucht, vom Menschen betriebene Einrichtungen zur Aufzucht und Pflege der als Delikatesse geschätzten ▸ Austern. Den freischwimmenden ▸ Veligerlarven wird ein künstliches oder natürliches Ansatzsubstrat geboten, und die festgehefteten Jungaustern werden in nahrungsreichen Meeresgebieten aufgezogen, geschützt vor ihren Feinden (▸ Austernbohrer) und Nahrungskonkurrenten (Pantoffelschnecken). Sie werden in 3–4 Jahren marktfähig.

Australorbis PILSBRY 1934, Gattung der ▸ Planorbidae, ▸ Tellerschnecken, Überträger der ▸ Schistosomiasis in Westindien.

Austrotachea G. PFEFFER 1930, meist als Untergattung zu ▸ *Cepaea* gerechnet, mit der Gerippten Bänderschnecke, *A. vindobonensis* (A. FÉRUSSAC 1821), in SO-Europa und vereinzelt in Mitteleuropa vertreten, und mit der Waldschnirkel- oder Bergbänderschnecke, *A. sylvatica* (DRAPARNAUD 1801) in feuchten Wäldern der Westalpen und einzelnen Standorten an Rhein und Lech.

Autor eines wissenschaftlichen Namens sind der oder die Erstbeschreiber eines Taxons, deren Beschreibung den Regeln der Internationalen Kommission für Zoologische ▸ Nomenklatur entspricht. Ergänzt wird der Name des Autors durch die Jahreszahl der Beschreibung, im angelsächsischen Bereich durch ein Komma getrennt.

Autospermien, die von einem Tier selbst erzeugten Spermien. Ggs.: ▸ Allospermien.

Avenionia NICOLAS 1882, Gattung der ▸ Hydrobiidae, westeuropäisch in Quellen und Quellbächen.

Awabi, aus dem Japanischen stammende Bezeichnung für ▸ Gehäuse von ▸ *Haliotis gigantea* GMELIN 1791.

Axialstränge, in den Armen der ▸ Kopffüßer verlaufende Nervenbahnen, die relativ dick und von feineren Nerven umgeben sind. Diese versorgen auch die ▸ Saugnäpfe und die Tastrezeptoren. Alle zusammen bilden ein weitgehend autonomes System, das auch nach Ablösung des Armes vom Tier noch einige Zeit weiterarbeitet.

Azeca FLEMING 1828, Kleine ▸ Achatschnecken, Gattung der ▸ Cochlicopidae, in Mitteleuropa vertreten durch die Bezahnte ▸ Achatschnecke, *A. goodalli* (A. FÉRUSSAC 1821).

Azeugobranchia, (auch: Azygobranchia), ▸ Ctenobranchia, ▸ Monotocardia, ▸ Kammkiemer, Schnecken, bei denen nur eine Kieme ausgebildet wird.

Diese ist nur einseitig befiedert und ähnelt damit einem Kamm. Auch die Herzvorhöfe und die Nieren sind nur auf einer Seite vorhanden. Hierher gehören vor allem die ▶ Caenogastropoda und viele ▶ Opisthobranchia. Ggs.: ▶ Zeugobranchia.

Bakterien, ▶ prokaryotische Mikroorganismen; sie dienen der Ernährung kleiner Mollusken, helfen in manchen Fällen beim Aufschließen der Nahrung (Zellulose-Verdauung bei ▶ *Teredo*, vielleicht auch bei ▶ *Pomatias*), werden als Krankheitserreger schädlich und bringen bei einigen Taxa Schleime zum Leuchten (vor allem Tiefsee-▶ Cephalopoda).

Balea GRAY 1824, Gattung der ▶ Clausiliidae.

Balkenzunge, ▶ docoglosse ▶ Radula, ▶ Reibzunge von Schnecken, die in jeder Querreihe einen Mittelzahn und seitlich von diesem meist je drei Zwischen- und Seitenzähne trägt. Deren Spitze wird mineralisiert und damit sehr hart. Die Schneidkante splittert daher leicht ab, die verbrauchten ▶ Zähne werden abgestoßen und durch neue aus der Radulatasche ersetzt.

Balkenzüngler, ▶ Docoglossa, ▶ Patellogastropoda, Schnecken mit einer ▶ Balkenzunge. Sie leben meist an Felsküsten, weiden dort den Algenaufwuchs ab und kehren regelmäßig zu einem Ruheplatz zurück. Der Rand ihres napfförmigen Gehäuses ist der Unterlage so gut angepasst, dass ein dichter Verschluss zum Substrat hergestellt werden kann.

Bananenschnecken, Trivialname für ▶ Ariolimacidae und ▶ Urocyclidae.

Bänderschnecken, ▶ Schnirkelschnecken, ▶ *Cepaea*.

Bandschnecken, die ▶ Tulpenschnecken.

Bandzunge, ▶ taenioglosse ▶ Radula, ▶ Reibzunge von Schnecken, die in jeder Querreihe beiderseits des Mittelzahnes 1 Zwischenzahn und 2 Seitenzähne haben.

Bandzüngler, ▶ Breitzüngler, ▶ Vorderkiemerschnecken mit einer ▶ Bandzunge. Hierher gehören vor allem die ▶ Mittelschnecken (▶ Neotaenioglossa).

Bank, ▶ Muschelbank.

Bankia GRAY 1842, Gattung der ▶ Teredinidae.

Barit, $BaSO_4$, neben ▶ Calcit und ▶ Aragonit mineralischer Bestandteil der Molluskenschale, meist farblos oder weiß, aber auch in verschiedenen Farben auftretend.

Barleeidae, Barlees Kleinschnecken, Familie der ▶ Neotaenioglossa, in der südlichen Nordsee nur durch *Barleeia unifasciata* (MONTAGU 1803) vertreten.

Barnea LEACH in RISSO 1826, Gattung der ▶ Pholadidae, mit der Weißen Bohrmuschel, *B. candida* (LINNAEUS 1758) in O-Atlantik, Nordsee und westlicher Ostsee vertreten, wo sie in Holz, Kreide und Torf bohrt.

Barockperlen, unregelmäßig geformte ▶ Perlen. Sie entstehen meist im Bereich der ▶ Schließmuskeln der erzeugenden Muschel. Besonders große Exemplare werden als ▶ Monsterperlen bezeichnet. Siehe ▶ Perlen.

Bartmuschel, ▶ *Modiolus*.

Basaldentikel, ▶ Kuspiden, Anfangszacken einer randlichen Stabilisierungsleiste der ▶ Mittelzahnplatte in der ▶ Radula von ▶ Vorderkiemerschnecken.

Basalrand, ▶ Mündung, ▶ Labrum.

Basalzelle, ▶ Cytophor.

Basommatophora KEFERSTEIN 1864, ▶ Wasserlungenschnecken, Süßwasserlungenschnecken, meist als Ordnung gewertetes Taxon der ▶ Pulmonata, die in der Regel im limnischen Bereich, zumindest aber in unmittelbarer Nähe zum ▶ Süßwasser leben. Manche Arten ertragen Salzgehalte bis etwa 8 ‰ und können so auch im Küstenbereich vorkommen. Das Gehäuse ist napfförmig oder spiralgewunden; ein ▶ Operculum fehlt den Adulten meistens, tritt aber bei manchen Arten während der Larvalphase auf. Die ungestielten Augen liegen an der ▶ Fühlerbasis (wissenschaftlicher Name!). In der ▶ Lungenhöhle ist bei vielen Arten eine sekundäre Kieme (▶ Pseudobranchie) ausgebildet. Das ▶ Nervensystem ist bei einigen Arten noch ▶ chiastoneur, weist aber allgemein eine starke Tendenz zur Konzentration auf. Die B. sind Zwitter und mit rund 1.000 Arten weltweit verbreitet. Zu ihnen werden die beiden Familien der Amphibolidae und der ▶ Siphonariidae sowie die Gruppe der ▶ Hygrophila gerechnet.

Bathothauma CHUN 1906, Gattung der ▶ Cranchiidae (▶ Oegopsida: ▶ Cephalopoda), etwa 20 cm lange ▶ Kalmare, mit rundlichen, getrennten ▶ Flossen am Hinterende. Die Augen der Larven sitzen auf Stielen (▶ Teleskopaugen), die beim Übergang zum Adulten reduziert werden. Die einzige Art, *B. lyromma* CHUN 1906 ist weltweit im tiefen Wasser der tropischen und subtropischen Meere verbreitet.

Bathymodiolus KENK & WILSON 1985, Gattung der ▶ Mytilidae, Muscheln, die an ▶ Hydrothermalquellen leben. Auf dem mittelatlantischen Rücken bildet *B. puteoserpentis* VON COSEL, METIVIER & HASHIMOTO 1994 Bänke von mehreren hundert Quadratmetern Fläche. Symbiotische ▶ Bakterien in den Muschelkiemen können Schwefel und Wasserstoff zur Energiegewinnung nutzen und ermöglichen der Muschel, unter den Extrembedingungen ihres Lebensraumes zu existieren.

Bathynerita CLARKE 1989, Gattung der ▶ Neritidae, Schnecken, die an ▶ Hydrothermalquellen leben.

Bathyomphalus CHARPENTIER 1837, Gattung der ▶ Planorbidae mit der in Mitteleuropa einzigen Art, der ▶ Riementellerschnecke *B. contortus* (LINNAEUS 1758).

bathyscaphoid, ▶ Cranchiidae.

Bathyteuthidae, Familie der ▶ Oegopsida, kleine ▶ Kalmare mit nierenförmigen, endständigen ▶ Flossen. Einzige Gattung ist *Bathyteuthis* HOYLE 1885 mit drei Arten in großen Tiefen (3.000 m).

Batoteuthidae, Familie der ▶ Oegopsida, kleine ▶ Kalmare der einzigen Gattung *Batoteuthis* YOUNG & ROPER 1968 und der einzigen Art *B. skolops* YOUNG & ROPER 1968. Sie haben einen relativ kleinen ▶ Kopf, ein sehr stark zugespitztes Hinterende und vor diesem querovale ▶ Flossen. Die ▶ Fangarme haben keine Endkeulen.

Bauchfüßer, Schnecken, die ▶ Gastropoda.

Bäumchenschnecken, die ▶ Dendronotidae.

Baumschnecken, ökologisch begründete Sammelbezeichnung für verschiedene, nicht verwandte Arten von Schnecken, die, vor allem in den Tropen, in den Baumkronen leben. Im engeren Sinne wird die mitteleuropäische *Arianta arbustorum* als Baumschnecke bezeichnet, im tropischen Amerika *Drymaeus* und auf den Antillen *Liguus*.

Baumschnegel, ▶ Waldegelschnecke, ▶ *Lehmannia*.

Bauplan, abstrahiertes Grundschema der Konstruktion von Organismen, das in der Regel bei einigen oder vielen Lebewesen übereinstimmt, zur Begründung eines Taxons dient und gleichzeitig dieses Taxon von anderen unterscheidet. Der aktuelle Bauplan ist das Ergebnis einer oft langen Evolution. Zum Bauplan der Mollusken gehört z. B. der Aufbau des Körpers aus ▶ Kopffuß (▶ Cephalopodium) und ▶ Eingeweidesack mit ▶ Mantel (▶ Visceropallium) und ▶ Schale. Übereinstimmungen im Bauplan bedeuten nicht auch Übereinstimmungen in der Funktion. Diese kann sehr unterschiedlich sein und ist Ergebnis einer speziellen Anpassung. Der ursprünglich von der idealistischen Morphologie eingeführte Begriff des Bauplans wird in gewandeltem Sinne heute auch von der ▶ phylogenetischen ▶ Systematik benutzt.

Befruchtung, die Verschmelzung der haploiden ▶ Gametenkerne zu einem diploiden Zygotenkern. Voraussetzung für die B. ist die ▶ Besamung. Die evolutive Bedeutung der B. ist in der dadurch erfolgenden Neukombination von Genen zu sehen, die zu großer Vielfalt im Genpool führt, an dem wiederum die Selektion ansetzen kann. Damit ist die B. eine wesentliche Grundlage für die große Mannigfaltigkeit der Organismen, auch der ▶ Mollusca.

Befruchtungstasche, ▶ Besamungskammer, Abschnitt des weiblichen Anteils im Genitalsystem von zwittrigen Schnecken, vor allem ▶ Pulmonata, am proximalen Ende des Eileiters gelegen. Die reifen ▶ Oocyten gelangen durch den ▶ Zwittergang in die B., wohin auch die ▶ Allospermien über ▶ Pediculus und Eileiter einwandern, so dass ▶ Besamung und ▶ Befruchtung hier erfolgen können.

Begattung, ▶ Kopulation, Copula (lat.), die körperliche Vereinigung zweier Individuen zur Übertragung von ▶ Spermatozoen.

Begattungsarm, ▶ Hectocotylus, spezialisierter Arm von Cephalopoden zur Übertragung der ▶ Spermatophoren in die ▶ Mantelhöhle des Weibchens. Er unterscheidet sich durch seine Form und Größe sowie den Besatz mit ▶ Saugnäpfen von den anderen Armen. Im Extremfalle (▶ *Argonauta*) kann er sich vom Männchen trennen und im Weibchen verbleiben, wo er ursprünglich für einen parasitischen Eingeweidewurm gehalten wurde. Bei ▶ *Nautilus* fungiert der ▶ Spadix als Überträger der ▶ Spermatophoren.

Begattungstasche, ▶ Bursa copulatrix, **1**) Abschnitt des weiblichen oder zwittrigen Genitalsystems, in dem die ▶ Allospermien vorübergehend gespeichert werden. Sie ist durch einen Stiel (▶ Pedunculus) mit der Genitalöffnung verbunden. **2**) Bei einigen Cephalopoden (▶ Sepiidae und ▶ Teuthida) an der ▶ Buccalmembran gelegener Beutel zur Aufnahme der ▶ Spermatophoren. Bei anderen ▶ Sepiida übernimmt die ▶ Pharetra in der ▶ Mantelhöhle diese Funktion.

Belbil, Handelsname für Schalen von ▶ *Pinctada vulgaris* SCHUMACHER 1817 aus dem Roten Meer.

Belemniten, Gruppe der ▶ Cephalopoden, die vom Unteren Jura bis zur Oberen Kreide verbreitet waren, wahrscheinlich die Vorfahren der Coleoida. Den rezenten ▶ Kalmaren im Bau zwar ähnlich, waren sie wahrscheinlich weniger gut beweglich als diese, da sie ein starres Innenskelett hatten. Ihr ▶ Rostrum ist als Fossil häufig erhalten und als ▶ Donnerkeil, ▶ Teufelsfinger oder ▶ Katzenstein populär geworden.

Bellerophon MONTFORT 1808, Genus fossiler, sehr altertümlicher und daher zu den ▶ Archaeogastropoda (in die Nähe der Pleurotomarien) gestellter Mollusken, kosmopolitisch vom Silur bis zur Unteren Trias verbreitet. Der bilateralsymmetrischen Schale fehlt eine Perlmutterschicht, doch ist ein ▶ Schlitzband ausgebildet.

Benthal, der Boden eines Gewässers als ▶ Lebensraum für das ▶ Benthos.

Benthos, zusammenfassende Bezeichnung für die Bewohner des ▶ Benthal. Sie bilden am Gewässergrund Lebensgemeinschaften, abhängig von zahlreichen ▶ abiotischen und biotischen Faktoren (z. B. Beschaffenheit des Substrats, Lichtintensität, Strömungen, Temperatur, Wasserdruck, konkurrierende Arten etc.). Diese Gemeinschaften können nach den charakteristischen Organismen benannt werden.

Bernsteinschnecken, ▶ Succineidae.

Berthelinia **(Abb. 15)** CROSSE 1875 (syn. ▶ *Tamanovalva* KAWAGUTI & BABA 1959), Gattung der ▶ Sacoglossa von ungewöhnlichem Bau: sie bilden ein zweiklappiges, seitlich abgeflachtes Gehäuse, das an eine Muschel erinnert. Die linke ▶ Klappe mit den spiraligen Anfangswindungen ist einem Schneckenhaus homolog, die rechte ist sekundär entstanden. Der verlagerte ▶ Spindelmuskel dient als ▶ Schließmuskel. Die Tiere leben in den warmen Bereichen des Indopazifik, der Karibik und des Atlantik und saugen dort an Grünalgen.

Besamung, die Verschmelzung männlicher und weiblicher Keimzellen (▶ Gameten). Bei der äußeren B. (nur bei ursprünglichen Mollusken) werden die Keimzellen in das umgebende Wasser entleert, wo ▶ Oocyte und ▶ Spermatozoon zur Zygote verschmelzen; bei der inneren B. (alle höher entwickelten ▶ Mollusca) werden die ▶ Spermatozoen (manchmal

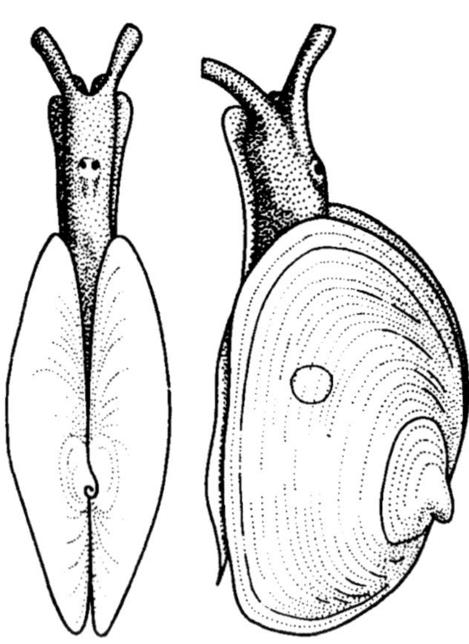

Abb. 15. ▶ *Berthelinia*: Eine Schnecke (▶ Sacoglossa) mit zwei Schalenklappen und Spiralwindung im Wirbelbereich.

in ► Spermatophoren) über Kopulationsorgane (Penis, bei ► Cephalopoda auch modifizierte ► Arme) in das Weibchen übertragen und dort oft erst gespeichert (► Receptaculum seminis), bis die ► Oocyten herangereift sind und es zur B. kommt. Anschließend findet die ► Befruchtung statt. Bei ► *Architeuthis* injizieren Männchen offenbar die Spermienpakete in die Haut an den Armen des Weibchens. Dort bleiben sie, bis die ► Oocyten reif sind. Da die innere B. einen sichereren Weg der Übertragung darstellt als die äußere, können die Anzahl der gebildeten ► Gameten und damit die Investitionskosten der Eltern reduziert werden.

Besamungskammer, ► Befruchtungstasche.

Bewegung ist bei Mollusken im Wesentlichen eine Aufgabe des Fußes, der Schalenretraktoren und des Radulakomplexes. Der ► Fuß ist das hauptsächliche Lokomotionsorgan: er besteht aus dreidimensional verflochtenen Muskelzügen und darin eingebetteten ► Lakunen und Nervensträngen. Oft bildet er seitliche Lappen (► Parapodien), mit deren Hilfe manche Arten schwimmen können. Wellenförmig über den Fuß verlaufende Muskelkontraktionen schieben den Körper voran, Retraktoren können den Weichkörper ins ► Gehäuse (Schnecken) oder zwischen die Schalenklappen (Muscheln) zurückziehen. Eine spezialisierte Muskulatur ermöglicht im Bereich des Schlundkopfes die Bewegung der ► Radula. Die Bewegungsgeschwindigkeiten sind bei Mollusken mit Ausnahme der ► Kopffüßer gering. ► Riesenkalmare (► *Dosidicus*) sollen 40 km/h erreichen, terrestrische Schnecken sind dagegen langsam (► *Helix* 3,2 m/h). Die erzielte Geschwindigkeit ist u. a. von der Körpergröße und von der Außentemperatur abhängig.

Bewegungsmuskel, ► Arbeitsmuskel.

Bielzia Clessin 1887, Gattung der ► Limacidae, mit der in südosteuropäischen Wäldern an feuchten Standorten lebenden *B. coerulans* (M. Bielz 1851).

Bienenkörbchen, ► *Spermodea*.

Bierschnegel, ► *Limacus*.

Bilateralsymmetrie ist die Symmetrie eines Körpers, der durch einen mediosagittalen Schnitt in zwei spiegelgleiche Hälften unterteilt werden kann (Ggs.: ► Radiärsymmetrie). Wie die meisten Tiere sind auch die Mollusken (mit Ausnahme der ► Gastropoda) bilateralsymmetrisch. Die Schnecken verlieren diese Symmetrie durch ► Spiralisierung und ► Torsion. Auch die bei oberflächlicher Betrachtung symmetrisch erscheinenden ► Wegschnecken sind asymmetrisch (Atem- und Genitalöffnung nur rechts).

Bilharziose, ► Schistosomiasis, parasitäre Erkrankung des Menschen, hervorgerufen durch Larvenstadien von Saugwürmern (Pärchenegel: Trematoda). Wasserlebende Schnecken (► *Biomphalaria*, *Bulinus*, ► *Oncomelania*) dienen dabei als ► Zwischenwirte. Benannt ist die Krankheit nach dem deutschen Tropenarzt *Theodor M. Bilharz* (1825–1862), der als Erster 1852 den Pärchenegel (jetzt: *Schistosoma haematobium*) beschrieb.

Biokristalle, Kristalle, die unter dem Einfluss von Zellen und Geweben abweichend von der mineralogischen Idealform modifiziert sind. Bei Mollusken sind sie vor allem im Bereich der ► Schale zu finden.

Biolumineszenz, Ausstrahlung von Licht durch Organismen, besonders charakteristisch für Tiefsee-Tiere, die ohne Temperaturerhöhung „kaltes Licht“ erzeugen. Substrat sind langkettige aliphatische Aldehyde (Luciferine), die unter dem Einfluss von Enzymen (Luciferasen) oxidiert werden. Werden vom Luciferin Teile abgespalten, wird Energie in Form von Licht abgegeben. Neben der primären B. (vor allem bei ► Bakterien) sind es oft ► Leuchtbakterien, die in ► Symbiose z. B. mit ► Kopffüßern leben und für deren Leuchten verantwortlich sind (sekundäre B., ► Leuchtorgane).

Biomphalaria PRESTON 1910, Gattung der ► Planorbidae, ► Zwischenwirt von Pärchenegeln (► Bilharziose).

Biotop, ► Lebensraum einer Gemeinschaft von Organismen, die ähnliche Ansprüche stellen und daher regelmäßig zusammen auftreten.

Biozönose, Siedlungsgemeinschaft, Gemeinschaft von Organismen, die regelmäßig zusammen auftreten, weil sie übereinstimmende Ansprüche an ihre Umwelt stellen.

bipectinat, zweiseitig befiedert, eine Form der Mollusken-Kiemen, bei der an einer Achse auf beiden Seiten Kiemenblättchen inserieren. Ggs.: ► monopectinat.

biped, zweifüßig, Bewegungsform bei einigen Schnecken (► *Pomatias, Gibbula*), bei denen die Fußsohle in Längsrichtung funktionell zweigeteilt ist, so dass die beiden Hälften abwechselnd vorgesetzt werden können („Schrittgehen“).

Birnenschnecken, Trivialnamen von **1**) ► Columbellidae und **2**) Ficidae (► Feigenschnecken).

Bischofsmützen, (auch: Mitraschnecken), ► Mitridae.

Bithyniidae, ► Langfühlerschnecken, ► Schnauzenschnecken, Familie der ► Neotaenioglossa, im Süß- und ► Brackwasser der Paläarktis lebende Schnecken mit eikegelförmigem Gehäuse und verkalktem ► Operculum. Vgl. ► Semelparie.

Bivalvia (Abb. 1, Tafel VII), Muscheln, (siehe allgemeine Einführung S. 28).

Biwasee-Muschel, Handelsname für ► *Hyriopsis schlegeli*.

Blasenaugen, Augentyp von Schnecken, sehr unterschiedlich in Konstruktion und Funktion. Offene B. sind becherartig mit einem ► Glaskörper im Inneren (► *Haliotis*), geschlossene B. haben annähernd Kugelform und weisen neben dem Glaskörper eine ► Cornea und meist eine ► Linse auf (► *Helix*).

Blasenschnecken, Trivialname für die zwei nicht verwandten Schneckenfamilien der ► Physidae und der ► Haminoeidae. Weniger häufig werden auch ► Apfelschnecken (► Ampullariidae) so bezeichnet.

Blasenzellen, Porenzellen, Rhogocyten, ► Leydigsche Zellen. Als B. werden auch kugelige Zellen bezeichnet, die ein chordoides Gewebspolster bilden, dem die ► Radula aufliegt.

Blastocöl, (auch: Blastocoel), Keimhöhle; der flüssigkeitserfüllte innere Hohlraum der Blastula, aus dem die primäre ► Leibeshöhle hervorgeht. Bei Mollusken ist das B. oft nur spaltförmig oder ganz reduziert (► Sterroblastula). Als „temporäre B.e“ werden zwischen den Furchungsteilungen auftretende Hohlräume bezeichnet, die bei den nächsten Furchungsschritten wieder verschwinden.

Blastomeren, während der Furchungsteilungen in der frühen ► Ontogenese entstehende Zellen, die sich zur ► Blastula anordnen und unterschiedlich groß sein können (► Makro- und ► Mikromeren).

Blastoporus, ► Urmund, im einfachsten Falle durch die Einstülpung der vegetativen Seite der ► Blastula entstehende Öffnung, die für die weitere ► Entwicklung bedeutend ist: Bei vielen Tiergruppen (auch den ► Mollusca) wird aus dem B. die

Mundöffnung (Urmünder = ▶ Protostomia), bei anderen der Analbereich, und es wird eine sekundäre Mundöffnung ausgebildet (Deuterostomia, Neu- oder Zweitmünder).

Blastula, Blasenkeim, durch die Furchungsteilungen entstehendes frühontogenetisches Stadium der Metazoen-Entwicklung. Die B. ist eine flüssigkeitserfüllte Hohlkugel, deren Wand von einschichtig angeordneten ▶ Blastomeren gebildet wird, die das ▶ Blastocöl umschließen. Durch weitere Zellteilungen, Differenzierung und Verlagerung entstehen während der anschließenden ▶ Gastrulation die ▶ Keimblätter.

Blattaustern, ▶ *Pycnodonta*.

Blättchenschnecken, die ▶ Lamellariidae.

Blattkiemen, ▶ Eulamellibranchien, Kiementyp der meisten Muscheln. Die Kiemenfäden sind durch Gewebebrücken zu einem engmaschigen Doppelnetz verwachsen. Der dadurch gebildete Innenraum erweitert sich dorsal zu längsverlaufenden Kanälen, in denen das durch die Netzmaschen eingesogene Atemwasser zur terminalen Ausströmöffnung geleitet wird. Die Kiemenoberflächen sind mit Flimmerepithel ausgestattet, das die im Wasserstrom enthaltenen Nahrungspartikeln ausfiltert und der Mundöffnung zuführt.

Blattkiemer, Eulamellibranchiata, Taxon der Muscheln, die ▶ Blattkiemen ausbilden. Hierher werden die ▶ Heterodonta, ▶ Schizodonta, ▶ Adapedonta und ▶ Anomalodesmata gerechnet.

Blaumuscheln, ▶ Miesmuscheln, ▶ *Mytilus*.

Blauringelkrake, ▶ *Hapalochlaena*.

Blindschnecke, ▶ *Cecilioides acicula* (O. F. Müller 1774).

Blisterperlen, ▶ Schalenperlen, ▶ Perlen.

Blutdruck ist bei ▶ Mollusca allgemein gering. Bei ▶ *Haliotis corrugata* wird die ▶ Haemolymphe in Portionen von jeweils 100–180 µl mit einem Druck von 8 cm Wassersäule über Umgebung aus der Herzkammer ausgestoßen, vor den ▶ Kiemen liegt der Druck bei 4 cm, in deren ▶ efferenten Bahnen bei 1,9 cm, an den Vorkammern bei 1 cm. Bei *Patella vulgata* sinkt der Druck auf diesem Wege von 5 auf 2 cm, bei *Littorina littorea* von 3–5 auf 0,7 cm. Gefährliche Erhöhungen des B., wie sie bei Retraktionen des Weichkörpers in die ▶ Schale auftreten könnten, werden dadurch vermieden, dass ▶ Haemolymphe über ▶ Hämalporen (▶ *Littorina*, ▶ *Lymnaea*) oder, im Extremfall, über die ▶ Kiemen abgegeben werden kann (*Hemifusus*). Höherer B. findet sich bei ▶ Kopffüßern: ▶ *Sepia* hat systolisch 44, diastolisch 22 mm Hg.

Blutsaugen, seltener Ernährungstyp bei einigen Schnecken; z. B. saugt *Colubraria obscura* (L. A. Reeve 1844), die keine ▶ Radula hat, mit ihrem stark verlängerten ▶ Rüssel Blut an schlafenden Korallenfischen. In einigen Gastropodengruppen ist statt der ▶ Radula ein Pumpsystem entwickelt, mit dessen Hilfe ▶ Haemolymphe aus anderen Wirbellosen gesaugt werden kann (z. B. ▶ Pyramidellidae).

Boden-Kielschnegel, ▶ *Tandonia budapestensis* (Hazay 1880).

Bodenschnecken, ▶ Ferussaciidae (▶ Landlungenschnecken).

Boettgerillidae, ▶ Wurmschnecken, ▶ Wurmnacktschnecken, Familie der ▶ Limacoida, wurmähnliche ▶ Nacktschnecken, deren Gehäuse auf eine im Körperinneren liegende Platte reduziert ist. *Boettgerilla* Simroth 1910 umfasst 3 Arten im kaukasischen Bereich, von denen *B. pallens* Simroth 1912 sich von ihrer ursprünglichen

Heimat schnell über Mitteleuropa ausgebreitet hat.

Bohnenmuscheln, ▸ Fleckenmuscheln, ▸ *Musculus*.

Bohne, Rote, auch Baltische Plattmuschel, ▸ *Macoma balthica*.

Bohrdrüse, an der ▸ Proboscis von ▸ Naticidae beschriebenes Organ, das im Wesentlichen aus Muskulatur besteht; seine Rolle beim ▸ Bohren ist umstritten.

Bohren spielt eine Rolle bei Schnecken (zum Nahrungserwerb) und bei Muscheln (Bau von Wohnhöhlen, nur ausnahmsweise zur Ernährung, ▸ Bohrmuscheln). Bohrende Schnecken gibt es u.a. bei den ▸ Naticidae und ▸ Muricidae. Der mechanische Prozeß des B. wird oft unterstützt durch ▸ Schleim und ätzende Sekrete. Die Geschwindigkeit ist u. a. von der Schalendicke und -struktur des Opfers sowie von der Temperatur abhängig. ▸ *Nucella lapillus* braucht für ein 1¾ mm tiefes Loch in ein ▸ Gehäuse von *Patella* ca. 10 Stunden, für eine ▸ *Mytilus*-Schale 2 Tage. ▸ *Ocenebra erinacea* durchbohrt eine Austernschale in etwa 100 Stunden und frisst dann ca. 35 Stunden. ▸ *Euspira* hält das Opfer mit dem ▸ Propodium und bohrt kreisrunde Löcher vor allem in ▸ Plattmuscheln, die häufig im Angespül zu finden sind; das Bohrloch wird meist an der breitesten Stelle der ▸ Klappe niedergebracht, weil die Beute so am besten gehalten werden kann. Aus diesem Grund wird bei *Corbula gibba* auch die dickere, rechte ▸ Klappe durchbohrt. Unter den Nudibranchiern bohrt *Okadaia elegans* die ▸ Röhren von Polychaeten an, unter den ▸ Pulmonata überwältigt ▸ *Poiretia algira* kleinere, turmförmige Arten (▸ Clausiliidae, ▸ Pupillidae), raspelt mit der ▸ Radula ein Loch durch die Gehäusewand und frißt das Opfer aus. Bei ▸ *Teredo* ist das Gehäuse stark reduziert und zu einem Bohrapparat umgewandelt, die Schutzfunktion der ▸ Schale wird hier vom Bohrgang übernommen.

Bohrerschnecken, ▸ Schraubenschnecken, ▸ Terebridae.

Bohrmuschel, Amerikanische, ▸ *Petricola*.

Bohrmuscheln, Meeresmuscheln (vor allem Familien ▸ Petricolidae, ▸ Pholadidae, ▸ Teredinidae) mit vorn und hinten offener Schale, deren Oberfläche meist gerippt und besonders vorn gezähnelt ist. Sie ▸ bohren in Holz (▸ *Teredo*), Kreide und anderem, weichem Gestein (z. B. ▸ *Barnea*, ▸ *Pholas*, ▸ *Zirfaea*).

Bohrorgan, am ▸ Rüssel der ▸ Naticidae gelegenes Organ, das saure Mucopolysaccharide und Mucoproteide ▸ sezerniert, die in das Lumen des Rüssels gelangen und wahrscheinlich chemisch die mechanische Wirkung der ▸ Radula beim ▸ Bohren unterstützen.

Bohrorgan, akzessorisches, akzessorische ▸ Proboscis, saugnapfartig gebautes Organ einiger ▸ Bohrschnecken (▸ *Ocenebra cinerea*, ▸ *Nucella lapillus*), das im Ruhezustand in einem Sack im Fußbereich liegt und bei Bedarf etwa auf die Größe der ▸ Proboscis anschwillt; sein Epithel besteht aus Wimper- und Drüsenzellen, mit deren Sekret sich die Schnecke wahrscheinlich am Opfer fixiert. Umstritten ist, ob die ▸ Schale der Beute auch angeätzt wird, da das Sekret auch Carboanhydrase und Aminopeptidase enthält.

Bohrschnecken, Schnecken aus hauptsächlich zwei Verwandtschaftskreisen (▸ Naticidae, ▸ Muricidae), welche die Schalen anderer Mollusken, gelegentlich auch der eigenen Art, durchbohren, um an den Weichkörper zu kommen, den sie ausfressen. ▸ Bohren.

Bohrwerkzeuge, spezielle Einrichtungen von Schnecken und Muscheln, mit deren Hilfe Wohnhöhlen geschaffen oder Beutetiere angebohrt werden. ▶ Bohren, ▶ Bohrorgan.

Bojanussche Organe, nicht mehr gebräuchliche Bezeichnung für die Exkretionsorgane der Muscheln, ursprünglich paarige Schläuche, die mit einem Wimpertrichter aus dem ▶ Herzbeutel entspringen. Sie wurden von dem deutschen Zoologen Ludwig Heinrich Bojanus (1776–1827) beschrieben.

Bolitaena STEENSTRUP 1859, Gattung der ▶ Bolitaenidae, kleine Dauerschwimmer der ▶ Tiefsee.

Bolitaenidae, Familie der ▶ Bolitaenoidea (▶ Incirrata: ▶ Cephalopoda), kleine ▶ Kopffüßer mit gallertigem Körper, dessen 3. Armpaar länger ist als die anderen. ▶ Arme mit einer Reihe von ▶ Saugnäpfen. Zu den B. gehören 4 Gattungen mit etwa einem halben Dutzend Arten.

Bolitaenoidea, Überfamilie der ▶ Incirrata (▶ Cephalopoda), Tiefseekraken mit gallertigem, semitransparentem Körper und einer Reihe von ▶ Saugnäpfen auf den Armen. Die ca. 7 Arten leben in tropischen und subtropischen Meeren und werden den 3 Familien ▶ Amphitretidae, ▶ Bolitaenidae und ▶ Idioctopodidae zugerechnet.

Bootsschnecken, ▶ Scaphandridae, Familie der ▶ Kopfschildschnecken.

boreal, Vorkommen in einem kalt-gemäßigten Klima, mit über 6 Monate andauernder Kaltphase und weniger als 3 Monaten mit Temperaturen im Tagesmittel über 10 °C.

Bouton-Perlen, einseitig abgeflachte ▶ Perlen.

Brachialganglion, (auch: ▶ Armganglion), ▶ Ganglion im ▶ Nervensystem von ▶ Kopffüßern, das die Tätigkeit der ▶ Saugnäpfe steuert.

Brachioteuthidae, Familie der ▶ Oegopsida, kleine, nektonische ▶ Kalmare mit schwacher Mantelmuskulatur und spitz zulaufendem Hinterende. Das einzige Genus *Brachioteuthis* VERRILL 1881 umfasst 4–5 Arten, die im Mesopelagial und Bathypelagial der Weltmeere leben.

Brackwasser, Wasser mit einem Salzgehalt zwischen 0,5 und 30 ‰, im mitteleuropäischen Bereich vor allem in der Ostsee und in ▶ Ästuarien der großen Flüsse anzutreffen. Salinität und Wasserstand schwanken unter dem Einfluss der Gezeiten. Dabei werden unterschieden: ▶ polyhalin (Salzgehalt 30–18 ‰), ▶ mesohalin (18–3 ‰) und ▶ oligohalin (3–0,5 ‰). Die herabgesetzte Salinität wirkt sich auf den verschiedensten Ebenen aus. Die nach den osmotischen Gesetzen eintretende verstärkte Wasseraufnahme muß kompensiert werden (Osmoregulation notwendig). Der höhere energetische Aufwand für die Regulationsprozesse verursacht bei Mollusken geringere Größe, dünnere Schalen, geringere Anzahl an Nachkommen und a. m.

Brackwasser-Dreiecksmuschel, ▶ *Congeria* und ▶ *Mytilopsis*.

Brackwasser-Schlammschnecken, die Potamididae, Familie der Cerithioidea mit festem, turmförmigem Gehäuse; verbreitet in tropischen Gezeitenzonen.

Brackwasserschnecken, ▶ *Hydrobia*.

Brackwasser-Submergenz, vertikale oder horizontale Erweiterung des Verbreitungsgebietes einer Art beim Vordringen aus dem ▶ polyhalinen (▶ Brackwasser) in den ▶ mesohalinen oder ▶ oligohalinen Bereich. Unter den Mollusken ist dieser Effekt nachgewiesen u. a. bei Glatten ▶ Wattschnecken (▶ *Peringia ulvae*) und Muscheln (▶ *Mytilus edulis*, *Macoma balthica*).

Bradybaenidae, ► Strauchschnecken, Familie der ► Stylommatophora; in Mitteleuropa vertreten durch die Genabelte Strauchschnecke, *Bradybaena fruticum* (O. F. MÜLLER 1774).

Branchialdrüse, ► Kiemenbanddrüse, drüsiges Gewebe im Aufhängeband der ► Kiemen der Coleoidea (► Cephalopoda).

Branchialsipho, durch rohrförmige Verwachsung von rechtem und linkem ► Mantelrand an der ► Einströmöffnung entstandenes Einströmrohr von Muscheln, die durch den B. Atemwasser einstrudeln.

Branchien, ► Kiemen.

Branchiopneusten, veraltete, zusammenfassende Bezeichnung für ► Lungenschnecken, deren ► Lungenhöhle sich aus der ► Mantelhöhle der übrigen ► Gastropoda entwickelt haben soll (entspricht etwa den heutigen ► Basommatophora). Ggs.: ► Nephropneusten.

Brandhorn, ► Herkuleskeule.

Brechites GUETTARD 1770, ► Clavagellidae.

Breitfußschnecken, ► Anaspidea, ► Hinterkiemerschnecken mit meist vom ► Mantel bedeckter Schale; können

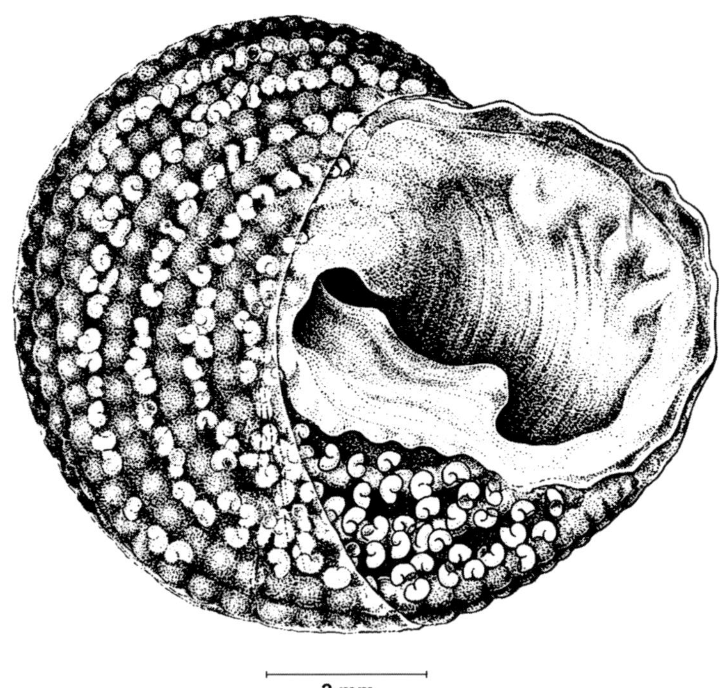

Abb. 16. ► Brutpflege: Einfache Form der Brutpflege bei einer Schnecke (Weibchen von *Clanculus bertheloti*: Trochidae; n. Thorson 1967), die ihre Jungen in den Spiralfurchen der Gehäuseoberfläche und unter einem Schleimfilm hält.

mit breiten seitlichen Lappen (▶ Parapodien) schwimmen; sie leben in warmen Meeren und ernähren sich von Algen. Hierher gehört u. a. der ▶ Seehase (▶ *Aplysia*).

Breitzüngler, ▶ Bandzüngler, Taenioglossa, ▶ Bandzunge.

Brennnesselschnecke, ▶ *Urticicola*.

Brunnenschnecken, (auch: ▶ Zwerghöhlenschnecken), Arten der Gattungen ▶ *Bythiospeum* (*Lartetia*), ▶ *Paladilhia* und *Paladilhiopsis*, die im Grundwasser, in Brunnen, Quellen und Karsthöhlen Mittel- und Südeuropas, Nordafrikas und Kleinasiens leben. Sie sind blind und bilden zahlreiche, oft isolierte Populationen.

Brutpflege (Abb. 16), spezifisches Verhalten zum Schutz und zur Versorgung der Nachkommen, auch bei Schnecken und Muscheln nachgewiesen. Letztere bilden oft Taschen an den Kiemenblättchen (▶ Erbsenmuscheln), bei manchen Schnecken werden Eier oder Larven in der ▶ Mantelhöhle, am Gehäusenabel, in den Spiralfurchen der Gehäuseoberfläche oder an einem Floß aus Luftblasen (Veilchenschnecke) beherbergt. Schneckengehäuse werden oft von anderen Tieren für deren eigene B. genutzt. So legt die Springspinne *Pellenes nigrociliatus* ihre Eier in ein ▶ *Helicella*-Haus, das erhöht aufgehängt wird (Schutz vor Überhitzung); die Mauerbiene *Osmia bicolor* legt Eier und Vorräte (Pollen und Nektar) in ein ▶ Gehäuse und die Männchen von Schneckenbuntbarschen (*Lamprologus callipterus,* Tanganjika-See) sammeln bis zu 100 leere Häuser, in denen ihre Weibchen ablaichen.

Brutraum, Bruttasche, ▶ Marsupium, bei einigen Muscheln an den ▶ Kiemen ausgebildeter Raum, in dem sich die Juvenilen entwickeln, bis sie 2 Schalenklappen ausgebildet haben (▶ Sphaeriidae). Die Lage des B.s ist arttypisch und seine Ausbildung wird durch anwesende Eier angeregt.

Buccaldrüse, „Speicheldrüse", zwischen Mundhöhle und Schlund gelegenes Gewebe der ▶ Käferschnecken von unbekannter Funktion.

Buccalganglien, paarige ▶ Ganglien der Mollusken, welche die dorsale Seite der Mundhöhle und den Vorderdarm innervieren.

Buccalhöhle, an die Mundöffnung anschließender Teil des Verdauungstraktes der Mollusken.

Buccalkegel, ausstülpbare Fortsätze der Seiten- oder Ventralwand der ▶ Buccalhöhle bei einigen räuberischen Schnecken (▶ Clionidae).

Buccalmembran, ▶ Buccaltrichter.

Buccaltrichter, bei höheren ▶ Kopffüßern trichterförmig ausgebildete Haut (▶ Buccalmembran) zwischen der Mundöffnung und den Armen, gegen die er durch Gewebspfeiler abgestützt wird.

Buccinidae, ▶ Wellhornschnecken, ▶ Kinkhörner, ▶ Hornschnecken, Familie der ▶ Neogastropoda mit zahlreichen Arten, die bis zu 60 Gattungen zugeordnet werden und meist in kälteren Meeren leben; in der Nordsee sind sie durch die Genera ▶ *Buccinum* LINNAEUS 1758, *Colus* ROEDING 1798, ▶ *Neptunea* ROEDING 1798 und *Volutopsius* MÖRCH 1857 vertreten. Sie ernähren sich vorwiegend von Aas. ▶ *Neptunea antiqua* (LINNAEUS 1758) ist mit bis zu 20 cm Gehäusehöhe die größte heimische Schnecke.

Buccinum LINNAEUS 1758, Gattung der ▶ Buccinidae (Muricoidea: ▶ Neogastropoda). Die Gemeine Wellhornschnecke, *B. undatum* LINNAEUS 1758, ist im nördlichen Atlantik weit verbreitet, auch in der Nordsee und der westlichen Ostsee. Mit ihrem bis 11 cm hohen Gehäuse ist sie die zweitgrößte heimische Meeresschnecke (nach ► *Neptunea*).

Büchsenmuscheln, ► Pandoridae, Familie der ► Anomalodesmata (Muscheln) mit der einzigen Gattung *Pandora* Bruguière 1797.

Bufonites, ► Krötenstein.

Bulgarica O. Boettger 1877, Gattung der ► Clausiliidae mit 2 Arten in Mitteleuropa.

Buliminidae, jetzt ► Enidae.

Bulimulus Leach 1814, Gattung der Orthalicidae (► Landlungenschnecken).

Bulinidae, Familie der ► Wasserlungenschnecken. Hierher gehört u. a. ► *Indoplanorbis* Annandale & Prashad 1920, eine beliebte Aquarienschnecke mit rotem Blut.

Bulla Linnaeus 1758, Gattung der ► Kopfschildschnecken.

Bulla-Stadium, Phase in der frühontogenetischen ► Entwicklung der ► Porzellanschnecken, die an das ► Veliger- und ► Pediveliger-Stadium anschließt und in der das bis dahin gebildete ► Gehäuse an das von ► *Bulla* erinnert.

Bundesartenschutzverordnung (BArtSchV) vom 16. 2. 2005 (BGBl. I S. 2873), enthält Vorschriften zum Artenschutz in Deutschland und setzt die Regelungen des ► Washingtoner Artenschutzabkommens (► CITES) und der EU-Artenschutzverordnung um. In ihrem Anhang 1 sind die geschützten Arten aufgelistet. Danach sind in Deutschland unter den Mollusken „streng geschützt" die ► Flussperlmuschel (*Margaritifera margaritifera*) und die Abgeplattete Teichmuschel (*Pseudanodonta complanata*); „besonders geschützt" sind 23 Arten, darunter die mitteleuropäischen Spezies von ► *Anodonta*, ► *Pseudanodonta* und ► *Unio*, unter den terrestrischen Arten die ► Weinbergschnecken (*Helix pomatia* und *aspersa*), während unter den marinen Schnecken Mitteleuropas nur die Nordische ► Purpurschnecke (► *Nucella lapillus*) unter Schutz steht.

Buntschnecken, ► *Polymita*.

Burgosmuschel, schlecht gebildeter Handelsname für ► *Turbo marmoratus* (Linnaeus 1758) (indopazifisch), zur Gewinnung von ► Perlmutter genutzt; u.a. zu Intarsien, Knöpfen, Haarspangen, Löffeln, Operngläsfassungen verarbeitet.

Bursa copulatrix (Tafel IV), ► Begattungstasche, auch bei vielen Mollusken ausgebildeter Hohlraum im Genitalsystem, in den die Weibchen (oder Zwitter) bei der ► Kopulation die ► Allospermien aufnehmen. ► Genitalsystem.

Bursa telae, Liebespfeilsack, ► Liebespfeil.

Bursidae, ► Froschschnecken, Familie der ► Tonnoidea (marine ► Mittelschnecken), in Korallenriffen lebende Schnecken mit bis zu 25 cm hohem Gehäuse, dessen Umgänge mit Wülsten, ► Knoten und Stacheln versehen sind.

Bursikeln, chemorezeptorische Organe einiger ► „Prosobranchia" (► Zeugobranchia, ► Trochoidea), die taschenartig gebaut sind und auf allen Kiemenblättchen im Hauptrespirationsstrom liegen. Sie ermöglichen die Wahrnehmung der Hauptfeinde (Seesterne).

Bürstenzunge, ► hystrichoglosse ► Radula, ► Reibzunge der ► Bürstenzüngler mit sehr vielen (einigen hundert) ► Zähnen in jeder Querreihe. Die Randzähne enden pinselartig.

Bürstenzüngler, ► Vetigastropoda mit einer ► Bürstenzunge. Hierher gehören die Millionärsschnecken (► Pleurotomariidae), die sich von Schwämmen ernähren.

Büschellunge, Tracheallunge, ▸ Respirationsorgan der ▸ Tracheopulmonata (▸ Athoracophoridae), bei denen die sehr kleine ▸ Mantelhöhle dorsal, etwas rechts der Mediane liegt. Ihrer ▸ ventralen Wand sitzen stark verästelte, blind endende Divertikel an, die in ihrer Gesamtheit die B. bilden.

Butterspatel, volkstümlicher Name der Muschelgattung ▸ *Chlamys*.

Byssus, ▸ Muschelseide, Sekret aus ▸ Fußdrüsen vieler Muschelarten. Mehrere Drüsen geben verschiedene Komponenten in die Byssushöhle im ▸ Fuß ab, das Produkt erhärtet im Seewasser. Es wird zu Fäden ausgezogen, die von der Fußspitze an die Unterlage angeheftet werden. Bei vielen Muscheln können die Juvenilen B. abscheiden, als Adulte sind sie dazu nicht mehr fähig. Besonders auffällig ist der B. bei ▸ Miesmuscheln (▸ *Mytilus*) und bei ▸ Steckmuscheln (*Pinna*). Aus dem B. von *Pinna* wird seit dem Altertum Byssusseide hergestellt, die heute vor allem in Süditalien zu Souvenirs verarbeitet wird.

Byssusdrüse, ▸ Fußdrüse, die bei manchen Muschelarten ▸ Byssus erzeugt.

Bythinella MOQUIN-TANDON 1856, ▸ Quellenschnecken, artenreiche Gattung der ▸ Hydrobiidae, in Quellbächen lebende ▸ Neotaenioglossa.

Bythiospeum BOURGUIGNAT 1882, ▸ Brunnenschnecken, artenreiche Gattung im Grundwasser lebender ▸ Neotaenioglossa.

Cadulus PHILIPPI 1844, Gattung der ▸ Gadilidae, ▸ Grabfüßer, deren röhrenförmiges Gehäuse in der Mitte den größten Durchmesser hat, also bauchig erscheint. Die sehr kleinen Arten sind weltweit und bis in große Tiefen verbreitet.

Caecidae, Sandrohrschnecken, Familie der ▸ Neotaenioglossa, ▸ *Caecum*.

Caecum (Abb. 32), Blindsack, **1**) Aussackung des ▸ Magen- oder Mitteldarmbereichs. Bei den ▸ Prosobranchia entspringt vom hinteren Ende des Magens ein spiraliges C., während es bei Muscheln ▸ ventral am ▸ Magen ansetzt; bei einigen enthält es den ▸ Kristallstiel und wird daher ▸ Stielsack genannt. Neben diesem kann noch ein weiteres C. vorhanden sein. Bei ▸ Cephalopoda erfolgt die Endverdauung in einem C., das vom ▸ Magen nach hinten zieht und ein- bis mehrfach spiralig gewunden sein kann; seine innere Oberfläche ist durch Längsfalten stark vergrößert und wird bei den Teuthida durch einen ▸ Appendix erweitert; in das C. mündet hier die ▸ Mitteldarmdrüse. **2**) erweiterter Anfangsbereich des Siphos von ▸ Ammoniten.

Caecum FLEMING 1813, Sandrohrschnecke, im Sandlückensystem lebende ▸ Kleinschnecken (▸ Neotaenioglossa) mit ungewöhnlichem Wachstum des Gehäuses: zunächst wächst es spiralig, später gestreckt-gebogen, und der spiralige Teil wird abgestoßen, die entstehende Öffnung durch ein ▸ Septum verschlossen. Auch in der südlichen Nordsee lebt *C. glabrum* (MONTAGU 1803).

Caenogastropoda COX 1960, ▸ Neuschnecken, Taxon der ▸ Orthogastropoda, umfasst die Mehrzahl der früheren ▸ Mittelschnecken (▸ Mesogastropoda) und die ▸ Neuschnecken (▸ Neogastropoda). Aktuell werden meist die (Ordnungen) ▸ Neotaenioglossa, ▸ Ptenoglossa und ▸ Neogastropoda zu den C. gestellt.

Calamus, 1) eine ▸ konische Papille unbekannter Funktion am ▸ Endorgan des ▸ Hectocotylus von ▸ Incirrata (▸ Cephalopoda), neben dem letzten Armsaugnapf gelegen; **2**) veraltete Bezeichnung für den ▸ Gladius.

Calcit, Calciumkarbonat, $CaCO_3$, häufiges Mineral, wichtigster anorganischer Bestandteil der Molluskenschale, an deren Aufbau auch andere Mineralien beteiligt sind, vor allem ►Aragonit und ►Barit.

Calcitostracum, aus ►Calcit aufgebauter Teil der Molluskenschale von sehr vielfältiger Struktur und Festigkeit. Besonders stabil ist die ►gekreuzt-lamelläre Ausbildungsform. Das C. wird bei als altertümlich angesehenen Mollusken oft durch eine ►Perlmutterschicht ergänzt.

Calliostoma Swainson 1840, Schöne Kreiselschnecke, Gattung der ►Trochidae.

Callistochiton Carpenter in Dall 1879, Gattung der ►Callistoplacidae (►Käferschnecken).

Callistoplacidae, Familie der ►Chitonida (►Käferschnecken).

Calliteuthis Verrill 1880, Gattung der ►Histioteuthidae (►Oegopsida: ►Kopffüßer), jetzt meist als Synonym von *Histioteuthis* D'Orbigny 1842 aufgefasst.

Callochitonidae, Familie der ►Chitonida, ►Käferschnecken, in der Nordsee vertreten durch *Callochiton* Gray 1847.

Callum, ►akzessorisches Schalenstück bei bestimmten ►Bohrmuscheln (►Pholadidae). Das C. verschließt die vordere, klaffende Öffnung der ►Schale bei den erwachsenen Muscheln.

Callus, Schwiele, kalkige Verstärkung der Molluskenschale; **1**) eine Verdickung auf der Columellarseite der ►Mündung des Schneckenhauses, die den Mündungsaußen- mit dem ►Spindelrand verbindet. **2**) Verdickung im ►Nabel mancher Schneckenhäuser (►Neritidae).

Calma Alder & Hancock 1855, Gattung der ►Nacktkiemer (►Hinterkiemerschnecken).

Calyptraea Lamarck 1799, Gattung der ►Calyptraeidae (►Neotaenioglossa).

Calyptraeidae Lamarck 1809, ►Haubenschnecken, Familie der ►Neotaenioglossa, Schnecken mit oft haubenartig abgeflachtem Gehäuse ohne ►Operculum, aber mit ►Septum. Sie filtrieren ihre Nahrung mit Hilfe von Schleimnetzen aus dem Wasser. In der südlichen Nordsee lebt die ►Pantoffelschnecke.

Camaenidae, Familie der ►Landlungenschnecken.

Campylaea Beck 1837, ►Felsenschnecken, Gattung der ►Helicidae mit mehreren Arten in Mitteleuropa, die zum Teil zu ►*Chilostoma* gerechnet werden.

Canarium Schumacher 1817, Gattung der ►Fechterschnecken (►Strombidae), jetzt meist als Untergattung von ►*Strombus* gewertet.

Cancellariidae, ►Gitterschnecken, ►Muskatnussschnecken, Familie der Mitroidea, marine Schnecken mit meist eiförmigem, selten über 10 cm hohem Gehäuse mit gegitterter oder gerippter Oberfläche.

Candidula Kobelt 1871, Gattung der ►Heideschnecken (►Helicellidae) mit drei Arten in West- und Mitteleuropa, darunter die ►Quendelschnecke, *C. unifasciata* (Poiret 1801).

Cantharidus Montfort 1810, Gattung der ►Kreiselschnecken (►Trochidae) in australischen und neuseeländischen Gewässern.

Cantharus Röding 1798, Gattung der ►Wellhornschnecken (►Buccinidae).

Capiz-Muschel, Handelsname für ►Fensterscheibenmuscheln. ►Placunidae.

Captacula (Tafel VI), ►Fangfäden der ►Scaphopoda, entspringen am Grunde des Mundkegels und sind an ihren Enden verdickt und löffelartig ausgehöhlt. Sie werden durch Füllen mit ▶ Haemolymphe ausgestreckt. Da sie mit eigenen, kleinen Ganglien, mit Sinnes- und Drüsenzellen ausgestattet sind, orten sie Foraminifera und ähnliche, kleine Objekte, kleben sie an und transportieren sie zur Mundöffnung.

Capulidae, ▶ Hutschnecken, ▶ Kappenschnecken oder ▶ Mützenschnecken, mit *Capulus hungaricus* (LINNAEUS 1767), der ▶ Ungarkappe.

Cardialganglien, relativ große ▶ Ganglien der ▶ Coleoida, beteiligt an der Innervierung des ▶ Herzens.

Cardiapoda ORBIGNY 1835, Gattung der ▶ Kielfüßer (Carinariidae, ▶ Heteropoda).

Cardiidae, ▶ Herzmuscheln, Familie der ▶ Cardioidea (Venerida: ▶ Heterodonta), artenreiches, weltweit (mit Ausnahme der Antarktis) verbreitetes Taxon, meist mit rundlichen, festen Klappen. Die Schalenoberfläche trägt meist radiale ▶ Rippen mit Schuppen oder Dornen. Die C. graben sich flach ein (ihre Siphonen sind nur kurz), bei Gefahr können sie aus der Reichweite des Angreifers (Seestern) herausspringen. Vor den westafrikanischen Küsten lebt die bis 10 cm lange Gerippte Herzmuschel, *Cardium costatum* LINNAEUS 1758. In Nord- und Ostsee kommen Arten von ▶ *Acanthocardia*, ▶ *Cerastobyssus*, ▶ *Cerastoderma* und ▶ *Parvicardium* vor.

Cardinalzähne, die zentral gelegenen Hauptzähne im ▶ Scharnier ▶ heterodonter Muscheln. Seitlich werden sie von den ▶ Lateralzähnen ergänzt.

Cardioidea, Überfamilie der ▶ Heterodonta, mit der einzigen Familie ▶ Cardiidae.

Carditidae, ▶ Trapezmuscheln, Familie der ▶ Carditoidea (Carditida: ▶ Heterodonta), weitverbreitete marine Muscheln, die entweder rundliche Schalen haben und im Sand graben oder deren Klappen ungleich sind und die sich dann mit gut ausgebildetem ▶ Byssus an Hartsubstrat anheften. Die Schalenoberfläche trägt radiale, oft schuppige oder knotige ▶ Rippen.

Cardium LINNAEUS 1758, Gattung der ▶ Cardiidae.

Cardo, das ▶ Scharnier der Muschelklappen.

Carinaria LAMARCK 1801, Kielschnecke, Gattung der ▶ Kielfüßer (Carinariidae: ▶ Heteropoda).

carnivor, fleischfressend.

Carnivorie, Fleischverzehr, gibt es bei mehreren Gruppen der ▶ Mollusca: einige ▶ Solenogastres ernähren sich von Protozoa und kleinen Crustacea, die epizoischen Arten saugen Cnidaria aus. Unter den ▶ Polyplacophora ist gezielte C. die Ausnahme: ▶ *Placiphorella velata* fängt kleine Krebstiere, was ihr das Leben in größeren Tiefen erlaubt; viele andere Spezies nehmen beim Verzehr des ▶ Aufwuchses ▶ sessile Tiere mit auf. Unter den ▶ Gastropoda ist C. weit verbreitet. Viele ▶ „Prosobranchia" verzehren mit dem Aufwuchs ▶ sessile Organismen wie Cnidaria, Bryozoa und Tunicata; ▶ Bohrschnecken (▶ Naticidae) und Purpurschneckenartige (▶ Muricidae) verschaffen sich Zugang in die Schale des Opfers (Seepocken, ▶ Plattmuscheln); viele ▶ Buccinidae fressen lebende oder frischtote Tiere wie Polychaeta, *Busycon* greift (pro Woche 4–5) größere Muscheln (wie ▶ *Mytilus*, *Mya*) mit dem ▶ Fuß, presst die Außenlippe der ▶ Mündung auf den Schalenrand der Muschel bis dieser bricht und frißt durch das geschaffene Loch die Beute aus; *Buccinum undatum* schiebt das Vorderende seines Gehäuses zwischen die Muschelklappen und hindert das Opfer so, diese zu schließen; die ▶ Conidae lähmen ihre Beute mit

Hilfe der ► toxoglossen ► Radula. ► Pyramidellidae saugen mit ihrem langen ► Rüssel an röhrenbewohnenden Polychaeten und an Muscheln. Die ► Opisthobranchia sind zum Teil hochspezialisierte Carnivoren; die ► Nudibranchia leben auf und von Schwämmen, Nessel-, Moos- und Manteltieren. Unter den ► Pulmonata ist C. weniger verbreitet, allerdings gibt es auch hier Spezialisten, deren Gehäuse oft reduziert, der Körper damit beweglicher ist (z. B. ► *Daudebardia*); viele ► Nacktschnecken sind Allesfresser; *Poiretia algira* raspelt das Gehäuse meist turmförmiger Schnecken (► Clausiliidae) auf und frißt Regenwürmer; ► *Euglandina*-Arten wurden auch vom Menschen eingesetzt, um Gelege und Jugendstadien der in Pflanzenkulturen schädlichen ► *Achatina* zu verzehren (► Neozoen); die spanische Nacktschnecke *Deroceras hilbrandi* lebt an feuchten Felswänden, auf denen das fleischfressende Fettkraut wächst und verzehrt die von diesem gefangenen Insekten.

Carpathica A. J. WAGNER 1895, Gattung der ► Glanzschnecken (Daudebardiidae).

Carpus, dicht am Stiel der ► Endkeule der ► Fangarme von ► Cephalopoda gelegener Abschnitt. Hier finden sich vor allem kleine und unregelmäßig angeordnete ► Saugnäpfe.

Carychium (O. F. MÜLLER 1774), ► Zwergschnecken, ► Zwerghornschnecken, Gattung der ► Ellobiidae (früher Carychiidae) (► Eupulmonata), sehr kleine ► Landschnecken in Europa und Sibirien mit bis 2 mm hohem, spindelförmigem Gehäuse, dessen Mündungsrand verdickt und mit Falten und Zähnen besetzt ist. In Mitteleuropa mit zwei Arten vertreten: die Schlanke Zwerghornschnecke, *C. tridentatum* (RISSO 1826), ist weitverbreitet in Wäldern und Wiesen, während die Bauchige Zwerghornschnecke, *C. minimum* (O. F. MÜLLER 1774), feuchtere ► Habitate bevorzugt.

Cassidae, Cassididae, ► Helmschnecken, ► Sturmhaubenschnecken, früher Familie der ► Tonnoidea; jetzt werden die Genera dieses Taxons meist zu den ► Tonnidae gerechnet.

Cassis SCOPOLI 1777, Sturmhaube, Helmschnecke s. s., Gattung der ► Cassidae (► Tonnoidea) mit etwa 7 Arten, die in der Karibik und in warmen Gebieten des Indopazifik auf Sandböden leben und sich ► carnivor vor allem von Seeigeln ernähren. Das bis 35 cm hohe, schwere Gehäuse ist verkehrt kegel- oder birnenförmig und dickwandig. Das ► conchinöse ► Operculum ist lang und schmal. Beliebte Sammlerobjekte, wodurch der Bestand der Arten gefährdet ist. Alle werden auch zu Schmuck verarbeitet, ihr Weichkörper wird gegessen.

Catinella PEASE 1870, jetzt meist ► *Quickella*.

Caudofoveata (Abb. 1, Tafel I), ► Schildfüßer, ein Taxon der ► Aplacophora, deren Körper wurmförmig langgestreckt ist und am Hinterende einen glockenförmigen Mantelraum hat, in den die beiden ► Kiemen (► Ctenidien) hineinragen. (Siehe allgemeine Einführung S. 20).

Causa SCHILEJKO 1971, Gattung der ► Helicidae. In alpinen Lagen Mitteleuropas lebt die Genabelte ► Maskenschnecke, *C. holosericum* (STUDER 1820).

Cavoliniidae, ► Hütchenseeschmetterlinge, Familie der ► Thecosomata mit meist hornförmigem, symmetrischem Gehäuse ohne ► Operculum. Weit verbreitet sind ► *Clio* und ► *Creseis*.

Cecilioides FÉRUSSAC 1814, Blindschnecken, Gattung der ► Ferussaciidae oder Cecilioididae (► Landlungenschnecken). Die augenlose Blind- oder Nadelschnecke *C. acicula* (O. F. MÜLLER 1774) lebt unterirdisch und ist westeuropäisch und circummediterran verbreitet, in Mitteleuropa selten.

Celonites, ► Schneckenstein.

Cepaea HELD 1837, ► Bänderschnecken, ► Schnirkelschnecken s. s., Gattung der ► Helicidae, mit vier Arten in Mitteleuropa vertreten (inkl. ► *Austrotachea*). Besonders weit verbreitet in Hecken, Wäldern und Wiesen sind die Schwarzmündigen Bänderschnecken oder Hainschnirkelschnecken, *C. nemoralis* (LINNAEUS 1758), und die Weißmündigen Bänderschnecken oder Gartenschnirkelschnecken, *C. hortensis* (O. F. MÜLLER 1774).

Cephalaspidea, ► Kopfschildschnecken, Gruppe der ► Opisthobranchia mit meist reduziertem Gehäuse und schildartig verbreitertem ► Kopf. Die als ursprünglich bewerteten Arten haben ein ► Operculum, ein ► chiastoneures ► Nervensystem sowie weitere Merkmale, welche die C. als Übergangsgruppe von Vorderkiemern zu ► Hinterkiemern charakterisieren. Die C. werden z. Z. in 15 Familien unterteilt, von denen in Nord- und Ostsee die folgenden leben: ► Cylichnidae, ► Diaphanidae, ► Haminoeidae, ► Philinidae und ► Retusidae, eventuell sind hier auch die ► Philinoglossidae anzuschließen.

Cephalisation, Ausbildung eines spezialisierten Kopfbereichs, wie er vor allem in der ► Entwicklung der Schnecken und ► Kopffüßer auftritt. C. ist die Folge einer bilateralsymmetrischen Organisation des Körpers mit ausgeprägter Längsachse, wobei ein Ende bei der ► Bewegung bevorzugt vorausgeht und zum morphologischen Vorderende wird. Da hier der erste Kontakt zur Umwelt zustandekommt, konzentrieren sich Sinneszellen am Vorderende und, damit zusammenhängend, wichtige Schaltstellen des Nervensystems. Schnellere Reaktionsfähigkeit setzt kurze Leitungsbahnen und effektive Nervenzellen voraus. Deren Entwicklung ist Voraussetzung für die Leistungsfähigkeit vor allem der Caenogastropoda innerhalb der Schnecken und der ► Kopffüßer. Dabei ist die C. regelmäßig mit einer ► Cerebralisation verbunden.

Cephalon, ► Kopf.

Cephalophora DE BLAINVILLE 1816, veraltete Bezeichnung für die ► Gastropoda.

Cephalopoda (Abb. 1), ► Kopffüßer, (siehe allgemeine Einführung S. 25).

Cephalopodium, der Kopf-Fuß-Bereich der ► Mollusca, besonders ausgeprägt bei ► Gastropoda und ► Cephalopoda.

Cephalotrocha, frühere Bezeichnung für die ► Trochophora.

Cerastobyssus PETERSEN & RUSSELL 1971, Gattung der ► Cardiidae, kleine ► Herzmuscheln. *C. exiguum* (GMELIN 1791) ist vom O-Atlantik bis ins Schwarze Meer und in der westlichen Ostsee verbreitet, während *C. hauniense* (PETERSEN & RUSSELL 1971) in der Ostsee endemisch zu sein scheint.

Cerastoderma POLI 1795, Gattung der ► Cardiidae (► Herzmuscheln). In Nord- und Ostsee lebt die Essbare Herzmuschel, *C. edule* (LINNAEUS 1758). Sie gräbt sich in Sand- und Weichböden ein, ist in Form und Farbe sehr variabel. Die bis etwa 5 cm langen, in der Ostsee kleineren Muscheln werden an den ostatlantischen Küsten und am Mittelmeer gegessen. Die etwas kleineren *C. glaucum* (POIRET 1789) kommen vom Ostatlantik bis in die östliche Ostsee vor. Es ist strittig, ob als *C. lamarcki* (Reeve 1844) beschriebene Herzmuscheln Artstatus haben oder als Subspezies zu *C. glaucum* gehören. ▶ *Acanthocardia*, ▶ *Cerastobyssus*, ▶ *Parvicardium*.

Cerata, kolbenförmige, oft bunt gefärbte Anhänge auf dem Rücken von Nacktkiemern (▶ Hinterkiemerschnecken). Bei vielen Arten erstreckt sich ein Fortsatz der ▶ Mitteldarmdrüse (der ▶ „Nesselsack") in die C., in den unverdaute Nesselkapseln der Beute (z. B. Polypenstöckchen) hineintransportiert werden, die der Schnecke als Waffe dienen. Diese Schnecken werden daher als ▶ Kleptocnidier bezeichnet. Die C. fungieren wahrscheinlich auch als respiratorische Organe, können im Notfall bei manchen Arten abgestoßen werden und einige Zeit weiterleben (▶ *Tethys*).

Cerebraldrüsen, (auch: ▶ Kopfdrüsen oder ▶ Follikeldrüsen), akzessorische, drüsige Anhänge an den ▶ Cerebralganglien insbesondere der ▶ Pulmonata; sie steuern wahrscheinlich das Wachstum.

Cerebralganglien (Abb. 2, 17, Tafel I, Tafel IV, Tafel VI, Tafel VII), Kopfganglien, gelegentlich nach ihrer Lage auch Oberschlundganglien genannt, kopfnah gelegene Ganglien von übergeordneter Funktion und Größe. Sie sind Teil des Schlundrings und innervieren die Mundregion sowie die Kopfsinnesorgane und oft auch die Kopulationsorgane.

Cerebralisation, Gehirnbildung, fortschreitende Konzentration der Ganglien zu einem Komplex von höherer Leistung; verläuft parallel zur ▶ Cephalisation.

Cerebropleuralganglien, durch Verschmelzung von ▶ Cerebral- und ▶ Pleuralganglien entstandener Komplex von Nervenzentren im Kopfbereich, insbesondere bei Muscheln, bei denen auch die ▶ Buccalganglien mit einbezogen werden. Die C. innervieren den vorderen Teil des Mantels, den vorderen ▶ Schließmuskel, die ▶ Mundlappen und die ▶ Statocysten. C. sind auch bei einigen Schnecken nachgewiesen (z. B. *Acteon*: ▶ Heterobranchia).

Cerithiidae, ▶ Hornschnecken, ▶ Seenadeln, ▶ Nadelschnecken, Familie der ▶ Neotaenioglossa. In der südlichen Nordsee sind sie durch *Bittium reticulatum* (da Costa 1778) vertreten.

Cernuella Schlüter 1838, ▶ Heideschnecken, Gattung der ▶ Hygromiidae (Helicinae) mit einigen westeuropäischen Arten, die nach Mitteleuropa eingeschleppt sind.

Cervicallappen, (auch: ▶ Nuchallappen), lappenartige Fortsätze der Epidermis in der Nackenregion einiger Schnecken. Bei den ▶ Ampullariidae ist der linke, bei den ▶ Viviparidae der rechte Lappen zu einem ▶ „Pseudosipho" ausgezogen.

Chaetoderma Lovén 1844, Gattung der ▶ Caudofoveata in N-Atlantik, Nordsee und Mittelmeer.

Chaetodermomorpha, die ▶ Caudofoveata.

Chalaza, Hagelschnur, Eiweißstränge im Ei, die den Dotter in einer bestimmten Position halten. Bei ▶ Gastropoda (▶ Architectonicidae, ▶ Pyramidellidae) auch eine strangartige Verlängerung der inneren ▶ Eihüllen, welche die Eier eines Geleges innerhalb einer ▶ Eikapsel miteinander verbindet.

Chamelea Mörch 1853, Gattung der ▶ Veneridae, in der Nordsee durch die Kleine Venusmuschel, *C. gallina* Linnaeus 1758, vertreten.

Chamidae, ▶ Gienmuscheln, ▶ Felsenaustern, ▶ Hufmuscheln, ▶ Lappenmuscheln, Familie der ▶ Veneroida,

Meeresmuscheln mit ungleich dicken Klappen, deren eine am Substrat angeheftet wird und die ▶ Lebensraum für bohrende Organismen bieten. Einige Arten leben in Hohlräumen von Korallen, wodurch beim Zuwachs die Klappen deformiert werden.

Charakterart, (auch: ▶ Kennart, Leitart), Bezeichnung für eine Art, die in einem ▶ Biotop regelmäßig und überwiegend vorkommt.

Charonia GISTL 1848, Gattung der ▶ Ranellidae (▶ Tonnoidea) mit dem Tritonshorn, *C. tritonis* LINNAEUS 1758, mit etwa 45 cm Gehäusehöhe eine der größten rezenten Schnecken. Sie lebt auf Sandböden und in Korallenriffen, wo sie sich vor allem von Echinodermen ernährt. Insbesondere ist sie der Hauptfeind der korallenvernichtenden Dornenkrone (*Acanthaster planci*: Valvatida: Asteroida).

Charpentieria STABILE 1864, Gattung der ▶ Clausiliidae mit der nach Mitteleuropa eingeschleppten Italienischen Schließmundschnecke, *C. itala* (G. v. MARTENS 1824).

Chiasma, Überkreuzung der ▶ Riesenfasern im ▶ Gehirn der höheren ▶ Kopffüßer.

Chiastoneura, Schnecken mit ▶ Chiastoneurie.

Chiastoneurie (Abb. 17), (auch: ▶ Streptoneurie), ▶ Gekreuztnervigkeit, bei vielen Schnecken durch die ▶ Torsion des Eingeweidesackes entstandene Überkreuzung der ▶ Pleurovisceralkonnektive, aus deren Ganglien dadurch das ▶ Supra- und das ▶ Subintestinalganglion hervorgegangen sind. Charakteristisch ist die C. für Schnecken, bei denen durch die ▶ Torsion auch die Kieme vor dem ▶ Herzen liegt und die daher als Vorderkiemer (▶ „Prosobranchia") bezeichnet wurden. Sie findet sich aber auch bei für basal gehaltenen ▶ Hinterkiemern und ▶ Lungenschnecken.

Chilenische Venusmuschel, ▶ *Ameghinomya*.

Chilinidae, Familie der ▶ Hygrophila. *Chilina* GRAY 1828 ist in Südamerika verbreitet.

Chilostoma FITZINGER 1833, ▶ Felsenschnecken, Gattung der ▶ Helicidae. Mehrere mitteleuropäische Arten an Felsen und Mauern, die zum Teil zu ▶ *Campylaea* gestellt werden.

Chinesenhut, die Schneckengattung ▶ *Calyptraea* (▶ Neotaenioglossa).

Chinesisches Fenster, die ▶ Fensterscheibenmuschel *Placuna placenta* LINNAEUS 1758, Familie ▶ Sattelmuscheln, deren runde, transparente Klappen in SO-Asien früher wie Fensterscheiben genutzt wurden und heute zu Windglockenspielen verarbeitet werden.

Chione MEGERLE VON MÜHLFELDT 1811, Gattung der ▶ Veneridae, zahlreiche Arten im O-Atlantik. In der Nordsee lebt die Ovale Venusmuschel, *C. ovata* (PENNANT 1777).

Chiroteuthidae, Familie der ▶ Oegopsida mit bis zu 40 cm lang werdenden ▶ Kalmaren, die in großen Tiefen leben. Sie entwickeln sich über charakteristische Larvenformen, nach denen einige der bisher unterschiedenen 18 Arten beschrieben worden sind.

Chiroteuthis D'ORBIGNY 1839, Anglerkalmar, Gattung der ▶ Chiroteuthidae (▶ Oegopsida), ▶ pelagische ▶ Kopffüßer; ihre Jugendform wurde als ▶ *Doratopsis vermicularis* beschrieben.

Chiroteuthoides, Jugendform von ▶ Kopffüßern der Familie ▶ Chiroteuthidae.

Chitin, strukturbildendes Polysaccharid, das bei vielen Wirbellosen, insbesondere den Arthropoden, wichtiger Bestandteil des Außenskeletts ist. Nach der ähnlich gebauten Zellulose ist es das weitestverbreitete Biopolymer.

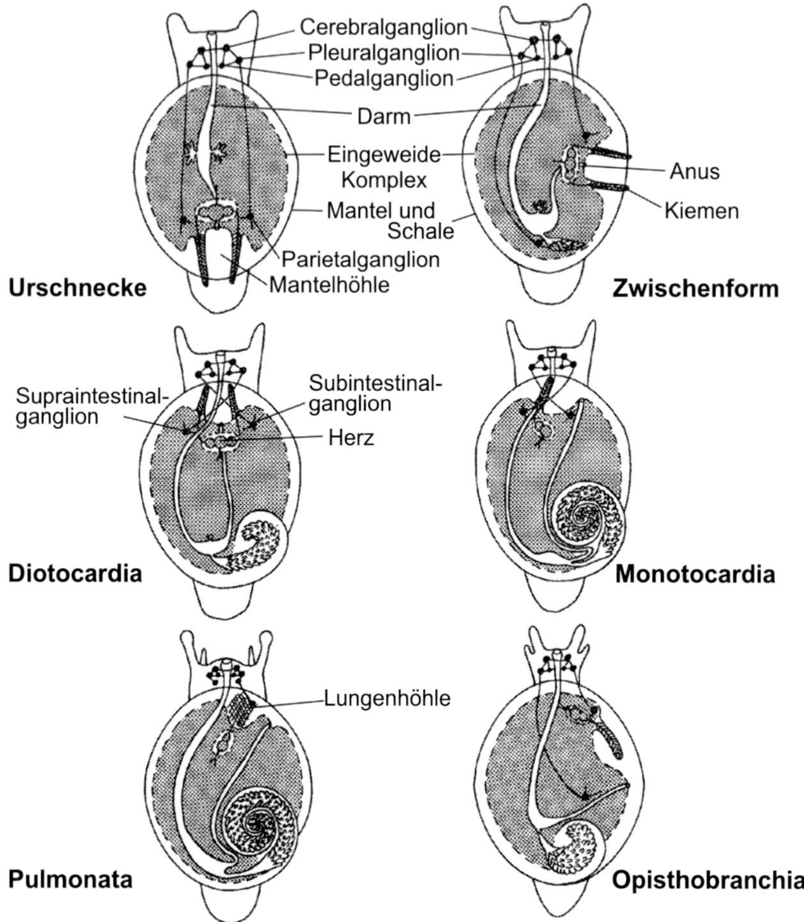

Abb. 17. ► Chiastoneurie: Entstehung der ► Gekreuztnervigkeit als Folge der ► Torsion, ausgehend von einem symmetrischen ► Nervensystem bei der hypothetischen Urschnecke.

Chemisch indifferent und wasserunlöslich, ist es durch Chitinase abbaubar, die sich z.B. im Schnecken- und Muschelmagen, vor allem im ► Kristallstiel, findet. Das C. ist bei Mollusken nur in geringen Mengen vorhanden, beteiligt sich aber am Aufbau bedeutender Strukturen. So verstärkt es die ► Radularmembran und die Radulazähne, bei den ► Käferschnecken auch den ► Pharynx, bei den ► Cephalopoda bildet es ring- und hakenförmige Verstärkungen der ▶ Saugnäpfe. Dabei wird es meist durch ▶ Conchin oder Kalk ergänzt.

Chiton LINNAEUS 1758, Gattung der ▶ Chitonidae (▶ Käferschnecken), kosmopolitisch in gemäßigten und warmen Meeren.

Chiton, Trivialname der ▶ Käferschnecken (▶ Polyplacophora).

Chitonida, Taxon („Ordnung") der ▶ Polyplacophora, ▶ Käferschnecken, die differenzierte ▶ Insertionsplatten aufweisen und deren ▶ Kiemen ▶ abanal liegen. Als chemische Sinnesorgane sind ▶ Osphradien ausgebildet. In einigen Verwandtschaftsgruppen kommt es zur teilweisen oder völligen Reduktion der ▶ Schalenplatten sowie zur ▶ Carnivorie (▶ *Placiphorella*). An europäischen Küsten sind die C. vertreten durch Arten der ▶ Acanthochitonidae, ▶ Callochitonidae, ▶ Ischnochitonidae und ▶ Tonicellidae. Große und durch Färbung und Musterung attraktive Arten gehören zu den ▶ Mopaliidae und ▶ Chitonidae.

Chitonidae, Familie der ▶ Chitonida mit meist mittelgroßen (▶ *Chiton*) bis großen Arten, z. B. *Enoplochiton niger* (BARNES 1824), 12 cm lang, in der starken Brandung der peruanischen Küste.

Chlamydoconchidae, Familie der ▶ Veneroida, mit der einzigen Art *Chlamydoconcha orcutti* (DALL 1884), die neuerdings von einigen Autoren zu den ▶ Galeommatidae gerechnet wird. Sie lebt in kalifornischen Gewässern unter Steinen. Die Schalen sind stark verlängert und ungleichseitig. Die nicht schließenden Klappen umfassen den Weichkörper nicht, doch wird das ganze Tier von einer Verlängerung der mittleren Mantelfalte bedeckt. Die C. bilden ▶ Zwergmännchen aus.

Chlamys RÖDING 1798, Gattung der ▶ Kammmuscheln (▶ Pectinidae) mit zahlreichen Arten in allen Meeren. Vom Mittelmeer bis zur Nordsee kommen der ▶ Butterspatel, *C. opercularis* LINNAEUS 1767 (auch *Aequipecten opercularis* FISCHER 1886), und die Kleine Pilgermuschel, *C. varia* (LINNAEUS 1758), vor.

Chondrina REICHENBACH 1828, Gattung der ▶ Chondrinidae, in Mitteleuropa durch die ▶ Haferkornschnecke, *C. avenacea* (BRUGUIÈRE 1792), vertreten.

Chondrinidae, ▶ Kornschnecken, Familie der ▶ Orthurethra, in Mitteleuropa mit zahlreichen kleinen Arten der Genera ▶ *Abida*, ▶ *Chondrina*, ▶ *Granaria* und ▶ *Granopupa* vertreten.

chondroid, knorpelartig, ein formendes Stützgewebe, vor allem in der Kopfkapsel der ▶ Cephalopoda.

Chondrophor, löffelförmiger Fortsatz im ▶ Scharnier der ▶ Schalenklappen einiger Muscheln (z. B. *Arenomya*); dient als Auflagefläche für den verstärkten ▶ Schließknorpel (▶ Resilium).

Chondrula BECK 1837, Gattung der ▶ Enidae mit einer mittel- und osteuropäischen Art, der ▶ Dreizahnturmschnecke *C. tridens* (O. F. MÜLLER 1774).

Chondrus CUVIER 1817, Gattung der ▶ Enidae (▶ Landlungenschnecken).

Chonium, der ▶ Trichter der ▶ Cephalopoda.

chordoid, chordaähnliches Bindegewebe aus prallen ▶ Blasenzellen, im Stützpolster der ▶ Radula.

Choromytilus SOOT-RYEN 1952, Gattung der ▶ Mytilidae, siehe ▶ *Mytilus*.

Chromatophoren (Abb. 18), für die höheren ▶ Kopffüßer (Coleoida) charakteristische ▶ Farbzellen in der Cutis, die oft zu Komplexen, den Chromatophor-Organen, zusammengefasst sind. Jedes dieser Organe besteht aus einer

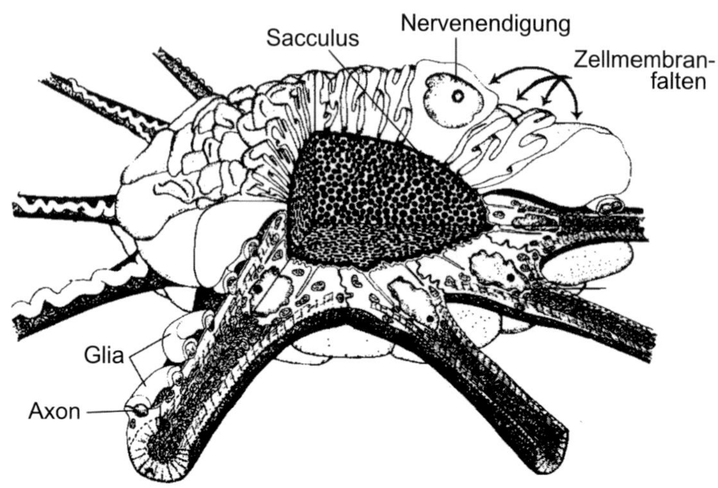

Abb. 18. ▸ Chromatophoren: Das Chromatophor-Organ eines Kalmars (*Loligo opalescens*, n. Cloney & Florey 1968).

Pigmentzelle, an der radial Muskelfasern ansitzen. Die Pigmentgranula liegen in einem elastischen Sacculus, der sich bei Kontraktion der Muskeln ausdehnt, wodurch das Pigment ausgebreitet und damit sichtbar wird. Bei Erschlaffung der Muskeln zieht sich der Sacculus wieder zusammen. Dieser Prozess wird zentralnervös gesteuert, gibt Stimmungen des Tieres wieder und ermöglicht Farbanpassung an die Umgebung. Unterstützt wird die Farbwirkung durch eine Schicht von ▸ Flitterzellen, die unter der C.-Schicht liegt. Einfachere Farbzellen gibt es bei fast allen anderen Mollusken.

Chromodorididae, Familie der ▸ Euctenidiacea, ▸ Hinterkiemerschnecken, mit einfach gefiederten ▸ Kiemen; ernähren sich von Schwämmen.

Chrysallida CARPENTER 1857, Gattung der ▸ Pyramidellidae, mit 7 Arten in der südlichen Nordsee nachgewiesen.

Chuns Kanal, bewimperter Teil des Spermatophororgans mancher ▸ Cephalopoda. Benannt nach Carl Friedrich Chun (* Höchst am Main 1. 10. 1852, † Leipzig 11. 4. 1914), deutscher Zoologe und Meeresforscher, Leiter der 1. Deutschen Tiefsee-Expedition mit dem umgebauten Postdampfer „Valdivia“ 1898/99.

Cilien, Wimpern, Flimmerhaare, feine, fädige Fortsätze auf der Oberfläche der ▸ Eucyte, finden sich an vielen Stellen des Molluskenkörpers. Schon beim ▸ Veliger spielen sie zur Fortbewegung und zum Heranstrudeln der Nahrung eine wichtige Rolle. Kleine Arten können sich durch Bewimperung der Körperoberfläche fortbewegen, bei größeren wird der oberflächliche ▸ Schleim transportiert. In der ▸ Mantelhöhle, insbesondere an den ▸ Kiemen, inserieren dichte C.-Felder, die Voraussetzung für funktionierende ▶ Respiration und die Ernährung sind: Wimperfelder ziehen sich bis tief in den Verdauungstrakt hinein.

Cimidae, Stiftschnecken, Familie unsicherer systematischer Zuordnung, meist zu den ▶ Heterostropha gestellt.

Cionellidae, die Kleinen ▶ Achatschnecken (▶ Landlungenschnecken).

Cipangopaludina HANNIBAL 1912, Gattung der ▶ Sumpfdeckelschnecken (▶ Viviparidae) in SO-Asien und Japan.

circumanale Kiemen, wahrscheinlich respiratorische Fortsätze um den Anus bestimmter ▶ Nacktschnecken (Doridacea).

circumpharyngeal, um den Schlund herum gelegen.

Cirrata (auch: Cirromorpha), Taxon meist kleiner bis mittelgroßer ▶ Kraken, die auf den Armen eine Reihe von ▶ Saugnäpfen und zwei Reihen fransenartiger Fortsätze (▶ Cirren) haben. Der ▶ Mantel ist sackartig und trägt in der Mitte oder am Hinterende ein Paar ▶ Flossen, die durch Knorpel stabilisiert werden. Die ▶ Velarhaut zieht oft bis fast zur Armspitze; der so gebildete ▶ Trichter dient zusammen mit den ▶ Flossen der Fortbewegung. Der ▶ Trichter wird in der Regel nur bei schneller ▶ Flucht vor Feinden benutzt. ▶ Radula und ▶ Tintenbeutel fehlen, bei vielen auch ein ▶ Hectocotylus, dafür werden bei einigen Arten die ▶ Saugnäpfe der Männchen vergrößert. Die C. sind Tiefwasserbewohner, die sich von ▶ Plankton ernähren. Die etwa 35 Arten wurden früher 3, jetzt nur noch 2 Familien zugeordnet, den ▶ Cirroteuthidae und ▶ Opisthoteuthidae. Ggs.: ▶ Incirrata.

Cirren, bei ▶ *Nautilus* die distalen Teile der ▶ Arme, die in die Armbasis zurückgezogen werden können, bei den höheren ▶ Cephalopoda fransenartige Fortsätze auf den Armen der ▶ Kraken.

Cirrobranchiata, frühere Bezeichnung für die ▶ Scaphopoda.

Cirroteuthidae, Familie meist mittelgroßer, doch auch bis 1,5 m langer ▶ Kraken (▶ Cirrata). Tiefwasserbewohner, einige dringen bis ins ▶ Abyssal vor. Die etwa 25 Arten werden 7 Gattungen zugeordnet. *Cirrothauma* CHUN 1911 hat reduzierte Augen; letztere sind gut ausgebildet mit ▶ Linse und Iris u. a. bei *Cirroteuthis* ESCHRICHT 1838, *Stauroteuthis* VERRILL 1879 und *Grimpoteuthis* ROBSON 1932.

CITES, ▶ Washingtoner Artenschutzabkommen (Convention on International Trade in Endangered Species of Wild Fauna and Flora).

Cladobranchia (= Cladohepatica), Gruppe der ▶ Opisthobranchia, ▶ Hinterkiemerschnecken, mit verzweigten Rückenanhängen, in die hinein Fortsätze der ▶ Mitteldarmdrüse ziehen. Das Taxon umfasst etwa 11 Familien, von denen 6 auch in Mitteleuropa vorkommen: ▶ Aeolidiidae, ▶ Dendronotidae, ▶ Eubranchidae, ▶ Facelinidae, ▶ Tergipedidae und ▶ Tritoniidae.

Cladus (engl. „clade"), latinisiert vom griech. klados = Zweig, höhere systematische Kategorie, in der Malakozoologie in den letzten Jahren gelegentlich benutzt, um zu einer feineren, die verwandtschaftlichen Zusammenhänge genauer wiedergebenden Unterteilung zu kommen und in diesem Sinne meist zwischen Superfamilie und Unterordnung eingeschoben und manchmal in Subcladi weiter differenziert.

Clanculus MONTFORT 1810 **(Abb. 16)**, Gattung der ▶ Kreiselschnecken (▶ Trochidae).

Clathrus OKEN 1815, Gattung der ▶ Wendeltreppen (▶ Epitoniidae), marine Schnecken.

Clausilia DRAPARNAUD 1805, Gattung der ▶ Clausiliidae, mit ca. 5 Arten in Mitteleuropa vertreten.

Clausiliidae, ▶Schließmundschnecken, Familie der ▶Sigmurethra mit meist linksgewundenem Gehäuse und Verschlussdeckel (▶Clausilium) in der ▶Mündung. Diese wird durch spezifische Leisten eingeengt, in die der ▶Deckel genau hineinpasst. Atem- und Genitalöffnung links. Artenreiche Gruppe, deren etwa 200 Gattungen ca. 11 Unterfamilien zugeordnet werden. Sie leben vorzugsweise in Wäldern und an Felsen, von denen sie den Algenbewuchs abschaben. Verbreitungsschwerpunkt sind Kaukasien und der Balkan, in Deutschland leben etwa 25 Arten aus den Genera ▶*Balea*, ▶*Bulgarica*, ▶*Charpentieria*, ▶*Clausilia*, ▶*Cochlodina*, ▶*Erjavecia*, ▶*Laciniaria*, ▶*Macrogastra*, ▶*Neostyriaca*, ▶*Pseudofusulus* und ▶*Ruthenica*.

Clausilium, ▶Schließplatte, für die ▶Schließmundschnecken (▶Clausiliidae) charakteristischer Verschlussdeckel der Gehäusemündung, der aus einer Spindelfalte hervorgegangen ist und genau in die komplizierte ▶Mündungsarmatur dieser Schnecken hineinpasst.

Clavagellidae, ▶Gießkannenmuscheln, ▶Keulenmuscheln, ▶Siebmuscheln, Familie der ▶Anomalodesmata, Meeresmuscheln, die eine Kalkröhre bilden, in die eine oder beide Klappen einbezogen werden. Die Muschel lebt in dieser Röhre, wobei das Vorderende der Röhre mit einer siebartig durchbrochenen Platte verschlossen sein kann, die das Eindringen von Sand in die Wohnhöhle verhindert. Die C. leben nicht nur im Sand, sondern bohren mit Hilfe von Sekreten in Kalk und Korallen. Von den etwa 10 beschriebenen Arten lebt die Gießkannenmuschel i. e. S., *Brechites vaginiferus* (Lamarck 1818) (früher *Penicillus vaginiferus*) im Roten Meer.

Cleptocniden, ▶Kleptocniden, ▶Cerata.

Clio Linnaeus 1767, Gemeine ▶Seeschmetterlinge, Gattung der ▶Cavoliniidae, in allen Weltmeeren verbreitete, ▶pelagische ▶Hinterkiemerschnecken; wichtige Nahrung von Bartenwalen.

Clione Pallas 1774, Gattung der ▶Clionidae, ▶pelagische ▶Ruderschnecken ohne Gehäuse und ▶Mantelhöhle, schwarmbildend und Nahrung von Bartenwalen und von ▶*Clio*.

Clionidae, Familie der ▶Gymnosomata.

Cocculinidae, Familie der ▶Altschnecken, meist augenlose Arten der ▶Tiefsee.

Cochlea, früher für ▶Concha, das Gehäuse der Schnecken.

Cochlicella Férussac 1820, Gattung der Cochlicellidae (▶Helicoidea), Schnecken mit turmförmigem Gehäuse, in Mitteleuropa durch *C. acuta* (O. F. Müller 1774) vertreten.

Cochlicopa Férussac in Risso 1828, Gattung der Kleinen ▶Achatschnecken (▶Cochlicopidae), mit 4 Arten in Mitteleuropa vorkommend.

Cochlicopidae (auch ▶Cionellidae), ▶Glattschnecken, Kleine ▶Achatschnecken, Familie der ▶Orthurethra, in Mitteleuropa durch ▶*Azeca* Leach in Fleming 1828 und ▶*Cochlicopa* vertreten.

Cochlodesma Couthouy 1839, Gattung der ▶Periplomatidae.

Cochlodina Férussac 1821, Gattung der ▶Clausiliidae, in Mitteleuropa mit 4 Arten vertreten, meist an Buchenstämmen und Felsen.

Cochlostoma Jan 1830, Gattung der ▶Diplommatinidae (▶Cyclophoroidea: ▶Architaenioglossa), verbreitet in Mittel- und Südeuropa sowie im Kaukasus. Die ▶Walddeckelschnecke, *C. septemspirale* (Razoumowsky 1789) lebt im südlichen Mitteleuropa und in Südeuropa an kalkhaltigen Felsen und Mauern, kommt aber auch in Wäldern auf Kalkböden vor.

Coelenchym, während der frühontogenetischen ▸Furchungen auftretende ▸mesenchymale Gewebsstreifen, die aus den ▸Urmesodermzellen hervorgegangen sind.

Coelestit, $SrSO_4$, neben ▸Calcit und ▸Aragonit in geringen Mengen in der ▸Schale einiger Molluskenarten eingelagert.

Coeloblastula, eine Form der ▸Blastula mit flüssigkeitserfülltem, innerem Hohlraum (▸Blastocöl), nachgewiesen u. a. bei ▸Polyplacophora, bei ▸Gastropoda mit dotterarmen Eiern und bei Muscheln, die sich über ▸Glochidien entwickeln. Ggs.: ▸Sterroblastula.

coeloconoid, ▸conoid.

Coelom, (auch: Zölom), sekundäre oder echte ▸Leibeshöhle, ein von ▸Epithel (Coelothel) umgebener Hohlraum des Körpers zwischen ▸Ektoderm und ▸Entoderm der ▸Metazoa. Unter den Mollusken ist es nur bei ▸Kopffüßern gut entwickelt, bei den übrigen gering ausgebildet und auf ▸Pericard und ▸Gonadenhöhle sowie Teile der Exkretionsorgane beschränkt.

Coelomoduct (Tafel I), ein Gang, der aus dem ▸Coelom nach außen führt und ursprünglich der Ausleitung der Keimzellen gedient hat.

Coelothel, Coelomepithel, siehe ▸Coelom.

Coleoida, (frühere, z. T. noch gebräuchliche Bezeichnungen: ▸Dibranchiata, ▸Endocochlia), Neu-Kopffüßer oder Höhere ▸Kopffüßer, Taxon („Unterklasse“) der ▸Cephalopoda, ▸Kopffüßer mit einem Paar ▸Kiemen (daher ▸Dibranchiata) und innerem Gehäuse (daher ▸Endocochlia). Die Gruppe umfasst alle rezenten ▸Kopffüßer mit Ausnahme der ▸Nautilida. Ihre Schale liegt im Körperinneren oder ist reduziert. Die Körperwand ist meist ein kräftiger ▸Muskelmantel, durch dessen Kontraktion bei vielen Arten das Wasser aus der ▸Mantelhöhle durch den ▸Trichter heftig ausgestoßen werden kann. Diese Tiere können dadurch nach dem Rückstoßprinzip sehr schnell schwimmen. Am ▸Kopf sitzen hochentwickelte Augen verschiedener Konstruktionstypen und 8 oder 10 ▸Arme, die mit ▸Saugnäpfen oder davon abgeleiteten Strukturen (Haken) besetzt sind.Bei den Männchen ist meist ein Arm zu einem funktionellen ▸Begattungsarm, dem ▸Hectocotylus, umgewandelt, der die gebildete ▸Spermatophore in das Weibchen überträgt. Die Haut enthält ▸Chromatophor-Organe und ▸Flitterzellen (▸Iridocyten), deren Ausdehnung nervös gesteuert werden kann. Dadurch entsteht ein arttypisches und stimmungsabhängiges Farb- und Zeichnungsmuster, das in der dunklen ▸Tiefsee durch ▸Leuchtorgane ersetzt wird. Erdgeschichtlich ist die Gruppe sehr alt (seit Unterkarbon) und vielgestaltig; bekannt sind vor allem die ▸Belemniten und ▸Ammoniten. Der Höhepunkt der Entwicklung war im Mesozoikum, rezent sind knapp 800 Arten beschrieben worden, die den 4 Ordnungen ▸Sepiida, ▸Teuthida, ▸Vampyromorpha und ▸Octopoda zugeordnet werden.

Columbariidae, Familie der ▸Muricoidea (▸Neogastropoda), Meeresschnecken mit langspindelförmigem Gehäuse mit langem ▸Siphonalkanal und gekielten Umgängen. 6 Gattungen mit etwa 50 Arten, die kosmopolitisch verbreitet sind.

Columbellidae, Familie der Muricoidea (▸Neogastropoda) mit über 50 Genera weltweit von der Gezeitenzone bis in große Tiefen verbreitet. Das spindel- bis doppelkegelförmige Gehäuse ist oft bunt. Ein kurzer ▶ Siphonalkanal, Mündungsinnenränder oft gezähnelt, einige Arten ohne ▶ Operculum.

Columella, die ▶ Spindel des Schneckenhauses.

Columella WESTERLUND 1878, Gattung der ▶ Vertiginidae (Pupilloidea), kleine Schnecken mit walzenförmigem Gehäuse bis etwa 3 mm Höhe. *C. edentula* (DRAPARNAUD 1805) und *columella* (VON MARTENS 1830) leben bevorzugt in kalkhaltigen, feuchten Wiesen und Wäldern.

Columellarlippe, der Teil der Innenlippe an der ▶ Mündung des Schneckenhauses, welcher der ▶ Columella aufliegt.

Columellarmuskel, ▶ Spindelmuskel, ▶ Schalenmuskel, einziger Muskel der ▶ Gastropoda, der Weichkörper und ▶ Gehäuse fest miteinander verbindet. Von seiner Ansatzstelle an der ▶ Spindel der ▶ orthostrophen Schnecken zieht der C. entlang der rechten Körperseite und teilt sich dann in Muskelbündel auf, die in den Kopf-Fuß einstrahlen sowie zum ▶ Operculum ziehen (falls vorhanden). Der C. wächst auf seiner der ▶ Mündung zugewandten Seite, so dass er sich mit dem Wachstum in diese Richtung verlagert. Bei napfförmigen Schnecken wird er durch einen nach vorn geöffneten, hufeisenförmigen Muskel ersetzt. Kontraktion des C.s zieht das ▶ Cephalopodium in das Gehäuse zurück; bei *Helix pomatia* verkürzt er sich dabei auf 1/10 seiner Ausgangslänge. ▶ Muskelansatzstellen.

Columellarrand, ▶ Mündung, ▶ Labium.

Concha, die ▶ Schale der Mollusken.

Concha clausa, meist symmetrische Schalenklappen von Muscheln; sie schließen die ▶ Mantelhöhle bei Kontraktion ihrer ▶ Adduktoren dicht ab. Ggs.: ▶ Concha hians.

Conchae praeparatae, gemahlene Austernschalen, die früher u. a. als Zahnputzmittel verwendet wurden.

Concha hians, eine Muschelschale, die auch bei Kontraktion der ▶ Adduktoren die ▶ Mantelhöhle nach außen nicht dicht abschließt. Die Schalenklappen sind dann in der Regel asymmetrisch.

Conche, ▶ Konche, **1**) ▶ Muschelgewölbe; **2**) flaches Becken, ursprünglich in der Form einer Muschelschale, in dem Schokolade verfeinert wird.

Conchifera (Abb. 1), ▶ Schalenträger, umfassen die schalentragenden Mollusca, nämlich die ▶ Cyrtosoma (mit den ▶ Monoplacophora, ▶ Gastropoda und ▶ Cephalopoda) und die ▶ Diasoma (mit den ▶ Scaphopoda und ▶ Bivalvia) (siehe allgemeine Einführung S. 23).

Conchin, früher auch ▶ Conchiolin, wichtiges Baumaterial des Molluskenkörpers, aus bestimmten Proteiden bestehend, die durch Chinon gehärtet und dadurch stabilisiert werden. Das C. wird von spezialisierten Mantelrandzellen erzeugt und in ▶ Periostracum und Kalkschichten eingelagert. Seine Molekülkonfiguration bestimmt wahrscheinlich die Lage der Kristallisationszentren des Kalks und ist dadurch auch an der Bildung von ▶ Perlmutter beteiligt.

conchinös, aus ▶ Conchin bestehend.

Conchiolin, veraltet für ▶ Conchin.

Conchoide, ▶ Konchoide.

Concholepas KLEIN in BRUGUIÈRE 1792, Gattung der ▶ Muricidae mit festem, dickschaligem Gehäuse, das fast napfförmig und dadurch dem Leben im intensiv bewegten Wasser der Felsküsten des westlichen Südamerika angepasst ist. Der muskulöse ▶ Fuß wird von der Küstenbevölkerung Chiles und Perus gegessen. Die Schnecken sind daher von der Ausrottung bedroht und Objekt von Zuchtversuchen, bisher mit geringem Erfolg.

Conchologie, Conchyliologie, Schalenkunde, befasst sich mit den Hartteilen der Mollusken. ▶ Konchylien.

Conchospirale, die Form von Schneckenhäusern beschreibende mathematische Kurve. Durch die Variation von 4 Parametern lassen sich mehr als die in der Natur realisierten Formen erzeugen.

Conchylien, ▶ Konchylien.

Congeria PARTSCH 1835, mit der ▶ Brackwasserdreiecksmuschel oder ▶ Löffelwandermuschel, *C. leucophaeata* (CONRAD 1831), [früher: *C. cochleata* (KICKX 1835)], Gattung der ▶ Dreissenidae, wahrscheinlich aus Afrika nach Mitteleuropa eingewandert; setzt sich, einer ▶ Miesmuschel ähnlich, mit ihrem ▶ Byssus auf dem Substrat fest.

Conidae, (mit den Pleurotomidae früher als ▶ Toxoglossa TROSCHEL 1848 zusammengefasst), ▶ Kegelschnecken, Familie der ▶ Neogastropoda, mit etwa 500 Spezies vor allem in tropischen Meeren verbreitet. Meist in Korallenriffen lebend, ernähren sie sich mit Hilfe ihrer ▶ toxoglossen ▶ Radula je nach Art von Polychaeten, anderen Mollusken oder Fischen. Ihr toxisches Sekret (▶ Conus-Gifte) lähmt die quergestreifte Muskulatur und kann bei einigen Arten, auch beim Menschen, zum Tode führen. Wegen ihrer attraktiven Gehäuse bei Sammlern beliebt, sind die meisten Arten im Bestand gefährdet.

conoid, ein von der Kegelform leicht abweichendes Schneckenhaus. Weist das ▶ Gehäuse bei seitlicher Betrachtung konkav eingezogene Umgänge auf, so ist es ▶ coeloconoid (z.B. *Littorina littorea*), wölben sich die Seiten konvex nach außen, wird es als ▶ cyrtoconoid bezeichnet (z.B. *Gibbula cineraria*).

Conotoxin, ▶ Conus-Gifte.

conquihuen, in Chile üblicher Trivialname für Muscheln der Familie ▶ Mesodesmatidae, die in großem Umfang gegessen werden.

contralateral, zur anderen Körperseite gehörend. Ggs.: ▶ ipsilateral.

Conus LINNAEUS 1758, Gattung der ▶ Kegelschnecken (▶ Conidae).

Conus-Geld, attraktive ▶ Gehäuse oder Gehäuseteile von *Conus*-Arten, die früher auf pazifischen Inseln als Zahlungsmittel dienten (Gilbert- und Marshall-Inseln, Karolinen, Neubritannien, Neue Hebriden, Salomonen). Im Kongo wurden meist Gehäusescheiben verwendet, oft zu Schuppenpanzern oder Geldrollen verarbeitet.

Conus-Gifte, Conotoxine, Geographutoxine, in der Giftdrüse, einer modifizierten Speicheldrüse der ▶ Kegelschnecken (▶ Conidae) gebildete Gifte, bestehend aus kleinen, stabilen, sehr variablen Peptiden. Sie werden den normalen Beutetieren (Fische, Polychaeten, Schnecken) mit umgewandelten Radulazähnen (▶ Radula) injiziert und lähmen die Opfer; bei einigen Arten (*Conus geographus*, *C. tulipa*) wirken sie auch auf den Menschen: starke Schmerzen, Taubheit, Lähmungen, Sehstörungen und schließlich Tod durch Herzversagen sind Folgen des Stichs. Die Wirkung beruht auf Blockade der Na-Kanäle in der Muskulatur, der Ca-Kanäle in praesynaptischen Membranen und der postsynaptischen Acetylcholinrezeptoren der Skelettmuskeln.

convolut, Form des Schneckenhauses, bei dem der jüngste ▶ Umgang alle älteren so umgreift, dass diese völlig verdeckt sind (z.B. *Trivia monacha*). ▶ involut, ▶ devolut.

Coquillen, ▶ Kokillen, die napfartig eingewölbten rechten Schalenklappen von ▶ Kammmuscheln, in denen u. a. Ragout fin serviert wird.

Coralliophilidae, ▶ Korallenschnecken, etwa 6 Gattungen mit zahlreichen Arten umfassende Gruppe von Schnecken (Muricoidea), die an das Leben im Korallenriff angepasst sind. Ihre ▶ Radula ist reduziert, sie saugen an Korallen.

Corbiculidae, Körbchenmuscheln, Familie der ▶ Veneroida, kleine, rundlich-ovale Muscheln mit konzentrisch gestreifter Schale und gelbem, grünem oder braunem ▶ Periostracum. Sie sind ursprünglich in Asien zuhause und leben in Süß- und ▶ Brackwasser. Mit Hilfe des Menschen haben sie sich weltweit verbreitet, und zwei Arten sind seit 1980 in W-Europa nachgewiesen, seit etwa 1990 auch in deutschen Flüssen und Kanälen: die Feingerippte Körbchenmuschel, *Corbicula fluminalis* (O. F. Müller 1774) und die Grobgerippte Körbchenmuschel, *C. fluminea* (O. F. Müller 1774). Beide Arten und die für Warmwasserbecken besser geeignete Goldene Körbchenmuschel, *C. javanica* (Mousson 1849), sind bei Aquarianern beliebt.

Corbulidae, Korb- oder Körbchenmuscheln, Familie der ▶ Myoida, kleine Meeresmuscheln, deren rechte ▶ Klappe größer als die linke ist. Diese besteht vorn nur aus ▶ Periostracum, das sich elastisch in die rechte Klappe einfügt. Die C. graben sich flach ein oder heften sich mit ihrem ▶ Byssus fest. Die etwa 100 Arten werden 5 Genera zugeordnet. Im sandigen Schlick der Deutschen Bucht bildet die Gemeine Korbmuschel, *Corbula gibba* (Olivi 1792) [früher: *Aloidis gibba* (Olivi 1792)], oft Massenbestände. Die Muscheln werden dann in Mengen von Schollen gefressen. Dabei kann der ▶ Byssus einen in sich geschlossenen Ring durch Mund und Kiemenöffnung bilden, von dem sich die Scholle nicht befreien kann, so dass Nahrungsaufnahme und Atmung des Fisches behindert werden.

Cormopoda H. Burmeister 1843 (= Stumpffüßer), veraltete Bezeichnung für die ▶ Bivalvia.

Cornea, die nach außen abschließende Hornhaut des Auges, deren Zellen pigmentfrei und damit lichtdurchlässig sind. Bei einigen ▶ Gastropoda sind oft zwei epitheliale Schichten als äußere und innere C. ausgebildet. Bei den höheren ▶ Kopffüßern wird eine zusätzliche Ringfalte um die Pupille als „sekundäre C." bezeichnet. Bei den ▶ Oegopsida schließt sich die C. nicht völlig, so dass die vordere Augenkammer in Verbindung mit dem Meerwasser bleibt. Die ▶ Myopsida haben dagegen eine fast oder völlig geschlossene Augenkammer.

Cornu Born 1778, Gattung der ▶ Helicidae mit der einzigen mitteleuropäischen Art, der Gefleckten Weinbergschnecke, *C. aspersum* (O. F. Müller 1774), die meist zu ▶ *Helix* gestellt wird.

Costa, Rippe, verdickte Zuwachslinie auf der Molluskenschale. Eine besonders verstärkte C. wird als ▶ Varix bezeichnet. Diese findet sich vor allem im temporären Mündungsbereich des Schneckenhauses und trägt oft Zusatzbildungen wie Höcker und Stacheln.

Costella, eine schwache Rippe; ▶ Costa.

Cranchiidae, Familie der ▶ Oegopsida, ▶ Kopffüßer sehr unterschiedlicher Größe, meist mit großen Augen, die bei den transparenten Juvenilen gestielt sind. Eine geräumige Körperhöhle enthält NH_4Cl-Lösung, die leichter als Seewasser ist und den

Tieren das Schweben in bestimmten Wassertiefen bei geringstem Energieaufwand erleichtert („bathyscaphoide ▸ Kalmare“). Die ▸ Entwicklung verläuft über ein Larvenstadium mit sehr kurzen Armen und langen Fangarmen, das epipelagial lebt, während die Adulten Tiefwasserbewohner sind. Die knapp 40 beschriebenen Arten werden 15 Gattungen zugeordnet. Eine weltweit in den Tiefen der tropischen und subtropischen Meere lebende ist *Cranchia* LEACH 1817 mit aufgeblasen wirkendem Rumpf und 14 Leuchtorganen am Auge, dazu kommen noch große ▸ Leuchtorgane an den Enden aller ▸ Arme bei den erwachsenen Weibchen.

Crassatelloidea, ▸ Dickmuscheln, Überfamilie der ▸ Heterodonta, mit ungleichseitigen, dicken Schalen, bedeckt von gut entwickeltem ▸ Periostracum. ▸ Scharnier mit zwei Zentralzähnen und langgestreckten Seitenzähnen. Ohne ▸ Mantelbucht und ▸ Siphonen.

Crassostrea SACCO 1897, ▸ Dickaustern, Gattung der ▸ Ostreidae (▸ Austernzucht), mit mehreren Arten weltweit verbreitet. Im nördlichen Südamerika leben die Mangrove-Austern, *C. rhizophorae* (GUILDING 1828), die brackige Strandseen und Flussmündungsgebiete bevorzugen. Vom Menschen kultiviert werden die Portugiesische Auster, *C. angulata* (LAMARCK 1818), die Japanische Auster, *C. gigas* (THUNBERG 1793), und die Amerikanische Auster, *C. virginica* GMELIN 1791. In letzter Zeit werden Kultivierungsversuche vor allem an der nordamerikanischen Westküste mit zwei Arten gemacht, die ursprünglich aus den Ästuarien von Japan und China stammen, sehr schmackhaft sind, aber wesentlich kleiner bleiben als *C. virginica*: der ▸ Suminoe-Auster, *C. ariakensis* (FUJITA 1913) und der ▸ Kumamoto-Auster, *C. sikamea* (AMEMIYA 1928).

Crenella BROWN 1827, Gattung der ▸ Mytilidae. *C. decussata* (MONTAGU 1808) mit 5 mm langen, eiförmigen Klappen, lebt auch in Nord- und Ostsee.

Crepidula LAMARCK 1799, Gattung der ▸ Calyptraeidae; hierzu gehört die ▸ Pantoffelschnecke *C. fornicata* (LINNAEUS 1758), mit Saataustern aus Nordamerika in die Nordsee eingeschleppt; Nahrungskonkurrent der ▸ Austern.

Creseis RANG 1828, Gattung der ▸ Cavoliniidae, im küstennahen ▸ Plankton warmer Meere verbreitete Schnecken mit kleinem (um 5 mm) und durchsichtigem Körper.

Crista acustica, leistenförmiger Träger des Sinnesepithels in den ▸ Statocysten der ▸ Cephalopoda. Ihr Sinnesepithel registriert Beschleunigungsänderungen, während die benachbarte ▸ Macula acustica die Lage im Schwerefeld vermittelt.

Cristaria SCHUMACHER 1817, Gattung der ▸ Unionidae, in Ostasien heimische ▸ Flussmuscheln, die eine Perlmutterschicht auf der Innenseite der Schale ausbilden. Diese wird in China genutzt, um Wachsfigürchen von Glücksgöttern zu implantieren und mit ▸ Perlmutter überziehen zu lassen.

Cryptochiton VON MIDDENDORFF 1847, Gattung der ▸ Acanthochitonidae.

Cryptodonta, ▸ Verstecktzähner, Muscheln mit dünner, gleichklappiger Schale, meist fossile Arten, rezent nur durch die ▸ Solemyidae vertreten.

cryptomphal, bedeckt genabelt; ▸ Nabel.

Crysomallon VAN DOVER et al. 2001, ▸ Schuppenfußschnecke, Gattung der Peltospiridae (Neomphaloidea), ungewöhnliche Schnecken an ▸ Hydrothermalquellen im Indischen Ozean.

Sie nehmen aus der Umgebung Eisen und Schwefel auf und bilden daraus Pyrit und ▶ Greigit. Diese Mineralien lagern sie in ihre Schale und in den ▶ Fuß bedeckende Schuppen ein und verfestigen diese Strukturen damit.

Ctenidie, die typische Form der Mollusken-Kieme, insbesondere der in einer Körperhöhle gelegenen ▶ Kiemen, aus einer Achse (mit ▶ afferenten und ▶ efferenten Blutbahnen) und daran ansitzenden Kiemenblättchen bestehend. ▶ monopectinat, ▶ bipectinat.

Ctenobranchia, ▶ Kammkiemer.

Ctenobranchien, Azygobranchien, Azeugobranchien, Kammkiemen, ▶ Kiemen, die einseitig mit der Wand der ▶ Mantelhöhle verwachsen sind und daher nur auf einer Seite kammartig angeordnete Kiemenblättchen tragen.

Ctenoglossa, **1**) Taxon der ▶ Vorderkiemerschnecken , umfasst die Cerithiopsoidea, Eulimoidea, Janthinoidea und Triphoroidea. **2**) früherer Name der ▶ Bolitaenoidea, einer Überfamilie der ▶ Incirrata (▶ Cephalopoda).

Ctenopterygidae, Familie der ▶ Oegopsida, kleine ▶ Kopffüßer (9 cm Mantellänge) mit abgeflachtem Rumpf. Die ▶ Flossen erstrecken sich um fast den ganzen ▶ Mantel und tragen am Rande fransenartige Fortsätze. Nur ein Genus: *Ctenopteryx* APPELLÖF 1880 mit zwei Arten im Tiefenwasser der Tropen und Subtropen.

Cultellidae, ▶ Schwertmuscheln, ▶ Scheidenmuscheln, ▶ Messerscheiden, Familie der ▶ Veneroida, marine und ästuarine Muscheln mit langgestreckter, scheidenähnlicher Form. Die Klappen klaffen vorn und hinten, die ▶ Siphonen sind kurz. Die C. leben in einer selbstgegrabenen Wohnröhre, in der sie sich auf und ab bewegen können. Der große ▶ Fuß ermöglicht schnelles Eingraben oder Fluchtsprünge sowie horizontale Ortsveränderung. In europäischen Meeren leben Arten von ▶ *Ensis*, ▶ *Phaxas* und ▶ *Siliqua*.

Cultellus SCHUMACHER 1817, Gattung der ▶ Cultellidae mit überwiegend indopazifischen Arten.

Cuspidaria NARDO 1840, Gattung der ▶ Cuspidariidae, Muscheln, deren ungleiche Klappen hinten schnabelartig ausgezogen sind. Im N-Atlantik und in der Nordsee bis ins Kattegat lebt *C. cuspidata* (OLIVI 1792).

Cuspidariidae, Familie der ▶ Anomalodesmata, Muscheln, die früher mit den ▶ Poromyidae und ▶ Verticordiidae als ▶ Septibranchia zusammengefasst wurden. Zu den C. gehören etwa 200 Arten, die vom Sublitoral bis in große Meerestiefen leben. Sie haben dünne Schalen und lange, ausstreckbare Siphonen, an denen 3–4 ▶ Tentakeln inserieren. Ihr ▶ Septum ist muskulös und weist 4 oder 5 Paar ▶ Ostien auf. Die C. sind ▶ carnivor und benutzen den ▶ Ingestionssipho, um kleine Beute (Crustacea, Polychaeta, Chaetognatha) in ihre ▶ Mantelhöhle einzusaugen. In der Nordsee ist ▶ *Cuspidaria* vertreten.

Cuticula, (auch: Kutikula), nichtzelluläre Außenschicht des Körpers, vom oberflächlichen Epithel abgeschieden und als Schutzschild oder Außenskelett dienend. Bei Mollusken enthält sie meist Kollagenfasern bestimmter Orientierung. Bei den ▶ Aplacophora bildet sie die feste Außenwand des Körpers, in die (Kalk-)Stacheln eingelagert sein können. Die cuticulären Auskleidungen des ▶ Pharynx und im ▶ Radula-Bereich können auch ▶ Chitin enthalten.

Cyclobranchien, ▶ Kranzkiemen.

Cyclophoroidea, Überfamilie der ▶ Architaenioglossa mit zahlreichen limnischen und terrestrischen Arten.

Cycloteuthidae, Familie der ▶ Oegopsida, ▶ Kopffüßer mittlerer Größe

(60 cm Mantellänge) in den tropischen und subtropischen Meeren. Die ▶ Flossen enden kurz vor dem zugespitzten Hinterende. *Cycloteuthis* JOUBIN 1919 hat keine ▶ Leuchtorgane auf der Körperoberfläche, aber auf dem ▶ Tintenbeutel und bis zu 30 auf der Iris.

Cylichna LOVÉN 1846, Gattung der ▶ Scaphandridae.

Cylichnidae, jetzt ▶ Scaphandridae, ▶ Zylinderschnecken.

Cylindrus FITZINGER 1833, Gattung der ▶ Helicidae mit einer Art: *C. obtusus* (DRAPARNAUD 1805), Schnecken mit für die Familie ungewöhnlichem, nämlich zylindrisch-walzig gestaltetem Gehäuse; endemisch in den Ostalpen.

Cymatiidae, jetzt meist ▶ Ranellidae, Familie der ▶ Tonnoidea.

Cymbium RÖDING 1798, Kahnschnecke, Gattung der ▶ Volutidae mit 8 Arten im Ostatlantik.

Cyphoma ROEDING 1798, Gattung der Ovulidae (Cypraeoidea) mit spindelförmigem, an beiden Enden abgestumpftem Gehäuse. Die letzte ▶ Windung umschließt alle früheren. In der Gehäusemitte verläuft ein abgeflachter ▶ Kiel. Die etwa 6 Arten, darunter die ▶ Flamingozunge, leben an beiden Küsten Südamerikas.

Cypraea LINNAEUS 1758, Kauri, Gattung der ▶ Porzellanschnecken (▶ Cypraeidae).

Cypraea-Geld, ▶ Kauri-Geld, vor allem im 18. und 19. Jahrhundert als Zahlungsmittel benutzte ▶ Gehäuse zweier Schneckenarten: ▶ *Monetaria moneta* (LINNAEUS 1758) und *M. annulus* (LINNAEUS 1758) aus dem Indopazifik. ▶ Molluskengeld.

Cypraeidae, Familie der Cypraeoidea (▶ Neotaenioglossa), ▶ Kauri-Schnecken, ▶ Porzellanschnecken, Meeresschnecken mit eiförmigem bis halbkugeligem Gehäuse, ohne ▶ Operculum. Das kurze ▶ Gewinde wird vom jüngsten ▶ Umgang umschlossen. Mantellappen umfassen das Gehäuse und lagern ihm eine glänzend-glatte ▶ Porzellanschicht auf. Die C. sind nachtaktive Allesfresser in tropischen Flachmeeren und Korallenriffen. Die etwa 190 Arten werden entweder der Großgattung ▶ *Cypraea* oder zahlreichen kleineren Genera zugeordnet. Alle sind begehrte Sammlerobjekte und daher im Bestand gefährdet.

cyrtoconoid, ▶ conoid.

Cyrtosoma (Abb. 1), eine Gruppe der ▶ Conchifera mit ausgeprägter Tendenz zur spiraligen Einrollung des Eingeweidesackes mit ▶ Mantel und ▶ Schale und U-förmig gebogenem Darm, sodass der Anus kopfnah mündet (siehe allgemeine Einführung S. 7, 10, 23).

Cytophor, ▶ Basalzelle, ▶ Sertoli-Zelle, Nährzelle für eine Gruppe von Spermatogonien in der männlichen Gonade.

Dactylus, verschmälerter Endabschnitt der ▶ Fangarme von ▶ Cephalopoda.

Dattelmuschel, ▶ *Pholas dactylus*, eine ▶ Bohrmuschel.

Daudebardia HARTMANN 1821, Gattung der ▶ Oxychilidae. ▶ Raubschnecken mit flachem, ohrförmigem Gehäuse auf dem hinteren Teil des Fußes. Sie ernähren sich von Würmern, Insektenlarven und anderen Schnecken. In Mitteleuropa vor allem vertreten durch die Kleine Daudebardie, *D. brevipes* (DRAPARNAUD 1805), und die Rötliche Daudebardie, *D. rufa* (DRAPARNAUD 1805).

Davidsharfe, *Harpa ventricosa*, ▶ Harpidae.

Decabrachia, irreführend auch ▶ Decapoda (gleichnamiges Taxon der Crustacea!), veraltete Sammelbezeichnung für die zehnarmigen ▶ Kopffüßer: ▶ Sepiida und ▶ Teuthida. Demgegenüber haben die ▶ Octopoda und die ▶ Vampyromorpha nur 8 ▶ Arme.

Decapoda, ▶ Decabrachia.

Deckel, verschiedene Typen von Verschlussplatten für die ▶ Mündung eines Schneckenhauses. Zu unterscheiden sind der Dauerdeckel (▶ Operculum) und der vorübergehend gebildete Zeitdeckel (▶ Epiphragma) sowie spezielle Bildungen in einigen Schneckengruppen (z. B. das ▶ Clausilium der ▶ Schließmundschnecken).

Decollation, Abstoßung des apicalen Gehäuseteils bei manchen ▶ Gastropoda; die dadurch entstehende Öffnung wird durch Ausbildung eines ▶ Septums verschlossen (z. B. ▶ *Rumina*, ▶ *Caecum*).

Delphinschnecken, ▶ Angariidae.

Dendrodorididae, Familie der ▶ Euctenidiacea, marine ▶ Nacktschnecken mit rückziehbarem Kiemenkranz um den Anus; ▶ Radula und ▶ Kiefer fehlen, die Nahrung (Schwämme) wird mit dem ausstülpbaren Schlund aufgenommen. Im Mittelmeer lebt die etwa 19 cm lange *Dendrodoris grandiflora* (von Rapp 1827).

Dendronotidae, ▶ Bäumchenschnecken, Familie der ▶ Cladobranchia.

Dentaliida, Taxon („Ordnung") der ▶ Scaphopoda, ▶ Kahnfüßer mit ▶ konischer, leicht gebogener Röhrenschale und nicht rückziehbarem Fußende, von dem seitlich zwei lappenartige Fortsätze (Epipodiallappen) entspringen, mit deren Hilfe sich das Tier im Sediment verankert. Hierher gehören die Familien ▶ Dentaliidae (▶ *Dentalium*), ▶ Gadilinidae, ▶ Laevidentaliidae und ▶ Omniglyptidae.

Dentaliidae, Familie der ▶ Dentaliida mit 10 Genera, am bekanntesten ▶ *Dentalium*.

Dentalium Linnaeus 1758, Gattung der ▶ Dentaliidae, ▶ Kahnfüßer mit röhrenförmigem, meist weißem Gehäuse. Sie graben sich schräg in das Sediment ein und tupfen mit ihren ▶ Fangfäden (▶ Captacula) ihre Beute, meist Foraminifera, auf. In der westlichen Nordsee, im Ostatlantik und im Mittelmeer ist der knapp 3 cm lange Elefantenzahn, *Dentalium vulgare* Da Costa 1778, verbreitet.

Dentalium-Geld, historisches Zahlungsmittel der Bewohner von NW-Kalifornien und der neuseeländischen Maori aus den Gehäusen von ▶ Scaphopoda.

Dentikel, Zahnspitzen, meist spitz zulaufende Fortsätze der Zahnplatten von ▶ Vorderkiemerschnecken. ▶ Basaldentikel.

Depressor infundibuli, paariger Muskel, der bei den ▶ Cephalopoda an der Basis des Trichters ansetzt.

Deroceras Rafinesque 1820, Gattung der ▶ Agriolimacidae. Besonders die Ackernetzschnecke, *D. reticulatum* (O. F. Müller 1774), und die Einfarbige Ackerschnecke, *D. agreste* (Linnaeus 1758), können sich massenhaft vermehren und richten dann in vom Menschen angelegten Pflanzenkulturen Schäden an.

desmodont (Abb. 44), Form des ▶ Scharniers der Schalenklappen von Muscheln. Zwei Hauptzähne einer ▶ Klappe sind miteinander verschmolzen und bilden einen löffelförmigen Fortsatz (z. B. bei Myidae).

Detorsion, Aufhebung der ▶ Torsion durch Rückdrehung des Eingeweidesackes führt zur Verlagerung der ▶ Mantelhöhle auf die rechte Seite und hebt die (ursprüngliche) Kreuzung der ▶ Pleurovisceralkonnektive auf. Ergebnis ist die ▶ Geradnervigkeit (▶ Euthyneurie) bei bestimmten Taxa der Schnecken, bei denen durch diesen Prozess die eine erhaltene Kieme hinter das ▶ Herz rückt (▶ Hinterkiemer = ▶ Opisthobranchia).

Detritus, i. e. S. feine Reste zersetzten organischen Materials und i. w. S. auch partikuläre mineralische Teilchen (Abioseston, Tripton), die als Detritusregen von der Wasseroberfläche absinken und Grundlage eines trophischen Systems sind (▸ Detritus-Fresser).

Detritus-Fresser, Detritivoren, vor allem kleine Mollusken aus allen Gruppen mit Ausnahme der ▸ Cephalopoda.

Deviation (Abb. 19), Umkehr der ▸ Windungsrichtung eines Schneckenhauses gegenüber der Normalentwicklung während der frühen ▸ Ontogenese. In diesem Fall werden die inneren Organe spiegelbildlich angeordnet (▸ Situs inversus, auch: Situs transversus viscerum, Situs mutatus). Da D. relativ selten ist, werden betroffene Schnecken im Volksmund als ▸ „Schneckenkönig" bezeichnet.

devolut, Form eines Schneckengehäuses, bei dem sich die ▸ Umgänge nicht berühren, sondern eine freie, meist unregelmäßige Spirale bilden. Bei einigen

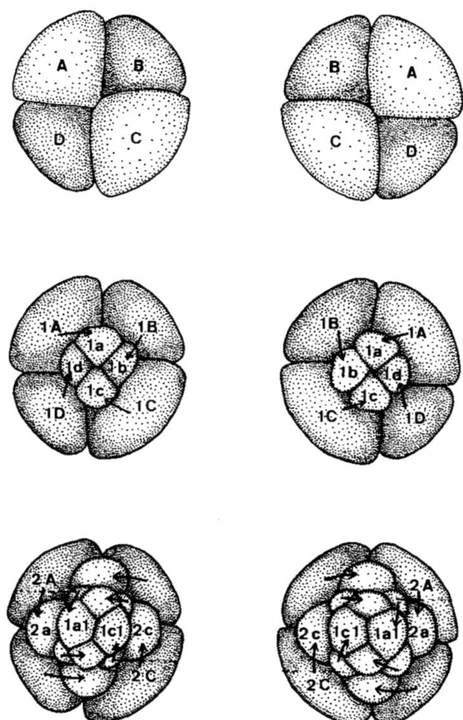

Abb. 19. ▸ Deviation: Frühe Stadien der ▸ Spiralfurchung. Links: normaler Ablauf der Furchungsschritte, rechts: spiegelbildliche Richtung der ▸ Furchung, die zu einem ▸ Situs inversus führt.

Taxa wächst das ▶ Gehäuse zunächst spiralig (▶ evolut) und wird dann erst devolut (z. B. ▶ Wurmschnecken).

dexiotrop, rechtsgewunden, **1**) häufigster Fall der ▶ Windungsrichtung bei Schneckengehäusen (rechts-orthostroph): hält man das ▶ Gehäuse senkrecht mit dem ▶ Apex nach oben und so, dass man in die ▶ Mündung blickt, dann liegt diese rechts von einer gedachten Höhenachse des Gehäuses. **2**) Drehrichtung bei den Zellteilungen während der ▶ Spiralfurchung. Normalerweise liegen im 8-Zell-Stadium vier ▶ Mikromeren so über den Furchen der vier ▶ Makromeren, dass jede Mikromere gegen die zugehörige Makromere nach rechts verschoben ist. Der nächste Teilungsschritt zum 16-Zell-Stadium ist linksgerichtet (▶ leiotrop). ▶ Dexio- und leiotrope Teilungen erfolgen in der weiteren ▶ Entwicklung abwechselnd (▶ Alternanz-Regel).

Dialyneurie, die Verbindung zwischen ▶ ipsilateralen ▶ Branchial- und ▶ Pleuralganglien vieler ▶ Prosobranchia erfolgt durch ▶ Anastomosen an den peripheren Enden der von den genannten ▶ Ganglien ausstrahlenden Nerven. Der infolge der ▶ Torsion stark verlängerte Leitungsweg (über die andere Körperseite) wird durch D. stark verkürzt, was schnellere Reaktionen ermöglicht.

Diamant, Sächsischer, ▶ Schneckenstein.

Diaphanidae, ▶ Zwergfassschnecken, Familie der ▶ Cephalaspidea, im Meer, selten im ▶ Süßwasser lebende kleine Schnecken mit fassförmigem, oft ganz reduziertem Gehäuse. *Diaphana minuta* (Brown 1827) kommt im Mittelmeer vor.

Diaphragma, Zwerchfell, allgemein eine Scheidewand im Körper, oft zumindest teildurchlässig. Bei ▶ Cephalopoda versteht man darunter die Wand, welche die Kopfhöhle von der primären ▶ Leibeshöhle trennt.

Diasoma (Abb. 1), eine umstrittene Gruppe der ▶ Conchifera mit gestrecktem Körper und primär vorn und hinten offener ▶ Schale (siehe allgemeine Einführung S. 27).

diatrem, die verschiedengeschlechtlichen Genitalöffnungen zwittriger Schnecken liegen getrennt nebeneinander. Ggs.: ▶ syntrem.

Diaulie, Konstruktionstyp des pallialen ▶ Gonoducts bei den zwittrigen ▶ Opisthobranchia (z. B. *Acteon*). Der ▶ Zwittergang (▶ Spermoviduct) teilt sich in Eileiter (▶ Oviduct; mit Eiweiß- und ▶ Schalendrüsen sowie ▶ Receptaculum seminis) und ▶ Samenleiter (▶ Vas deferens; mit ▶ Prostata). Beide Gänge münden mit je einer Öffnung nach außen. Der ▶ Samenleiter zieht weiter bis zum vorn rechts am ▶ Kopf gelegenen Penis. ▶ Monaulie, ▶ Pseudomonaulie, ▶ Triaulie.

Dibranchiata, Taxon („Überordnung") der ▶ Cephalopoda, ▶ Kopffüßer mit einem Paar ▶ Kiemen, heute meist als ▶ Coleoida bezeichnet.

Dickaustern, die Arten der Gattung ▶ *Crassostrea*.

Dicke Flussmuscheln, ▶ *Unio crassus*, im fließenden Wasser von Bächen und Flüssen lebende ▶ Flussmuscheln, empfindlich gegen Verschmutzung.

Dickmuscheln, die ▶ Crassatelloidea.

Digitaltentakel, die vier kleinsten, äußersten Armcirren von ▶ *Nautilus*. Sie enthalten Schleim- und Pigmentzellen, ihre Funktion ist unbekannt.

Dimorphismus, Spezialfall des ▶ Polymorphismus, bei dem die Individuen einer Population in nur zwei verschiedenen Formen (Morphen) auftreten. Weit verbreitet ist der ▶ Sexualdimorphismus, bei dem Weibchen und

Männchen unterschiedlich aussehen, verschieden groß sind und/oder sich unterschiedlich verhalten können (z.B. ▶*Argonauta*; Extremfälle bei ▶Eingeweideschnecken, bei denen das Männchen nicht nur winzig, sondern praktisch auch auf den ▶Testis reduziert ist).

Dimya ROUAULT 1850, Gattung der Dimyidae (Plicatuloidea), kleine ▶Faltenmuscheln mit schiefen bis quer-eiförmigen Klappen. Mit der rechten setzen sie sich fest, die linke ist kleiner und deckelartig abgeflacht. Der hintere ▶Schließmuskel ist deutlich größer als der vordere und zweigeteilt. Mehrere Arten leben im W-Pazifik und in der Karibik.

Dimyaria, veraltete, zusammenfassende Bezeichnung für Muscheln mit einem vorderen und einem hinteren ▶Schließmuskel zwischen den Schalenklappen. Diese Muskeln können gleichgroß (bei den ▶Homomyaria: ▶Aetheriidae, ▶Arcidae, ▶Nuculidae, Trigoniidae und weitere) oder verschieden sein (bei den ▶Heteromyaria: Aviculidae, ▶Mytilidae, ▶Pinnidae, Prasinidae).

Diotocardia (Abb. 17), ▶Archaeogastropoda.

Diplommatinidae, Familie der ▶Architaenioglossa, terrestrisch lebende Schnecken, vorwiegend in SO-Asien, ▶*Cochlostoma* auch in Mittel- und Südeuropa.

Discidae, ▶Schüsselschnecken, Familie der ▶Sigmurethra, in Mitteleuropa mit drei Arten von *Discus* FITZINGER 1833 vertreten.

discoidal, scheibenförmig, **1**) eine Form des Schneckenhauses (z.B. bei ▶Zonitidae); **2**) Furchungstyp dotterreicher Eier (bei ▶Cephalopoda). Es entwickelt sich am animalen Pol eine flache Keimscheibe, die auf dem Dotter liegt und diesen später kappenartig umwächst.

Dissoconcha, ein Stadium in der ontogenetischen ▶Entwicklung der Muschelschale. Die Schalenanlage bildet zunächst eine flache Kappe, die später in der Mittellinie abknickt und damit die für die D. und spätere Stadien typische Doppelklappe der Muscheln bildet. Der D. voraus geht die ▶Prodissoconcha (I und II).

distiche Radula, Zweireihenradula, Form der ▶Reibzunge bei den ▶Furchenfüßern: in jeder Querreihe stehen zwei ▶Zähne, die einfach oder zu Greifklauen geformt sind. ▶polystiche ▶Radula.

Distorsio RÖDING 1798, Gattung der Personidae (▶Tonnoidea), mit spindelförmigem, unregelmäßigem Gehäuse und stark verengter ▶Mündung. Die bekannteste Art, *D. anus* LINNAEUS 1758, ist auf indopazifischen Korallenriffen häufig.

Dithyra (= Zweischaler), bereits von Aristoteles um 340 v. Chr. benutzte Bezeichnung für die ▶Bivalvia.

Divaricella VON MARTENS 1880, jetzt: ▶*Lucinella*.

Diversität, Artenmannigfaltigkeit, Artenreichtum, die Vielfalt von Organismenarten in einem ▶Lebensraum. Als Hilfsmittel zur Ermittlung der D. sind mehrere Indizes definiert worden, darunter der besonders häufig benutzte Shannon-Wiener-Index.

Dobatia H. NORDSIECK 1973, Gattung der ▶Clausiliidae. *D. goettingi* R. A. BRANDT 1961 lebt im nordwestlichen Anatolien und Südost-Bulgarien an faulem Holz und in Höhlen.

docogloss, balkenzüngig, ▶Balkenzunge.

Docoglossa TROSCHEL 1866, ▶Balkenzüngler, ▶Vorderkiemerschnecken mit einer ▶docoglossen ▶Radula wie die ▶Patellogastropoda.

Dolchschnecken, die Arten von ▶ *Zonitoides* (▶ Gastrodontidae); sie verfügen über einen ▶ Liebespfeilsack mit Liebespfeilen (Name!).

Dolium, jetzt ▶ *Tonna*.

Domoinsäure, Verursacherin der amnesischen ▶ Muschelvergiftung, produziert von Diatomeen (*Nitzschia pungens* f. *multiseries* und *Pseudonitzschia australis*).

Donacidae, ▶ Sägezahnmuscheln, ▶ Koffermuscheln, ▶ Stumpfmuscheln, ▶ Dreiecksmuscheln, Familie der ▶ Veneroida, mit ca. 50 Arten weltweit, vorzugsweise in warmen Meeren verbreitet.

Donax LINNAEUS 1758, Gattung der ▶ Donacidae. Die Gebänderte Sägemuschel, auch Sägezähnchen genannt, *D. vittatus* (DA COSTA 1778), lebt im O-Atlantik und der Deutschen Bucht in Sand- und Schillgründen.

Dongo, aus den Gehäusen von ▶ *Achatina* in Westafrika hergestelltes Zahlungsmittel. Die ▶ Gehäuse wurden zu Scheiben verarbeitet, diese gelocht und auf Schnüre aufgezogen (800 Scheiben auf ca. 60 cm Länge); ein Ochse war zeitweilig 2 Schnüre wert. ▶ Molluskengeld.

Donnerkeil, fossiles ▶ Rostrum von ▶ Belemniten; früher aufgefasst als Ergebnis eines Schmelzprozesses nach Blitzeinschlag und verwendet als Amulett gegen Blitzgefahr, Hexerei, Alpträume, Gebärschwierigkeiten u. a. m.

Doratopsis vermicularis, frühes, planktisches Entwicklungsstadium von ▶ *Chiroteuthis veranyi* (▶ Oegopsida: ▶ Cephalopoda). D. unterscheidet sich in den Proportionen und in der Lebensweise so stark von den Adulten, dass sie früher für eine eigene Art gehalten wurde.

Dorididae, ▶ Sternschnecken, Familie der ▶ Euctenidiacea.

Dornsepie, ▶ *Sepia*.

Dorsalkörper, dem Schlundring der ▶ Lungenschnecken aufliegendes Organ. Es wird mit den ▶ circumpharyngealen ▶ Ganglien in eine Bindegewebshülle eingeschlossen, bleibt durch zwei dünne Nerven mit diesen in Verbindung und wird intensiv durchblutet. Seine Funktion ist unbekannt, vermutet wird, dass es als Osmoregulator dient.

Dorsal-Stilette, die Reste der stark reduzierten inneren ▶ Schale der ▶ Octopoda; sie dienen als Stützelemente, zusammen mit dem Knorpel der Kopfkapsel und intramuskulären Stützen im ▶ Nacken, in den ▶ Armen, an den ▶ Kiemen und an der Flossenbasis.

dorsocaudales Sinnesorgan, ▶ dorsoterminales Sinnesorgan.

dorsoterminales Sinnesorgan, auch als ▶ dorsocaudales Sinnesorgan bezeichnet, oft eingegrubtes Feld auf dem hinteren Ende des Rückens der ▶ Caudofoveata, nicht durch eine ▶ Cuticula abgedeckt und durch Nerven mit der ▶ Suprarectalkommissur verbunden; die Funktion ist unbekannt.

Dosidicus STEENSTRUP 1857, Gattung der ▶ Ommastrephidae. Der Pazifische Riesenkalmar, *D. gigas* (D'ORBIGNY 1835) wird bis 3,5 m lang (Mantellänge 1,20 m), lebt in nachts aufsteigenden Schwärmen und dient Pottwalen (und Menschen) als Nahrung. Seine Jugendform ist als ▶ Rhynchoteuthis beschrieben worden.

Dosinia SCOPOLI 1777, Gattung der ▶ Veneridae, durch die Artemismuschel, *D. exoleta* (LINNAEUS 1758), in der Nordsee auf Sand- und Weichböden vertreten. Die verwandte *D. lupinus lincta* (PULTENEY 1799) kommt auch in der Kieler Bucht vor.

Dotterlappen, ▶ Pollappen, gliedert sich bei der ersten Furchungsteilung dotterreicher Eier von einer ▶ Blastomere als dotterhaltiger Sack ab. Er verschmilzt später mit der D-Blastomere und beeinflusst die Lage der Furchungsspindeln.

Drechselschnecke, ▶ *Acteon tornatilis* (▶ Acteonidae: ▶ Heterobranchia).

Dreiecksmuscheln, Trivialname für mehrere Taxa von Muscheln, die nicht miteinander verwandt sind. **1**) ▶ Sägezahnmuscheln, ▶ Donacidae (▶ Tellinoidea). **2**) Arten der Trigoniidae (▶ Trigonioidea). **3**) ▶ *Congeria*.

Dreikantmuschel, ▶ Wandermuschel, ▶ Zebramuschel, ▶ *Dreissena*.

Dreissena van Beneden 1835, ▶ Wandermuschel, ▶ Dreikantmuschel, ▶ Zebramuschel, Gattung der ▶ Dreissenidae mit der bekanntesten Art, *D. polymorpha* (Pallas 1771), deren Schalenklappen bis 4 cm lang werden und oft annähernd dreieckig sind. Die Muscheln spinnen sich mit ihrem ▶ Byssus auf Hartsubstrat in Süß- und ▶ Brackwasser fest. Sie entwickeln sich über planktische ▶ Veliger, die weit verfrachtet werden können und sich dann auch an Schiffsrümpfen und in Wasserleitungen festsetzen, so dass sie dadurch bei Massenentwicklung schädlich werden.

Dreissenidae, Familie der ▶ Veneroida, von miesmuschelähnlicher Gestalt, mit zahnlosem ▶ Scharnier am Vorderende und ohne Perlmutterschicht. ▶ *Dreissena*, ▶ *Congeria*.

Dreizackiger Körper, sich auf der inneren Magenwand der Muscheln erhebender cuticularer Vorsprung, der die Basis des ▶ Kristallstiels bildet.

Dreizahnturmschnecke, ▶ *Chondrula*.

Drupa Röding 1798, Gattung der ▶ Muricidae mit festem, bestacheltem Gehäuse. Die Arten leben im Indopazifik auf Hartböden und in Korallenriffen.

Drüsenfüßer, ▶ Adenopoda.

DSP, diarrhetic shellfish poisoning, Erkrankung nach dem Verzehr von Muscheln, die von Dinoflagellaten produzierte Toxine (Okaidinsäure) in sich tragen.

Ductus hermaphroditicus, ▶ Zwittergang.

dysodont (Abb. 44), eine Form des ▶ Scharniers der Schalenklappen von Muscheln: ein ▶ Scharnier ohne ▶ Zähne (z. B. bei ▶ *Ostrea*).

dyspyren, ▶ Spermatozoen mit abweichendem Chromatingehalt, die daher nicht befruchtungsfähig sind. Hierher gehören die ▶ apyrenen, ▶ hyperpyrenen und ▶ oligopyrenen Spermien.

dystenoid, Typ des Nervensystems einiger ▶ Prosobranchia, bei dem die ▶ Pleuralganglien ▶ ventral des Darmes liegen und deutlich von den ▶ Pedalganglien getrennt sind.

Echinospira, (auch: ▶ Scaphoconcha), zusätzliche äußere Larvalschale, die den ▶ Protoconch umhüllt; tritt in der ▶ Entwicklung der ▶ Lamellariidae und der ▶ Capulidae auf. Die Larven dieser Taxa werden daher auch als E.-Larven bezeichnet.

Ectobranchia P. Fischer 1884, Taxon der ▶ Vorderkiemerschnecken (▶ Heterobranchia), das im Wesentlichen durch die Valvatoidea mit den ▶ Valvatidae repräsentiert wird. Unsicher ist die Zuordnung der oft hierher gestellten ▶ Omalogyridae.

Ectocochlia, (auch: ▶ Exocochlia), ▶ Kopffüßer mit äußerer Schale, rezent nur bei den ▶ Nautilida, fossil auch bei den ▶ Ammoniten. Ggs.: ▶ Endocochlia.

Ectostracum, die äußere Schicht der Kalkschale, die vom ▶ Mantel gebildet wird. Damit ist es distaler Teil des ▶ Palliostracums und liegt direkt unter dem ▶ Periostracum.

efferent, Blutbahnen oder Nerven, die von einem Organ wegführen. Ggs.: ▶ afferent.

Egelschnecken, die ▶ Schnegel.

Egestionssipho, Ausströmrohr, rohrförmige Verlängerung des hinteren ▶ Mantelrandes bei Muscheln. Er leitet das verbrauchte und mit ▶ Faeces, Exkreten und zeitweise Keimzellen belastete Wasser aus der ▶ Mantelhöhle ab. Bei manchen Arten verwächst er mit dem ▶ Ingestionssipho zu einem Doppelrohr. Seine Länge bestimmt die maximale Eingrabtiefe der Muscheln.

Ehrmanns Kielschnegel, ▶ *Tandonia ehrmanni* (Simroth 1910).

Eiballen (Abb. 20), bei vielen Mollusken abgelegte Eikapseln, die durch ▶ Schleim oder Gallerte miteinander zu größeren Agglomeraten verklebt werden. Diese können annähernd kugelig sein, sind meist aber bandförmig und gerade, hufeisen- bis kragenförmig gekrümmt oder spiralig gewunden und werden dann auch als ▶ Laichbänder oder Laichschnüre bezeichnet.

Eidonomie, die Lehre von der äußeren Gestalt eines Organismus und damit Teilgebiet der Morphologie. Siehe ▶ Anatomie.

Eierschnecken, die Arten der Ovulidae, einer Familie der Kauriartigen (Cypraeoidea).

Eihüllen, die Eizelle und später das Ei umschließende Schichten. Primäre E. werden von der ▶ Oocyte selbst gebildet, sind zart und einschichtig, während sekundäre E. ein Produkt der umschließenden Follikelzellen sind; sie sind stabiler und oft mehrschichtig. Tertiäre E. werden bei der Eiablage von Drüsen der ausführenden Genitalwege erzeugt, und schließlich kann die ▶ Fußdrüse eine quaternäre Hülle bilden (z. B. bei Ancylidae und ▶ Acroloxidae).

Eikapsel, ▶ Ootheca, Oothek, nach der ▶ Befruchtung der Eizelle entsteht bei vielen Mollusken um diese eine feste Hülle. An deren Bildung sind

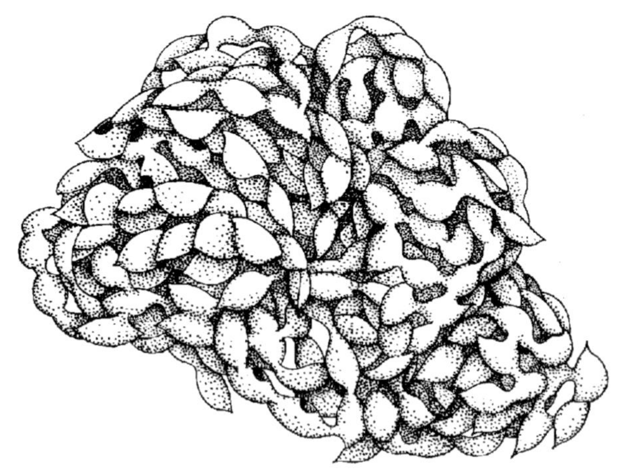

Abb. 20. ▶ Eiballen der Wellhornschnecke.

bei Schnecken die ▶ Kapseldrüsen im pallialen ▶ Oviduct und die ▶ Fußdrüsen beteiligt. Das Material der Kapselwand ist dem Kollagen ähnlich. Es erhärtet nach der Eiablage und bekommt dabei das Muster der Fußsohle aufgeprägt. Außerdem wird eine Schlüpföffnung präformiert. Die E. dient dem Schutz vor Feinden sowie vor unzuträglichen Außenbedingungen und wird mit Hilfe von Gallerte oft mit anderen zu einem ▶ Eiballen verklebt oder auf dem Substrat angeheftet. Planktische Gelege enthalten wenige E.n (z. B. *Littorina littorea* bis 3), auf dem Substrat befestigte meist sehr viele (z. B. enthalten die bis zu 2 m langen Laichschnüre von ▶ *Strombus* bis 460.000 Kapseln).

Eiklar, perivitelline Flüssigkeit, im Lumen der ▶ Eikapsel oder innerhalb der ▶ Eihüllen enthaltene, klare Flüssigkeit, die u. a. Proteide enthält und der Ernährung der Embryonen dient.

Eingeweideganglion, ▶ Visceralganglion, auch ▶ Ganglion viscerale, posteroventral unter dem Darm liegendes, oft unpaariges ▶ Ganglion vieler Mollusken, bei manchen asymmetrisch gelegen. Es ist über die ▶ Pleurovisceralkonnektive (durch die ▶ Visceralschleife) mit den ▶ Intestinal- und ▶ Pleuralganglien verbunden und innerviert die hinteren Organe des ▶ Eingeweidesackes (bei den Muscheln die ▶ Kiemen, ▶ Osphradien, ▶ Herz, ▶ Gonaden und Darm).

Eingeweidesack, Visceralkomplex, ein Hauptteil des Molluskenkörpers (neben ▶ Kopf, ▶ Fuß und ▶ Mantel), der den Großteil der inneren Organe enthält. Er stellt eine sackartige Ausbuchtung des Körpers dar, die sich bei ▶ Scaphopoda, ▶ Cephalopoda und ▶ Gastropoda durch allometrisches Wachstum mit Bevorzugung der dorsoventralen ▶ Körperachse gebildet hat.

Eingeweideschnecken, die ▶ Entoconchidae.

Einströmsipho, Einströmrohr, (auch: ▶ Ingestionssipho), rohrförmige Verlängerung des hinteren ▶ Mantelrandes bei wasserlebenden ▶ Conchifera, mit der Wasser aus der Umgebung in die ▶ Mantelhöhle aufgenommen wird. Das Wasser wird durch Chemorezeptoren überprüft (z. B. durch die ▶ Osphradien), es werden ihm die Nahrungspartikeln entnommen, und es dient der Atmung. In letzterem Fall wird der E. auch als ▶ Inhalationssipho bezeichnet.

Eiweißdrüsen, Drüsenkomplexe an den Genitalwegen weiblicher oder zwittriger Mollusken. Ihre Sekrete sind besonders eiweißhaltig und versorgen die reifenden Eizellen sowie die abzulegenden Eier mit Nährstoffen.

Ektoblast, ▶ Ektoderm

Ektoderm, (auch: ▶ Ektoblast) äußeres ▶ Keimblatt der dreiblättrigen Keimscheibe eines ▶ Embryoblasts.

Ektostracum, äußerste Schalenschicht des ▶ Palliostracum der Muscheln.

Elasmognatha, ▶ Heterurethra.

Elatobranchia Menke 1830, frühere Bezeichnung für die ▶ Bivalvia.

***Eledone* (Abb. 27)** Leach 1817, Gattung der ▶ Octopodidae mit 6 Arten im Atlantik und angrenzenden Meeren. Der ▶ Moschuskrake, *E. moschata* (Lamarck 1798), ▶ sezerniert ein intensiv nach Moschus riechendes Sekret. Er hat nur eine Reihe von ▶ Saugnäpfen auf den Armen. In der Nordsee kommt auch *E. cirrosa* (Lamarck 1798) vor. Beide Arten werden in Südeuropa gegessen.

Elefantenzähne, ▶ Kahnfüßer, Trivialnamen für die ▶ Scaphopoda.

Ellobiidae, Familie i. s. (▶ Eupulmonata?). In Mitteleuropa durch ▶ *Carychium* und je eine Art von ▶ *Ovatella* Bivona 1832 und *Leucophytia* Winck-

WORTH 1949 vertreten. Hierher auch *Ellobium* RÖDING 1798, mit *E. aurismidae* (LINNAEUS 1758), dem indopazifischen ▶ Midasohr, mit 10 cm Gehäusehöhe die größte Art der Familie.

Elonidae GITTENBERGER 1977, Familie der ▶ Stylommatophora mit den Genera *Elona* H. & A. ADAMS 1855 und *Norelona* NORDSIECK 1986, ▶ Landschnecken der Pyrenäen mit abgeflachtem, dünnwandigem Gehäuse. Hierher gehört z.B. das ▶ Landposthorn, *Elona quimperiana* (BLAINVILLE 1821).

Elysia RISSO 1818, Gattung der Elysiidae (▶ Sacoglossa), ▶ Schlundsackschnecken ohne kolbenförmige Rückenanhänge, aber mit seitlichen ▶ Parapodien. In Mittelmeer und Ostatlantik lebt die bis 27 mm lange Grüne Samtschnecke *E. translucens* PRUVOT-FOL 1957, die sich von Grünalgen ernährt und deren Chloroplasten in ihrer ▶ Mitteldarmdrüse aufbewahrt, wo sie assimilieren.

Emarginula LAMARCK 1801, ▶ Schlitznapfschnecke, Gattung der ▶ Fissurellidae (▶ Archaeogastropoda).

Embryoblast, Teil der Blastozyste, aus dem sich der eigentliche Embryo entwickelt.

Embryonoconcha, die früheste Anlage der Molluskenschale, bereits vom Embryo aus ▶ Conchin gebildet; ältester Teil der ▶ Protoconcha.

Ena LEACH in TURTON 1831, Gattung der ▶ Enidae, mit der Bergturmschnecke, *E. montana* (DRAPARNAUD 1801), in Mitteleuropa an Buchen und Felsen vorkommend. ▶ *Merdigera*.

Endemiten, Organismen, deren Verbreitung auf ein begrenztes Gebiet beschränkt ist.

Endkeule (Abb. 24), der bei manchen Arten der ▶ Cephalopoda verdickte distale Abschnitt der ▶ Arme, der im Allgemeinen auch mehr, differenziertere oder größere ▶ Saugnäpfe trägt.

Endobiose, die Gesamtheit der Organismen, die im Substrat leben. Nach dessen Beschaffenheit sind zu unterscheiden: ▶ Endopsammon (im Sand), ▶ Endopelos (in Schlamm und Schlick) und ▶ Endolithion (im Gestein).

Endocochlia, ▶ Cephalopoda mit innerer Schale; hierher gehören u.a. die rezenten ▶ Coleoida. Ggs.: ▶ Ectocochlia.

Endodontidae, ▶ Schüsselschnecken, Familie der ▶ Sigmurethra.

endogastrisch, ▶ Windungsrichtung bei Schnecken und einigen ▶ Kopffüßern (▶ *Spirula*), bei denen der ▶ Eingeweidesack mit ▶ Mantel und ▶ Schale hinten zur Bauchseite hin eingerollt ist. Ggs.: ▶ exogastrisch.

Endolithion, Gesamtheit der Organismen, die in Steinen oder Felsen (Kreide, Kalk) leben, in denen sie Lücken nutzen oder Gänge ▶ bohren. Unter den Mollusken sind es einige Muscheln, welche die Schale als Bohrwerkzeug nutzen (z.B. ▶ *Barnea*, *Hiatella*, ▶ *Pholas*).

Endopelos, Gesamtheit der Organismen, die in Schlick und Schlamm leben. Da das Nahrungsangebot besonders gut ist, erreichen die hier lebenden, relativ wenigen Arten oft hohe Bestandsdichten. Schnecken wie *Philine*, ▶ *Cylichna* und *Nassarius* graben sich aktiv durch das Sediment, andere verbringen die meiste Zeit ortsstet (z.B. ▶ *Turritella* sowie viele Muschelarten).

Endopsammon, Gesamtheit der Organismen, die im Sand leben. Wegen der Beschaffenheit des Substrats ist aktive Fortbewegung schwierig, so dass ▶ hemisessile Arten dominieren. Je gröber der Sand, umso besser die Versorgung mit Sauerstoff, die Zufuhr von Nahrungspartikeln und umso leichter die Abgabe von ▶ Faeces,

Exkreten und eventuell Keimzellen. Unter den Mollusken gehören vor allem ▶ Scaphopoda und ▶ Bivalvia als „Sandlieger" zum E.

Endorgan, ▶ Löffel, der distale Abschnitt des ▶ Hectocotylus.

Endorphine, körpereigene Neuropeptide, die im Zentralnervensystem gebildet werden und der Schmerzunterdrückung dienen. Sie sind für Mollusken in Muscheln (▶ Miesmuscheln, ▶ Austern) nachgewiesen.

Endostracum, innerste Schalenschicht des ▶ Palliostracum der Muscheln und damit vom ▶ Mantel ▶ sezerniert; zum Schalenrand hin wird es durch die ▶ Mantellinie begrenzt.

Endostyl, (auch: ▶ Hypobranchialrinne), Drüsenleiste an der Kiemenbasis von wasserlebenden Schnecken, welche die ▶ ventrale Kiemenfläche mit ▶ Schleim versorgt.

Endothel, Zellen der innersten Wandschicht des ▶ Pericards.

Endosymbiont, ein Organismus, der im Körper oder in den Zellen eines anderen Organismus lebt. Siehe ▶ Zooxanthellen.

Endscheibe, hinterster Teil des Weichkörpers von ▶ *Spirula*, an dem seitlich zwei kleine ▶ Flossen inserieren. Im Zentrum der E. führt eine Öffnung in die aborale Grube mit dem ▶ Terminalorgan, einem Leuchtorgan.

Engelsflügel, Trivialname von ▶ Bohrmuscheln, meist verwendet für *Barnea candida.*

Enidae, ▶ Vielfraßschnecken, ▶ Turmschnecken, Familie der ▶ Orthurethra, in Mitteleuropa mit ▶ *Chondrula*, ▶ *Ena*, ▶ *Jaminia* und ▶ *Zebrina* vertreten.

Enoplochiton Gray 1847, Gattung der ▶ Chitonidae.

Enoploteuthidae, Familie der ▶ Oegopsida, meist kleine ▶ Kopffüßer mit nach hinten zugespitztem Rumpf und großem ▶ Kopf, an dem kräftige ▶ Arme und lange ▶ Fangarme inserieren. Die gerundet-dreieckigen ▶ Flossen enden vor dem Hinterende. Die Arme tragen zwei Reihen von Haken. Die etwa 40 Arten (in 8 Gattungen), mit spezifischen Mustern in der Anordnung der ▶ Leuchtorgane, leben in allen Tiefen tropischer und gemäßigter Meere.

Ensis Schumacher 1817, ▶ Schwertmuscheln, Gattung der ▶ Cultellidae mit sehr langgestreckten Schalen, deren Oberfläche Felder mit unterschiedlichen Strukturen zeigt. Empfindliches, leicht abblätterndes ▶ Periostracum. In der Deutschen Bucht leben die Schwertförmigen Messerscheiden, *E. ensis* (Linnaeus 1758), die Schotenförmigen Messerscheiden, *E. siliqua* (Linnaeus 1758) und seit einigen Jahren die von der atlantischen Westküste eingeschleppten Amerikanischen Messerscheiden, *E. directus* (Conrad 1843). An vielen Küsten der Welt sind *E.*-Arten geschätzte Nahrung des Menschen; so wird z.B. in Chile die etwa 20 cm lange *E. macha* (Molina 1782) als „navajuela" oder „navaja de mar" auf den Markt gebracht.

Entalinidae, Familie der ▶ Gadilida (▶ Kahnfüßer).

Enteroxenos Müller 1852, Gattung der ▶ Entoconchidae, die vor Norwegen in ▶ Seewalzen lebt.

Entocolax W. Voigt 1888, Gattung der ▶ Entoconchidae, die in ▶ Seewalzen des nördlichen Eismeeres und des Süd-Pazifiks parasitiert.

Entoconcha Müller 1852, Gattung der ▶ Entoconchidae, in wärmeren Meeren in ▶ Seewalzen lebend.

Entoconchidae, ▶ Eingeweideschnecken, eine Familie der Zungenlosen Schnecken (▶ Aglossa = Eulimoidea), die in den Eingeweiden von ▶ Seewalzen parasitieren. Die 6 Gattungen werden jetzt auch zu den ▶ Eulimidae gestellt. ▶ Zwergmännchen.

Entoblast, ▶ Entoderm.

Entoderm, (auch: Endoderm), inneres ▶ Keimblatt der dreiblättrigen Keimscheibe eines ▶ Embryoblasts.

Entwicklung, während der ▶ Ontogenese und der ▶ Phylogenese stattfindende, gerichtete Veränderung eines Organismus, meist zum Komplizierteren hin. Die Mollusken durchlaufen ontogenetisch generell eine indirekte E., bei der zwischen Embryo und fortpflanzungsfähigem Adultus abweichend gebaute (und oft anders lebende) Larvenstadien (z. B. ▶ Veliger- und ▶ Echinospira-Larven) auftreten. Bei landlebenden Schnecken ist die E. verkürzt und findet weitgehend innerhalb der ▶ Eikapsel statt, so dass ein adultähnliches ▶ Kriechstadium aus der Eikapsel schlüpft.

Eogastropoda Ponder & Lindberg 1995, Unterklasse der ▶ Gastropoda, Schwestergruppe der ▶ Orthogastropoda; umfasst nur die ▶ Patellogastropoda Lindberg 1986 mit den Patelloidea Ihering 1876. ▶ Patellidae.

epiathroid, Typ des Nervensystems vieler ▶ Neotaenioglossa, bei dem die ▶ Pleuralganglien dicht an die ▶ Cerebralganglien herangerückt sind und dieser Komplex dorsal des Darmes liegt, bei manchen sogar verschmolzen ist. Er ist durch gleichlange ▶ Pleuropedalkonnektive mit den ▶ Pedalganglien verbunden, die in der (ursprünglichen) ▶ ventralen Position verblieben sind.

Epibiose, Gesamtheit der Organismen, die auf dem Substrat leben. Nach dessen Beschaffenheit sind zu unterscheiden: ▶ Epilithion auf Hartböden (z. B. ▶ Napfschnecken, ▶ *Littorina*-Arten, ▶ *Mytilus*), ▶ Epipelos auf Schlick und Schlamm (mehrere Arten von ▶ Wattschnecken) und das ▶ Epipsammon auf Sanden (euryöke Arten wie ▶ Strandschnecken und ▶ Wellhornschnecken). ▶ Mesobiose, ▶ Endobiose.

Epibolie, Wachstumsbewegung des ▶ Ektoderms über den Dotter.

Epilithion, ▶ Epibiose.

Epipelos, ▶ Epibiose.

Epiphallus, distaler Abschnitt des ▶ Vas deferens vieler ▶ Lungenschnecken, dessen Wandung muskulär verstärkt ist. Er setzt sich in die ausstülpbare ▶ Penisscheide fort, mit der er anstelle des reduzierten Penis das Begattungsorgan bildet.

Epiphragma, Zeitdeckel, vorübergehend ausgebildeter Verschlussdeckel mancher ▶ Landlungenschnecken. Zunächst wird quer über die ▶ Mündung des Gehäuses ein Schleimfilm gezogen, in den Kalk eingelagert werden kann. Dabei bleibt eine kleine Atemöffnung erhalten. Ein E. wird in Trocken- oder Kältezeiten gebildet; halten diese lange an, so zieht sich der Weichkörper immer tiefer ins ▶ Gehäuse zurück und erzeugt mehrere Epiphragmen hintereinander, die den Weichkörper vor Verdunstung, aber auch gegen Feinde schützen. ▶ Weinbergschnecken kommen in der Regel mit E. als „Deckelschnecken“ in den Handel.

Epipodien, laterodorsale Falten am Weichkörper vieler Schnecken, die den ▶ Fuß umziehen und Tuberkeln, ▶ Papillen oder ▶ Tentakeln tragen, die besonders viele Rezeptoren enthalten können (z. B. ▶ *Haliotis*). ▶ Parapodien.

Epipsammon, ▶ Epibiose.

Episphäre, obere Region der ▶ Veligerlarve, durch einen Wimperkranz (▶ Prototroch) vom unteren Teil, der ▶ Hyposphäre, getrennt. Apical liegt in der E. die Scheitelplatte mit besonders langen ▶ Cilien.

Epistellarkörper, an den ► Stellarkörpern der ► Octopoda gelegene Organe mit kugelförmigem Hohlraum, der von Nervenbahnen dicht durchzogen ist. Diese bilden rhabdomerähnliche Strukturen, so dass die E. möglicherweise photosensibel sind.

Epithel, enger Zellverband ohne erkennbare Zwischenzellsubstanz; Sammelbezeichnung für Deckgewebe und Drüsengewebe.

Epitoniidae, ► Wendeltreppen, Familie der ► Ptenoglossa (Epitonioidea); diese marinen Schnecken leben als temporäre ► Parasiten an Seerosen und Korallen und bilden neben den typischen auch ► atypische Spermien. Bekannteste Gattung ist ► *Epitonium*.

Epitonium Röding 1798, ► Wendeltreppen, Gattung der ► Epitoniidae, in der südlichen Nordsee vertreten durch *E. clathratulum* (Kanmacher 1798), *E. commune* (Lamarck 1822) und *E. turtonis* (Turton 1819).

epizoisch, (auch: epök), auf anderen Organismen lebend. Dabei kann die Beziehung der Beteiligten vom reinen Aufsitzen des Epöken bis zum Parasitismus gehen.

Eratoinae, ► Kerfenschnecken, Unterfamilie der ► Triviidae (Velutinoidea), Meeresschnecken mit doppeltkegeligem oder kugeligem Gehäuse, das mit einer ► Schmelzschicht überzogen wird. Die ► Mündung ist schlitzförmig, kein ► Operculum. Etwa 200 Arten, die in warmen Meeren von koloniebildenden Manteltieren leben, in der Nordsee nur *Trivia monacha* (Da Costa 1771) an Seegras und unter Steinen.

Erbsenmuscheln, ► Sphaeriidae.

Erjavecia Brusina 1870, Gattung der Schließmundschnecken ► Clausiliidae; die einzige Art *E. bergeri* (Rossmässler 1836) lebt in den bayerischen Kalkalpen.

Erythrocyten, rote Blutkörperchen, bei Mollusken haemoglobinhaltige ► Amoebocyten in der Blutflüssigkeit; nachgewiesen u. a. bei einigen ► Süßwasserschnecken (► Planorbidae) und Muscheln (einige ► Arcidae, *Glycymeris*-, ► *Angulus*- und ► *Pharus*-Arten).

Etheriidae, ► Aetheriidae.

Eubranchidae, Familie der ► Cladobranchia, ► Hinterkiemerschnecken mit oft kolbig verdickten ► Cerata.

Eucobresia Baker 1929, ► Glasschnecke, Gattung der ► Vitrinidae, in Mitteleuropa mit 3 Arten, meist oberhalb der Baumgrenze.

Euconulidae, ► Kegelchen, Familie der ► Limacoida, kleine ► Landschnecken mit rundlich-kegelförmigem Gehäuse. In Mitteleuropa mit 1–2 Arten; das Helle Kegelchen, *Euconulus fulvus* (O. F. Müller 1774), ist an feuchten Standorten in Wäldern weitverbreitet.

Euctenidiacea, ► Holohepatica, Taxon der ► „Opisthobranchia“, ► Hinterkiemerschnecken, deren linke ► Mitteldarmdrüsen durch Bindegewebe ausgefüllt sind, während die rechten einen Blindsack bilden oder völlig reduziert sind. Die Gruppe umfasst etwa 16 Familien.

Eucyten, Zellen der ► Eukaryoten

Euglandina Fischer & Crosse 1870, ► Wolfsschnecken, Gattung der Spiraxidae (Oleacinoidea), ursprünglich in Mittelamerika beheimatete ► Raubschnecke, die vom Menschen als Schädlingsvertilgerin vor allem gegen ► *Achatina* eingesetzt wurde, ihre Nahrungsbasis jedoch bald auf jeweils bodenständige Arten erweitert hat und damit selbst schädlich geworden ist. ► Carnivorie.

Eukaryoten, alle Organismen, deren Zellen einen Zellkern besitzen.

Eulamellibranchie, Ausbildung von ► Blattkiemen bei Muscheln.

Eulamellibranchien, ► Blattkiemen, Konstruktionstyp der Muschelkiemen: die ursprünglich getrennt verlaufenden, auf- und absteigenden Kiemenfäden sind durch Gewebsbrücken miteinander zu blattartigen Strukturen verschmolzen.

Eulima Risso 1826, jetzt ► *Melanella*.

Eulimella Gray 1847, ► Nadel-Pyramidenschnecke, Gattung der ► Pyramidellidae, in der südlichen Nordsee nur repräsentiert durch *E. acicula* (Philippi 1836).

Eulimidae, ► Pfriemschnecken, Familie der ► Ptenoglossa. Anstelle des Radularapparates ist bei ihnen ein Pumpsystem ausgebildet, mit dessen Hilfe sie an Stachelhäutern parasitieren. In der südlichen Nordsee vertreten durch ► *Melanella*, ► *Pelseneeria* und ► *Vitreolina*.

Euomphalia Westerlund 1889, ► Laubschnecken, Gattung der ► Helicidae.

Eupulmonata Haszprunar & Huber 1990, Taxon der ► Pulmonata, ► Lungenschnecken, von unsicherer Stellung, umfasst die ► Trimusculidae, ► Otinidae und ► Ellobiidae, nach anderer Auffassung auch die ► Systellommatophora und die ► Stylommatophora.

eupyren, befruchtungsfähige ► Spermatozoen mit normalem Chromatingehalt. Vgl. ► dyspyren, ► apyren.

eurybar, in einem weiten Bereich schwankender Luft- oder Wasserdrucke lebens- und fortpflanzungsfähige Organismen. Ggs.: ► stenobar.

eurybath, in unterschiedlichen Wassertiefen lebens- und fortpflanzungsfähige Organismen. Ggs.: ► stenobath.

eurychor, (auch: eurytop), Organismen mit weiter Verbreitung. Ggs.: ► stenochor.

eurychron, Organismen, die in einem weiten Jahreszeitenbereich aktiv sind. Ggs.: ► stenochron.

euryhalin, in einem weiten Salzgehaltsbereich auf Dauer überlebens- und fortpflanzungsfähig. Euryhaline Organismen finden sich vor allem im ► Brackwasser mit schwankenden Salzgehalten. Ggs.: ► stenohalin.

euryök, Organismen mit weiter ökologischer Toleranz gegenüber veränderlichen Lebensbedingungen. Ggs.: ► stenök.

euryphag, (auch: ► eurytroph), Organismen mit weitem Nahrungsspektrum. Ggs.: ► stenophag.

euryphot, Organismen mit weiter Lichttoleranz. Ggs.: ► stenophot.

eurytherm, in einem weiten Temperaturbereich auf Dauer lebens- und fortpflanzungsfähig. Ggs.: ► stenotherm.

eurytroph, ► euryphag.

euryxen, ► Parasiten mit mehreren Wirtsarten. Ggs.: ► stenoxen.

euryzon, in verschiedenen Höhenstufen lebensfähige Organismen. Ggs.: ► stenozon.

Euspermatozoen, ► Spermatozoen mit normalem haploidem Chromosomensatz, die daher befruchtungsfähig sind.

Euspira Agassiz 1838, (früher: ► *Lunatia* Gray 1847), ► Bohrschnecken, ► Nabelschnecken, Gattung der ► Naticidae, in der südlichen Nordsee vertreten durch *E. catena* (da Costa 1778), *E. montagui* (Forbes 1838) und *E. pulchella* (Risso 1826).

Euthecosomata, Taxon der ► Seeschmetterlinge, ► pelagische ► Hinterkiemerschnecken mit linksgewundener, spiraliger und verkalkter Schale und ► Operculum oder mit bilateralsymmetrischem Gehäuse ohne ► Deckel, das nur den hinteren Teil des Tieres bedeckt.

euthetisch, gleichklappig, Bezeichnung für „normale“ Muschelklappen, die (wenigstens annähernd) symmetrisch sind und mit ihren Rändern aneinanderschließen. Ggs.: ► pleurothetisch.

Euthyneura SPENGEL 1881, Geradnervige, Schnecken mit ► Euthyneurie.

Euthyneurie, sekundäre ► Geradnervigkeit, die aus der ► Chiastoneurie hervorgegangen ist, allerdings auf verschiedenen Wegen. Bei ► Lungenschnecken ist sie durch Verkürzung der ► Pleurointestinalkonnektive und Konzentration der Ganglien im Schlundringbereich entstanden, bei den Hinterkiemern durch die Rückdrehung (► Detorsion) des ► Eingeweidesackes.

eutroph, Gewässer, die reich an Nährstoffen sind. Nicht zu verwechseln mit ► eurytroph, ► euryphag. Ggs.: ► oligotroph.

evenness, Maß für den Vergleich verschiedener Lebensgemeinschaften, von der ungleichen Verteilung (E = 0) der Individuenzahlen auf die einzelnen Arten bis zur völligen Gleichverteilung (E = 1).

evers, ein Auge, in dem die Sinneszellen dem Licht zugewandt sind, da das Augenbläschen vom ► Ektoderm her eingestülpt wird. Es ist der bei den Mollusken allgemein verbreitete Augentyp, der seine höchste Entwicklungsstufe bei den höheren ► Cephalopoda erreicht. Die Rezeptorendichte ist bei manchen Arten höher als bei Wirbeltieren: bei ► *Loligo* inserieren 50.000, bei ► *Octopus* 70.000 und bei ► *Sepia* 105.000 Stäbchen auf einem mm^2 der Retinafläche. Ggs.: ► invers.

evolut, Bezeichnung für Molluskengehäuse, deren ► Windungen sich entlang der ► Spindel berühren. Es ist die meistverbreitete Konstruktion des Schneckenhauses. ► convolut, ► devolut, ► involut.

Exhalationsrinne, Ausströmrinne, auf der rechten Kopfseite amphibischer Schnecken (z. B. ► Apfelschnecken) ausgebildete Rinne, die sich in einen kurzen Exhalationssipho fortsetzt; beides dient der Ausführung der durch den ► Einströmsipho aufgenommenen Luft, welche die ► Mantelhöhle durchströmt hat.

Exkretion, Abscheidung von (vor allem stickstoffhaltigen) Substanzen (Exkreten) aus dem Organismus, welche bei Verbleib im Körper die Stoffwechselfunktionen stören würden. Die Exkretionsorgane der adulten Mollusken lassen sich vom Typ des Metanephridium ableiten. Sie beginnen ursprünglich mit einem Wimpertrichter im ► Herzbeutel (► Pericard); später wird die Funktion von drüsigem Gewebe übernommen. Als Reste der primären Konstruktion bleiben Verbindungen zwischen dem ► Herzbeutel und den ► Gonaden (► Gonopericardialgang) bzw. den Nieren (► Renopericardialgang) bei einigen Mollusken erhalten. Die zu entfernenden stickstoffhaltigen Verbindungen werden als Ammoniak (ammonotelische Mollusken), als Harnstoff (ureotelische) oder als Harnsäure (uricotelische) abgeschieden. Amphibische Schnecken (► *Littorina*) können bei Trockenfallen Harnsäure vor allem in den Nieren speichern, bei Überflutung geben sie Ammoniak ab. Exkretionsprozesse sind nicht auf die Nieren beschränkt. Oft werden Exkrete als ► Konkremente in das Gewebe eingelagert; diese dienen als temporäre Exkretspeicher, die vor allem in Ruhezeiten angelegt und in der nächsten aktiven Phase abgebaut werden.

Exocochlia, ► Ectocochlia, ► Cephalopoda mit äußerer Schale (rezent nur die ► Nautilidae). Ggs.: ► Endocochlia.

exogastrisch, mit spiralig dorsad nach vorn gewundener ► Schale (mit darin gelegenen Weichteilen, wie bei ► *Nautilus*). Ggs.: ► endogastrisch.

extrapallial, Bezeichnung für einen flüssigkeitsgefüllten Raum zwischen dem Mantelepithel und der ► Schale; er wird nach außen durch einen von den Periostracumdrüsen gebildeten Sekretfilm abgeschlossen.

Facelinidae BERGH 1889, ► Federschnecken, Familie der ► Cladobranchia mit *Facelina* ALDER & HANCOCK 1855.

Fächeraugen, am ► Mantelrand bestimmter Muscheln (z. B. ► *Arca*) gelegene, knospenartig vorgewölbte Lichtsinnesorgane von fächerähnlichem Bau: die Seh- und die diese umhüllenden Pigmentzellen divergieren nach außen.

Fächermuschel, Steckmuschel, ► Schinkenmuschel, Trivialnamen der Gattung *Pinna* (► Pinnidae: ► Pterioidea).

Fächerzunge, ► rhipidoglosse ► Radula.

Fächerzüngler, ► Rhipidoglossa.

Fadenkiemer, die ► Filibranchien; die Kiemen hängen zweireihig als V-förmig gebogene Fäden in der Atemhöhle.

Fadenkiemenmuscheln, die ► Filibranchia.

Fadenschnecken, die ► Aeolidiidae, Familie der ► Hinterkiemer mit fädigen Rückenanhängen, in die Fortsätze der ► Mitteldarmdrüse hineinziehen (► Kleptocnidier). Die Breitwarzigen F., *Aeolidia papillosa* (LINNAEUS 1761), werden bis 12 cm lang, leben in Tiefen bis 800 m und kommen auch bei Helgoland und bis in die westliche Ostsee vor.

Faeces, Kot.

Fagotia BOURGUIGNAT 1884, Gattung der ► Melanopsidae, ► Vorderkiemerschnecken, die in der unteren Donau sowie bevorzugt in Thermalquellen des Balkan leben.

Faltenkieme, ► Plicatidium.

Faltenmuscheln, Plicatuloidea, Überfamilie der ► Anisomyaria, Muscheln mit ungleichklappiger Schale, die sich mit der rechten ► Klappe auf dem Substrat ansetzen.

Faltenrandschnecke, ► *Laciniaria*.

Faltenschnecken, ► Walzenschnecken, ► Volutidae.

Familie, Kategorie der biologischen ► Taxonomie zwischen ► Gattung und ► Ordnung, oft erweitert durch Unterfamilie (Subfamilia) und Überfamilie (Suprafamilia). Nach den Regeln der Internationalen Kommission für die Zoologische Nomenklatur (Artikel 29.2) enden die Namen von Überfamilien auf -oidea, die von Familien auf -idae und die von Unterfamilien auf -inae. Zwischen Unterfamilie und Gattung können bei Bedarf Tribus (-ini) und Untertribus (Subtribus, -ina) eingeschoben werden.

Fangarme (Abb. 21), auf das Fangen und Festhalten der Beute spezialisierte ► Arme (► Tentakeln) der ► Kopffüßer. Sie sind mit ► Saugnäpfen und/oder chitinig-► conchinösen Greifhaken ausgestattet. Am weitesten differenziert sind sie bei den ► Decabrachia, bei denen zwei besonders lange F. ausgebildet sind.

Fangfäden, ► Captacula.

Farbwechsel, Veränderung der Körperfärbung, besonders ausgeprägt bei den ► Cephalopoda, die binnen weniger Sekunden ihr Aussehen stark verändern können (physiologischer F.). Das ermöglichen ihnen in die Epidermis eingelagerte ► Farbzellen, welche Pigmente enthalten. Diese sind in einem elastischen Sacculus enthalten, dessen Ausdehnung nervös reguliert werden kann: weite Ausbreitung bringt das Pigment zur Geltung, Kontraktion auf ein minimales Volumen lässt es optisch verschwinden. Die Wirkung wird durch unter den Farbzellen gelegene ► Flitterzellen verstärkt. Der F. dient der Anpassung an die Umgebung, gibt aber bei den

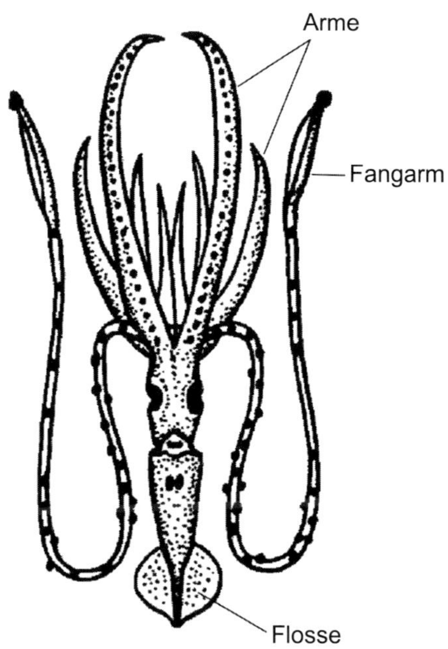

Abb. 21. ▶ Fangarme: Deutliche Unterschiede in der Länge und dem Saugnapfbesatz zwischen normalen und Fangarmen (*Chiroteuthis calyx*, n. Nesis 1982).

▶ Cephalopoda auch Stimmungen wieder. Morphologischer F. entwickelt sich über längere Zeiträume, dabei wird der Pigmentbestand verändert. Er tritt vor allem bei manchen Schnecken (▶ Nudibranchia) auf, die mit ihrer Nahrung Pigmente (z. B. aus Algen) aufnehmen und in ihre Zellen einlagern. Sie passen sich damit fortschreitend dem Aussehen ihrer Nahrung an.

Farbzellen, ▶ Chromatophoren.

Fasanenschnecken, Phasianellidae, Familie der ▶ Kreiselschnecken (▶ Trochoidea), Gehäuse meist ausgesprochen bunt.

Fasciolaria Lamarck 1799, Gattung der ▶ Fasciolariidae (Buccinoidea). Bis etwa 23 cm hoch wird das Gehäuse der karibischen Tulpenschnecke, *F. tulipa* (Linnaeus 1758), fast so hoch das von *F. trapezium* (Linnaeus 1758) im Indopazifik.

Fasciolariidae, ▶ Tulpenschnecken, ▶ Bandschnecken, ▶ Spindelschnecken, Familie der Buccinoidea mit spindelförmigem, oft großem Gehäuse. Zahlreiche Arten in warmen Meeren, auf Sand und Schlamm sowie an Felsen. Sie sind ▶ carnivor und ernähren sich von anderen Schnecken, Muscheln und Polychaeten.

Fässchenschnecken, ▶ Orculidae, Familie der ▶ Orthurethra.

Fasselperlen, fassförmig abgeriebene ▶ Perlen, deren äußerste Schicht abgeblättert ist, so dass die Oberfläche matt aussieht.

Fassschnecken, ▶Tonnenschnecken, ▶Tonnidae (▶Tonnoidea), carnivore Schnecken wärmerer Meere.

Fechterschnecken, ▶Flügelschnecken, ▶Strombidae (Stromboidea); dazu die Große ▶Fechterschnecke (▶*Strombus gigas*), bis 35 cm hohes Gehäuse, lebt in der Karibik. ▶Rosalin.

Federkiemenschnecken, *Valvata*, Gattung der ▶Valvatidae (▶Heterobranchia), kleine Schnecken im ▶Süßwasser der nördlichen Hemisphäre.

Federschnecken, die ▶Facelinidae.

Federzunge, ▶ptenoglosse ▶Radula, Typ der ▶Reibzunge bestimmter ▶Vorderkiemerschnecken, bei der zahlreiche kleine und gleichartige ▶Zähne in jeder Querreihe stehen, während der Mittelzahn fehlt.

Federzüngler, ▶Ptenoglossa, Taxon der ▶Orthogastropoda, Schnecken mit einer ▶Federzunge. Hierher werden neben den ▶Epitoniidae (▶Wendeltreppen) auch die ▶Pfriemschnecken (▶Eulimidae) und die ▶Triphoridae gerechnet.

Feigenschnecken, auch ▶Birnenschnecken, Ficidae (Littorinimorpha), mit dünnschaligem, birnenförmigem Gehäuse und sehr großer Endwindung. Die weite ▶Mündung setzt sich in den breiten ▶Siphonalkanal fort. Die Weibchen der etwa 10 Arten sind größer als die Männchen. Die F. leben meist auf Weichböden tropischer Meere. Häufigste Gattung ist ▶*Ficus*.

Feilenmuscheln, die ▶Limidae.

Feinperle, eine frei im Gewebe entstandene und daher kugelige ▶Perle mit guterhaltener Perlmutter-Oberfläche und ausgeprägtem Lüster, von hohem Handelswert.

Felsenaustern, ▶Gienmuscheln, ▶Chamidae.

Felsenbohrer, ▶Felsenklaffmuscheln, die ▶Hiatellidae.

Felsenklaffmuscheln, ▶Felsenbohrer, die ▶Hiatellidae.

Felsenschnecken, **1**) ▶*Chilostoma*, Gattung der ▶Helicidae, ▶Landlungenschnecken in Südeuropa, in Mitteleuropa in isolierten Populationen. **2**) ▶Muricidae.

Fenster, im ▶Epiphragma der ▶Landlungenschnecken von der Umrandung des Atemloches gebildete, siebartige Stelle, durch die der Austausch der Atemgase in eingeschränktem Maße möglich ist.

Fenster, Chinesisches, ▶Placunidae.

Fensterscheibenmuschel, ▶Chinesisches Fenster, ▶Placunidae.

Fermentstiel, ▶Kristallstiel.

Ferrissia WALKER 1903, Septenmützenschnecken, Gattung der ▶Planorbidae mit der wahrscheinlich nach Mitteleuropa eingeschleppten Flachen Septenmützenschnecke, *F. clessiniana* (JICKELI 1882), Bewohnerin langsam fließender und stehender Gewässer.

Ferussaciidae, Familie der ▶Achatinoidea, vor allem in den Tropen und Subtropen weit verbreitet. ▶Blindschnecke.

Feuerkalmare, ▶Pyroteuthidae.

Ficus RÖDING 1798, Gattung der ▶Feigenschnecken.

Fiederkiemen, ▶Protobranchien, paarig ausgebildete ▶Kiemen von Muscheln, jeweils aus einem Schaft und daran jederseits ansitzenden, breit dreieckigen Kiemenblättern bestehend. Diese können durch ▶Cilien verbunden sein. Die Bewimperung der F. erzeugt, zusammen mit der der ▶Mantel- und Körperwand, einen Wasserstrom, der Atmung und Ernährung ermöglicht.

Fiederkiemer, ▶Protobranchia, Taxon der wahrscheinlich ursprünglichsten rezenten Muscheln; Schalenklappen meist gleichartig, oft innen mit Perlmutterschicht; ► Scharnier meist ► taxodont. ► Fuß mit abgeflachter Sohle; die ► Entwicklung verläuft über eine ► Hüllglockenlarve. Hierher gehören u. a. die ► Nussmuscheln (► Nuculidae).

Filibranchia, ► Fadenkiemenmuscheln, Muscheln mit ► Filibranchien und davon abgeleiteten Kiementypen, früher als eigenständiges Taxon gewertet, sind sie jetzt in den ► Pteriomorpha aufgegangen.

Filibranchie, Ausbildung von ► Fadenkiemen bei Muscheln.

Filibranchien, ► Fadenkiemen, Kiementyp von Muscheln, mit zwei Reihen von gleichartigen, zweischenkligen Fäden. Aus der Kiemenbasis entspringen lateral nebeneinander 2 Fäden, die zunächst einen absteigenden, dann einen aufsteigenden Ast bilden. Aus der Grundform der F. sind bei einigen ► Bivalvia effektivere Strukturen entwickelt worden (► Scheinblattkieme).

Filtrierer, bei Mollusken weitverbreiteter Ernährungstyp. Aus der oft durch die Bewimperung des Körpers selbsterzeugten Wasserströmung werden in der Regel durch ► Schleimnetze Nahrungspartikeln herausgefischt, die dann über Schleimtransportbänder zur Mundöffnung weitergeführt werden. Die meisten Muscheln, aber auch einige Schnecken sind F. (z. B. ► *Crepidula*, ► *Turritella*).

Fimbria, **1**) früherer Gattungsname der ► Schleierschnecke, jetzt ► *Tethys*. **2**) Gattung der ► Fimbriidae.

Fimbriidae, Familie der ► Veneroida, rezent nur mit der Gattung ► *Fimbria* MEGERLE VON MÜHLFELDT 1811, zwei Arten der Blattkiemenmuscheln in Korallensand des Indopazifik.

fingerförmige Drüsen, nach ihrer Form benannte Anhangsdrüsen der ► Vagina bei bestimmten zwittrigen ► Landlungenschnecken (► Helicidae). Ihr proteinreiches Sekret soll das Ausstoßen des ► Liebespfeils erleichtern und wird durch diesen in den Partner injiziert, der dadurch zur Fortsetzung des Liebesspiels stimuliert wird.

Fingerschnecken, ► *Lambis*.

Firnis, Innenschicht des ► Operculums der Schnecken.

Firoloida LESUEUR 1817, Gattung der ► Kielfüßer.

Fischbein, Weißes, Sepiaknochen, ► Ossa sepiae, veralteter Handelsname für den ► Schulp.

Fissurellidae, ► Lochschnecken, Lochnapfschnecken, Familie der ► Eogastropoda. In der südlichen Nordsee ist sie nur durch *Puncturella noachina* (LINNAEUS 1771) vertreten.

Flabellinidae, eine Familie der ► Fadenschnecken (► Cladobranchia: ► Nudibranchia), marine ► Nacktschnecken, deren Rückenanhänge zu mehreren einem stielartigen Fortsatz des Rückens aufsitzen.

flachseitig, ► Gehäuse von Schnecken, bei denen die ► Umgänge außen weitgehend plan sind (z. B. ► Kreiselschnecken).

Flachspindelschnecken, ► Planaxidae, Familie der ► Seenadeln (Cerithioidea).

Flagellum, peitschenartige Verlängerung des ► Epiphallus im zwittrigen Genitalsystem vieler ► Landlungenschnecken. Es fehlt bei einigen Arten der Ancylidae (*Laevapex*) und ► Planorbidae (*Bulinus*, ► *Indoplanorbis*), bei denen ein ► Ultrapenis ausgebildet ist.

Flamingozunge, Trivialname von ► *Cyphoma gibbosum* (LINNAEUS 1758), einer Art der ► Eierschnecken (Ovulidae), die an und von Korallen lebt. Ihr etwa 3 cm hohes Gehäuse ist intensiv orangegelb, ihr ▶Mantel fleischfarben mit dunklen Ringen. Wegen ihrer Schönheit ist sie von Sammlern begehrt und daher im Bestand gefährdet.

Flankenkiemer, ▶Notaspidea, Taxon (meist als Ordnung gewertet) der ▶Hinterkiemerschnecken, mit äußerer, napfförmiger (▶Umbraculidae, ▶Tylodinidae) oder innerer, ohrförmiger oder fehlender Schale (▶Pleurobranchidae). Vorwiegend in tropischen Meeren und vom ▶Aufwuchs lebend.

Flaschenschwanzsepien, ▶Sepiadariidae.

Fleckenmuscheln, ▶*Musculus*.

Fledermausschnecke, Trivialname von *Cymbiola* Swainson 1831, einer Walzenschnecke (▶Volutidae).

Flemmingsche Zellen, Epithelsinneszellen in der Haut der Mollusken, benannt nach Walther Flemming (1843–1905), Histologe in Prag und Kiel.

Fliegender Kalmar, ▶*Ommastrephes bartrami*.

Flimmergrube (Tafel I), am Vorderende der Bauchfurche der ▶Solenogastres gelegene, bewimperte Eintiefung.

Flitterzellen, ▶Iridocyten, Stapel von ▶Guanin-Plättchen enthaltende Zellen der ▶Cephalopoda, reflektieren einfallendes Licht und bestimmen zusammen mit den ▶Chromatophor-Organen Farben und Muster der Haut.

Flossen, seitliche Hautlappen vieler ▶Gastropoda (▶*Aplysia*, ▶*Limacina*) und ▶Cephalopoda (▶*Sepia*, ▶*Loligo*), die durch schlagende Bewegungen ihrem Träger das Schwimmen ermöglichen.

Flossenfüßer, ▶Heteropoda, ▶Atlantoidea, die ▶pelagisch lebenden ▶Ruderschnecken und die ▶Seeschmetterlinge, bei denen aus Teilen des Fußes ▶Flossen entstanden sind.

Floßschnecken, ▶Veilchenschnecken, ▶*Janthina*.

Flucht, Fluchtreflex, Fluchtverhalten, aktive Reaktion in oder Rückzug aus einem Gefahrenbereich, nachgewiesen bei verschiedenen Mollusken. ▶Käferschnecken und ▶Napfschnecken reagieren auf Beschattung, in dem sie sich an das Substrat heranziehen und damit den Spalt zwischen ▶Mantelrand und Unterlage schließen. Die Gemeine Netzreusenschnecke (*Nassarius reticulatus*) hat auf dem hinteren Fußrücken ein sensorisches Feld. Berührt das tastende Füßchen eines Seesterns diese Stelle, wird die F. ausgelöst. Die Schnecke bewegt sich durch intensive Kontraktion ihrer Körpermuskulatur und wiederholte Überschläge des Gehäuses aus dem Gefahrenbereich. Bei vielen ▶Cephalopoda ist F. mit Veränderungen von Färbung und Muster verbunden. Zu den Abwehrreaktionen gehört auch das Ausstoßen der ▶Tinte.

Flügelmuscheln, ▶Perlmuscheln, ▶Pteriidae.

Flügelschnecken, Trivialname zweier nichtverwandter Gruppen von Meeresschnecken: **1**) Stromboidea (▶Neotaenioglossa) mit flügelartigen Fortsätzen am Mündungsrand. **2**) veraltet für die ▶Pteropoda (▶Ruderschnecken und ▶Seeschmetterlinge) mit flügelartig schlagenden Hautlappen. F. s. l. sind die ▶Limacinidae.

Flussaustern, Süßwasseraustern, ▶Etheriidae, Familie der ▶Spaltzähner, Blattkiemenmuscheln mit austernähnlichen Klappen, von denen eine mittels erhärtenden Sekrets am Substrat angeklebt wird. Mit Tendenz zur Reduktion des vorderen ▶Schließmuskels; Bruttaschen an den inneren Kiemenblättern. Die ▶Entwicklung verläuft über ein ▶Lasidium.

Flusskahnschnecken, ▶Flussnixenschnecken, ▶Schwimmschnecken, ▶*Theodoxus*, Gattung der ▶Nixenschnecken (► Neritidae) mit ca. 18 Arten von meist begrenzter Verbreitung.

Flusskiemenschnecken, auch ► Sumpfdeckelschnecken, ► Viviparidae.

Flussmuscheln, ► Najaden, die ► Unionidae.

Flussmützenschnecken, Trivialname für zwei Familien der ► Wasserlungenschnecken mit napf- oder kappenartigem Gehäuse: **1**) Ancylidae (► Hygrophila), mit linksgewundenem Körper, so dass die Öffnungen der ► Mantelhöhle und des Genitalsystems sowie der Anus links münden; mit Scheinkieme (► Pseudobranchie); Zwitter, die vom Algen-Aufwuchs leben. **2**) ► Acroloxidae (► Hygrophila), auch ► Teichnapfschnecken genannt, mit rechtsgewundenem Körper und Scheinkieme.

Flussnapfschnecken, ► Flussmützenschnecken.

Flussnixenschnecken, ► Flusskahnschnecken.

Flussperlmuschel, ► *Margaritifera*.

Flusssteinkleber, ► *Lithoglyphus*.

foliat, Konstruktionstyp der mittleren und/oder äußeren Schichten der Molluskenschalen: diese bestehen aus Lagen von etwa 1 µm dünnen ► Calcit-Blättchen, die flach (zwischen 4 und 7°) gegen die Schalenoberfläche geneigt sind; das Ergebnis ist eine brüchige Schale (z. B. bei *Pinna*).

Follikel, allgemein eine sack- oder bläschenförmige Vorwölbung des Gewebes in einen Hohlraum. Bei den ► Mollusca wird oft der ► Acinus als F. bezeichnet.

Follikeldrüsen, ► Cerebraldrüsen.

forma scalaris, pathologische ► Gehäuseformen.

forma suta, pathologische ► Gehäuseformen.

forma turrita, pathologische ► Gehäuseformen.

Frequenz, prozentualer Anteil einer Organismenart in einer Reihe gleichartig gewonnener Proben.

Friesenknopf, *Gibbula cineraria* (Linnaeus 1758) (► Trochidae), marine Kreiselschnecke mit gerundet-kegelförmigem, bis 20 mm hohem, festschaligem Gehäuse. Der F. lebt an Felsküsten (Helgoland) im Eu- und oberen Sublitoral; er kriecht ► biped und ernährt sich von Grünalgen und ► Detritus; ► Entwicklung über planktische Eier und Larven.

Froschschnecken, ► Krötenschnecken, ► Taschenschnecken, ► Bursidae.

Fühler, ► Kopftentakel.

Fühlerscheibe, Kopfscheibe, ► Kopfschild, auf dem ► Kopf der ► Cephalaspidea (► Kopfschildschnecken) gelegene, verdickte Platte, auf der die Augen liegen und die sich bei manchen Arten nach hinten bis über das ► Gehäuse erstreckt. In der Furche zwischen F. und ► Fuß liegt das ► Hancocksche Organ.

Furchenfüßer, ► Solenogastres, bilden ein meist als Klasse gewertetes Taxon der ► Aplacophora mit ca. 250 Arten in 22 Familien, mit langgestrecktem, im Querschnitt rundem Körper. In einer Bauchfalte liegt der wahrscheinliche Rest des Fußes. (siehe allgemeine Einleitung S. 20).

Furchung, früheste ontogenetische Phase der ► Metazoa, die an die ► Befruchtung anschließt. In ihrem Verlauf teilt sich die Eizelle in kleinere Furchungszellen (► Blastomeren) und wird schließlich zur ► Blastula. Bei Mollusken (mit Ausnahme der ► Cephalopoda) werden die Spindelachsen der Furchungszellen gegeneinander geneigt, so dass schon im Vierzellstadium je zwei Blastomeren auf verschiedenen Ebenen liegen. Während der weiteren Teilungen sind die Tochterzellen verschieden groß

(▶ Makro- und ▶ Mikromeren) und ihre Spindelachsen werden abwechselnd nach rechts (▶ dexiotrop) und links (▶ leiotrop) geneigt (Alternanzregel). Die Furchungsrichtungen sind genetisch festgelegt. Gelegentlich kommt es zu einer Umkehrung der Richtung, dann liegen die Organe seitenverkehrt (▶ Situs inversus). Die ▶ Spiralfurchung ist weitgehend determinativ, das künftige Schicksal der Blastomeren ist also schon früh bestimmt. Die F. der ▶ Cephalopoda ist davon grundsätzlich verschieden. Die dotterreichen (telolecithalen) Eier teilen sich ▶ discoidal und partiell, und schon während der ersten Schritte wird die spätere bilaterale Symmetrie festgelegt.

Fuß (Abb. 3, Tafel IV, Tafel VI, Tafel VII), Podium, ein Hauptteil des Molluskenkörpers (neben ▶ Kopf, ▶ Eingeweidesack und ▶ Mantel mit ▶ Schale), meist in enger Beziehung zum Kopf das ▶ Cephalopodium bildend. Der F. besteht im Wesentlichen aus antagonistisch arbeitender Muskulatur und lakunären Räumen. Durch die dreidimensionale Verflechtung der Muskeln ist der F. stabil und nach allen Richtungen beweglich. Nach außen wird er von einer bewimperten und drüsenreichen Epidermis umschlossen. Der F. streckt sich bei verstärktem Einstrom von ▶ Haemolymphe, daher beeinflussen die Fußbewegungen auch das ▶ Kreislaufsystem. Bei den ▶ Gastropoda ist er durch die Verlagerung der meisten inneren Organe in den ▶ Eingeweidesack besonders beweglich, bei den ▶ Cephalopoda ist der ▶ Trichter aus ihm hervorgegangen. Mit Hilfe des Fußes können die Mollusken kriechen, graben, ▶ bohren, schwimmen oder sich am Substrat festhalten. Dabei werden je nach Körpergröße, Gewicht und Milieu die unterschiedlichsten Methoden eingesetzt.

Fußdrüsen, (auch: ▶ Pedaldrüsen), im ▶ Fuß der Mollusken gelegene, ein- oder mehrzellige Drüsen, deren schleimiges Sekret die Reinigung der Körperoberfläche ermöglicht, den Rückzug ins ▶ Gehäuse erleichtert, beim Festheften am Untergrund, zum Glätten des Substrats beim Kriechen, zum Bau von Flößen sowie bei landlebenden Arten als Verdunstungsschutz und zum Abseilen von Zweigen dient. Bei vielen Muscheln erzeugen komplexe Systeme von F. den ▶ Byssus.

Fußheber, Musculus levator pedis, Muskel im ▶ Fuß der Muscheln, der zusammen mit drei weiteren (Protractor pedis, Retractor pedis anterior und posterior) Bewegungen erlaubt, die Ortsveränderungen ermöglichen.

Fußschild, post- oder periorale Grab- und Sinnesplatte der ▶ Caudofoveata, wahrscheinlich der Rest des rückgebildeten Fußes.

Fußschlitz, bei den Muscheln nach Verwachsung der Mantelränder verbleibende Öffnung zum Durchtritt des Fußes.

Futterrinne, bei sich filtrierend ernährenden Schnecken rechts in der ▶ Mantelhöhle ausgebildete Rinne, welche die eingeschleimten Nahrungspartikeln sammelt und mit Hilfe von Wimpern zum Mund befördert.

Gadilida, Taxon (Ordnung) der ▶ Scaphopoda, ▶ Kahnfüßer mit röhrenförmigem Gehäuse, das vorn oft verengt ist, so dass es bauchig erscheint. Der wurmförmige ▶ Fuß ist nur vorn retraktil und manchmal mit einer am Rand gezähnelten Scheibe ausgestattet. Hierher gehören 4 Familien (▶ *Siphonodentalium*).

Gadilidae, Familie der ▶ Gadilida (▶ Kahnfüßer).

Gadilinidae, Familie der ▶ Dentaliida, ▶ Kahnfüßer, mit den Gattungen *Annulidentalium* CHISTIKOV 1975, *Episiphon* PILSBRY & SHARP 1897 sowie *Gadilina* FORESTI 1895.

Gaimardiidae, Familie der ▶ Veneroida, jetzt oft als Unterfamilie Gaimardiinae zu den Cyamiidae gerechnet, Meeresmuscheln an exponierten Küsten der südlichen Hemisphäre, wo sie sich mit ihrem ▶ Byssus anheften. Ihre Schalen sind ungleich, für einige Arten ist ▶ Brutpflege anzunehmen.

Galatheavalva KNUDSEN 1970, Gattung der Muscheln mit der einzigen Art *G. holothuriae* KNUDSEN 1970. Diese hat etwa 20 mm lange Schalen und lebt als ▶ Kommensale an einer ▶ Seewalze (*Psychropotes belyaevi*) vor der Küste Ostafrikas in großer Tiefe (4810 m). Zur Zeit wird sie einer eigenen Familie Galatheavalvidae i. s. zugerechnet.

Galba SCHRANK 1803, Gattung der ▶ Lymnaeidae, ▶ Wasserlungenschnecken mit dünnschaligem, rechtsgewundenem Gehäuse; überträgt den Großen Leberegel (*Fasciola hepatica*).

Galeodea LINK 1807, Gattung der ▶ Helmschnecken (▶ Cassidae: ▶ Tonnoidea) in O-Atlantik und Mittelmeer; gelegentlich auf Fischmärkten im Gebiet gehandelt.

Galeomma SOWERBY in TURTON 1825, Gattung der ▶ Galeommatidae, Blattkiemenmuscheln, oft als ▶ Kommensale an marinen Wirbellosen.

Galeommatidae, Familie der ▶ Veneroida, marine Muscheln, oft mit unregelmäßig geformten und klaffenden Schalen. Neuerdings werden auch die ▶ Chlamydoconchidae zu den G. gerechnet.

Galeroconcha SALVINI-PLAWEN 1980, Taxon („Klasse") der ▶ Urmützenschnecken, das die „Ordnungen" der ▶ Tryblidiida (▶ *Neopilina*) und Bellerophontida umfasst.

Gallertkalmare, ▶ Cranchiidae.

Gameten, weibliche und männliche Keimzellen.

Gang, ▶ Wohnröhre.

Ganglion (Plural **Ganglien**), eine Anhäufung von Nervenzellkörpern, aus der eine lokale Verdickung des Nervenstranges entsteht.

Gari SCHUMACHER 1817, Gattung der ▶ Psammobiidae, marine Muscheln mit länglichen, abgeflachten Klappen. Die bis 5 cm lange, violettrot gestreifte Sandmuschel, *G. fervensis* (GMELIN 1791), lebt im O-Atlantik und der Deutschen Bucht in Sandböden.

Gartenschnecken, volkstümliche, zusammenfassende Bezeichnung für ▶ Ackerschnecken und ▶ Schnirkelschnecken, die in Gärten leben und bei Massenauftreten schädlich werden können.

Gartenschnirkelschnecke, ▶ *Cepaea*.

Gastrochaena SPENGLER 1783, Gattung der ▶ Gastrochaenidae, Blattkiemenmuscheln mit langgestreckter, kleiner und dünner Schale, die vorn weit klafft. In den Tropen und Subtropen verbreitet, leben sie bohrend und filtrierend in Kalk und bilden eine zusätzliche, kalkige ▶ Sekundärschale. Getrenntgeschlechtlich; die ▶ Entwicklung verläuft bis zur ▶ Larve im Muttertier.

Gastrochaenidae, Familie der ▶ Myoida, Muscheln wärmerer Meere, mit glatten Schalen und dünnem ▶ Periostracum. Das ▶ Scharnier ist zahnlos, die Mantelränder sind bis auf eine kleine Öffnung für den ▶ Fuß miteinander verwachsen.

Gastrodontidae TRYON 1866, ▶ Dolchschnecken, Familie der ▶ Limacoida, Schnecken mit dolchähnlichem ▶ Liebespfeil. In Mitteleuropa vor allem durch ▶ *Zonitoides* LEHMANN 1862 mit der Glänzenden Dolchschnecke, *Z. nitidus* (O. F. MÜLLER 1774), vertreten.

Gastropoda (Abb. 1, Tafel IV), ▶ Schnecken, artenreichstes Taxon der Mollusca (siehe allgemeine Einführung S. 24).

Gastrula, Becherkeim, becherförmiges, frühes Entwicklungsstadium der ▶ Metazoa mit einer Wand aus 2 Zellschichten (außen ▶ Ektoderm, innen ▶ Entoderm), zwischen die sich das ▶ Mesoderm als 3. ▶ Keimblatt schiebt.

Gastrulation, an die ▶ Blastula anschließender Prozess der ▶ Keimblattbildung und Differenzierung, der zur ▶ Gastrula führt. Bei Mollusken gibt es G. durch Invagination des ▶ Entoblasten oder durch ▶ Epibolie des ▶ Ektoblasten über den ▶ Entoblasten. Beide Vorgänge ergänzen sich und hängen im Einzelnen von der Art der ▶ Blastula, der Größe des ▶ Blastocöls und der Dottermenge ab.

Gattung (lat. Genus, pl. Genera), eine Kategorie der in der Biologie üblichen ▶ Klassifikation zwischen den Kategorien ▶ Art und ▶ Familie. Arten mit übereinstimmenden Merkmalen werden von anderen, weniger über-

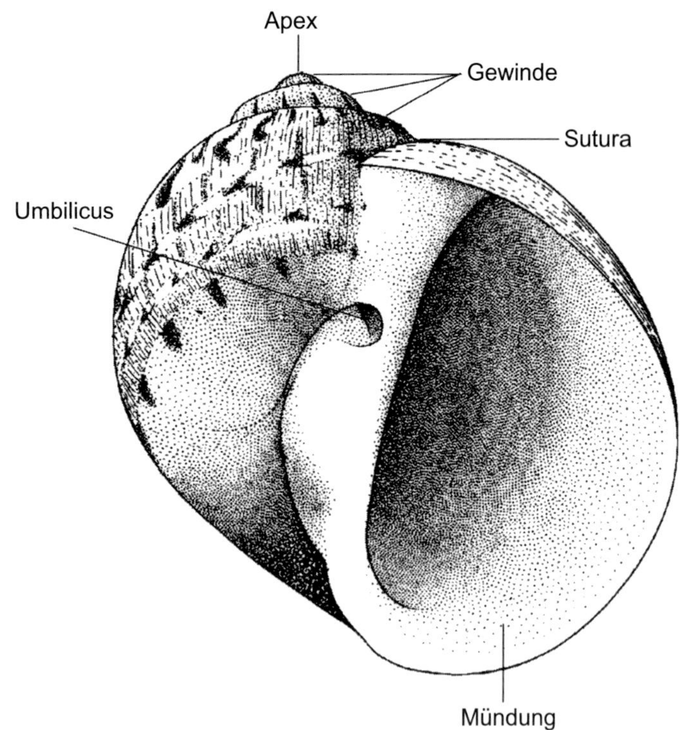

Abb. 22. ▶ Gehäuse einer Schnecke mit den wichtigsten morphologischen Merkmalen.

einstimmenden in einer G. abgesetzt. Die meisten Genera werden bisher auf morphologischen Ähnlichkeiten begründet, erst in jüngerer Zeit werden auch andere Merkmale (z. B. genetische) herangezogen. Eine eindeutige Definition des Begriffs „G." gibt es nicht. Der Gattungsname wird in der gängigen binären ▶ Nomenklatur grundsätzlich groß geschrieben (und durch den stets klein geschriebenen Artnamen als 2. Bestandteil ergänzt). Eine monotypische G. enthält nur eine Art, kann durch weitere Funde aber polytypisch werden, so dass sie in Untergattungen (Subgenera) aufzuteilen ist.

Gaumen, Gaumenwand, beim Schneckenhaus die Innenseite der Mündungsaußenwand. ▶ Nacken, ▶ Mündung.

gefährliche Mollusken: für den Menschen sind einige ▶ *Conus*-Arten (▶ Conus-Gifte) sowie Muscheln gefährlich, die sich als Planktonfiltrierer ernähren und damit Toxine anreichern, die nach Verzehr beim Menschen oft heftige Symptome auslösen (▶ Muschelvergiftung).

Gehäuse (Abb. 22), für Schnecken typische Form der ▶ Schale, die man sich entstanden denken kann durch spiraliges Aufwinden eines ▶ konischen Rohres um eine zentrale Achse, die ▶ Spindel (▶ Columella). Die Form wird im Einzelnen durch 4 Parameter festgelegt: 1) die Krümmung der erzeugenden Kurve, 2) die Größenzunahme der erzeugenden Kurve pro Umdrehung, 3) den Abstand zwischen der erzeugenden Kurve und der Drehachse, 4) die Bewegungsrate der erzeugenden Kurve entlang der Achse pro ▶ Windung. Aus diesen 4 Variablen lassen sich mehr ▶ Gehäuseformen berechnen, als es in der Natur gibt. Legen sich die Innenwände in der Spindelachse vollständig aneinander, so wird eine massive ▶ Columella gebildet, andernfalls eine röhrenförmige, die sich an der Gehäusebasis im ▶ Nabel (▶ Umbilicus) öffnet, der weit, eng oder stichförmig sein kann. Meist berühren sich die Umgänge so, dass sie zwischen sich eine ▶ Naht (▶ Sutura) bilden. Die Wandstärke des Gehäuses ist sehr unterschiedlich, je nach dominierender Funktion: dünn (oft sogar reduziert) bei gutbeweglichen Schnecken, massiv bei solchen, die kräftigen Freßfeinden (z. B. Krebsen) oder mechanischen Einwirkungen (Brandung) ausgesetzt sind. Die dickeren G. gefährdeter Populationen erfordern höhere Investitionskosten für ihre Erzeugung. Verdoppelt sich das Gewicht, so verdreifachen sich etwa die Energiekosten für die Fortbewegung. Die Tiere müssen mehr Nahrung aufnehmen (▶ *Nucella* z. B. Seepocken) als dünnwandigere. Pro mg eingebautes $CaCO_3$ sind 1–2 Joule Stoffwechselenergie aufzuwenden, für das Conchingerüst zwischen den Kalkkristallen aber etwa das Zwanzigfache, so dass damit so sparsam wie möglich verfahren wird. Hohe Kalkaufnahme ist nur im Meer problemlos möglich, bei limnischen und terrestrischen Arten ist der Aufwand wesentlich höher. Völlig anders ist das G. bei einigen ▶ Sacoglossa (▶ *Berthelinia*, *Midorigai*) konstruiert.

Gehäuseformen sind bei Schnecken in großer Mannigfaltigkeit ausgebildet. Grundtypus ist der ▶ Helicoconus, also ein kegeliges ▶ Gehäuse. Hält man es so, dass die Spindelachse senkrecht steht, der ▶ Apex nach oben gerichtet und Einblick in die ▶ Mündung möglich ist, so liegt diese bei den meisten Schnecken rechts der Spindelachse (rechtsgewundenes oder rechts-orthostrophes Gehäuse). Entsprechend gibt es in einigen Verwandtschaftsgruppen links-orthostrophe Gehäuse (z. B. ► Clausiliidae, ► *Jaminia quadridens*, ► *Physa*). In beiden Fällen stimmen die ► Windungsrichtungen von Gehäuse und Weichkörper überein. Bei einzelnen Individuen kann eine ► Deviation eintreten. Durch Absenken des Apex auf die Ebene der Gehäusebasis entsteht ein planspirales (► isostrophes) Gehäuse. Durch weiteres Absenken unter diese Ebene kann man sich die Entstehung des ► hyperstrophen Gehäuses vorstellen; bei diesem ist das Gehäuse anders gewunden als die inneren Organe (z. B. ► *Lanistes*). In einigen Gruppen ist das Gehäuse in sich verschieden gewunden: Beim ► heterostrophen Gehäuse hat der Apicalbereich eine andere ► Windungsrichtung als das anschließende ► Gewinde (*Mathilda*, *Eulimella nitidissima*, ► *Melampus*, *Acteon*); beim ► alloiostrophen Gehäuse ist der Apex spiralig, die Umgänge bilden keine kontinuierliche oder gar keine Spirale (► *Vermicularia*, ► *Caecum*). – Bei den meisten Schnecken stoßen die Umgänge so aneinander, dass sie ein kegel- oder turmförmiges, **1**) evolutes Gehäuse bilden. Weitere Formen sind: **2**) ► involut: die ältesten ► Windungen sind am Apex eingetieft, aber sichtbar, während sie am basalen Ende vom letzten ► Umgang bedeckt werden (*Bulla ampulla*); **3**) ► convolut: der letzte ► Umgang umgreift und verbirgt alle älteren (*Trivia*); **4**) ► devolut: die ► Windungen berühren sich nicht (*Vermetus*). Als pathologische Veränderungen der G. sind beschrieben worden: ► forma turrita, Gehäuse in der Spindelachse gestreckt; ► forma suta, ungewöhnlich tief eingeschnittene Nähte; ► forma scalaris, die Umgänge nur noch wenig verbunden.

Gehirn (Tafel V), Stelle größter Konzentration von Nervenzellen im Körper, bei Mollusken in der Regel eine Gruppe von ► Ganglien im Kopfbereich, die oft eine übergeordnete Funktion haben. Von den Sinneszellen und -organen einlaufende Nervenerregungen werden im G. ausgewertet und führen zu einer passenden Reaktion. Während bei ► Wurmmollusken und ► Käferschnecken ein Schlundring ausgebildet wird, von dem paarige laterale und ► ventrale Markstränge ausgehen, stellen bei höheren Mollusken die ► Cerebralganglien ein Zentrum dar, an das sich weitere Ganglien (vor allem ► Pedal- und ► Pleuralganglien) anschließen können. Das leistungsfähigste ► Gehirn findet sich bei den ► Cephalopoda und spiegelt die höheren Anforderungen an Orientierungsleistung und Verhalten wider. Insbesondere Arten der ► Octopoda verfügen über beachtliche Lernfähigkeiten.

gekreuzt-lamellär, Konstruktionstyp der Molluskenschale, der besondere Festigkeit verleiht. Diese Struktur besteht im Prinzip aus langen, dünnen ► Aragonitkristallen, die als Lamellen 3. Ordnung bezeichnet werden. Aus ihnen sind die Lamellen 2. Ordnung aufgebaut und diese bilden schließlich die Lamellen 1. Ordnung. Letztere sind in Winkeln zwischen 16° und 44° gegen die Schalenoberfläche geneigt, und die Längsachsen benachbarter Lamellen stehen gekreuzt zueinander.

Gekreuztnervigkeit, ► Chiastoneurie.

Gelbstreifiger Kielschnegel, ► *Tandonia sowerbyi* (A. Férussac 1823).

Geldschnecke, ► *Monetaria moneta* (Linnaeus 1758), bis zum Beginn des 20. Jahrhunderts im arabisch-afrikanischen Raum als Zahlungsmittel dienende Art der ▶ Cypraeidae, oft ersetzt durch *Erosaria annulus* (LINNAEUS 1758). Die G. lebt in Korallenriffen des Pazifik. ▶ Molluskengeld.

Gemme, ▶ Intaglio, Steine oder Molluskenschalen mit vertieft eingeschnittenen Figuren. Ggs: ▶ Kameen.

Genus (pl. **Genera**), ▶ Gattung.

geoduck, angelsächsischer Trivialname für ▶ *Panopea*.

Geradnervigkeit, Konstruktionstyp des Nervensystems von Schnecken. Die Hauptkonnektive verlaufen dabei auf ihrer zugehörigen Körperseite, also ohne sich zu überkreuzen, wie das bei der ▶ Chiastoneurie der Fall ist. Zu unterscheiden sind primäre (▶ Orthoneurie) und sekundäre G. (▶ Euthyneurie).

Geschlechtsreife, ein individuelles Entwicklungsstadium, in dem ein Organismus fähig wird, sich fortzupflanzen. Mit Erreichen der G. wird aus dem Juvenilen (Jugendstadium, ▶ Larve) ein ▶ Adultus (Erwachsener). Der Eintritt der G., prinzipiell genetisch bestimmt, ist von zahlreichen inneren und äußeren Faktoren abhängig. Bei Mollusken sind das vor allem Temperatur und Ernährungsstatus. Die meisten kleinen Weichtierarten sind kurzlebig und erreichen entsprechend früh, oft schon im ersten Lebensjahr, die G., während es bei ▶ *Helix* 2–3 Jahre dauert.

Geschwollene oder **Große Flussmuschel**, ▶ *Unio tumidus* (PHILIPSSON 1788), im ruhigen ▶ Süßwasser Mitteleuropas lebende ▶ Flussmuscheln.

Gewinde (Abb. 22), (lat. ▶ Spira), die Gesamtheit der Umgänge des Schneckengehäuses mit Ausnahme der letzten (jüngsten) ▶ Windung.

gewinkelt, Schneckenhäuser mit treppenartig abgestuften Umgängen (z. B. ▶ *Oenopota turricula*).

Gienmuscheln, ▶ Chamidae.

Gießkannenmuscheln, ▶ Keulenmuscheln, ▶ Siebmuscheln, ▶ Clavagellidae.

Gifte treten bei einigen carnivoren Schnecken auf, die damit ihre Beute lähmen; bekannt sind, neben einigen ▶ Turridae und Terebridae, vor allem die ▶ Conidae (▶ Kegelschnecken), deren umgestaltete ▶ Radula als Injektionsspritze für das ▶ Gift dient (▶ toxogloss). Beute der spezialisierten Schnecken sind entweder Fische (schlafend oder nicht vital) oder Schnecken oder Polychaeten. Die G. einiger Arten können auch für den Menschen lebensgefährlich sein (▶ Conus-Gifte). Das ▶ Gift der ▶ Blauringelkrake, ▶ *Hapalochlaena maculosa* (HOYLE 1883), an der O-Küste Australiens, ist ein ▶ Tetrodotoxin. ▶ *Glaucus*, ▶ Kleptocniden.

Giftwalzen, Trivialname für die ▶ Bischofsmützen, von denen einige Arten Giftdrüsen haben.

Giftzunge, Pfeilzunge, ▶ toxoglosse ▶ Radula.

Gitterschnecken, die ▶ Cancellariidae.

Gladius, schwertförmiger Schalenrest der ▶ Kalmare, aus ▶ Conchin und ▶ Chitin bestehend. Er liegt unter der Oberseite, vom Gewebe eingeschlossen, und hat Stützfunktion.

Glandula amatoria, ▶ Liebesdrüse.

Glandulae ptyalinae, Mundröhrendrüsen, vordere ▶ Speicheldrüsen der Hinterkiemer.

Glans, Eichel, Rest des reduzierten Penis bei einigen ▶ „Opisthobranchia" und ▶ Basommatophora.

Glanzschnecken, Trivialname für die ▶ Oxychilidae und ▶ Zonitidae.

Glaskörper, lichtbrechender Teil im Augeninneren, bei Mollusken in ▶ Blasenaugen (z. B. ▶ *Haliotis*) und ▶ Linsenaugen (z. B. *Succinea*, ▶ *Helix*).

Der G. umhüllt die ▶ Linse und beide füllen das Innere der Augenblase aus, beide sind weitgehend homogen, allerdings ragen in den G. die ▶ Mikrovilli der angrenzenden Retinazellen hinein.

Glasschnecken, die ▶ Vitrinidae.

Glattschnecken, die ▶ Cochlicopidae.

Glaucus FÖRSTER 1777, Gattung der Glaucidae (Euaeolidioidea), in warmen Meeren lebende ▶ Fadenschnecken mit transparentem, an der nach oben gewandten Bauchseite blauschimmerndem Körper. Drei Paare lateraler, büscheliger Körperfortsätze erleichtern das Treiben an der Wasseroberfläche, wo sie sich von Segel- und Staatsquallen ernähren, deren ▶ Nesselzellen als ▶ Kleptocniden in die Enden der ▶ Mitteldarmdrüsen eingelagert und als auch für den Menschen gefährliche Waffen benutzt werden.

Glochidien (Abb. 23), Larven der ▶ Flussmuscheln und ▶ Flussperlmuscheln, die sich in den ▶ Kiemen des Muttertiers entwickeln und schließlich mit dem Atemwasser ausgestoßen werden. Sie haben eine zweiklappige, oft mit Haken versehene Schale, und einige Arten können aus dem Sekret einer ▶ Fußdrüse einen Haftfaden erzeugen. Sie liegen auf dem Boden oder hängen an Wasserpflanzen, bis sie sich an der Haut oder den ▶ Kiemen von Fischen festsetzen können. Dort werden sie vom Wirtsgewebe umwachsen, lösen dieses enzymatisch an und ernähren sich davon. In der so entstandenen Cyste metamorphosieren sie zur Jungmuschel, die vom Wirt abfällt und im Bodengrund zum ▶ Adultus heranwächst.

Glossidae, ▶ Zungenmuscheln, Familie der ▶ Veneroida, aufgeblasen wirkende Muscheln wärmerer Meere, deren kräftige ▶ Wirbel nach vorn eingerollt sind. Von SW-Island bis ins Mittelmeer lebt das bis 8 cm lang werdende ▶ Ochsenherz, *Glossus humanus* (LINNAEUS 1758), in Weichböden. Die ▶ Byssusdrüsen sind nur bei Juvenilen aktiv.

Glossophora P. FISCHER 1883, frühere Zusammenfassung von 7 nichtverwandten Gruppen von Schnecken, die eine ▶ Radula ausbilden. Ggs.: ▶ Aglossa.

Glycymerididae, ▶ Samtmuscheln, Familie der Arcoidea (▶ Pteriomorpha) mit stabilen, meist rundlichen Klappen und gebogenem ▶ Scharnier. Die Klappen sind durch zwei ▶ Schließmuskeln verbunden, sie haben keine Perlmutterschicht und keine ▶ Mantelbucht. Mit Augen, aber ohne ▶ Byssus. *Glycymeris* DA COSTA 1778 lebt vorzugsweise in warmen Meeren in geringer Tiefe, ist auch in der südwestlichen Nordsee durch *G. glycymeris* (LINNAEUS 1758) vertreten.

Goldfisch, Goldfischmuschel, Handelsname für ▶ *Haliotis*-Gehäuse. ▶ Paua.

Goldmuschel, Goldene Körbchenmuschel, Goldene Ringelmuschel, Java-Muschel, *Corbicula javanicus,* bei Aquarianern beliebte Art der ▶ Corbiculidae (▶ Veneroida, ▶ Heterodonta), die bis 5 cm lang wird und oft gelb ist.

Goldlippen-Perlaustern, Trivialname einiger Perlmuschelarten, meist ▶ *Pinctada maxima*, die als ▶ Kinamuscheln in den Handel kommen.

Gonaden (Abb. 2, Tafel I, Tafel II, Tafel III, Tafel V, Tafel VI, Tafel VII), die Keimstöcke („Keimdrüsen") ▶ Ovarium (Eierstock) und ▶ Testis (Hoden), in mehreren Verwandtschaftsgruppen der ▶ Mollusca auch ▶ Zwitterdrüsen, die durch einen ▶ Gonoduct nach außen führen.

Gonatidae, Familie der ▶ Oegopsida, mittelgroße ▶ Kopffüßer, deren erste drei Armpaare zwei Reihen von zu Haken umgeformten ▶ Saugnäpfen tragen. Die ▶ Endkeulen der ▶ Fangarme sind mit unterschiedlich großen

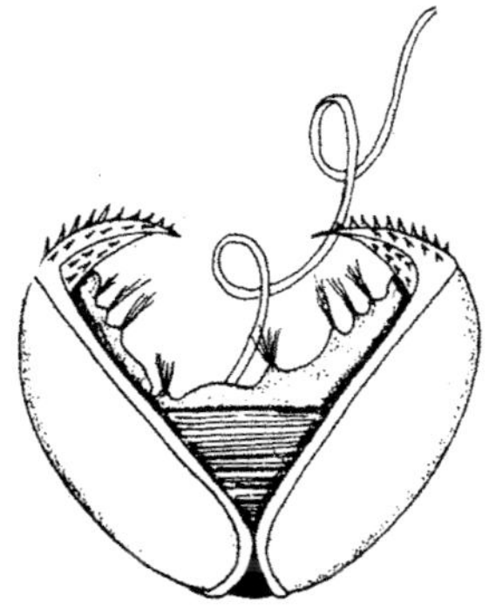

Abb. 23. ▶ Glochidien. Entwicklung von ▶ Süßwassermuscheln. Deren Weibchen entlassen die Larven durch die Ausströmöffnung. Die Glochidien (unten) setzen sich an Kiemen oder Flossen von Fischen fest (oben), werden vom Fischgewebe ernährt und fallen schließlich auf den Gewässergrund, wo sie zu adulten Muscheln heranwachsen.

▶ Saugnäpfen ausgestattet. Es wird kein ▶ Hectocotylus differenziert. Die G. leben meist in mittleren Wassertiefen gemäßigter und kalter Meere. Sie stellen die Hauptnahrung mariner Wirbeltiere. Die etwa 20 Arten werden 3 Gattungen zugeordnet.

Goniodorididae, ▶ Sternschnecken, Familie der ▶ Euctenidiacea.

Gonoduct (Abb. 2), Geschlechtsausführgang, ausgebildet als ▶ Samenleiter (Spermioduct) oder Eileiter (▶ Oviduct), bei manchen ▶ Mollusca auch als ▶ Zwittergang.

Gonopericardialgang, verbindender Gang zwischen der ▶ Gonadenhöhle und dem ▶ Herzbeutel (▶ Pericard), durch den ursprünglich die Keimzellen ausgeleitet wurden. Er ist nachgewiesen bei ▶ Aplacophora, ▶ Orthogastropoda und einigen ▶ Protobranchia.

Gonyautoxine, Giftstoffe, die von ▶ Bakterien in Dinoflagellaten (*Alexandrium*, früher: *Gonyaulax*) erzeugt und mit diesen von Muscheln abfiltriert und angereichert werden; sie verursachen ▸ Muschelvergiftung.

Goodallia TURTON 1822, Gattung der ▸ Astartidae, Muscheln nördlicher Meere, auf Weichböden der Nordsee mit 3 Arten vertreten, darunter die ▸ Sandkorn-Astarte, *G. triangularis* (MONTAGU 1803).

Grabfüßer, ▸ Kahnfüßer, ▸ Scaphopoda (siehe allgemeine Einführung, S. 27).

Granaria HELD 1838, Gattung der ▸ Chondrinidae, mit der Wulstigen Kornschnecke, *G. frumentum* (DRAPARNAUD 1801), in Mitteleuropa vertreten.

Granopupa O. BOETTGER 1889, ▸ Kornschnecke der Gattung der ▸ Chondrinidae, mit einer Art, *G. granum* (DRAPARNAUD 1801), in Mitteleuropa lebend.

Grasschnecken, ▸ Valloniidae.

Greigit, Eisen-Schwefel-Mineral (Fe^{2+} Fe_2^{3+} S^4), wird von Schnecken an ▸ Hydrothermalquellen gebildet und zur Verstärkung der ▸ Schale benutzt. ▸ *Crysomallon*.

Griffelschnecke, *Ancula gibbosa* (RISSO 1818) (▸ Goniodorididae), marine Nacktkiemerschnecke mit langgestrecktem, weißem Körper, dessen Fortsatzenden gelb sind. Die ca. 2 cm langen Schnecken leben in O-Atlantik, Nordsee und Mittelmeer in geringer Tiefe, an Algen weidend.

Grimalditeuthidae, Familie der ▸ Oegopsida, sehr schlanke, mittelgroße ▸ Kopffüßer mit jederseits zwei ansitzenden ▸ Flossen vor dem spitzen Hinterende. Die wohlentwickelten ▸ Arme tragen zwei Reihen gestielter ▸ Saugnäpfe, während die ▸ Fangarme völlig reduziert sind. Es wird kein ▸ Hectocotylus ausgebildet. Die Familie umfasst nur eine Gattung, *Grimalditeuthis* JOUBIN 1898, mit einer Art, *G. bonplandi* (VÉRANY 1837). Diese lebt in mittleren und tiefen Zonen des tropischen und subtropischen Atlantik und des nördlichen Pazifik.

Größe der ▸ Mollusca liegt für die meisten Arten im mittleren Bereich, doch gibt es Extreme nach oben wie nach unten. Manche ▸ Aplacophora sind unter 1 mm lang; kleinste Schnecken finden sich in Sandlückensystemen der Meeresküsten, z. B. ▸ *Caecum* 2 mm, *Microhedyle* (gehäuselos) 2 mm, ▸ Kleinschnecken (Rissoidea) meist < 10 mm Gehäusehöhe; *Punctum pygmaeum* (▸ Pulmonata) 1,5 mm Ø. Die kleinsten Muscheln gehören zu ▸ *Pisidium* (ab 1,7 mm Breite). Extrem große Formen sind selten. So ist ▸ *Architeuthis* (▸ Cephalopoda), mit Armen 18 m, das größte rezente wirbellose Tier. Unter den ▸ Bivalvia erreicht ▸ *Tridacna gigas* 1,35 m Schalenbreite, die größten Schnecken sind ▸ *Pugilina proboscidifera* (60 cm) und ▸ *Syrinx aruanus* (bis 91 cm Gehäusehöhe) (beide: ▸ Melongenidae: Buccinoidea).

Großflossenkalmare, ▸ Magnapinnidae.

Grübchenschnecke, Trivialname für Schnecken der Gattung *Lacuna* (▸ Lacunidae).

Grubenaugen, (auch: Napfaugen), einfacher Typ von Lichtsinnesorganen, die grubenartig ins ▸ Epithel eingetieft, nach außen offen und nach innen durch Pigmente abgeschirmt sind. Viele Schnecken und Muscheln haben G., die ihnen Richtungs-, aber kein Bildsehen ermöglichen.

Grundumsatz, Ruheumsatz, der Energieumsatz des ruhenden Organismus beim Temperaturoptimum und ohne Energiezufuhr. Er ist für das Leben und die Aufrechterhaltung der Körperfunktionen unerlässlich. Der G. kann anhand des Sauerstoffverbrauchs ermittelt werden und beträgt bei ▸ *Anodonta* 0,002, ▸ *Mytilus* 0,005–0,08, ▸ *Lymnaea* 0,011 und ▸ *Octopus* 0,09–0,28 cm^3 O_2/g, h.

Grundwasserfauna, ▶ Stygobionten.

Grünmuschel, ▶ *Perna*.

GSP, Gastrointestinale ▶ Muschelvergiftung.

Guanin, eine Purinbase, die bei manchen ▶ Mollusca als Endprodukt des Exkretionsstoffwechsels ausgeschieden wird. G. kann in kristalliner Form stapelweise aufgeschichtet werden und als Reflektor fungieren. So besteht die reflektierende Schicht (▶ Argentea) in den Mantelrandaugen der ▶ Pectinidae aus etwa 40 Schichten von G. Ähnliche Reflektoren sind in den ▶ Flitterzellen der ▶ Cephalopoda ausgebildet.

Gürtel, (lat. ▶ Perinotum), muskelreiches Mantelgewebe, das um die ▶ Schalenplatten der ▶ Käferschnecken herumliegt. Eine dorsale ▶ Cuticula schützt den G. und enthält artcharakteristische Kalkschuppen oder -stacheln. Der G. kann verbreitert sein, so dass die ▶ Schalenplatten teilweise (*Cryptoplax*) oder völlig (▶ *Cryptochiton*) bedeckt sind.

Gymnodorididae, Familie der ▶ Euctenidiacea, ▶ Hinterkiemerschnecken.

Gymnomorpha, ▶ Opisthopneumona, ▶ Hinteratmer.

Gymnosomata, ▶ Ruderschnecken, Taxon der ▶ Opisthobranchia ohne Gehäuse, mit deutlich abgesetztem ▶ Kopf mit 2 Paar ▶ Fühlern. Die etwa 50 Arten (in 7 Familien) leben planktisch in allen Weltmeeren; sie sind ▶ carnivor und zwittrig. Die ▶ Entwicklung verläuft über Larven mit Schalen, die abgeworfen werden. Die bekannteste Art, *Clione limacina* Phipps 1744, kommt in Polnähe in großen Schwärmen vor, dient zusammen mit ▶ *Limacina* Bartenwalen als wichtige Nahrung und wird daher als ▶ Walaat bezeichnet. In neuerer Zeit werden die G. oft wieder mit den ▶ Thecosomata als ▶ Pteropoda zusammengefasst. Zu den G. gehören u. a. die ▶ Clionidae und die ▶ Pneumodermatidae.

Gypsobelum, ▶ Liebespfeilsack.

Gyraulus Charpentier 1837, ▶ Posthörnchen, formenreiche und daher in mehrere Subgenera gegliederte Gattung der ▶ Planorbidae mit ca. 8 mitteleuropäischen Arten.

Haare, bei ▶ Mollusca fadenförmige Fortsätze des ▶ Periostracum, die auf der Schalenoberfläche stehen. Sie bestehen gemäß ihrer Herkunft aus ▶ Conchin, während die Haare der Säugetiere aus Keratin aufgebaut sind.

Haarschnecken, durch auffälligen Haarbesatz des Gehäuses ausgezeichnete, nicht verwandte Familien der ▶ Gastropoda: die terrestrischen ▶ Hygromiidae und die marinen ▶ Trichotropidae.

Haarzellen, ▶ Pinselzellen.

Habitat, Wohnbereich einer Art innerhalb ihres ▶ Biotops.

Haemalporus, im Mantelraum einiger Schnecken (z. B. ▶ *Lymnaea*) gelegene Öffnung des Zirkulationssystems, die normalerweise geschlossen ist, sich aber bei starker Kontraktion der Schnecke öffnet und den Ausstoß von ▶ Haemolymphe und damit das Zurückziehen in die ▶ Schale erleichtert.

Haemocoel, Körperhohlraum zwischen den Organen, in dem die ▶ Haemolymphe zirkuliert.

Haemocyanin, das kupferhaltige Atmungspigment der meisten Wirbellosen, auch der ▶ Mollusca. Es ist in der ▶ Haemolymphe gelöst, die es im sauerstoffreichen Zustand blau färbt.

Haemoglobine, auch bei einigen Mollusken vorkommende, eisenhaltige Atmungspigmente, die dem Sauerstofftransport dienen und das Blut rot färben. Das Molekulargewicht der H. beträgt bei *Arca* 33.000, bei ▶*Planorbis* 1.540.000.

Haemolymphe, Leibeshöhlenflüssigkeit bei Tieren mit offenem Blutkreislauf, also auch den Mollusken. Sie enthält u. a. Eiweißverbindungen und Respirationspigmente und ermöglicht damit die Atmung und den Transport von Nährstoffen. Der Eiweißgehalt ist sehr unterschiedlich: ▶*Mytilus* 1,5, ▶*Anodonta* 3, ▶*Helix* 24–33 mg/cm³. Die Gefrierpunkterniedrigung liegt für *Anodonta* bei 0,09 und für ▶*Mytilus* bei 2,26 Δ°C, der osmotische Wert beträgt für *Anodonta* 48, für ▶*Mytilus* 1216 mOsm und der osmotische Druck bei *Anodonta* 1,1 und bei ▶*Mytilus* 27,3 at.

Häfelekratzer, veraltete süddeutsche Bezeichnung für Unioniden-Schalen, die als Schaber benutzt wurden.

Haferkornschnecke, ▶*Chondrina*.

Hahnenkammauster, Hahnenkammmuschel, ▶*Lopha*.

Haifischaugen, irreführender Handelsname für als Schmuck verarbeitete ▶Opercula australischer ▶*Turbo*-Arten.

Hainschnecke, Hainschnirkelschnecke, Trivialname von ▶*Cepaea nemoralis*.

Hakenkalmare, die ▶Onychoteuthidae.

Hakenplatte, Hakenzahn, nicht mehr gebräuchliche Bezeichnung für eine Platte in der ▶Radula der ▶Polyplacophora, die an die Mittelplatte und die Zwischenplatten nach außen anschließt. Die Plattenschneide ist hakenförmig nach hinten gebogen.

Hakensäcke, paarige Ausbuchtungen der dorsalen ▶Pharynxwand mit nach innen gerichteten Haken bei einigen ▶Hinterkiemerschnecken. Wird der ▶Rüssel ausgestülpt, gelangen diese Haken auf die Außenseite und helfen, die Beute festzuhalten.

Halbnacktschnecken, Trivialname für einige pulmonate Schnecken, deren Gehäuse in reduzierter Form am Hinterende liegt (z. B. *Testacella* und einige ▶Zonitidae).

Haliotidae, ▶Meerohren, ▶Abalone, ▶Paua, Familie der ▶Haliotoidea, Schnecken mit bis zu 30 cm breitem, ohrförmigem Gehäuse, das innen eine Perlmutterschicht hat, dem aber ▶Spindel und ▶Operculum fehlen. Es wird von in einer Spiralreihe angeordneten Löchern durchbrochen, von denen die jüngsten als Ausströmöffnungen fungieren. Getrenntgeschlechtliche Tiere mit äußerer ▶Befruchtung und einer Lebenserwartung von mehr als 12 Jahren. Kosmopoliten, die mit ihrer ▶rhipidoglossen ▶Radula Algen vom Hartsubstrat abschaben. Die einzige Gattung ▶*Haliotis* umfasst etwa 50 Arten, deren Schalen zu Schmuck und Souvenirs verarbeitet werden, während das Fleisch als ▶„Abalone" frisch oder als Konserve gegessen wird.

Haliotis Linnaeus 1758, ▶Haliotidae.

Hämalpore, ▶Haemalporus.

Hamburger Ware, aus Molluskenschalen hergestellte Gebrauchs- und Schmuckobjekte (Körbchen, Kästen, Uhrgehäuse, Bilderrahmen etc.), ursprünglich im Vogtland hergestellt und über Hamburg exportiert, jetzt international produziert und als Souvenirs angeboten.

Haminoeidae, ▶Blasenschnecken, Familie der ▶Cephalaspidea.

Hammermuscheln, die ▶Malleidae.

Hammerschnegel, *Deroceras sturanyi* (Simroth 1894).

Hancocksches Organ, bei den ▶Cephalaspidea in der Furche zwischen ▶Kopfschild und ▶Fuß gelegenes, einfach gebautes Sinnesorgan.

Hanleyidae, Familie der ▶Lepidopleurida mit *Hanleya hanleyi* (Bean 1844), bis 20 mm lange Käferschnecke im Küstenbereich der Nordsee und im Kattegat. Eine größere Tiefenform ist als *H. hanleyi abyssorum* M. Sars 1878 beschrieben worden. Benannt zu Ehren des britischen Malakologen Sylvanus Charles Thorp Hanley (1819–1899).

Hapalochlaena Robson 1929, Gattung der ▶ Octopodidae mit 2 Arten. Der nach seinem Farbmuster benannte ▶ Blauringelkrake, *H. maculosa* (Hoyle 1883), lebt im flachen Wasser des Indo-Westpazifik. Seine hinteren ▶ Speicheldrüsen produzieren Gifte (Hapalotoxin, Maculotoxin, ▶ Tetrodotoxin), die durch Atemlähmung nach einem Biss durch adulte Weibchen auch beim Menschen letal sein können.

Harfenschnecken, die ▶ Harpidae.

Harpidae, ▶ Harfenschnecken, Familie der Volutoidea, Schnecken mit ovalem Gehäuse und weiter Endwindung. Auf der Oberfläche verlaufen axiale ▶ Rippen, ein ▶ Operculum fehlt. Die 14 Arten graben sich in tropischen Meeren auf der Suche nach Krebsen durch den Sand. Die ▶ Davidsharfe, *Harpa ventricosa* Lamarck 1816 wird 10 cm hoch; sie lebt im Roten Meer und vor der ostafrikanischen Küste.

Häubchenmuschel, ▶ *Musculium*.

Haubenschnecken, die ▶ Calyptraeidae.

Haustoriallarven, Larvenform bestimmter Muscheln (afrikanische ▶ Mutelidae), die an Süßwasserfischen parasitieren, in deren ▶ Schleim sie sich festsetzen und in deren Gewebe sie ihre ▶ Haustorien versenken. An ihrem Hinterende entwickelt sich eine Gewebsknospe, welche die Jungmuschel enthält, die schließlich abfällt.

Haustorium, schlauchförmige Struktur am Vorderende einer ▶ Haustoriallarve, die in den Wirtskörper eindringt (Süßwasserfisch) und Nährstoffe aus diesem entnimmt.

Hautatmung, ▶ Respiration über eine feuchte Körperoberfläche, welche die Atmung über spezialisierte Organe wie ▶ Kiemen und Lungen zum Teil

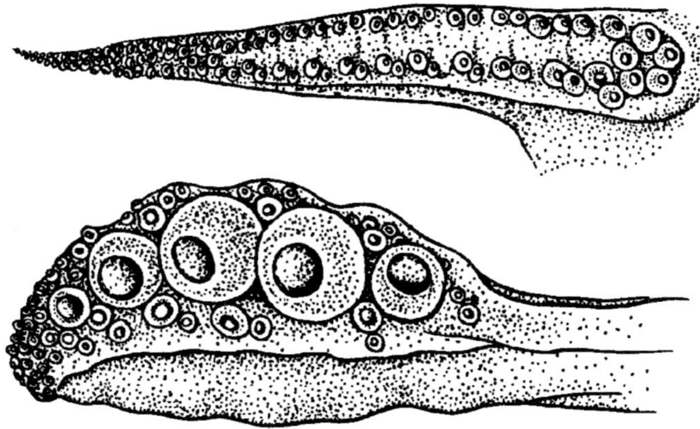

Abb. 24. ▶ Hectocotylus. Normale ▶ Endkeule (unten) am Fangarm von *Sepia omani*, darüber ▶ hectocotylisierter Arm.

oder komplett ersetzt. Der Austausch der Atemgase erfolgt über Diffusionsprozesse. Innerhalb der Mollusken findet sich H. vor allem bei ▶ Gastropoden.

Hautmantel, der dünnwandige, weil wenige Muskeln enthaltende ▶ Mantel der ▶ Nautilidae. Ggs.: ▶ Muskelmantel.

hectocotylisiert, Arm des Männchens zum ▶ Begattungsarm ausgebildet.

Hectocotylus (Abb. 24), (auch: Hektokotylus), ▶ Begattungsarm.

Heideschnecken, die ▶ Helicellidae sowie ▶ *Candidula* und ▶ *Helicopsis*.

Heilige Schnecke, ▶ Tsankahorn, Dreifaltenbirne, linksgewundenes, daher seltenes Exemplar von *Turbinella pyrum* (LINNAEUS 1758); bei den Hindus dem Gott Wischnu zugeordnet, der sie in einer seiner vier Hände hält. Das Gehäuse wird etwa 15 cm hoch, ist birnförmig, weiß mit braunen Flecken. Die rosa ▶ Mündung trägt vier Spindelfalten. Die Schnecken leben im Flachwasser des Indik und ernähren sich von Muscheln und Ringelwürmern.

Helicarion FÉRUSSAC 1821, Gattung der Helicarionidae, ▶ Landlungenschnecken mit ohrförmigem, abgeflachtem Gehäuse; sie leben im australisch-pazifischen Gebiet.

Helicella FÉRUSSAC 1821, ▶ Heideschnecken, Gattung der ▶ Helicellidae, mit 3 Arten in Mitteleuropa vertreten. Gefürchtet als Überträger des Kleinen Leberegels (*Dicrocoelium dendriticum*).

Helicellidae, ▶ Heideschnecken, Familie der ▶ Helicoidea, weit verbreitete ▶ Landlungenschnecken, neuerdings auch zu den ▶ Hygromiidae gestellt.

Helicidae, Echte Schnirkelschnecken, ▶ Bänderschnecken, artenreichste europäische Familie der ▶ Stylommatophora (▶ Helicoidea). In Mitteleuropa ist sie vertreten durch mittelgroße und große Arten u. a. der Genera ▶ *Arianta*, ▶ *Campylaea*, ▶ *Cepaea*, ▶ *Chilostoma*, ▶ *Cylindrus*, ▶ *Helicigona*, ▶ *Helix* und ▶ *Isognomostoma*.

Helicigona FÉRUSSAC in RISSO 1826, Gattung der ▶ Helicidae, in Mitteleuropa nur durch den ▶ Steinpicker, *H. lapicida* (LINNAEUS 1758), vertreten, der an Felsen und Mauern in Süd- und Westeuropa lebt.

Helicinidae, Familie der Helicinoidea mit ca. 33 Gattungen, die zahlreiche ▶ Konvergenzen zu den ▶ Helicidae zeigt (Name!). Diese Schnecken leben terrestrisch und oft auf Bäumen in Tropen und Subtropen. ▶ Kieme, ▶ Osphradium und ▶ Supraintestinalganglion fehlen, geatmet wird über die blutbahnreiche Wand der ▶ Mantelhöhle. Die linsen- bis kugelförmigen Gehäuse sind oft bunt. *Helicina* LAMARCK 1799 ist in Süd- und Mittelamerika verbreitet.

Helicoconus, ▶ Gehäuseformen.

Helicodiscus MORSE 1864, Gattung der Helicodiscidae, in Mitteleuropa nur vertreten durch die ▶ Zwergschüsselschnecke, *H. singleyanus* (PILSBRY 1890) (2,5 mm Durchmesser), die holarktisch verbreitet ist und subterran lebt.

Helicodonta FÉRUSSAC in RISSO 1826, ▶ Riemenschnecken, Gattung der Helicodontidae; in Wäldern und Hecken Mitteleuropas lebt *H. obvoluta* (O. F. MÜLLER 1774).

Helicoidea, meist als Überfamilie gewertete Gruppe von ▶ Landlungenschnecken; umfasst in Mitteleuropa die ▶ Bradybaenidae, ▶ Helicidae, ▶ Helicodontidae und ▶ Hygromiidae.

Helicolimax FÉRUSSAC 1801, jetzt ▶ *Vitrina*.

Helicometer, auf d'Orbigny zurückgehendes Winkelmessgerät zur Vermessung (regelmäßig gewachsener) Schneckenhäuser.

Helicophanta FÉRUSSAC 1821, Gattung der Acavidae, madagassische ▶ Landlungenschnecken.

Helicopsis FITZINGER 1833, Gattung der ▶ Hygromiidae, in Mitteleuropa nur durch die Gestreifte Heideschnecke, *H. striata* (O. F. MÜLLER 1774), vertreten.

Helicostyla FÉRUSSAC 1821, Gattung der ▶ Bradybaenidae (▶ Helicoidea), philippinische ▶ Strauchschnecken mit eikegelförmigem, bis 6 cm hohem Gehäuse, das oft intensiv gefärbt und mit Spiralbändern gezeichnet ist.

Helix LINNAEUS 1758, ▶ Weinbergschnecken, Gattung der ▶ Helicidae mit den größten mitteleuropäischen ▶ Landlungenschnecken: der Weinbergschnecke s. s., *H. pomatia* LINNAEUS 1758, und der Gefleckten Weinbergschnecke, *Cornu aspersum* (O. F. MÜLLER 1774). Beide Arten werden auch vom Menschen gegessen: das Sammeln unterliegt gesetzlicher Regelung (▶ Bundesartenschutzverordnung). In Schneckengärten gezüchtete Tiere kommen im Ruhestadium (als Deckelschnecken) oder als Kriecher in den Handel. Weitere Arten werden vor allem aus SO-Europa importiert, insbesondere die Gestreifte Weinbergschnecke, *H. lucorum* LINNAEUS 1758 (Gehäusedurchmesser bis ca. 55 mm), aus der Türkei.

Helminthoglyptidae, Familie der ▶ Helicoidea mit den intensiv farbigen, auf Kuba endemischen ▶ Buntschnecken (▶ *Polymita*).

Helmintholithus, ▶ Pfauenstein.

Helmschnecken, die ▶ Cassidae.

hemidapedont (Abb. 44), ▶ Scharniertyp der Muschelklappen: ein schwaches ▶ Scharnier auf einer schwachen Scharnierplatte, mit wenig ausgeprägten Hauptzähnen und oft ohne Seitenzähne (z. B. bei ▶ *Tellina*, ▶ *Scrobicularia*).

hemiomphal, (auch: semiomphal), schlitzförmig genabelt; Siehe ▶ Nabel.

hemiphallisch, Individuen mit verkleinertem männlichem Genitaltrakt; vor allem bei verschiedenen Gruppen der ▶ Euthyneura im Rahmen des Penis-Polymorphismus, kann bis zur völligen Reduktion von Phallus (und ▶ Epiphallus) führen (▶ aphallisch).

hemisessil, Lebensweise von Tieren, die sich zwar bewegen können, von dieser Fähigkeit aber selten Gebrauch machen (z. B. bei Gefahr oder im Zusammenhang mit der Fortpflanzung). Viele Muscheln sind h. Vgl. ▶ sessil, ▶ vagil.

Hepatopankreas, „Leber", ▶ Mitteldarmdrüse der Mollusken; sie verdaut und resorbiert die Nährstoffe und nimmt einen großen Teil der Eingeweidemasse ein.

Herbivorie, Ernährung von Pflanzen, bei der Mehrzahl der Mollusken-Arten verbreitet. Vgl. ▶ Carnivorie, ▶ Omnivorie.

Herkuleskeule, (auch: ▶ Brandhorn), *Bolinus brandaris* (LINNAEUS 1758) (▶ Muricidae), in O-Atlantik und Mittelmeer lebende ▶ Purpurschnecke, deren rundliches, gelblich-weißes Gehäuse an der ▶ Mündung zu einem langen ▶ Siphonalkanal ausgezogen und dadurch keulenförmig ist. Die H. wurde im Altertum zur ▶ Purpur-Gewinnung benutzt.

Hermaphroditismus, Zwittrigkeit, Zwittertum, Ausbildung von weiblichem und männlichem Genitaltrakt in einem Individuum. Innerhalb der Mollusken vor allem bei vielen Muscheln und über 99 % der euthyneuren ▶ Gastropoda auftretend. Dabei können beide Teilsysteme entweder gleichzeitig oder nahezu gleichzeitig in Funktion treten (simultaner Hermaphroditismus, z. B. *Helix pomatia*), oder zeitlich versetzt (konsekutiver Hermaphroditismus, z. B. ▶ *Ostrea edulis*).

Heroldstabschnecke, *Cerithium vulgatum* BRUGUIÈRE 1792 (▶ Cerithiidae, ▶ Neotaenioglossa), im flachen Wasser des Mittelmeeres lebende Schnecke mit bis 7 cm hohem, turmförmigem Gehäuse.

Herz (Abb. 17, Tafel IV, Tafel VI), kontraktiler Abschnitt des Zirkulationssystems, der bei Mollusken kurz schlauchförmig und vom ▶ Pericard umschlossen ist. Aus Vorhöfen (▶ Atrien) des Herzens wird die Blutflüssigkeit in die ▶ Kammer (▶ Ventrikel) gepresst und gelangt von da in die ▶ Aorten. Die Schlagfrequenz ist, wie bei wechselwarmen Tieren generell, sehr stark von der Außentemperatur abhängig. Als Anhaltspunkte können dienen: ▶ *Helix* 40–50, *Succinea* 26, ▶ *Mytilus* 10–15, ▶ *Anodonta* 4–6 und ▶ *Octopus* 33–40 Schläge/min.

Herzbeutel, ▶ Pericard.

Herzminutenvolumen, die vom ▶ Herzen pro Minute geförderte Blutmenge; sie beträgt z. B. bei ▶ *Octopus* 57–81 cm³.

Herzmuschel, Essbare, ▶ *Cerastoderma*; Gebänderte, ▶ *Parvicardium;* Stachlige, ▶ *Acanthocardia*. Weitere Arten ▶ *Cerastobyssus*.

Herzmuscheln, die ▶ Cardiidae, insbesondere ▶ *Cerastoderma*.

Heteranomia WINCKWORTH 1922, Genus der ▶ Anomiidae.

Heterobranchia GRAY 1840, Taxon der ▶ Orthogastropoda, umfasst die ▶ Opisthobranchia und die ▶ Pulmonata und ist damit identisch mit ▶ Euthyneura SPENGEL 1881. Oft werden zu den H. auch die ▶ Ectobranchia und die ▶ Heterostropha gerechnet. ▶ Allogastropoda.

heterodont (Abb. 44), eine Form des ▶ Scharniers der Schalenklappen von Muscheln: wenige, unterschiedlich geformte ▶ Zähne bilden den Verschlussapparat der Klappen.

Heterodonta NEUMAYR 1884, ▶ Verschiedenzähner, meist als Unterklasse gewertetes Taxon der ▶ Bivalvia, das etwa die Hälfte der bekannten Muschelarten umfasst. Die Schale hat keine Perlmutterschichten. ▶ Scharnier mit wenigen, verschieden geformten Haupt- und Nebenzähnen, die in entsprechende Vertiefungen der Gegenklappe eingreifen. Das ▶ Ligament ist ▶ opisthodet. Die Mantelränder verwachsen oft miteinander und können Siphonen bilden. Die Mehrzahl der etwa 4000 Arten ist marin und lebt im und auf dem Sediment, nur wenige Arten heften sich mit ihrem ▶ Byssus an. Die Artenfülle wird meist in etwa 30 Überfamilien mit 115 Familien gegliedert, die zu 3 Ordnungen gerechnet werden: ▶ Veneroida, ▶ Myoida und ▶ Anomalodesmata.

Heterogastropoda HABE & KOSUGE 1966, Gruppe der ▶ Monotocardia, die weder eine ▶ taenioglosse noch eine ▶ rhachiglosse oder ▶ toxoglosse ▶ Radula haben, aber einen ▶ acrembolen ▶ Rüssel und oft purpurproduzierende ▶ Manteldrüsen. Wahrscheinlich handelt es sich um konvergent entstandene Arten.

Heteroglossa, **1**) Gruppe der ▶ Vorderkiemerschnecken (HASZPRUNAR 1985); entspricht den ▶ Ctenoglossa GRAY 1853. **2**) früherer Name der ▶ Octopodoidea, einer Überfamilie der ▶ Incirrata (▶ Cephalopoda).

Heteromyaria, zusammenfassende Bezeichnung für Muscheln, bei denen der vordere ▶ Schließmuskel kleiner ist als der hintere. Sie werden daher auch als ▶ Anisomyaria bezeichnet. Ggs.: ▶ Homomyaria.

Heteropoda, ▶ Atlantoidea, Pterotracheoidea, ▶ Kielfüßer, ▶ pelagische Schnecken ohne oder mit spiraligem, zartem Gehäuse. Der Körper ist transparent, der ▶ Fuß blattartig umgestaltet, sein Sohlenrest bildet einen Saugnapf. Sie ernähren sich von Rippenquallen, Salpen und ▶ pelagischen Flohkrebsen. Getrenntgeschlechtliche Tiere mit ▶ Spermatophoren-Übertragung und ▶ Entwicklung über ▶ Veliger. Die etwa 30 Arten werden 3 Familien zugeordnet, die unterschiedliche Anpassung an das ▶ pelagische Leben zeigen: Atlantidae, Carinariidae und ▶ Pterotracheidae.

heterostroph, ▶ Gehäuseformen.

Heterostropha P. Fischer 1885, Wechselwinder, Taxon der ▶ Heterobranchia mit ▶ heterostrophem Gehäuse. Hierher gehören im Gebiet die zahlreichen Arten der ▶ Pyramidellidae sowie die ▶ Anisocyclidae und möglicherweise die ▶ Cimidae.

Heteroteuthis Gray 1849, Gattung der ▶ Sepiolidae, ▶ Kopffüßer mit ▶ Flossen, die in der hinteren Hälfte des Mantels inserieren und dessen Vorderrand nicht erreichen. Sie leben in den warmen Meeren aller Ozeane.

Heterurethra, (auch: ▶ Elasmognatha), Gruppe der ▶ Stylommatophora, Schnecken mit dünnschaligem, oft reduziertem Gehäuse, deren Niere am hinteren Ende der ▶ Lungenhöhle quer zum ▶ Herzen liegt; der ▶ Ureter verläuft in der letzten Falte der Eingeweide zum ▶ Mantelrand. Die einzige mitteleuropäische Familie sind die ▶ Succineidae, in Australien und Neuseeland leben die ▶ Athoracophoridae.

Hexabranchidae, Familie der ▶ Eucte-nidiacea, bis 30 cm große, indopazifische ▶ Nacktschnecken, die durch Auf- und Abklappen des Körpers und der ▶ Parapodien schwimmen können. Hierher gehört die ▶ Spanische Tänzerin.

Hexaplex Perry 1810, Gattung der ▶ Muricidae, ▶ Purpurschnecken mit mehr als vier Längswülsten auf dem Gehäuse. Die im Mittelmeer endemische *H. trunculus* (Linnaeus 1758) wurde im Altertum zur ▶ Purpur-Gewinnung genutzt.

Hiatella Daudin in Bosc 1801, Gattung der ▶ Hiatellidae. Der Nördliche Felsenbohrer, *H. arctica* (Linnaeus 1767), bewohnt Spalten und Löcher in weichem Gestein. Seine unregelmäßig geformte Schale wird 7 cm lang; er ist ein Kosmopolit, der in der Ostsee bis in die Mecklenburger Bucht vordringt. Er setzt sich mit seinem ▶ Byssus an Hartsubstrat fest. Dagegen lebt der bis 5 cm lange Gemeine Felsenbohrer, *H. rugosa* (Linnaeus 1767) in selbstgebohrten Löchern in Kalk- und Sandstein sowie Ton und Kreide.

Hiatellidae (auch Saxicavidae), ▶ Felsenbohrer, Familie der ▶ Myoida, kosmopolitische Meeresmuscheln mit festen, aber oft ungleichen Klappen, zwischen die der Weichkörper nicht ganz aufgenommen werden kann. In Nord- und Ostsee leben die in weichem Gestein bohrenden Arten von ▶ *Hiatella* und ▶ *Saxicavella,* in warmen bis gemäßigten Meeren die von ▶ *Panopea.*

Hibernation, ▶ Überwinterung, physiologische Anpassungen an das Überleben im Winter, vor allem bei ▶ Landschnecken ausgeprägt. Diese suchen einen schützenden Überwinterungsort auf, in dem sie in eine Winterstarre verfallen, verbunden mit Einstellen aller Aktivitäten, Ausbildung eines ▶ Epiphragmas und Herabsetzen der Stoffwechselintensität. Limnische und marine Arten wandern in frostfreie Tiefen und vermindern alle Lebensäußerungen.

Hinteratmer, ▶ Gymnomorpha, ▶ Opisthopneumona.

Hinterkiemer, Schnecken, bei denen durch ▶ Detorsion eine erhaltene

Kieme hinter das ▶ Herz rückt. Siehe ▶ Geradnervigkeit, ▶ Euthyneurie.

Hinterkiemerschnecken, ▶ „Opisthobranchia".

Hippeutis CHARPENTIER 1837, Gattung der ▶ Planorbidae mit flach linsenförmigem Gehäuse. In Mitteleuropa nur durch die ▶ Linsenförmige Tellerschnecke, *H. complanatus* (LINNAEUS 1758) repräsentiert.

Hipponicidae, ▶ Hufschnecken, Familie der Hipponicoidea mit etwa 30 Arten im flachen Wasser warmer Meere, wo sie sich an Hartsubstrat festkitten. Protandrische Zwitter, die in ihrer weiblichen Phase ▶ Brutpflege treiben.

Hippopus LAMARCK 1799, ▶ Pferdehufmuschel, Gattung der ▶ Tridacnidae mit oval-rhombischen Klappen, die etwa 14 radiäre Hauptrippen tragen. ▶ Byssus und vorderer ▶ Schließmuskel werden während des Heranwachsens völlig reduziert, der hintere ▶ Schließmuskel rückt in die Mitte. Zu *H.* gehören zwei Arten, die im warmen, westlichen Pazifik leben und sich in Sand und Korallensand eingraben.

Histioteuthidae, ▶ Segelkalmare, Familie der ▶ Oegopsida, mittlere bis große ▶ Kopffüßer mit relativ kleinem, kegelförmigem Rumpf. Die am Hinterende ansitzenden, kleinen ▶ Flossen sind breit gerundet und hinten verschmolzen. Die Augen sind groß und asymmetrisch, meist ist das linke wesentlich größer als das rechte. An der Körperoberfläche sitzen zahlreiche ▶ Leuchtorgane. Die H. leben in mittleren Tiefen (ca. 800 m), steigen nachts auf und dienen Pottwalen und anderen Meeressäugern als Nahrung. Die beschriebenen 13 Arten gehören alle zu *Histioteuthis* D'ORBIGNY 1841.

Höhlenschnecken, zusammenfassende Bezeichnung für kleine und sehr kleine Schnecken, die in Höhlen und unterirdischen Gewässern vorkommen. H. s. s. werden die Arten von ▶ *Zospeum* BOURGUIGNAT 1856 (Ellobioidea) genannt. *Z. alpestre* (FREYER 1855) lebt in den SO-Alpen an feuchten Höhlenwänden. Das eikegelförmige Gehäuse wird etwa 1 mm hoch. Zu den H. werden oft auch die ▶ Brunnenschnecken gerechnet.

holobranchiat, (auch: holobranchial), ▶ Polyplacophora, bei denen die ▶ Kiemen jederseits in der gesamten Länge der Kiemenfurche inserieren. Ggs.: ▶ merobranchiat.

Holohepatica, zusammenfassender Begriff für ▶ „Opisthobranchia", deren ▶ Mitteldarmdrüse nicht verzweigt ist (z. B. *Doris*). Vgl. ▶ Kladohepatica.

Holostomata, ▶ Asiphoniata.

Holotypus, ▶ Typus.

Homoeogenesis, Übereinstimmung der Wachstumsrichtungen bei Schneckenhäusern; führt zu morphologischen Ähnlichkeiten auch nichtverwandter Taxa.

Homologie, Übereinstimmung von Merkmalen verschiedener Arten, die auf einer gemeinsamen genetischen Grundlage beruht. Die Information ist schon bei der gemeinsamen Stammart aufgetreten und erlaubt daher die Rekonstruktion der Stammesgeschichte. Vgl. ▶ Analogie.

Homomyaria, (auch: ▶ Isomyaria), veraltete, zusammenfassende Bezeichnung für Muscheln, deren ▶ Schließmuskeln etwa gleichgroß sind (z. B. ▶ Archenmuscheln, ▶ Flussmuscheln). Ggs.: ▶ Heteromyaria.

Homoplasie, ▶ Strukturanalogie, durch parallele Evolution aus nichthomologen Vorläufern entstandene, ähnliche Merkmale.

Horizontalseptum, ▶ Kiemenseptum, ▶ Septum 4).

Hörnchenschnecken, ▶ Polyceridae.

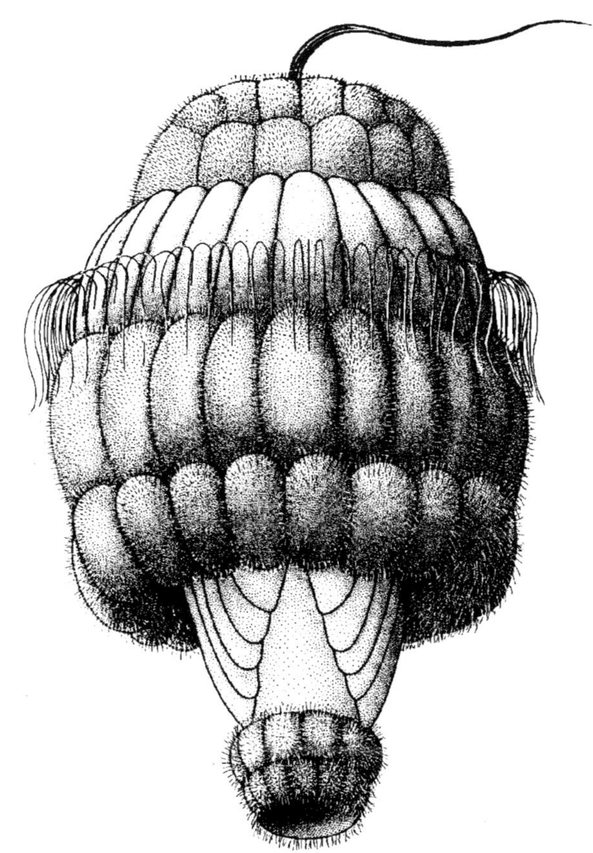

Abb. 25. ► Hüllglockenlarve. Larve der ► Solenogastres.

Hornschnecken, Trivialname für die ► Cerithiidae, gelegentlich auch für die Buccinoidea.

Hoylesches Organ, ► Schlüpforgan.

Hufmuscheln, die ► Chamidae.

Hufschnecken, die ► Hipponicidae.

Hüllglockenlarve (Abb. 25), ► Schwimmlarve mit glockenartiger Hülle aus großen Deckzellen, die in der ► Entwicklung von ► Solenogastres, ► Scaphopoda und für ursprünglich gehaltenen ► Bivalvia (► Protobranchia) auftritt.

Hundekurve, ► Konchoide.

Hundszahnperlen, länglich geformte ► Perlen.

Hütchenseeschmetterlinge, die ► Cavoliniidae.

Hutschnecken, Hütchenschnecken, die ► Capulidae.

Hydatina SCHUMACHER 1817, Gattung der Hydatinidae (Acteonoidea), ► Hinterkiemer mit dünnschaligem, rundlich-eiförmigem Gehäuse mit weiter ▶ Mündung ohne ▶ Deckel. Der Weichkörper bedeckt das Gehäuse völlig. Die Schnecken graben in Sand und Korallensand des Indopazifik.

Hydrobia Hartmann 1821, ▶ Wattschnecken, ▶ Brackwasserschnecken, Gattung der ▶ Hydrobiidae, deren Arten nur anatomisch zuverlässig zu determinieren sind.

Hydrobiidae, ▶ Schnauzenschnecken, ▶ Wasserdeckelschnecken, Familie der Rissooidea, artenreiche Gruppe kleiner Schnecken, die kosmopolitisch im ▶ Süß- und ▶ Brackwasser sowie im küstennahen Bereich verbreitet sind. Zu Ersteren gehören u. a. ▶ *Avenonia*, ▶ *Bythinella*, ▶ *Bythiospeum*, ▶ *Marstoniopsis* und ▶ *Potamopyrgus*, zu Letzteren ▶ *Hydrobia*, ▶ *Peringia* und ▶ *Ventrosia*.

Hydrothermalquellen, bis etwa 400 °C heiße submarine Quellen, vor allem im Gebiet der mittelatlantischen und mittelpazifischen Rücken. Aus Spalten quillt mineralreiches Wasser empor, aus dem bei Abkühlung die Mineralien ausfallen und kaminartige Strukturen bilden. Sulfide verursachen dabei schwarze Wolken („Schwarze Raucher"). Trotz der lebensfeindlichen Bedingungen hat sich eine spezifische Fauna entwickelt, deren Existenz auf chemoautotrophen und thermophilen ▶ Bakterien beruht. Wichtige Bestandteile dieser Fauna sind auch einige Schnecken wie ▶ *Alviniconcha*, ▶ *Ifremeria*, ▶ *Bathynerita* und ▶ *Crysomallon* sowie Muscheln *(*▶ *Bathymodiolus)*.

Hygromiidae, ▶ Heideschnecken, Familie der ▶ Helicoidea (inkl. der früheren Familie ▶ Helicellidae), umfasst u. a. ▶ *Candidula*, ▶ *Cernuella*, ▶ *Helicella*, ▶ *Helicopsis*, ▶ *Monacha*, ▶ *Perforatella*, ▶ *Trichia* und ▶ *Trochoidea*.

Hygrophila, ▶ Wasserlungenschnecken, vorwiegend im ▶ Süßwasser lebende Gruppe der ▶ Basommatophora mit den Familien der ▶ Acroloxidae, ▶ Chilinidae, ▶ Latiidae, ▶ Lymnaeidae, ▶ Physidae und ▶ Planorbidae.

hyperpyren, ▶ Spermatozoen mit erhöhtem Chromatingehalt. Vgl. ▶ dyspyren.

hyperstroph, ▶ Gehäuseformen.

hypoathroid, Typ des Nervensystems einiger ursprünglicher ▶ Prosobranchia (▶ Archaeogastropoda, ▶ Architaenioglossa), bei dem ▶ Pleural- und ▶ Pedalganglien benachbart ▶ ventral des Darmes liegen und über lange Konnektive mit den ▶ Cerebralganglien verbunden sind.

Hypobranchialdrüse (Tafel IV), in der ▶ Mantelhöhle an der Kiemenbasis gelegene Drüse vieler Schnecken und einiger Muscheln. Ihr Sekret dient primär der Reinigung der ▶ Mantelhöhle. Es ist im Allgemeinen farblos bis schwach gelblich. Bei einigen Gruppen wird es mit abgefangenen Nahrungspartikeln zu einer „Wurst" zusammengedreht und zur Mundöffnung geführt (▶ *Crepidula*). Bei ▶ Purpurschnecken wird es unter UV-Einstrahlung über Zwischenstufen purpurn.

Hypobranchialrinne, ▶ Endostyl.

Hyponotum, ▶ Notum.

Hyposphäre, ▶ Episphäre.

Hypostracum, Teil der Molluskenschale. Bei ▶ Polyplacophora ist es die innere der drei Schalenschichten (▶ Tegmentum, Articulamentum), bei den ▶ Conchifera entspricht es dem ▶ Endostracum.

Hyriopsis Conrad 1853, ▶ Kuhmuschel, ▶ Schmetterlingsmuschel, Süßwasserperlmuschel, Gattung der ▶ Unionidae, in Seen Chinas und Japans lebende Muscheln, die ▶ Perlen bilden können (Biwa-Perlen). Farmen von *H. schlegeli* von Martens 1861 wurden zwischen 1914 und 1985 im Biwa-See betrieben, waren wegen der Wasserverschmutzung dann nicht mehr effektiv. Weniger empfindlich sind Kreuzungen von *H. schlegeli* mit *H. cumingii* I. Lea 1834.

hystrichogloss, bürstenzüngig, Form der ▶ Radula mit sehr zahlreichen Zähnchen pro Querreihe. Die mittleren ▶ Zähne sind nicht deutlich von den seitlichen verschieden, die randständigen tragen distal einen pinselartigen Besatz.

Iberus Montfort 1810, Gattung der ▶ Helicidae, Schnecken mit festschaligem, gedrückt-rundlichem oder linsenförmigem Gehäuse von bis zu 5 cm Durchmesser. *I.* lebt in Spanien und NW-Afrika.

Idioctopodidae, Familie der ▶ Bolitaenoidea (▶ Incirrata), kleine ▶ Kopffüßer (bis 20 cm insgesamt) mit eiförmigem Körper und relativ langen ▶ Armen, die seitlich zusammengedrückt sind und eine Reihe ▶ Saugnäpfe tragen. Nur eine Gattung *Idioctopus* Taki 1962 mit der einzigen Art *I. gracilipes* Taki 1962 vor der südjapanischen Küste.

Idiosepiidae, ▶ Zwergsepien, Familie der ▶ Sepiida, sehr kleine ▶ Kopffüßer mit ▶ Sexualdimorphismus: die Weibchen erreichen 22, die Männchen nur 17 mm Körperlänge. Sie haben einen (physiologisch) hinten zugespitzten ▶ Eingeweidesack und kleine, nach hinten verlagerte, nierenförmige ▶ Flossen. Einzige Gattung ist *Idiosepius* Steenstrup 1881 mit 6 Arten im westlichen Indopazifik.

Ifremeria Bouchet & Warén 1991, Gattung der Provannidae (i. s., Epitonioidea ?), lebt an ▶ Hydrothermalquellen im Gebiet des Fidschi-Archipels. Ihr spiralkegeliges Gehäuse wird ca. 10 cm hoch. Die ▶ Radula ist reduziert.

Igelschnecken, ▶ *Drupa*.

Ikonographie, Beschreibung von Bildwerken; hier: klassische, meist umfangreiche bildliche Darstellungen von Mollusken. Bedeutend sind Martin Lister (publiziert 1685–1692), Historiae sive Synopsis Conchyliorum sowie Werke von Roßmäßler, Kobelt u. a.

Illex Steenstrup 1880, Gattung der ▶ Ommastrephidae mit 2–3 Arten. Der ▶ Kurzflossenkalmar, *I. illecebrosus coindeti* (Vérany 1837), lebt im Atlantik und kommt gelegentlich bis Helgoland vor.

Imposex, bei den Weibchen einer getrenntgeschlechtlichen Art zusätzliche Ausbildung von Strukturen des männlichen Genitalsystems (Penis, distaler ▶ Samenleiter). I. ist die Folge einer Schadstoffbelastung (mit Tributylzinn: TBT) und führt zu Unfruchtbarkeit. Sie ist nachgewiesen u. a. bei ▶ *Nucella* und ▶ Hydrobiidae. Siehe ▶ Intersexualität.

incertae sedis, abgekürzt „inc. sed." oder „i. s.", ein Taxon von unsicherer taxonomischer Zuordnung.

Incirrata, Taxon der ▶ Octopoda, ▶ Kraken, denen ▶ Flossen und fransenartige Fortsätze (▶ „Cirren") an den Armen fehlen. Ihre Schale ist bis auf knorpelige Stäbchen reduziert oder völlig verschwunden. Augen und ▶ Radula sind gut entwickelt, die ▶ Saugnäpfe sind ungestielt und meist abgeflacht. Geschlechtsdimorphismus ist häufig; bei den Männchen ist oft einer der dritten Arme ▶ hectocotylisiert. Die etwa 180 beschriebenen Arten werden 9–10 Familien in drei Überfamilien zugeordnet.

Indikatorart, eine Art mit so spezifischen Ansprüchen an ihre Umwelt, dass sie als Anzeiger für die Umweltfaktoren genutzt werden kann. Schnecken sind wegen ihrer geringen Ortsveränderungen und ihrer eingeschränkten Toleranz gegenüber Umweltveränderungen als I. besonders geeignet. Ausführlich sind bisher vor allem die Schneckengemeinschaften mitteleuropäischer Wälder untersucht.

Indoplanorbis ANNANDALE & PRASHAD 1920, Gattung der Planorboidea, ▶ Wasserlungenschnecken mit scheibenförmigem Gehäuse bis 2 cm Durchmesser. Ihre ▶ Haemolymphe ist durch Haemoglobin rot gefärbt. Ursprünglich in Indien, Sri Lanka und SO-Asien vorkommend, sind die Schnecken als Aquarien- und Labortiere weit verbreitet worden. Die einzige Art *I. exustus* (DESHAYES 1834) ist Überträger des Pärchenegels (*Schistosomum*).

Infundibulum, **1**) der ▶ Trichter der ▶ Cephalopoda, **2**) innerer Hohlraum der ▶ Saugnäpfe von ▶ Cephalopoda.

Ingestionssipho, der ▶ Einströmsipho der Muscheln.

Inhalationssipho, ▶ Einströmsipho.

Innensack, siehe ▶ Außensack.

Insertionsplatten, laterale, kalkige Platten, welche die Rückenplatten der ▶ Käferschnecken im ▶ Gürtel verankern. Zur besseren Befestigung dienen bei vielen Arten seitliche Schlitze an den I.

Intaglio, ▶ Gemme, Ggs.: ▶ Kamee.

Integripalliata, zusammenfassende Bezeichnung für Muscheln, deren ▶ Mantellinie keine Ausbuchtung für die Aufnahme der Siphonen aufweist. Ggs.: ▶ Sinupalliata.

Intersexualität, bei getrenntgeschlechtlichen Tieren (auch Schnecken) vorkommende Vermännlichung des weiblichen Genitalsystems, die zur Sterilität führen kann. Siehe ▶ Imposex.

Interstitialfauna, das ▶ Mesopsammon.

intestinal, zum Darm gehörend.

Intestinalganglien (Tafel IV), zur Grundausstattung der ▶ Mollusca gehörende, im ▶ Eingeweidesack liegende, paarige ▶ Ganglien. Sie sind mit den ▶ Pleuralganglien durch die ▶ Pleurointestinalkonnektive (auch ▶ Pleuroviszeralkonnektive genannt) verbunden. Durch die ▶ Torsion der ▶ prosobranchen ▶ Gastropoda werden sie auf die jeweils andere Körperseite etwa in Höhe des ▶ Herzens verlagert und damit zu den ▶ Supra- bzw. ▶ Subintestinalganglien. Bei den ▶ Euthyneura treten an ihre Stelle die ▶ Parietalganglien.

intraembol, (auch: intraembolisch), einer der Konstruktionstypen des ▶ Rüssels der ▶ Neogastropoda.

Intraganglionarkörper, in den ▶ Cardialganglien einiger ▶ Cephalopoda nachgewiesene Struktur, die neben Bindegewebe auch Muskelfibrillen, Nerven und Blutgefäße enthält und diesen ▶ Ganglien Kontraktionen ermöglicht. Dadurch wird wahrscheinlich die Bildung und Abgabe der Neurosekrete erleichtert.

invers, ein Auge, in dem die rezeptiven Außenglieder der Sinneszellen von der Lichtquelle abgewandt angeordnet sind, da es frühontogenetisch aus einer Vorwölbung des Zwischenhirns entsteht. Es ist typisch für die Wirbeltiere, kommt aber auch bei einigen Mollusken vor (z.B. in den Dorsalpapillen der ▶ Onchidiidae, innerviert von den ▶ Pleuralganglien über die Pallialnerven). Das typische Molluskenauge ist ▶ evers.

involut, ▶ Gehäuseformen.

ipsilateral, auf dieselbe Körperseite bezogen. Ggs: ▶ contralateral.

Iridocyten, ▶ Flitterzellen, vor allem bei ▶ Gastropoda, ▶ Bivalvia und ▶ Cephalopoda in den äußeren Schichten des Mantels vorkommende

Zellen, in denen reflektierendes Material in Form dünner Lamellenstapel gebildet wird. Bei den ▶ Cephalopoda liegen die I. unter der ▶ Chromatophorenschicht und enthalten ▶ Guaninplättchen. I. und mittels nervöser Steuerung verschieden weit ausgebreitete ▶ Chromatophoren bestimmen das Farbspiel auf der Haut der ▶ Coleoida.

Iridophoren, häufig synonym zu ▶ Iridocyten gebrauchter Terminus; gelegentlich werden darunter auch Komplexe von ▶ Iridocyten verstanden.

Iridosom, die Gesamtheit der ▶ Guaninplättchen einer Iridocyte.

Ischnochitonidae, Familie der Ischnochitonida (▶ Polyplacophora), ▶ Käferschnecken mit zahlreichen Arten in ca. 10 Genera. *Ischnochiton* Gray 1847 ist weltweit vertreten; in der Nordsee und bis in die Beltsee kommt gelegentlich *I. albus* (Linnaeus 1767) vor.

Islandmuschel, ▶ *Arctica*.

isodont (Abb. 44) Typ des ▶ Scharniers bei ▶ Bivalvia: wenige haken- oder leistenförmige ▶ Zähne und entsprechende Gruben sind symmetrisch angeordnet (z. B. bei ▶ *Spondylus*).

Isognomostoma Fitzinger 1833, Maskenschnecken, Gattung der ▶ Helicidae mit ▶ „Haaren" (▶ *Trichia*) auf der Oberfläche des gedrückt-kugeligen Gehäuses. In Mitteleuropa nur eine Art: die ▶ Maskenschnecke s. s., *I. isognomostomos* (Schröter 1784). Gelegentlich wird auch die Genabelte Maskenschnecke, ▶ *Causa holosericum* Studer 1820, zu *I.* gerechnet.

Isomyaria, ▶ Homomyaria.

isopleur, Form des Schneckenhauses, bei dem die Umgänge in einer Ebene liegen, so dass ein scheibenförmiges, ursprünglich symmetrisches Gehäuse entsteht. Ggs.: ▶ anisopleur.

isostroph, ▶ planspiral, ▶ Gehäuseformen.

Isthmus, Mantelisthmus, dorsale Gewebsbrücke zwischen rechtem und linkem Mantellappen der ▶ Bivalvia. Der I. bildet auch das ▶ Ligament.

Iteroparie, Auftreten mehrerer Fortpflanzungsphasen im Leben eines Organismus. Vgl. ▶ Semelparie.

Jakobsmuschel, ▶ *Pecten jacobaeus* (Linnaeus 1758), etwa 15 cm lang werdende Kammmuschel mit scharfkantigen Radialrippen auf den Klappen. Der deutsche Name bezieht sich auf den Apostel Jakob, und diese Muschel oder die verwandte ▶ Pilgermuschel sind das Kennzeichen der Pilger nach Santiago de Compostela.

Jaminia Risso 1826, Gattung der ▶ Enidae mit der westeuropäischen ▶ Vierzahnturmschnecke *J. quadridens* (O. F. Müller 1774).

Janthina Röding 1798, Veilchenschnecke, Floßschnecke, Gattung der Janthinidae (Epitonioidea), Meeresschnecken mit dünnem, zerbrechlichem Gehäuse ohne ▶ Operculum. Eine Drüse in der ▶ Mantelhöhle produziert ein violettes Sekret. Aus Luftblasen, die sie mit erhärtendem Sekret umhüllen, bauen diese Schnecken ein an der Wasseroberfläche schwimmendes Floß, an das sie auch ihre Eikapseln kleben. Sie sind Kosmopoliten, die an der Oberfläche tropischer und gemäßigt-warmer Meere treiben und sich vor allem von Segelquallen ernähren.

Jouannetia DesMoulins 1828, Gattung der ▶ Pholadidae, in warmen Meeren vorkommende ▶ Bohrmuscheln.

Joubiniteuthidae, Familie der ▶ Oegopsida, mittelgroße ▶ Kopffüßer mit sehr schlankem, nach hinten in einen langen Schwanzfaden auslaufendem Körper und Armen, die länger sind als der gelatinöse Rumpf. Die fadenartigen ► Arme der Juvenilen bleiben im weiteren Wachstum zurück und werden bei den ► Adulten völlig reduziert. Die einzige Gattung *Joubiniteuthis* Berry 1920 mit der einzigen Art, *J. portieri* (Joubin 1912) lebt in mittleren und großen Tiefen des tropischen und subtropischen Atlantik und im nördlichen Pazifik.

Jugalsinus, (lat. Sinus jugalis), bei den ► Polyplacophora zwischen den ► Apophysen der Platten gelegene Bucht.

Juliidae, Familie der ► Sacoglossa. Hierher gehört u. a. die ungewöhnlich gestaltete ► *Berthelinia*.

Jungfernperle, nicht durchbohrte ► Perle.

juxtaganglionäre Gewebe, bei ► Cephalopoda von der Oberfläche der ► Ganglien ausgehende Stränge neurovenöser Gewebe.

Käferschnecken, ► Polyplacophora, ► Placophora, ► Loricata, Chitones.

Kahnfüßer, ► Grabfüßer, ► Scaphopoda (siehe allgemeine Einführung, S. 27).

Kahnschnecken, die ► Neritidae und ► *Cymbium*.

Kallus, bei den ► Gastropoda eine vom Mantelepithel gebildete, verkalkende und oft wulstige Struktur im Mündungsbereich des Gehäuses.

Kalmare, Lebensformtyp der ► Cephalopoda (► Teuthida), schlanke ► Kopffüßer mit meist kräftigem ► Muskelmantel und daher gute Schwimmer, die als Beutejäger oft in Schwärmen zusammenleben und Fische oder Garnelen fangen. Ihre überdurchschnittliche Körperlänge und große Anzahl in den „Schulen" machen sie zu einem beliebten Objekt menschlicher Fischerei. Als ► Kalmare s. s. werden die ► *Loligo*-Arten bezeichnet.

Kameen, Steine oder Molluskenschalen mit erhaben herausgeschnittenen Figuren. Siehe ► Rosalin. Ggs: ► Gemmen.

Kammer, 1) Kurzbezeichnung für die Herzkammer (► Ventrikel); **2)** die Schalenkammern bei ► *Nautilus*. Das Tier lebt in der letzten (= jüngsten) K., die entsprechend auch als ► Wohnkammer bezeichnet wird. Die älteren, kleineren K. sind mit Gas gefüllt und dienen als Boje.

Kammflossenkalmare, ► Ctenopterygidae.

Kammkiemer, ► Pectinibranchia, entspricht den ► Ctenobranchia, ► Monotocardia.

Kammmuscheln, die ► Pectinidae.

Kannibalismus, Verzehr von Individuen der eigenen Art; kommt bei ► Bohrschnecken vor und relativ häufig als Geschwisterverzehr (► Adelphophagie) in der frühontogenetischen ► Entwicklung der ► Neogastropoda (z. B. *Buccinum undatum*).

Kanuschnecken, ► Bootsschnecken, ► Scaphandridae.

Kappenschnecken, die ► Capulidae.

Kapseldrüsen, Drüsen des weiblichen Genitalsystems der ► Prosobranchia; ► sezernieren den Hauptteil der Wand der ► Eikapsel.

Kapuzinerschnecke, ► Spanische ► Wegschnecke, ► *Arion lusitanicus* (Mabille 1868), bis 14 cm lange Nacktschnecke, ursprünglich westeuropäisch verbreitet, jetzt auch in Mitteleuropa gelegentlich häufig und dann in Pflanzenkulturen schädlich.

Kardinalsmütze, ► *Mitra cardinalis* Gmelin 1791, Mitraschnecken.

Kartäuserschnecken, ► *Monacha*.

Kartoffelchips der Weltmeere, volkstümliche Bezeichnung für in Massen auftretende und daher eine wichtige Nahrungsquelle darstellende marine Schnecken wie z. B. ► Limacinidae.

Katzenaugen, ► Deckel des indopazifischen ► *Turbo petholatus* (Linnaeus 1758), die wegen ihres grünen Zentrums zu Schmuck verarbeitet wur-

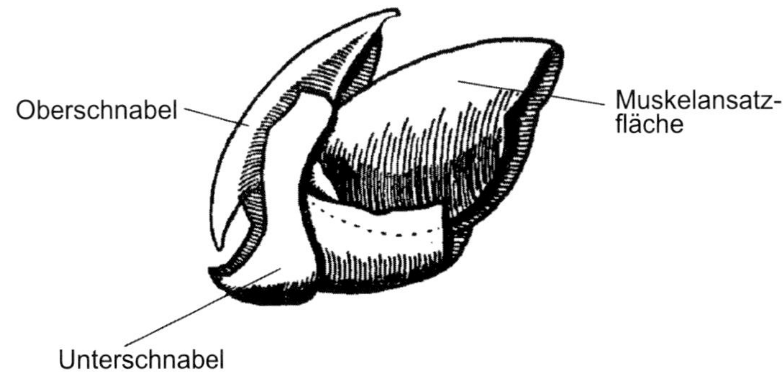

Abb. 26. ▶ Kiefer eines ▶ Kalmars (*Loligo forbesi*) von links. Die verkehrt-papageienschnabelartigen Schneidkanten setzen sich in breite ▶ Muskelansatzflächen fort.

den. Auch die ▶ Opercula anderer ▶ *Turbo*-Arten werden gelegentlich als K. bezeichnet. Vgl. ▶ Marmorkreisel.

Katzenstein, ▶ Belemniten.

Kauri-Geld, ▶ Molluskengeld.

Kauri-Schnecken, die ▶ Cypraeidae.

Kebersche Klappe, Verschlussklappe zwischen einer im ▶ Fuß gelegenen ▶ Lakune und dem ▶ Sinus venosus der Muscheln. Sie reguliert u. a. den Schwellungsgrad des ▶ Fußes.

Kebersche Nebenhöhle, vorderer Teil des ▶ Herzbeutels der Muscheln, der rotbraune Drüsenschläuche enthält (Kebersche Organe).

Kegelchen, die ▶ Euconulidae.

Kegelschnecken, die ▶ Conidae.

Keimblätter, in der frühontogenetischen ▶ Entwicklung (während der ▶ Gastrulation) sich differenzierende Zellschichten, aus denen die Organanlagen entstehen.

Keller-Glanzschnecke, ▶ *Oxychilus cellarius* (O. F. Müller 1774).

Kennart, ▶ Charakterart.

Kerfenschnecken, Scheinkauri, die ▶ Triviidae.

Keulenmuscheln, ▶ Gießkannenmuscheln, ▶ Siebmuscheln, ▶ Clavagellidae.

Kiebitzei, volkstümliche Bezeichnung für die im Angespül zu findenden gefleckten Gehäuse von ▶ *Bulla ampulla.*

Kiefer (Abb. 26, 27, Tafel V), eine Struktur im Mundbereich mehrerer Molluskengruppen, die an der Nahrungsaufnahme beteiligt ist. Bei ▶ Gastropoda liegt ein Kiefer gegenüber der ▶ Radula am Mundhöhlendach; er dient als Widerlager für deren Bewegung, besteht überwiegend aus ▶ Conchin und ist oft von Längsrippen überzogen. Bei den ▶ Cephalopoda wird ein zweiteiliger K. gebildet, mit dem Stücke aus der Beute herausgerissen werden können. Im Unterschied zu den meisten Wirbeltieren greift der Unterkiefer hier über den ▶ Oberkiefer („verkehrt-papageienschnabelähnlich"). Die K. der ▶ Kopffüßer sind oft so spezifisch, dass sie zur Art-Identifizierung benutzt werden können.

Kiel, von einer Körper- oder Gehäuseoberfläche vorspringende, leistenähnliche Kante. Gekielte Gehäuse gibt

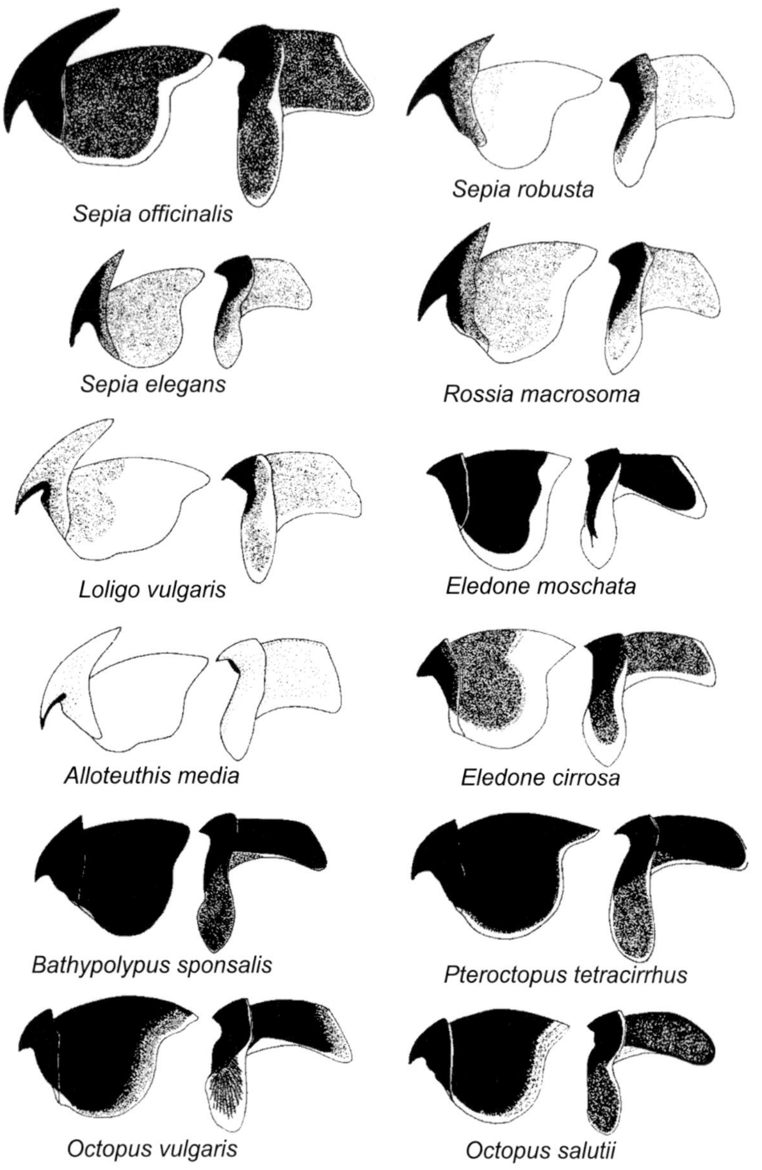

Abb. 27. ▶ Kiefer europäischer ▶ Kopffüßer. Links: jeweils der Oberkiefer, rechts: der um 180 ° gedrehte Unterkiefer (n. Mangold & Fioroni 1966).

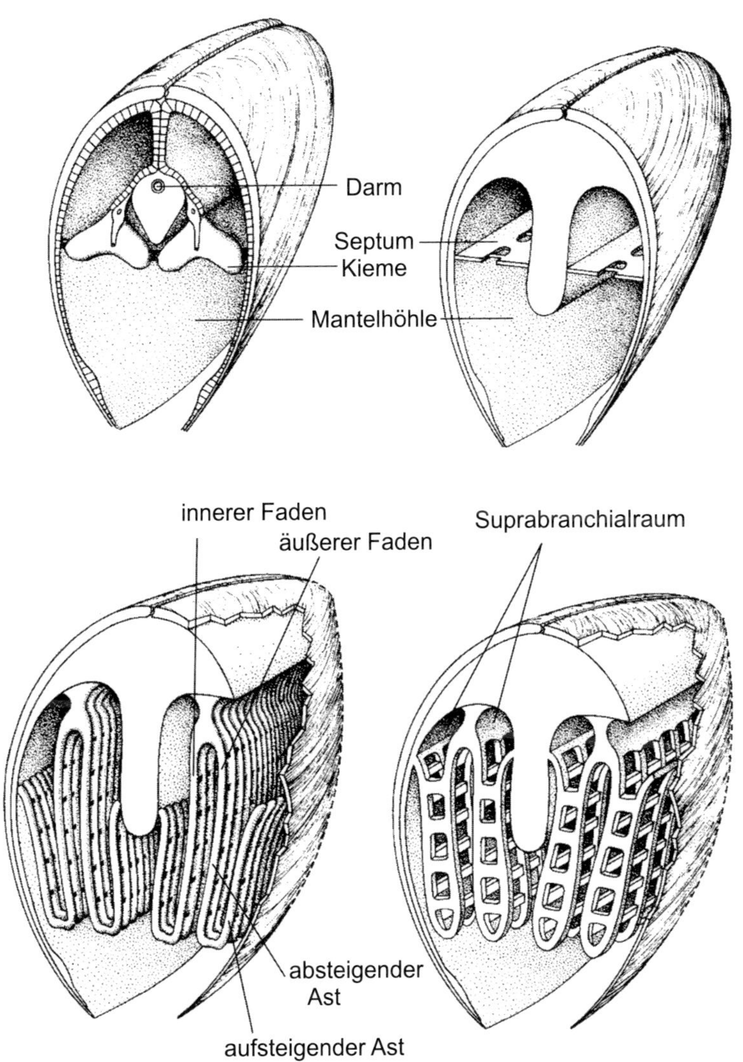

Abb. 28. ▸ Kiemen: Kiementypen der Muscheln. Oben links: ▸ Protobranchie, rechts: ▸ Septibranchie, unten links: ▸ Filibranchie, rechts: ▸ Eulamellibranchie.

es z. B. bei ▶ *Thatcheria* Angas 1877 und oft bei ▶ *Potamopyrgus* Stimpson 1865, K.e am Körper finden sich bei vielen ▶ Nacktschnecken (▶ *Milax*, ▶ *Tandonia*), und bei bestimmten Taxa ist der kielförmige Fuß kennzeichnend (▶ Heteropoda).

Kielfüßer, ▶ Heteropoda, ▶ Atlantoidea.

Kielnacktschnecken, ▶ Milacidae.

Kielschnegel, zusammenfassende Bezeichnung für die Arten von ▶ *Milax* und ▶ *Tandonia*.

Kiemen (Abb. 2, 17, 28, Tafel I, Tafel II, Tafel III, Tafel IV, Tafel V, Tafel VII), Branchien, Atmungsorgane wasserlebender Tiere. Die Mollusken-K. bestehen im Allgemeinen aus einer Achse, an der seitlich zahlreiche Kiemenblättchen stehen, so dass die Oberfläche stark vergrößert wird (▶ Ctenidien, ▶ bipectinat, ▶ monopectinat). Diese trägt ein Flimmerepithel, das einen Atemwasserstrom erzeugt, der oft auch zur Nahrungsgewinnung genutzt wird. Die K. können geschützt in einer Kiemenhöhle liegen, aber auch frei auf der Körperoberfläche stehen und sind dann durch andere Mechanismen geschützt.

Kiemenbanddrüse, ▶ Branchialdrüse.

Kiemenherzanhänge, ▶ Pericardialdrüsen, an den ▶ Kiemenherzen der ▶ Cephalopoda gelegene exkretorische Organe, die ein gefaltetes ▶ Epithel enthalten. Die Ultrafiltration durch ▶ Podocyten erfolgt in das Lumen der K. hinein, das Filtrat gelangt weiter in die ▶ Nierensäcke.

Kiemenherzen (Tafel V), (auch: Bulbilli), an der Kiemenbasis der ▶ Cephalopoda gelegene, kontraktile Organe, welche Blut in die ▶ Kiemen drücken und damit die Pumpwirkung des ▶ Herzens unterstützen.

Kiemenseptum, ▶ Horizontalseptum, ▶ Septum 4).

Kinkhörner, Trivialname für bestimmte Meeresschnecken, vor allem für ▶ Tritonshörner wie *Charonia lampas* (Linnaeus 1758) und *C. tritonis* (Linnaeus 1758) sowie ▶ Wellhornschnecken (▶ Buccinidae).

Kinamuscheln, aus Schalen der ▶ Perlmuscheln (meist ▶ *Pinctada maxima*) hergestellte und auf Schnüren aufgereihte Scheiben, die in Papua-Neuguinea und Irian Jaya als Schmuck und Zahlungsmittel eingesetzt wurden. Gegen Ende des 20. Jahrhunderts hatten 6–8 Schnüre mit K. den Wert von einem Schwein. ▶ Molluskengeld.

Kinn, ▶ Mentum.

Kiringella Rozov 1969, Gattung der ▶ Monoplacophora, ▶ Urmützenschnecken.

Kjökkenmöddinger, (auch: Kjœkkenmœddings), steinzeitliche Haufen von Küchenabfällen, zuerst in Dänemark gefunden, inzwischen weltweit nachgewiesen. In den dänischen K.n dominieren die Reste von ▶ *Ostrea edulis*, *Cerastoderma edule*, ▶ *Mytilus edulis* und *Littorina littorea*.

Kladohepatica, zusammenfassender Begriff für ▶ Hinterkiemer, deren ▶ Mitteldarmdrüse (▶ „Leber“) verzweigt ist (z. B. Aeolidioidea). Vgl. ▶ Holohepatica.

Klaffmuscheln, die ▶ Myidae.

Klappe, Schalenklappe, Muschelklappe, ein Teil der zweiklappigen Muschelschale, mit dem anderen durch das ▶ Ligament und das ▶ Scharnier verbunden.

Klappermuscheln, ▶ Stachelaustern, die ▶ Spondylidae.

Klasse, (lat. Classis), Kategorie der biologischen ▶ Taxonomie zwischen ▶ Ordnung und Stamm, oft erweitert durch Unterklasse (lat. Subclassis) und (seltener) Überklasse (lat. Supraclassis). Innerhalb des Stammes ▶ Mollusca bilden z. B. ▶ Gastropoda, ▶ Bivalvia und ▶ Cephalopoda jeweils eine K.

Klassifikation, Zuweisung des hierarchischen Ranges von Organismen aufgrund vorausgehender Analysen und Vergleichen mit anderen Gruppen (Taxa).

Kleeblatt-Stadium, während der frühen ► Furchung der ► Scaphopoda auftretendes 4-Zellstadium, das mit dem vorher abgeschnürten Polplasma einem Kleeblatt gleicht.

Kleine Herzmuscheln, ► Carditidae.

Kleine Treppenschnecken, ► *Oenopota*.

Kleinmuscheln, ► Kugelmuscheln, die ► Sphaeriidae.

Kleinschnecken, die ► Rissoidae.

Kleptocniden, (auch: ► Cleptocniden), „gestohlene" ► Nesselzellen, die mit der Nahrung aufgenommen, aber nicht verdaut, sondern als eigene Waffen benutzt werden. Vor allem Arten der ► Aeolidiidae transportieren die ► Nesselzellen aus dem ► Magen in Fortsätze der ► Mitteldarmdrüse, die mit einem ► „Nesselsack" enden, der in den Spitzen der ► Cerata liegt. Die K. werden von Zellen des ► Nesselsacks phagocytiert und bei intensiver Reizung ausgestoßen. ► *Glaucus*.

Kleptocnidier, einige Rippenquallen und marine Strudelwürmer, vor allem aber bestimmte ► Hinterkiemerschnecken, die ► Kleptocniden nutzen.

Kloakalstacheln, die ► Abdominalstacheln der ► Solenogastres.

Kloake, meist erweiterter Endabschnitt des Darmes, durch den außer Exkrementen auch Exkrete und Keimzellen abgegeben werden.

Knoblauch-Glanzschnecke, ► *Oxychilus alliarius*.

Knoten, buckelartige Vorsprünge auf dickschaligen Schneckengehäusen, oft in Reihen geordnet. Im Gegensatz zu den ► Stacheln sind die K. abgerundet.

Koffermuscheln, die ► Donacidae.

Kokillen, ► Coquillen.

Kolben, die ► Cerata.

Köllikersche Büschel, büschelige Hautanhänge frisch geschlüpfter ► Kraken, die wahrscheinlich das Schweben im Wasser erleichtern und zusammen das Köllikersche Organ bilden.

Köllikersche Organe, ► Köllikersche Büschel.

Köllikerscher Kanal, aus der ► Statocyste der ► Kopffüßer herausführender Kanal, der blind endet. Der zu Ehren des Zoologen und Physiologen Rudolf Albert von Kölliker (1817–1905) benannte Gang stellt den Rest einer ursprünglichen Verbindung nach außen dar.

Kolossalfasern, ► Riesenfasern.

Kommensale (= Mitesser), ernährt sich von den Nahrungsrückständen eines Wirtsorganismus, ohne diesen zu schädigen. Ggs: ► Parasit.

Kommissur, Nervenstrang, der bei ► Mollusca die einander entsprechenden ► Ganglien auf der linken und der rechten Körperseite miteinander verbindet.

komplex-lamellär, Strukturtyp der Molluskenschale, der ihr durch die verflochtene Anordnung der Kalkkristalle besondere Festigkeit verleiht. Bei Muscheln, die starken Belastungen ausgesetzt sind, ist die Schalenstruktur meist ► gekreuzt-lamellär.

Konche, (auch: ► Conche), ► Muschelgewölbe.

Konchoide, (auch: ► Conchoide), ► Muschellinie, ► Hundekurve, eine erstmals von dem Griechen Nikomedes (2. Jahrhundert v. Chr.) definierte mathematische Kurve , die dem Querschnitt einer Muschelschale ähnlich ist.

Konchylien, (auch: ► Conchylien, von gr.-lat. concha = Schale), die ► Schalen der ► Mollusca. Als haltbare Teile und wegen ihrer oft attraktiven Formen und Farben spielten und spielen sie noch eine Rolle für Sammler, die sie auf Tausch- und Verkaufsbörsen handeln. In Molluskensammlungen dominieren sie und werden meist getrennt von den (in Alkohol oder Formol) fixierten Weichkörpern aufbewahrt. Gelegentlich werden auch die kompletten ▶ Weichtiere als K. bezeichnet.

Konchyliologie, (auch: Conchyliologie), Schalenkunde, die Lehre von den ▶ Schalen der ▶ Weichtiere.

Königshelm, Helmschnecke, ▶ Cassididae. K. s. s. wird *Cassis tuberosa* (LINNAEUS 1758) genannt, eine von Florida bis Brasilien vorkommende Meeresschnecke mit bis zu 30 cm hoch werdendem Gehäuse.

konisch, kegelförmig, häufige Form des Schneckenhauses.

Konkrement, (auch: Konkretion), aus Körperflüssigkeiten ausgeschiedene, oft kugelige Mineralsalze. Allgemein besteht das K. aus konzentrischen Schichten. Bei ▶ Mollusca fungiert es als temporärer Exkretspeicher (Konkrementdrüse). Dieser sammelt bei überwinternden ▶ Pulmonata in den ▶ Körnchenzellen Exkrete, die im Frühjahr abgegeben werden.

Konkrement-Veliger, schwimmende ▶ Veliger einiger Meeresschneckenarten, deren Mesoblastzellen gelbe bis olivgrüne Kristalle enthalten (wahrscheinlich Exkrete) (z. B. ▶ *Crepidula*, ▶ *Lamellaria*, ▶ *Mangelia*, ▶ *Mitra*).

Konkurrenz, Wettstreit von Individuen oder Arten um die Nutzung einer begrenzt verfügbaren Ressource. Vgl. ▶ Semelparie.

Kontrastbetonung, (auch: Charakter-Displacement, Merkmals-Divergenz), einander ähnliche Arten zeigen ihre größten Merkmalsunterschiede in einem gemeinsamen ▶ Lebensraum, während sie sich in getrennten Arealen weniger unterscheiden. Dieser für die Evolution wichtige Effekt zeigt sich auch bei ▶ Mollusca (z. B. ▶ *Littorina*, *Peringia ulvae* und ▶ *Ventrosia ventricosa*).

Konvergenz, Übereinstimmung zwischen Merkmalen von Individuen verschiedener Taxa, die auf gleicher Funktion beruht. Die ähnlichen Merkmale sind unabhängig voneinander durch Selektionsdruck entstanden.

Kopf, (griech. ▶ Cephalon), vorderster Abschnitt des Körpers, der bei den ▶ Mollusca die anterioren Teile des Verdauungstraktes (Mundöffnung, Schlund) trägt und Zentren des Nervensystems sowie zahlreiche Sinnesorgane enthält. Bei der ▶ Bewegung geht er in der Regel voran und hat damit den ersten Kontakt zur Umwelt. Bei allen ▶ Mollusca ist der K. mit dem ▶ Fuß zu einem ▶ Kopffuß (▶ Cephalopodium) verschmolzen. Während die ▶ Gastropoda und ▶ Cephalopoda wohlentwickelte Köpfe haben, fehlen diese bei den ▶ Aplacophora a priori und sind bei den ▶ Bivalvia im Zusammenhang mit der ursprünglichen Lebensweise reduziert. Wenig auffällig sind sie bei den ▶ Poly- und ▶ Monoplacophora.

Kopfblase, ein larvales Respirationsorgan im ▶ Veliger bzw. Embryo von Schnecken, oberhalb des ▶ Velums bzw. des Augententakels gelegen.

Kopfdrüsen, ▶ Cerebraldrüsen.

Kopffuß, das ▶ Cephalopodium.

Kopffüßer, die ▶ Cephalopoda.

Kopfkappe, bei ▶ *Nautilus* aus den Scheiden eines dorsalen Armpaares durch Verwachsung entstandene Bedeckung für die retrahierten Tentakel und die Gehäusemündung.

Kopfschild, Verdickung der dorsalen Kopfepidermis bei den ▶ Cephalaspidea.

Kopfschildschnecken, die ▶ Cephalaspidea.

Kopftentakel, ▶ Fühler, fadenförmige bis gestreckt-dreieckige Ausstülpungen der Körperwand auf dem ► Kopf der Schnecken, die durch bevorzugte Ausstattung mit optischen, mechanischen und chemischen Rezeptoren den Kontakt zur Umwelt vermitteln.

Koprophagen, Kotfresser, siehe ► Saprophagen.

Kopulation, ► Begattung, körperliche Vereinigung zweier geschlechtlich verschiedener oder zwittriger Individuen zur Übertragung der ► Allospermien. Dazu sind bei beiden Partnern Kopulationsorgane und oft auch ► Kopulationshilfsorgane ausgebildet. Die K. ist Voraussetzung für die unmittelbar oder später anschließende innere ► Besamung.

Kopulationshilfsorgane, Organe, die eine ► Kopulation bei getrenntgeschlechtlichen oder zwittrigen Tieren fördern oder ermöglichen. Als K. anzusehen sind die ► Liebespfeile mancher ► Pulmonata oder der ► Hectocotylus der ► Cephalopoda.

Kopulationsstacheln (Tafel I), im ► ventralen Teil des Pallialraumes der ► Solenogastres gelegene Spicula, die als Organe zur Stimulation vor oder während der Paarung gewertet werden. Bei *Genitoconia* sind 10–20 Paar stilettartige K. vorhanden, die durch Muskelkontraktion ausgestoßen werden können. Daneben treten ► Abdominal- oder ► Kloakalstacheln auf.

Korallenschnecken, die ► Coralliophilidae.

Korbmuscheln, Körbchenmuscheln, die ► Corbiculidae.

Körnchenzellen, ► Konkrement.

Kornschnecken, die ► Chondrinidae.

Körperachse, theoretische Hilfslinie durch den Körper eines Vielzellers, entlang derer die formgebende Entwicklung erfolgt. Bei den Bilateria (und damit auch bei den ► Mollusca) ist allgemein eine Längsachse (Longitudinalachse, Vorn-hinten-Achse, anteroposteriore Achse) ausgebildet, deren Enden anatomisch wie physiologisch völlig unterschiedlich sein können. Da das Vorderende zuerst Kontakt zur Umwelt hat, finden sich hier neben der Mundöffnung besonders viele Sinneszellen und -organe. Senkrecht auf der Längsachse steht die Dorsoventralachse, die bei den ► Cephalopoda besonders gut entwickelt ist. Sie wird vom lebenden Tier in die Horizontale gekippt, um effektives Schwimmen zu ermöglichen. Damit wird morphologisch oben zu physiologisch hinten.

Körpergröße, ist durch die Kontraktionsfähigkeit der ► Weichtiere oft schwer bestimmbar und wird meistens durch die Angabe der Schalengröße ersetzt. Die Mehrzahl der ► Aplacophora bleibt klein, Ausnahmen sind selten (*Epimenia verrucosa* bis 30 cm). Bei den ► Polyplacophora erreicht ► *Cryptochiton stelleri* 40 cm Länge, das Gehäuse der Landlungenschnecke ► *Achatina fulica* wird 22 cm, das der Meeresschnecke ► *Syrinx aruanus* 91 cm hoch. Unter den ► Bivalvia ist ► *Tridacna gigas* mit 1,35 m Schalenlänge die größte bekannte Art. Alle übertrifft der ► Kopffüßer ► *Architeuthis princeps* mit 18 m Länge und ist damit nicht nur der größte Cephalopode, sondern auch der längste rezente Wirbellose.

Korrosion, Zerstörung der Molluskenschale durch äußere chemische Einflüsse. Nachgewiesen ist sie bei mehreren Arten von ► Landlungenschnecken, verursacht durch sauren Regen. Sie beginnt in der Regel in Nähe des ► Apex, wo die Schnecke den Schalenabbau nicht reparieren kann. K. ist auch häufig bei ► Süßwassermuscheln (z. B. ► *Margaritifera*), wo sie meist im Wirbelbereich beginnt.

Kraken, ► Achtfüßer (früher auch ► „Polypen"), ► Octopoda (Ordnung der ► Kopffüßer, ► Coleoida).

Krallenarmkalmare, die ► Gonatidae.

Krallenkalmare, ► Onychoteuthidae.

Krankheitsüberträger, ► Vektoren, Organismen, welche krankmachende andere Organismen oder deren Entwicklungsstadien von einem Wirt auf den anderen transportieren. K. finden sich vor allem bei Süßwasser- und ► Landlungenschnecken, die als ► Zwischenwirte von Trematoden fungieren. So überträgt *Galba truncatula* den Großen Leberegel (*Fasciola hepatica*), während ► *Helicella* und ► *Zebrina* ► Zwischenwirte des Lanzettegels (*Dicrocoelium dendriticum*) sind. Für den Menschen sind einige Arten der ► Planorbidae als Überträger der Bilharziosen gefährlich. In Westindien übertragen *Australorbis glabratus*, in Ägypten *Biomphalaria boissyi* den Pärchenegel (*Schistosoma mansoni*). In Afrika dient *Bulinus truncatus* als K. für den Blasenegel (*Schistosoma haematobium*). Einige ► Landlungenschnecken übertragen Viren und ► Bakterien auf Nutzpflanzen.

Kranzkiemen, (auch: ► Mantelrandkiemen, ► Cyclobranchien), bei einigen Schnecken ohne echte ► Kiemen (► Ctenidien) ausgebildete, am ► Mantelrand inserierende Ersatzkiemen, die in einer Reihe den Körper umziehen, vorn kleiner sein oder ganz fehlen können (z. B. *Patella*).

Kreiselschnecken, die ► Trochidae.

Kreislaufsystem, ► Zirkulationssystem.

Kreismundschnecke, Trivialname für nicht verwandte Schnecken: ► *Pomatias elegans* und die ► Turbinidae.

Kreuz der Spiralia, während der ► Furchung auftretende Anordnung der ► Blastomeren zu einem kreuzförmigen Muster bei den ► Spiralia und damit auch bei den ► Mollusca. Betrachtet man den Keim vom animalen Pol, so ist das K. vom 16-Zellstadium an sichtbar und wird später deutlicher.

Kreuzlamellen, ► gekreuzt-lamellär.

Kriechstadium, in der frühen ► Ontogenese der ► Gastropoda (besonders der ► Landschnecken) auftretendes, die ► Eihüllen verlassendes Entwicklungsstadium, das dem ► Adultus äußerlich weitgehend gleicht, noch Reste der Larvalorgane enthalten kann und nur die unreifen ► Gonaden-Anlagen hat.

Kristallschnecken, ► *Vitrea*.

Kristallstiel, ► Fermentstiel, im ► Magen vieler pflanzenfressender ► Mollusca (► Monoplacophora, ► Gastropoda, ► Bivalvia) gebildeter, gallertiger Stab, der Verdauungsenzyme enthält und hilft, die Nahrung zu sortieren. Er entsteht im ► Stielsack, dessen cilientragendes ► Epithel ihn in Drehung versetzt. Sein in den ► Magen reichender Endabschnitt wird in diesem aufgelöst oder (bei Muscheln am ► Magenschild) abgerieben, so dass die Enzyme freigesetzt werden. Vom ► Stielsack wird er wieder ergänzt. Siehe ► Caecum.

Kronenschnecken, Trivialname der **1**) ► Melongenidae und der **2**) ► Thiaridae.

Kropf, Vormagen, ► Proventriculus, nichthomologe erweiterte Abschnitte des vorderen ► Oesophagus bei vielen Schnecken und den ► Cephalopoda. Vermutlich dienen sie der weiteren Durchmischung der Nahrung mit Verdauungsenzymen.

Krötenschnecken, die ► Bursidae.

Krötenstein, ► Bufonites, früher als Schmuck oder Amulett verwendetes ► Operculum von ► *Turbo*-Arten.

Krückengehen, ungewöhnliche Art der Fortbewegung vor allem bei den ► Strombidae: ► Fuß und Fußstiel dehnen sich zunächst soweit aus, dass das als „Krücke" dienende ▶ Gehäuse nach vorn umkippt. Der ▶ Fuß wird dann vom Substrat gelöst und einen „Schritt" nach vorn versetzt. Diese Abfolgen der ▶ Bewegung können sich mehrfach wiederholen und bei ▶ *Strombus gigas* zu einer sprungartigen Bewegung führen.

Krynickillus KALENICZENKO 1851, Gattung der ▶ Agriolimacidae, mit wenigen Arten in der kaukasischen Region vorkommend. Die Schwarzköpfige Ackerschnecke, *K. melanocephalus* KALENICZENKO 1851, ist von dort nach Mitteleuropa eingeschleppt worden.

Kugelmuscheln, die ▶ Sphaeriidae.

Kugelschnecken, Trivialname für mehrere, nicht verwandte Schnecken: ▶ Akeridae und ▶ Ampullariidae.

Kuhmuschel, Handelsname für ▶ *Hyriopsis schlegeli* VON MARTENS 1861.

Kumamoto-Auster, ▶ *Crassostrea*.

Kurzflossenkalmar, ▶ *Illex*.

Küstenschnecken, die ▶ Ellobiidae.

Kuspiden, ▶ Basaldentikel.

Labialganglien, durch Konnektive mit den ▶ Cerebralganglien verbundene Nervenknoten vieler ▶ Mollusca, insbesondere der ▶ Gastropoda und ▶ Cephalopoda, den Mundbereich innervierend.

Labialpalpen, fühlerartig vorgezogene, seitliche Verlängerungen der ▶ Lippen der ▶ Gastropoda (z.B. bei ▶ Ampullariidae) und der ▶ Bivalvia. Bei letzteren helfen sie bei der Nahrungsaufnahme aus dem Sediment (▶ Protobranchia), bei höheren Muscheln sortieren sie die abgefangenen Nahrungspartikeln. Ihr hochprismatisches ▶ Epithel setzt sich aus Schleimzellen und ▶ Mikrovilli- und cilientragenden Zellen zusammen.

Labium, Innenlippe, der am ▶ Gehäuse ansitzende Rand der ▶ Mündung bei den ▶ Gastropoda. Sein oberer Abschnitt wird als ▶ Parietalrand, sein unterer als ▶ Columellarrand oder ▶ Spindelrand bezeichnet.

Labrum, Außenlippe, der auf der gehäuseabgewandten Seite der ▶ Mündung der ▶ Gastropoda liegende, oft verstärkte Gehäuserand. Sein unterer Abschnitt wird als ▶ Basalrand, sein oberer als ▶ Palatalrand bezeichnet.

Laciniaria HARTMANN 1844, Gattung der ▶ Clausiliidae mit 1 Art in Mitteleuropa, der ▶ Faltenrandschnecke *L. plicata* (DRAPARNAUD 1801).

Lacunidae, ▶ Grübchenschnecken, Familie der ▶ Neotaenioglossa, getrenntgeschlechtliche Schnecken mit dünnschaligem Gehäuse und ▶ Sexualdimorphismus. In der südlichen Nordsee sind sie durch 4 Arten von *Lacuna* TURTON 1827 vertreten.

Laetmoteuthidae, Familie i. s. der ▶ Kraken, vielleicht zu den ▶ Octopodoidea zu rechnen, mit der einzigen Art *Laetmoteuthis lugubris* BERRY 1913 bei Hawaii.

Laevidentaliidae, Familie der ▶ Dentaliida (▶ Kahnfüßer) mit den Genera *Eboreidens* CHISTIKOV 1975, *Laevidentalium* COSSMANN 1888 und *Rhabdus* PILSBRY & SHARP 1897.

Laich, abgelegte, einzelne oder mehrere bis viele Eier, die aneinanderkleben und meist durch Gallerte verbunden sind. Größere Komplexe gibt es vor allem bei Schnecken und ▶ Kopffüßern in der Form von Laichballen, Laichbändern oder Laichschnüren.

Laichbänder, ▶ Eiballen.

Laichdrüsen, Drüsen an den ▶ Laichgängen der ▶ Solenogastres; sie öffnen sich in die ▶ Analhöhle.

Laichgänge (Tafel I), bei den ▶ Solenogastres die hinteren Teile ihres zwittrigen Genitalsystems, die durch ▶ Coelomoducte in das ▶ Pericard münden, das bei den meisten Arten die Keimzellen vorübergehend beherbergt.

Laichrinnen, vom hinten gelegenen ▶ Pallialraum der ▶ Caudofoveata ausgehende Rinnen.

Lakune, Gewebslücke in einem offenen ▶ Zirkulationssystem, die bei ▶ Mollusca von ▶ Haemolymphe erfüllt ist.

Lambis RÖDING 1798, Fingerschnecke, ▶ Teufelskralle, Gattung der ▶ Strombidae mit fingerartigen Fortsätzen am ▶ Mündungsaußenrand; 9 Arten im Indopazifik.

Lamellaria MONTAGU 1815, Gattung der ▶ Lamellariidae, mit *L. latens* (O. F. MÜLLER 1776) und *L. perspicua* (LINNAEUS 1758) in der südlichen Nordsee vertreten.

Lamellariidae, ▶ Blättchenschnecken, Familie der ▶ Velutinoidea, mit dünnwandigem Gehäuse und weiter ▶ Mündung; die ▶ Radula ist modifiziert ▶ taenioglоss. In der südlichen Nordsee leben 2 Arten von ▶ *Lamellaria*.

Lamellibranchia DE BLAINVILLE 1824 (= ▶ Blattkiemer), (auch: Lamellibranchiata), frühere Bezeichnung für die ▶ Bivalvia.

Lamellöses Organ, ein gefaltetes Organ am hinteren, inneren ▶ Mundlappen von ▶ Nautilidae.

Laminae suturales, ▶ Suturalplatten, ▶ Apophysen 1.

Laminifera O. BOETTGER 1863, Gattung der ▶ Clausiliidae, ▶ Schließmundschnecken, in den Pyrenäen lebend.

Landdeckelschnecken, zusammenfassende Bezeichnung für zwei Familien landlebender ▶ prosobrancher Schnecken, die ein ▶ Operculum ausbilden: die ▶ Helicinidae und die ▶ Pomatiasidae.

Landlungenschnecken, ▶ Stylommatophora.

Landposthorn, ▶ Elonidae.

Landschnecken, zusammenfassende Bezeichnung für landlebende Schne-

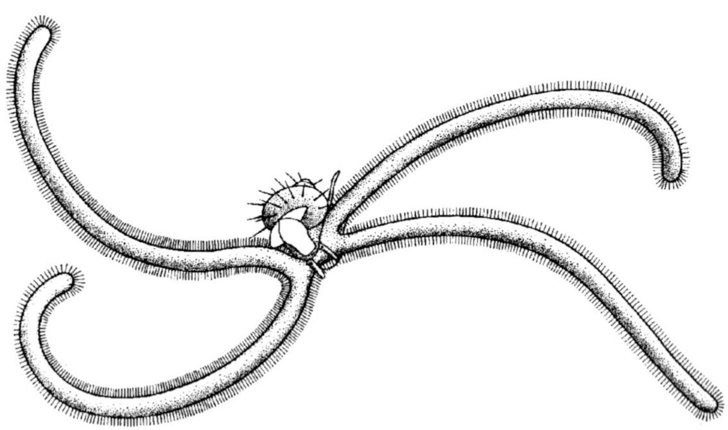

Abb. 29. ▶ Lang-Distanz-Veliger von *Tonna* spec. (Tonnidae), angepasst an überdurchschnittlich langes ▶ pelagisches Leben, währenddessen er mit der Strömung große Strecken zurücklegen und damit neue Siedlungsgebiete erreichen kann.

cken, die überwiegend zu den ▶ Stylommatophora gehören. Sie sind den veränderlichen Bedingungen des Landlebens physiologisch angepasst: sie speichern Wasser, sind bevorzugt bei feuchtwarmem Wetter aktiv und überstehen ungünstige äußere Bedingungen meist durch Verschluss der Gehäusemündung mit einem Zeitdeckel (▶ Epiphragma).

Lang-Distanz-Veliger **(Abb. 29)**, ▶ Veliger mit besonders langer Entwicklungsdauer, die es ihm ermöglicht, große Strecken mit der Meeresströmung zurückzulegen und damit neue Siedlungsgebiete zu erschließen.

Langfühlerschnecken, ▶ Bithyniidae.

Lanistes MONTFORT 1810, Gattung der ▶ Ampullariidae, mit linksgewundenem, gedrückt-kugeligem Gehäuse und ▶ conchinösem ▶ Operculum. Die Schnecken leben amphibisch im ▶ Süßwasser des tropischen Afrika.

Lanzettschnecken, die ▶ Limapontiidae.

läotrop, ▶ leiotrop.

Lappenmuscheln, ▶ Hufmuscheln, ▶ Chamidae.

Larve, frühes, postembryonales Entwicklungsstadium, das sich bei ▶ Mollusca morphologisch, anatomisch, physiologisch und ökologisch vom ▶ Adultus unterscheidet. Die typische Weichtierlarve ist der ▶ Veliger, ein planktisch lebendes Stadium. Die Einzelheiten der Organisation und weiteren ▶ Entwicklung unterscheiden sich in den großen Gruppen. Verkürzte Entwicklungsgänge haben Arten, bei denen die Entwicklung bis zum adultähnlichen ▶ Kriechstadium innerhalb der ▶ Eikapsel erfolgt. Siehe ▶ Kriechstadium, ▶ Hüllglockenlarve.

Larvenfaden, an den ▶ Glochidien der ▶ Süßwassermuscheln ausgebildeter Faden, der von einer ▶ Fußdrüse erzeugt wird. Mit seiner Hilfe heften sich die Larven an Wasserpflanzen an.

Larviparie, die nächste Generation entwickelt sich im Mutterleib über die Embryonalstadien hinweg bis zur ▶ Larve, die das trächtige Weibchen verlässt.

Lasaeidae, Familie der ▶ Veneroida, artenreiches Taxon der Muscheln, die zum Teil als ▶ Kommensalen leben. Die ▶ Wirbel der oft ungleichseitigen Schalen sind groß, und unter ihnen liegt ein ▶ Resilium in einer deutlich eingetieften Grube. *Lasaea rubra* (MONTAGU 1803) ist im NO-Atlantik bis ins Mittelmeer verbreitet, wo sie sich in der Gezeitenzone mit ihrem ▶ Byssus anheftet.

Lasidium, Larvenform bestimmter Muscheln (südamerikanische ▶ Mutelidae), die nur mit einem Wimperlappen ausgestattet ist.

Lastträger, die ▶ Xenophoridae.

Laterallappen, ▶ Ektodermale Einstülpungen neben den ▶ Cerebralganglien der ▶ Basommatophora, die dem ▶ Procerebrum der ▶ Stylommatophora entsprechen und wahrscheinlich endokrine, wachstumsregelnde Drüsen sind.

Lateraltaschen, Erweiterungen der Mundhöhle der ▶ Scaphopoda.

Lateralzähne, seitlich gelegene Zähne im ▶ Scharnier ▶ heterodonter Muscheln; siehe ▶ Cardinalzähne.

Laternulidae, Familie der ▶ Anomalodesmata, Muscheln mit länglichen, ungleichklappigen Schalen, die hinten abgestutzt sind. Die etwa 10 Arten von *Laternula* RÖDING 1798 sind Zwitter und beherbergen ihre Eikapseln oft in den ▶ Kiemen.

Latiaxis SWAINSON 1840, Gattung der ▶ Coralliophilidae mit spindelförmigem Gehäuse, das mit Leisten und Stacheln besetzt ist; zahlreiche Arten an Korallen des Indopazifik.

Latiidae, Familie der ▶ Hygrophila, ▶ Wasserlungenschnecken. Arten von *Latia* GRAY 1850 leben in Neuseeland.

Laubschnecken, zusammenfassende Bezeichnung für Arten von ▶ *Euomphalia*, ▶ *Monachoides*, ▶ *Perforatella*, *Hygromia* und ▶ *Urticicola*.

Lauria GRAY in TURTON 1840, Gattung der Lauriidae (Pupilloidea), mit der Genabelten Puppenschnecke, *L. cylindracea* (DA COSTA 1778), in Mitteleuropa vorkommend.

Lazarusklapper, Klappermuschel, ▶ Spondylidae.

Lebenserwartung der ▶ Mollusca läßt sich nur annähernd angeben, da spezielle Untersuchungen fehlen. Als Richtwerte gelten: ▶ *Margaritifera* und ▶ *Tridacna* bis 100 Jahre, *Helix pomatia* und *Littorina littorea* über 20, ▶ *Ostrea* 12, ▶ *Anodonta* 9, ▶ *Sepia* 5, ▶ *Lymnaea* und ▶ *Octopus* 2–3 Jahre. Die Sterblichkeit ist sehr hoch: für ▶ *Nucella lapillus* liegt sie bei 90 % im ersten, 50 % im zweiten und 25 % im dritten Jahr; die L. wird auf 5½ Jahre geschätzt. *Monodonta lineata* lebt mindestens 15 Jahre. Das gilt auch für *Patella vulgata*, und zwar für die besonders langsam wachsenden Individuen auf Felsen mit Seepocken, während solche unter *Fucus* nach 3 Jahren sterben.

Lebensraum, ▶ Habitat.

„Leber“, ▶ Hepatopankreas, unzutreffende Bezeichnung für die ▶ Mitteldarmdrüse der ▶ Mollusca. In ihr werden nicht nur Enzyme für die Verdauung gebildet, sondern sie ist auch Hauptort für die Resorption und Speicherung von Nährstoffen.

Leberegelschnecken, zusammenfassende Bezeichnung für alle Schnecken, welche die Entwicklungsstadien der Leberegel übertragen. In Mitteleuropa sind das insbesondere die Kleine Schlammschnecke ▶ *Galba truncatula*, die ▶ Zwischenwirt für den Großen Leberegel *Fasciola hepatica* ist, während ▶ *Helicella* und ▶ *Zebrina* den Lanzettegel *Dicrocoelium dendriticum* übertragen. Besonders gefürchtet sind die Überträger der Bilharziosen: ▶ *Australorbis* in Westindien, ▶ *Biomphalaria* in Ägypten und Südamerika und *Bulinus* in Afrika. Weitere Arten, vor allem von ▶ *Oncomelania*, kommen in Ostasien hinzu. Soweit die L. im Wasser leben, werden sie durch Trockenlegen ihres Lebensraumes sowie chemisch und biologisch bekämpft. Siehe ▶ Krankheitsüberträger.

lecithotroph, Ernährungstyp von Molluskenlarven (▶ Veliger), die Dotter verzehren. Ggs.: ▶ planktotroph.

Lectotypus, ▶ Typus.

Lehmannia (O. F. MÜLLER 1774), Gattung der ▶ Limacidae. Der mitteleuropäische ▶ Baumschnegel, *L. marginata* (O. F. MÜLLER 1774), ist in Laub- und Mischwäldern häufig und steigt bei feuchtem Wetter an Buchen hoch.

Leibeshöhle, ein Körperhohlraum der ▶ Metazoa. Unterschieden werden die Primäre L., die aus dem ▶ Blastocöl hervorgeht und ohne epitheliale Auskleidung bleibt, und die Sekundäre L. (▶ Coelom), die von einem ▶ Mesodermalen ▶ Epithel umschlossen ist. ▶ Mollusca gehören zu den Coelomata, das Coelom ist bei ihnen mit Ausnahme der ▶ Cephalopoda stark reduziert. Es findet sich generell im ▶ Herzbeutel (▶ Pericard) sowie in Teilen der Gonade und der Exkretionsorgane. Ursprünglich sind diese drei Organsysteme miteinander durch Gänge verbunden (▶ Renopericardialgang, ▶ Gonopericardialgang).

Leibleinsche Drüse, eine unpaare, in den ▶ Oesophagus mündende Drüse der ▶ Stenoglossa. Sie setzt der Nahrung eiweißspaltende Enzyme zu. Benannt zu Ehren des Naturforschers Valerius Valentin Leiblein (1799–1869).

Leibleinscher Pharynx, Gewebekomplex am ▶ Oesophagus einiger ▶ Neogastropoda.

leiotrop, (auch: ▶ läotrop), linksgerichtet: **1**) Furchungsrichtung in der ▶ Spiralfurchung; ▶ dexiotrop. **2**) veraltete Bezeichnung für die (normalen) rechtsgewundenen Schneckenhäuser, weil sie, in aufrechter Position betrachtet, am Mündungsrand nach links wachsen.

Leitart, ▶ Charakterart.

lenitisch, ein Flachwassergebiet, das nur geringer Wasserbewegung ausgesetzt ist. Ggs.: ▶ lotisch.

lentigene Zellen, im Cephalopoden-Auge spezialisierte Zellen, deren Fortsätze das Linsenprimordium bilden. Dieses wächst durch fortschreitende Anlagerung von lentigenen Fortsätzen. Ziehen sich diese schließlich zurück, so hängen sie die ▶ Linse im Zentrum der Pupille auf.

Lepetellidae, ▶ Tiefsee-Napfschnecken, Familie der Lepetelloidea mit napf- oder kegelförmigem Gehäuse, großer Nackenkieme, ohne oder mit sekundären Mantelkiemen. Die wenigen Arten (in 3 Gattungen) leben zum Teil in großen Tiefen (unter 9500 m), wo sie sich wahrscheinlich mit ihrer modifiziert-rhipidoglossen ▶ Radula von Mikroorganismen ernähren.

Lepetidae, Familie der Patelloidea mit napf- oder kegelförmigem Gehäuse, ohne Augen, ▶ Kiemen und ▶ Osphradien. Die wenigen Arten (in 7 Gattungen) sind zwittrige ▶ Docoglossa und leben in arktischen und antarktischen Meeren.

Lepidochitona Gray 1821, Gattung der ▶ Tonicellidae.

Lepidoglossa, Schuppenzüngler, veralteter Name der ▶ Polyplacophora.

Lepidomenia Kowalevski 1883, Gattung der ▶ Solenogastres.

Lepidopleurida Thiele 1910, Taxon (Ordnung) der ▶ Polyplacophora, denen ▶ Insertionsplatten entweder ganz fehlen oder die sehr einfach sind. Die ▶ Kiemen liegen ▶ adanal. Die L. leben vorzugsweise in tieferem Wasser. In der Nordsee kommen Vertreter der Familien ▶ Leptochitonidae und ▶ Hanleyidae vor. Einen ungewöhnlichen ▶ Lebensraum besiedeln die ▶ Xylochitonidae. Siehe ▶ Chitonida.

Lepidoteuthidae, Familie der ▶ Oegopsida, schlanke ▶ Kopffüßer mit zylindrischem, nach hinten spitz zulaufendem Körper, an dessen Ende gerundet-dreieckige ▶ Flossen ansitzen. Die Oberfläche des ▶ Mantels ist bedeckt mit schuppenartigen, knorpeligen Plättchen. Die 4 beschriebenen Arten in 3 Gattungen leben in mittleren Tiefen und sind Nahrung von Haien sowie Pottwalen und anderen Meeressäugern.

Lepidozona Pilsbry 1892, Gattung der ▶ Ischnochitonidae, ▶ Käferschnecken.

Leptochitonidae, Familie der ▶ Lepidopleurida, kleine ▶ Käferschnecken, die an der südlichen Nordseeküste (Helgoland) durch *Leptochiton* Gray 1847 mit der einzigen Art *L. asellus* (Spengler 1797) vertreten sind.

Leuchtbakterien, gramnegative, meist marine ▶ Bakterien, die unter noch nicht geklärten Umständen leuchten. Sie können frei leben, kommen aber auch als ▶ Endosymbionten in ▶ Leuchtorganen von ▶ Cephalopoda vor.

Leuchtdrüsen, bei einigen ▶ Cephalopoda in der ▶ Mantelhöhle oder am ▶ Tintenbeutel gelegene Drüsen, deren Sekret ausgestoßen werden kann und dann als leuchtende Wolke im Wasser schwebt.

Leuchtkalmar, ▶ *Watasenia*.

Leuchtorgane, kaltes Licht produzierende Organe (▶ Biolumineszenz), die in vielen Tiergruppen, vor allem bei Tiefsee-Organismen, verbreitet sind.

Insbesondere zeichnen sich unter den Mollusken die ▶ Kopffüßer durch die Ausbildung sehr unterschiedlich konstruierter L. aus. Da Anordnung und Farben der L. variieren, bilden sie spezifische Muster, die wahrscheinlich für gegenseitiges Erkennen und oft wohl auch zur Anlockung von Beute dienen. Im einfachsten Falle handelt es sich um offene, mit ▶ Leuchtbakterien gefüllte Taschen. Komplexere L. sind geschlossen und gegen den Körper durch ▶ Iridocyten abgeschirmt, nach außen hin oft mit einer ▶ Linse ausgerüstet. Manche Tiefseeformen erzeugen ein leuchtbakterienhaltiges Sekret, das bei Bedrohung ausgestoßen wird und den Gegner ablenkt.

Leucozonia GRAY 1847, Gattung der ▶ Fasciolariidae (Buccinoidea), Tulpenschnecken in Atlantik und Indopazifik.

Leydigsche Zellen, (auch: ▶ Blasenzellen, Rhogocyten), kugelige Zellen im Bindegewebe oder im ▶ Haemocoel der ▶ Mollusca. Sie sind reich an Glykogen und in den Metallionen-Stoffwechsel einbezogen. Ihre Struktur erinnert an die exkretorischer Zellen anderer Tiere. Benannt nach dem deutschen Zoologen Franz von Leydig (1821–1908). Vgl. ▶ Blasenzellen.

Liebesdrüse, ▶ Glandula amatoria, ein akzessorisches, dem ▶ Stimulator homologes Organ am Genitaltrakt vieler ▶ Limacoida, das mit der ▶ Vagina verschmolzen ist.

Liebespfeil (Abb. 30), (lat. ▶ Gypsobelum), dolchförmiges Kalkgebilde, das im ▶ Pfeilsack (lat. ▶ Bursa telae) am zwittrigen Genitalsystem der ▶ Helicidae und ▶ Ariophantidae von der ▶ Pfeildrüse erzeugt wird. Der L. ist arttypisch und wird während des Liebesspiels in die Körpermuskulatur des Partners eingestoßen und soll diesen stimulieren, wahrscheinlich weniger durch mechanische als durch chemische Einwirkung, da er das Sekret der ▶ fingerförmigen Drüsen injiziert.

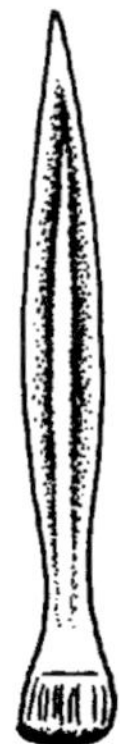

Abb. 30. ▶ Liebespfeil von *Cepaea* (▶ Helicidae).

Ligament, ▶ Scharnierband, früher: Schlossband, eine über dem ▶ Scharnier gelegene bandartige Struktur, welche die Klappen der Muschelschale miteinander verbindet. Es ist ursprünglich mehrschichtig und sein innerer Teil ist oft zu einem elastischen ▶ Scharnierknorpel (lat. ▶ Resilium) verdickt, der die schalenöffnende Wirkung des L. unterstützt und damit Gegenspieler der ▶ Schließmuskeln wird. Im L. kann ein ▶ Lithodesma gebildet werden.

Ligula, erektiles Kopulationsorgan von Kraken-Männchen, aus einer modifizierten Armspitze entstanden.

Lima BRUGUIÈRE 1797, Gattung der ▶ Limidae mit zahlreichen Arten in warmen bis tropischen Meeren. Diese Muscheln spinnen oft kleine Objekte wie Steinchen und Schalenreste zu „Nestern" zusammen.

Limacidae LAMARCK 1801, ▶ Schnegel, ▶ Egelschnecken, Familie der ▶ Limacoida, ▶ Nacktschnecken, deren

Schale als asymmetrischer Komplex im Körperinneren liegt. Der kleine, verdickte ▶ Mantel deckt schildartig den Vorderrücken. In Mitteleuropa leben ▶ *Bielzia*, ▶ *Lehmannia* und ▶ *Limax*.

Limacina Bosc 1817, Gattung der ▶ Limacinidae, ▶ Hinterkiemerschnecken mit kleinem, äußerem Gehäuse und ▶ Operculum.

Limacinidae (syn. ▶ Spiratellidae), ▶ Flügelschnecken i. e. S., Familie der ▶ Thecosomata mit äußerem, spiralig gewundenem, genabeltem Gehäuse und mit ▶ Operculum. Augen und ▶ Kiemen fehlen, der rechte ▶ Fühler ist größer als der linke. Acht kosmopolitische Arten, oft in Schwärmen, die Fischen und Walen als Nahrung dienen. Siehe ▶ Walaat.

Limacoida Bouchet & Rocroi 2005, Gruppe der ▶ Stylommatophora, ca. 19 Familien umfassend, darunter 11 auch in Mitteleuropa vorkommende: ▶ Agriolimacidae, ▶ Ariolimacidae, ▶ Arionidae, ▶ Boettgerillidae, ▶ Euconulidae, ▶ Gastrodontidae, ▶ Limacidae, ▶ Milacidae, ▶ Oxychilidae, ▶ Vitrinidae und ▶ Zonitidae. Viele Arten dieser Gruppe haben ein zartes oder reduziertes Gehäuse (▶ „Nacktschnecken“).

Limacus Lehmann 1864, Gattung der ▶ Limacidae, in Süd- und Westeuropa vertreten mit dem ▶ Bierschnegel, *L. flavus* (Linnaeus 1758), der in Gärten und feuchten Kellern vorkommt.

Limapontia Johnston 1836, Gattung der Limapontiidae, ▶ Lanzettschnecken (▶ Sacoglossa), herbivore ▶ Hinterkiemer ohne ▶ Kiemen und Rückenanhänge und mit reduzierten ▶ Rhinophoren. In Felstümpeln und auf Salzwiesen der europäischen Küsten leben 3 Arten.

Limax Linnaeus 1758, ▶ Schnegel s. l., Gattung der ▶ Limacidae mit großen bis sehr großen Arten. In Mitteleuropa kann der Schwarze Schnegel, *L. cinereoniger* Wolf 1803, ausnahmsweise bis 30 cm lang werden und ist damit hier die größte Nacktschnecke, gefolgt vom Großen Schnegel oder ▶ Tigerschnegel, *L. maximus* Linnaeus 1758 (bis 20 cm lang).

Limidae, ▶ Feilenmuscheln, Familie der ▶ Pteriomorpha, Muscheln, deren augentragender roter ▶ Mantelrand zu langen Fortsätzen ausgezogen ist. Ähnlich wie ▶ Kammmuscheln können sie schwimmen, am Boden bauen einige Arten „Nester“, indem sie kleine Steine, Seegras und ▶ Schill zusammenschieben und mit ihrem ▶ Byssus befestigen. Die etwa 4 cm lange *Lima hians* (Gmelin 1791) lebt vor allem im Mittelmeer.

Limnaea, veraltet für ▶ *Lymnaea*.

Limnaea-Meer, Entwicklungsphase der Ostsee in der Nacheiszeit, gekennzeichnet durch Aussüßung und Auftreten von *Limnaea ovata,* heute: *Lymnaea ovata* (Draparnaud 1805). Vorangegangen war das (salzige) Littorina-Meer und gefolgt wurde das L. durch das (salzigere) Mya-Meer.

limnisch, auf ▶ Süßwasser bezogen.

Limopsis Sassi 1827, Gattung der Limopsidae, kosmopolitische Meeresmuscheln mit kleiner, ovaler Schale mit Borsten; leben überwiegend im tiefen und kalten Wasser.

Lingah, Handelsname für die Schalen von ▶ *Pinctada vulgaris* Schumacher 1817.

Linksnadel, ▶ *Monophorus*.

Linnaeus, Carolus, nach 1762 Carl von Linné, schwedischer Naturforscher (1707–1778), begründete die im Prinzip bis heute gültige ▶ Klassifikation des Organismenreichs und die binäre Nomenklatur. Die 10. Auflage seines „Systema naturae“ von 1758 wurde zur Basis der biologischen ▶ Nomenklatur, und zahlreiche Gattungen und Arten tragen seinen als Autorennamen.

Linse, (lat. Lens oculi), lichtdurchlässiger und lichtbrechender Körper im Auge in rundlich-abgeflachter Form, auch bei ▶Mollusca in vielen Lichtsinnesorganen zu finden. Die Brennweite der Linse liegt bei *Helix pomatia* bei 180 µm, der kleinste noch trennbare Winkelabstand 4,5 °.

Linsenauge, auch bei höheren ▶Mollusca vorkommender Augentyp, der durch die Ausbildung einer ▶Linse gekennzeichnet ist. Diese hat mindestens eine gewölbte Seitenfläche, so dass Lichtstrahlen gebrochen werden. Hochentwickelte L.n finden sich bei ▶Gastropoda, insbesondere ▶Pulmonata, und bei den Höheren ▶Cephalopoda.

Linsenmuscheln, die Arten der Gattung ▶*Mysella*.

Lippen, (auch: Labien), im Allgemeinen wulstige Umgrenzungen der Mundöffnung, besonders intensiv mit Tast- und Chemorezeptoren ausgestattet. Innerhalb der ▶Mollusca sind deutliche L. bei den ▶Monoplacophora sowie bei ▶Bivalvia und ▶Gastropoda ausgebildet. Bei den beiden letztgenannten Gruppen können sie seitlich zu großen, fühlerartigen ▶Labialpalpen ausgezogen sein.

Lippendrüse, unpaare, vordere ▶Fußdrüse der Schnecken.

Lippensegel, (auch: Lippentaster), aus der Oberlippe der ▶Pulmonata hervorgegangene, paarige Gewebslappen, die als Taster dienen.

Lithodesma, ein Kalkstück im ▶Ligament mancher Muscheln (z. B. ▶Lyonsiidae, ▶Thraciidae).

Lithoglyphus C. Pfeiffer 1828, ▶Flusssteinkleber, Gattung der Lithoglyphidae (Rissooidea), im ▶Süßwasser lebende ▶Wattschnecken mit kugelig-kegeligem Gehäuse. Die einzige, ursprünglich pontische Art in langsam strömenden Flüssen Mitteleuropas ist *L. naticoides* (C. Pfeiffer 1828).

Lithophaga Röding 1798, ▶Steindattel, ▶Meerdattel, Gattung der ▶Mytilidae, etwa walzenförmige Muscheln wärmerer Meere, die sich mit Hilfe eines sauren Sekrets einer Drüse am vorderen ▶Mantelrand in Kalkgestein einbohren können. Berühmt geworden ist *L. lithophaga* Linnaeus 1758, die in Säulen eines Tempels in Pozzuoli bei Neapel in 7 m Höhe nachgewiesen wurde und so den früheren Wasserstand markiert hat.

Littoridina Eydoux & Souleyet 1852, Gattung der Cochliopidae (Rissooidea), kleine Schnecken im Süß- und ▶Brackwasser des südöstlichen Nordamerika.

Littorina Férussac 1822, ▶Strandschnecken, Gattung der ▶Littorinidae, mit 4 Arten in der Nordsee vertreten. Am häufigsten ist *L. littorea* (Linnaeus 1758), weitere Arten sind *L. fabalis* (Turton 1825), *L. obtusata* (Linnaeus 1758) und *L. saxatilis* (Olivi 1792).

Littorinidae, ▶Strandschnecken, Familie der ▶Littorinoidea, weitverbreitete, marine Schnecken mit etwa 100 Arten, meist an Felsküsten, wo sie vom Algenbewuchs leben. Getrenntgeschlechtliche Tiere mit ▶Sexualdimorphismus, die sich meist über planktische ▶Veliger entwickeln. In der südlichen Nordsee sind sie durch ▶*Littorina* und ▶*Melarhaphe* vertreten.

Lobenlinie, Sutur, auf der Oberfläche fossil erhaltener Steinkerne von ▶Cephalopoda sichtbare Ansatzstellen der Septen am Gehäuse. Besonders bei den ▶Ammoniten kann die L. sehr kompliziert gefaltet erscheinen und stellt ein wichtiges Merkmal für die ▶phylogenetische Analyse dar.

Lobus, allgemein lappige Teile von Organen. Bei ▶ Cephalopoda werden damit bezeichnet: **1**) die Wellentäler in der ▶ Lobenlinie; **2**) Nervenstränge bei den ▶ Nautilidae, speziell des „Gehirns“ im Bereich der Seh- (l. opticus) und Riechzentren (l. olfactorius).

Lobus magnocellularis, Nervenstrang der ▶ Nautilidae, entstanden durch Verschmelzung des ▶ Pedalstrangs mit den Pleurovisceralsträngen.

Lochauge, (auch: Lochkamera-Auge, Blasenauge), einfach gebautes Auge der ▶ Nautilidae, das nach dem Prinzip der Camera obscura arbeitet und weder über ▶ Linsen noch ▶ Glaskörper verfügt. Siehe ▶ myopsid, ▶ oegopsid.

Löcherkraken, ▶ Tremoctopodidae.

Lochschnecken, (auch: Lochnapfschnecken), ▶ Fissurellidae.

Löffel, ▶ Endorgan.

Löffelwandermuschel, Dreiecksmuschel, ▶ *Congeria*.

Loliginidae, ▶ Kalmare s. s., ▶ Schließaugenkalmare, Familie der ▶ Myopsida, ▶ Kopffüßer von schlanker Körperform, ausdauernde und schnelle Schwimmer, die oft in Schwärmen („Schulen“) auftreten. Ihre ▶ Arme haben ▶ Saugnäpfe ohne Haken, ihre ▶ Flossen inserieren in der hinteren Mantelhälfte. Das Auge ist ▶ myopsid mit geschlossener ▶ Cornea. Der ▶ Gladius ist federförmig. Bei manchen Arten liegt ein Paar ▶ Leuchtorgane auf dem ▶ Tintenbeutel. Der linke Ventralarm der Männchen ist ▶ hectocotylisiert. Beim Weibchen ist nur der linke Eileiter ausgebildet. Die gallertigen Eier werden in Schläuchen am Boden abgelegt, und es entwickeln sich daraus ▶ pelagische Larven. Von den 7 Gattungen sind ▶ *Loligo* und ▶ *Alloteuthis* die bestbekannten.

Loligo LAMARCK 1798, Gattung der ▶ Loliginidae, weitverbreitete ▶ Kopffüßer, einige sehr groß (90 cm Mantellänge). An den europäischen Küsten leben die Nordischen ▶ Kalmare, *L. forbesi* STEENSTRUP 1856 (bis 75 cm Mantellänge), und die Gemeinen ▶ Kalmare, *L. vulgaris* LAMARCK 1798 (Mantellänge 50 cm), die im Sommer auch in die westliche Ostsee eindringen. Alle Arten werden gefangen, in besonders großen Mengen auch der Langflossenkalmar oder Nordamerikanische Kalmar, *L. pealei* LESUEUR 1821.

Lopha RÖDING 1798, ▶ Hahnenkammauster, Hahnenkammmuschel, Gattung der ▶ Ostreidae, die mit wenigen Arten in warmen Meeren lebt. *L. cristagalli* (LINNAEUS 1758) aus dem Indopazifik hält sich mit Stacheln der unten liegenden ▶ Klappe an Korallen oder anderen Hartsubstraten fest.

Lora, jetzt ▶ *Oenopota*.

Loricata, ▶ Polyplacophora.

lotisch, ein Flachwassergebiet, das intensiver Wasserbewegung ausgesetzt und dadurch in der Regel sauerstoffreicher als weniger bewegtes Wasser ist.

Lottia GRAY 1833, Gattung der Lottiidae (Patellina), ▶ Schildkrötenschnecken s. l., Meeresschnecken mit napfförmigem Gehäuse ohne ▶ Operculum. Die mit 7 cm Schalenlänge größte Art, *L. gigantea* (SOWERBY 1834) lebt an der pazifischen Küste von Nord- und Mittelamerika.

Lovénsche Larve, frühere Bezeichnung für die ▶ Trochophora.

Luciferase, ▶ Biolumineszenz.

Luciferin, ▶ Biolumineszenz.

Lucina BRUGUIÈRE 1797, Gattung der ▶ Lucinidae, Meeresmuscheln mit rundlichen, konzentrisch gestreiften Klappen, über die vom ▶ Wirbel eine Furche zum Ventralrand verläuft. Die zugehörigen Arten leben auf Weichböden warmer und tropischer Meere.

Lucinella MONTEROSATO 1883, Gattung der ▶ Lucinidae, mit *L. divaricata*

(LINNAEUS 1758). Diese Muschel lebt im O-Atlantik, Mittelmeer, Schwarzen Meer, leere Schalen finden sich bei Helgoland.

Lucinidae, Familie der ► Veneroida, kleine, weitverbreitete Muscheln mit gerundeten Klappen. Die Scharnierzähne sind oft reduziert. ► *Lucina*, ► *Lucinella*, ► *Lucinoma*, ► *Phacoides*.

Lucinoma DALL 1901, Gattung der ► Lucinidae, mit *L. borealis* (LINNAEUS 1767), Muschel, die im O-Atlantik lebt. Bei Helgoland nur leere Schalen.

Lunatia GRAY 1847, frühere Gattung der ► Naticidae (Naticoidea), ► Bohrschnecken. Siehe ► *Euspira*.

Lungenhöhle (Abb. 17), Atemhöhle, bei permanent oder temporär luftatmenden Schnecken die umgewandelte ► Mantelhöhle, deren Wand von zahlreichen Blutbahnen durchzogen wird. Eine gemäßigte Form von L. tritt bei amphibisch lebenden Schnecken auf, die noch ► Kiemen haben, aber vorübergehend Luft atmen (z. B. ► *Littorina*). Bei ► Ampullariidae ist der linke ► Mantelrand zu einem langen ► Inhalationssipho ausgezogen, durch den Luft in die ► Mantelhöhle gelangt. Bei ► *Marisa* ist die weit zu öffnende ► Mantelhöhle unvollständig in eine linke ► Lungenkammer und eine rechte Kiemenkammer unterteilt. Die L. ist für die ► Pulmonata typisch.

Lungenkammer, ► Lungenhöhle.

Lungenschnecken, die ► Pulmonata.

Lunula, auf der Dorsalseite der Muschelschale vor den ► Wirbeln gelegenes Feld. Vgl. ► Area.

Lüster, auf die Feinstruktur zurückzuführender, typischer Glanz der ► Perlen (Interferenz an dünnen Schichten).

Lutraria LAMARCK 1799, Gattung der ► Mactridae mit der ► Ottermuschel, *L. lutraria* (LINNAEUS 1758), die sich im Angespül auch der Nordsee findet.

Lycoteuthidae, Familie der ► Oegopsida, überwiegend kleine ► Kopffüßer mit muskulösem ► Mantel und zahlreichen (bis über 100) Leuchtorganen verschiedener Farbe. Zu den L. gehören 4 Genera mit 5 Arten in mittleren Tiefen tropischer und subtropischer Meere.

Lycoteuthis PFEFFER 1900, Gattung der ► Lycoteuthidae mit der ► Wunderlampe, *L. diadema* (CHUN 1900), vor allem in den Tiefen (bis 3000m) der Südhalbkugel lebender, kleiner ► Kalmar mit zylindrischem, muskulösem ► Mantel. Das etwa 8 cm lange Weibchen trägt 22 ► Leuchtorgane in 10 verschiedenen Bautypen und 4 Farben. Die Männchen haben weitere ► Leuchtorgane.

Lymnaea LAMARCK 1799, Gattung der ► Lymnaeidae, möglicherweise eine Sammelgruppe mehrerer Arten. Weit verbreitet und häufig ist in Mitteleuropa die Spitzhornschnecke *L. stagnalis* (LINNAEUS 1758).

Lymnaeidae RAFINESQUE 1815, ► Schlammschnecken, Familie der ► Hygrophila, weltweit verbreitete, relativ große ► Süßwasserschnecken, die zum Atmen an die Wasseroberfläche kommen. Die zur ► Lungenhöhle umfunktionierte ► Mantelhöhle füllt den letzten ► Umgang aus. ► Kiemen sind nicht ausgebildet. Die Arten von ► *Galba*, ► *Lymnaea*, ► *Myxas*, ► *Omphiscola*, ► *Radix* und ► *Stagnicola* sind in mitteleuropäischen Gewässern verbreitet.

Lyonsiidae, Familie der ► Pandoroidea, in der Nordsee bisher nur leere Klappen von *Lyonsia norvegica* (GMELIN 1791) nachgewiesen.

Lyria GRAY 1847, Gattung der ► Volutidae, ► Walzenschnecken.

Lyrodus GOULD in BINNEY 1870, Gattung der ► Teredinidae mit ca. 6 Arten in warmen Meeren, ► Bohrmuscheln.

Macgillivrayia, ▶ pelagische, langbeborstete ▶ Larve von ▶ *Tonna*-Arten.

macha, in Chile üblicher Trivialname für Muscheln der Familie ▶ Mesodesmatidae.

Macoma LEACH 1819, Gattung der ▶ Tellinidae mit gerundet dreieckiger, hinten schmälerer Schale. Die ▶ Mantelbucht ist tief, auf rechter und linker ▶ Klappe unterschiedlich. Die Schalenoberfläche kann auffallend farbig mit konzentrischen Bändern sein. Die Baltische Plattmuschel oder Rote Bohne, *M. balthica* (LINNAEUS 1758), kommt im O-Atlantik, dem Wattenmeer der Nordsee und bis zum Bottnischen Meerbusen vor. Sie ist Leitform einer nach ihr benannten ▶ Zönose. Im ▶ Brackwasser bleibt sie kleiner und hat dünnere Schalen. Die Kalkweiße Plattmuschel, *M. calcarea* (GMELIN 1791) hat dickere, stumpfweiße Schalen, ist zirkumpolar und dringt bis in die Danziger Bucht vor.

Macraesthet, (auch: Makraesthet, Makrästhet), bei den ▶ Polyplacophora aus mehreren Zellen bestehender Sinnesfortsatz am Ende von Ausläufern des Mantelepithels, welche das ▶ Tegmentum durchziehen. Jeder M. wird von 6–30 einzelligen Mikrästheten umgeben und bildet bei einigen tropischen Arten ▶ Schalenaugen.

Macrogastra HARTMANN 1841, Gattung der ▶ Clausiliidae, ▶ Schließmundschnecke, mit mehreren Arten in Mitteleuropa.

Macromeren, ▶ Makromeren.

Mactra LINNAEUS 1767, ▶ Trogmuschel, Gattung der ▶ Mactridae. Auf Sand- und Weichböden auch der Nordsee lebt das ▶ Strahlenkörbchen, *M. stultorum* (LINNAEUS 1758) (syn. *M. cinerea* MONTAGU 1808), dessen deutscher Name auf die häufig ausgebildeten radialen, bräunlichen Bänder der Schalenoberfläche zurückzuführen ist.

Mactridae, ▶ Trogmuscheln, Familie der ▶ Veneroida, Muscheln mit stabilen, gleichklappigen Schalen und fast gleichen ▶ Schließmuskeln. Unter dem ▶ Wirbel liegt ein ▶ Schließknorpel in einer Grube. Die ▶ Siphonen verwachsen bei einigen Arten. In O-Atlantik und Nordsee leben Arten von ▶ *Lutraria*, ▶ *Mactra* und ▶ *Spisula*. Im Einzelnen sind es die Festen, Ovalen oder Dickschaligen Trogmuscheln, ▶ *Spisula solida* (LINNAEUS 1758), die Dreieckigen oder Abgestutzten Trogmuscheln, *S. subtruncata* (DA COSTA 1778), und die Gemeinen Trogmuscheln oder ▶ Strahlenkörbchen, ▶ *Mactra stultorum*.

Macula acustica, leistenförmiger Träger des Sinnesepithels in den ▶ Statocysten der ▶ Cephalopoda. Ihr Sinnesepithel vermittelt die Lage im Schwerefeld. Vgl. ▶ Crista acustica.

Magellanmuschel, Gerippte Muschel, cholga, *Aulacomya ater* MOLINA 1782 (auch *A. magellanicus* CHEMNITZ 1785), an den Küsten von Peru, Chile und Argentinien meist auf Sandböden lebende, einer Miesmuschel ähnliche Art der ▶ Mytilidae. Sie wird etwa 10 cm lang; beim Trocknen platzt das ▶ Periostracum ab. Die wirtschaftlich genutzte Muschel wurde in europäische Meere verschleppt und 1994 erstmals im Moray Firth/Schottland nachgewiesen.

Magen (Abb. 31, 32, Tafel IV, Tafel V, Tafel VI, Tafel VII), Teil des Verdauungstraktes, zwischen ▶ Oesophagus und ▶ Darm gelegen. Von ihm gehen bei den ▶ Mollusca die ▶ Mitteldarmdrüsen aus, die das eigentliche Zentrum der Verdauung sind und daher viel Raum beanspruchen. Bei vielen Muscheln und Schnecken wird in einer Magentasche ein enzymhaltiger ▶ Kristallstiel ausgebildet, dem

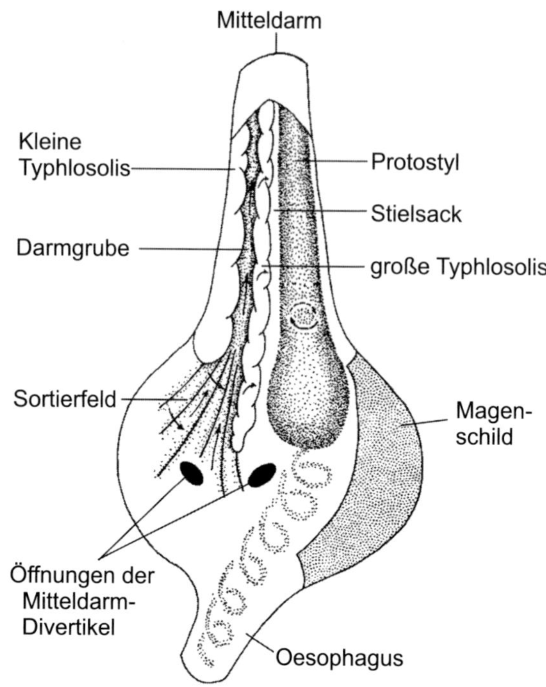

Abb. 31. ▶ Magen einer Schnecke, vereinfacht.

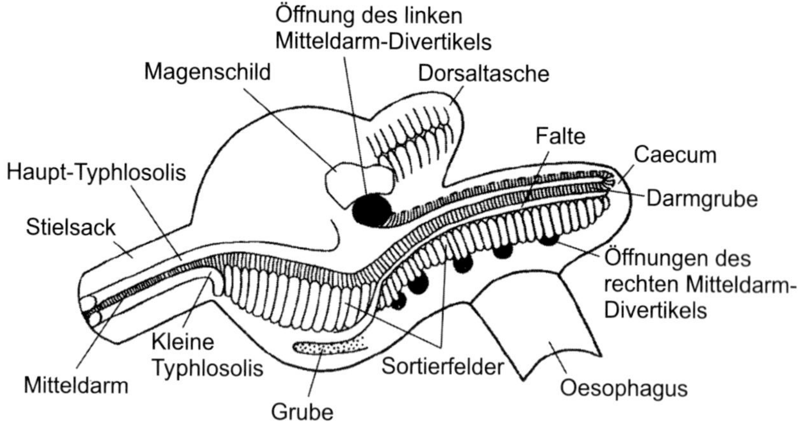

Abb. 32. ▶ Magen einer Muschel, vereinfacht.

ein ► Magenschild gegenüberliegen kann.

Magendivertikel, bei Muscheln ein System verzweigter Gänge, in denen extra- und intrazellulär verdaut wird.

Magenschild (Abb. 31, 32), bei Muscheln ein fester, der Spitze des ► Kristallstiels gegenüberliegender Teil der Magenwand, der von den ► Mikrovilli der Epithelzellen und einer dazwischenliegenden Matrix aus chitinähnlichen Verbindungen und Enzymen besteht. Der M. schützt die Magenwand vor groben Nahrungspartikeln und der rotierenden Spitze des ► Kristallstiels.

Magnapinnidae, ► Großflossenkalmare, Familie der ► Oegopsida mit der einzigen Gattung *Magnapinna* VECCHIONE & R. E. YOUNG 1998. Die Artabgrenzung ist unklar, da bisher nur Juvenile bekannt sind. Diese haben sehr große, flügelartige und miteinander verschmolzene ► Flossen. *M. pacifica* VECCHIONE & YOUNG 1998 wurde in Gewässern vor Kalifornien und Hawaii gefunden, *M. atlantica* VECCHIONE & YOUNG 2006 im Golf von Mexiko und bei den Azoren.

Magnetit, $Fe_2O_3.FeO$, für die Bildung der Radulazähne wichtiges Material, das in das organische Grundgerüst aus fibrillären Eiweißen in Kristallitform eingelagert wird und den Zahn härtet. Aktuell wird vermutet, dass es auch eine Rolle bei der Orientierung im Erdmagnetfeld spielt.

Makraestheten, ► Macraesthet.

Makromeren, im Verlauf der ► Furchung bei den ► Spiralia (also auch ► Mollusca) auftretende, am vegetativen Pol gelegene Furchungszellen, die sich von den am animalen Pol liegenden, kleineren ► Mikromeren u. a. in der Größe und im Dottergehalt unterscheiden. ► Spiralfurchung.

Malacolimax MALM 1868, Gattung der ► Limacidae, in Nord- und Mitteleuropa vertreten durch den ► Pilzschnegel, *M. tenellus* (O. F. MÜLLER 1774), eine bis 5 cm lange, gelblich-transparente Nacktschnecke mit hinten gekieltem Rücken, die in Wäldern an Pilzen, Algen und Flechten frisst.

Malacozoa DE BLAINVILLE 1825, ► Weichtiere, jetzt ► Mollusca CUVIER 1795. Von dem heute nicht mehr gebräuchlichen Terminus M. leiten sich Begriffe wie ► Malakozoologie und verkürzt Malakologie für die Weichtierkunde ab.

Malaita-Geld, früher auf den Salomonen als Zahlungsmittel genutzte Schalenscheibchen einiger Muschelarten (*Arca, Chama, Pinna*).

Malakia, von Aristoteles um 340 v. Chr. benutzte Bezeichnung für die ► Cephalopoda.

Malakophile, Pflanzen, deren Blüten durch Mollusken bestäubt werden.

Malakozoologie, (auch: Malakologie), die Weichtierkunde; ► Mollusca, ► Conchologie.

Malermuschel, ► *Unio pictorum*.

Malleidae, ► Hammermuscheln, Familie der ► Pterioidea mit unregelmäßig wachsendem Gehäuse: Etwa 15 Arten der Genera *Malleus* LAMARCK 1799 und ► *Vulsella* RÖDING 1798 in tropischen Meeren. Die Schwarze Hammermuschel, *Malleus malleus* (LINNAEUS 1758), erhält ihre typische Hammerform durch den nach vorn und nach hinten verlängerten Scharnierrand.

Mandibeln (Abb. 27), die festen, verkehrtpapageischnabelähnlichen ► Kiefer der ► Cephalopoda. Sie sind in vielen Fällen so gruppencharakteristisch, dass sie die Identifizierung ihres Erzeugers bis zur ► Art erlauben.

Mangelia RISSO 1826, Gattung der ► Conidae (Conoidea), mit eispindelförmigem Gehäuse. Im Mittelmeer auf

Weichböden zwei Arten, die sich über ▶ Konkrement-▶ Veliger entwickeln.

Mangroveschnecken, mehrere Arten von Schnecken, deren typischer ▶ Lebensraum die Mangrove ist, in deren Bereich einige Spezies aus dem Wasser heraufsteigen. Es sind vor allem ▶ *Littorina*-Arten wie *angulifera* (LAMARCK 1822), *fasciata* GRAY 1839, *melanostoma* GRAY 1839, *scabra* LINNAEUS 1758 und *zebra* DONOVAN 1825, aber auch *Nerita tesselata* GMELIN 1791, *Acmaea antillarum* SOWERBY 1831, *Nassarius vibex* (T. SAY 1822) und *Cymatium pileare* (LINNAEUS 1758).

Mantel (Abb. 17, Tafel VII), (lat. ▶ Pallium), spezialisiertes Gewebe auf der Dorsalseite der ▶ Mollusca, das in bestimmten Bereichen härtendes Material ▶ sezernieren und damit die ▶ Schale bilden kann. Der M. enthält außer Bindegewebe Muskulatur, Schleimdrüsen, Pigmentzellen, Sinneszellen und Nerven und wird nach außen durch ein einschichtiges ▶ Epithel sowie gegen den ▶ Fuß durch die ▶ Mantelrinne abgegrenzt.

Mantelbucht, (auch: ▶ Pallialbucht), bei vielen ▶ Bivalvia von der ▶ Mantellinie hinten gebildete Einbuchtung, in welche die ▶ Siphonen zurückgezogen werden können. Muscheln mit einer M. sind sinupalliat, Muscheln ohne M. integripalliat.

Manteldrüsen, im ▶ Mantel gelegene Komplexe von Drüsenzellen bei vielen Muscheln. Ihr schleimiges Sekret erleichtert Bewegungen des Weichkörpers innerhalb der ▶ Schale, hilft bei der Reinigung der ▶ Mantelhöhle, fängt und transportiert Nahrungspartikeln. Röhrenbauende Muscheln kleiden die Wand ihrer Röhre mit dem ▶ Schleim aus.

Mantelhöhle (Abb. 2, 17, 28, Tafel VI), ein erweiterter Abschnitt der ▶ Mantelrinne der ▶ Mollusca, in den Enddarm, Nieren und ▶ Gonaden einmünden. Die M. enthält bei wasserlebenden Arten die ▶ Kiemen, bei Luftatmern wird sie zur ▶ Lungenhöhle.

Mantel-Isthmus, bei Muscheln die dorsomediane Gewebsbrücke zwischen linker und rechter ▶ Klappe, welche nach außen hin das ▶ Scharnierband (▶ Ligament) bildet.

Mantelkomplex, (auch: ▶ Pallialkomplex), die Gesamtheit der Organe, die bei den ▶ Mollusca in der ▶ Mantelhöhle liegen (▶ Kiemen, Anus, ▶ Hypobranchialdrüsen, ▶ Osphradien und die Öffnungen der Exkretions- und Genitalorgane).

Mantellinie, bei ▶ Bivalvia die Ansatzstelle der Muskeln der Innenfalte des ▶ Mantelrandes an der Schaleninnenseite. An diesen Ansatzstellen ist die Kristallstruktur anders als im übrigen Schalenbereich. Vgl. ▶ Myostracum, ▶ Integripalliata, ▶ Sinupalliata.

Mantelrand, distaler Bereich des ▶ Mantels, wesentlich an der Erzeugung der ▶ Schale beteiligt und insbesondere bei Muscheln hoch differenziert. Hier bildet er in der Regel drei Randfalten (▶ Marginalfalten) unterschiedlicher Funktion: die äußere ist schalenerzeugend, die mittlere sensorisch und die innere muskulös.

Mantelrandkiemen, ▶ Cyclobranchien, ▶ Kranzkiemen.

Mantelrandmuskeln, Gesamtheit der im Mantelrandbereich gelegenen Muskeln, die nicht nur Bewegungen des ▶ Mantelrandes ermöglichen, sondern auch die feste Verbindung zur ▶ Schale herstellen. ▶ Mantelrand.

Mantelrinne, Furche zwischen dem ▶ Mantelrand und dem ▶ Fuß, die sich (ursprünglich hinten) zur ▶ Mantelhöhle erweitert.

Mantelschlitz, langgestreckte Öffnung im ▶ Mantel einiger ursprünglicher

▶ Gastropoda, in welcher der Anus rückverlagert wird (▶ Schalenschlitz). Aus dem M. ging durch partielle Verwachsung der Mantelränder in einigen Taxa (▶ *Haliotis*) eine Lochreihe hervor.

Mantelschnecke, ▶ *Myxas*.

Mantelwulst (Tafel IV), allgemein eine wulstige Gewebeverdickung am ▶ Mantelrand der ▶ Mollusca, meist reich an Schleimzellen. Bei Muscheln wird als M. (oder ▶ Velum) die muskulöse innere Mantelrandfalte bezeichnet, die den Wasserdurchstrom durch die ▶ Mantelhöhle reguliert, bzw. bei manchen schwimmfähigen Muscheln auch die Ausstoßrichtung des Wassers bestimmt (▶ *Lima*, ▶ *Pecten*).

Manus, zentraler Teil der ▶ Endkeule an den Fangarmen der ▶ Cephalopoda.

Manzonia Brusina 1870, Gattung der ▶ Rissoidae, ▶ Kleinschnecken, in der südlichen Nordsee durch *M. crassa* (Kanmacher 1798) vertreten.

Margaritifera Schumacher 1816, Gattung der ▶ Margaritiferidae, ▶ Flussperlmuscheln, Blattkiemenmuscheln mit langgestreckten, vorn gerundeten, dickwandigen Schalen, deren Innenschichten aus ▶ Perlmutter bestehen. *M. margaritifera* (Linnaeus 1758) kann ▶ Perlen von hohem Handelswert bilden, deren Nutzung früher landesherrliches Regal war. Die ▶ Entwicklung verläuft über ▶ Glochidien, die sich in den ▶ Kiemen bachbewohnender Fische festsetzen. Die Perlmuschel hat eine Lebenserwartung von 60–80 Jahren; früher in kalkarmen Bächen Nordamerikas und Eurasiens relativ häufig, ist sie jetzt vom Aussterben bedroht und unterliegt der ▶ BArtSchV.

Margaritiferidae, Süßwasser-Perlmuscheln, Familie der ▶ Unionoidea mit kräftigen, langgestreckten Schalenklappen, die von schwarzem, stumpfem ▶ Periostracum überzogen sind. Die niedrigen ▶ Wirbel sind meist korrodiert. Die Schaleninnenseite wird von ▶ Perlmutter gebildet, aus der wertvolle ▶ Perlen erzeugt werden können. Hierher gehören etwa 10 Arten, die meisten im Genus ▶ *Margaritifera*.

Marginalfalten (Abb. 42), ▶ Mantelrand.

Marginella-Geld, früher in Westafrika als Zahlungsmittel verwendete Gehäuse der ▶ Randschnecken (▶ Marginellidae).

Marginellidae, ▶ Randschnecken, Familie der Muricoidea mit über 500 Arten, meist in tropischen und subtropischen Meeren und unter 1 cm hoch. Die Mantellappen umhüllen das Gehäuse und bilden einen langen ▶ Sipho. Auf der ▶ Radula sind nur die Zentralzähne ausgebildet, mit deren Hilfe sie andere Wirbellose aussaugen. Verbreitete Genera sind *Marginella* Lamarck 1799 und ▶ *Persicula* Schumacher 1817.

Marisa Gray 1824, Gattung der ▶ Ampullariidae (Viviparoidea). *M. cornuarietis* (Linnaeus 1758) mit scheibenförmigem Gehäuse bis etwa 3 cm Durchmesser aus dem nördlichen Südamerika, bei Aquarianern als „Paradiesschnecke“ beliebt. Sie ernährt sich von Pflanzen und Aas.

mariscos, in spanischsprachigen Ländern gebräuchlicher Ausdruck für essbare, marine Wirbellose, vor allem für Muscheln und Krebse.

Markstrang, Nervenbahn mit eingestreuten ▶ Perikaryen. Bei allen als basal bewerteten Gruppen der ▶ Mollusca: ▶ Pedalstränge der ursprünglichen ▶ Gastropoda, Visceralstränge protobrancher ▶ Bivalvia, ▶ Pedal- und ▶ Visceralkonnektive der ▶ Nautilidae.

Marmorkegel, *Conus marmoreus* Linnaeus 1758, Kegelschnecke mit dickschaligem, bis 13 cm hohem Gehäuse, das auf weißem Grund ein dunkles, netzartiges Muster trägt; lebt in Korallenriffen des Indopazifik von anderen ▶ Kegelschnecken.

Marmorkreisel, ▶ *Turbo marmoratus* LINNAEUS 1758, Turbanschnecke mit festem Gehäuse bis 28 cm Höhe, letzter ▶ Umgang geschultert. Die innen perlmuttrige ▶ Mündung ist durch ein ▶ Operculum (▶ „Katzenauge") verschließbar.

Marstoniopsis VAN REGTEREN ALTENA 1936, Gattung der ▶ Hydrobiidae, kleine Schnecken stehender Gewässer mit getürmt-kegelförmigem Gehäuse von etwa 3 mm Höhe und schräg abgestutztem ▶ Apex. Sie leben in Seen Nord- und Mitteleuropas und sind in Deutschland vom Aussterben bedroht.

Marsupium, Bruttasche, Brutbeutel, ▶ Brutraum.

Martesia SOWERBY 1824, Gattung der ▶ Bohrmuscheln (▶ Pholadidae), in warmen Meeren.

Maskenschnecke, Trivialname für ▶ *Causa* und ▶ *Isognomostoma*.

Massenvermehrung, starke Erhöhung der Populationsdichte einer Art nach Verbesserung der Lebensbedingungen, z. B. des Nahrungsangebots oder der Temperaturen. Besonders auffällig ist die M. pflanzenfressender ▶ Landlungenschnecken, wenn sie als Nahrungskonkurrenten des Menschen in Gärten und auf Äckern auftreten („Schadschnecken": z. B. einige Arten von ▶ *Arion* und ▶ *Deroceras*).

Mastigoteuthidae, ▶ Peitschenschnurkalmare, Familie der ▶ Oegopsida, bis 1 m lange, doch meist kleinere ▶ Kopffüßer mit nach hinten spitz zulaufendem ▶ Mantel. Das 4. Armpaar ist länger als die übrigen, es enthält „Auftriebskammern" mit NH_4Cl-Lösung. Die ▶ Fangarme übertreffen ein Mehrfaches der Mantellänge. Einige der etwa 20 Arten (2 Gattungen) haben ▶ Leuchtorgane, keine bildet einen ▶ Hectocotylus. Sie leben in Tiefen bis 1.000 m, treiben über den Meeresboden und fangen kleine Crustacea.

Mathildidae, Familie der ▶ Mathildoidea, in der ▶ Tiefsee weitverbreitete Schnecken mit turmförmigem Gehäuse.

Maulbeerschnecke, ▶ *Morula*.

Mausohrschnecken, (auch: Mäuseöhrchen), ▶ *Myosotella*.

Meerbohne, volkstümliche Bezeichnung für die dicken ▶ Opercula von ▶ *Turbo* u. a.

Meerdattel, ▶ Steindattel, ▶ *Lithophaga*.

Meernabel, ▶ Umbilicus marinus, früher als Schmuck oder Amulett verwendetes ▶ Operculum von ▶ *Turbo*.

Meerohren, ▶ Haliotidae.

Meerohren, Falsche, ▶ Weitmundschnecken, ▶ Stomatellidae.

Megameren, ▶ Makromeren besonderer Größe, wie sie in der ▶ Entwicklung vieler ▶ Gastropoda auftreten.

Melampus MONTFORT 1810, Gattung der ▶ Ellobiidae in warmen Meeren.

Melanella BOWDICH 1822, Gattung der ▶ Eulimidae, in der südlichen Nordsee vertreten durch *M. alba* (DA COSTA 1778) und *M. lubrica* (MONTEROSATO 1890), die ektoparasitisch an Stachelhäutern leben.

Melanoides OLIVIER 1804, Gattung der ▶ Thiaridae, mit der bei Aquarianern beliebten ▶ Nadel-Kronenschnecke, *M. tuberculata* (O. F. MÜLLER 1774). Ursprünglich in den tropischen ▶ Süß- und ▶ Brackwassern Ostafrikas und Südostasiens beheimatet, ist sie mittlerweile weltweit im warmen Wasser verbreitet. Dabei kommt ihr zustatten, dass sie ▶ parthenogenetisch und ▶ vivipar ist.

Melanopsidae, Familie der ▶ Cerithioidea, in Süßgewässern der Tropen und Subtropen verbreitete, kleine Schnecken. *Melanopsis* FÉRUSSAC 1807 lebt mit wenigen Arten im Bereich von Donau und Schwarzem Meer.

Melarhaphe MENKE 1828, Gattung der ► Littorinidae, Zwergstrandschnecke.

Meleagrina LAMARCK 1819, veraltetes Synonym von ► *Pinctada* (► Pteriidae).

Melongenidae, ► Kronenschnecken, ► Riesenschnecken, ► Treppenschnecken, Familie der ► Buccinoidea mit bis zu 60 cm hohem Gehäuse (die indopazifische ► *Pugilina* SCHUMACHER 1807, mit *P. proboscidifera* LAMARCK 1841, in Flachgebieten tropischer Meere auf Sand und Schlamm). Sie leben ► carnivor und von Aas. Die häufigen Arten der mittelamerikanischen *Melongena* SCHUMACHER 1817 sind an ► Muschelkulturen schädlich. Zu den M. gehört die größte rezente Schnecke (mit bis zu 91 cm hohem Gehäuse) aus der Gattung ► *Syrinx* RÖDING 1798, die Australische Trompete, *S. aruanus* (LINNAEUS 1758). ► Turbinellidae.

Mentum, ► Kinn, verschmälerter, dorsaler Teil des Fußvorderrandes von Schnecken, durch eine Rinne vom ► ventralen Teil getrennt.

Merdigera HELD 1838, Kleine Turmschnecke, Gattung der ► Enidae, mit *M. obscura* (O. F. MÜLLER 1774), die in Mitteleuropa am Boden und an Bäumen und Felsen lebt und ihr bis etwa 1 cm hohes Gehäuse durch anklebende Erde tarnt.

Meretrix LAMARCK 1799, Gattung der ► Veneridae mit wenigen indopazifischen Arten, unter denen *M. meretrix* (LINNAEUS 1758) häufig ist.

merobranchiat, merobranchial, ► Polyplacophora, bei denen die ► Kiemen jederseits nur in der hinteren Hälfte der Kiemenfurche inserieren. Ggs.: ► holobranchiat.

Mesenchym, embryonales Bindegewebe, sternförmig verzweigte Zellen mit hoher Teilungsrate, die sich in viele verschiedene Gewebe entwickeln können.

Mesobiose, die Gesamtheit der Organismen, die Lückensysteme im Substrat bewohnen. Nach dessen Beschaffenheit sind zu unterscheiden: das Mesolithion im Gestein und das ► Mesopsammon im Sand; auf Weichböden fehlt diese Gemeinschaft verständlicherweise. Vgl. ► Endobiose, ► Epibiose.

Mesoderm, mittleres ► Keimblatt der dreiblättrigen Keimscheibe eines ► Embryoblasts.

Mesodermstreifen, besonders bei ► Mollusca (und Annelida) frühontogenetisch auftretende Gewebsstränge aus embryonalen Mesodermzellen beiderseits des Urdarms. In ihnen entstehen Spalten, die später Körperhohlräume bilden (► Schizocoelie), während aus den Streifen ► Mesenchym hervorgeht.

Mesodesmatidae, Familie der ► Veneroida, marine Muscheln mit meist dicken, ungleichklappigen Schalen. *Mesodesma* DESHAYES 1831 wird heute als Untergattung von *Paphies* LESSON 1831 gesehen. Diese lebt in Sanden der Gezeitenzone vor den Küsten von Südamerika, Südafrika, Australien und Neuseeland und kann sich sehr schnell eingraben. Weltweit werden mehrere Arten vom Menschen gegessen: in Neuseeland die „tua-tua" [*P. donacina* (SPENGLER 1793) und *P. subtriangulata* (WOOD 1828)] und die „toheroa" [*P. ventricosa* (GRAY 1843)], deren bis 12 cm lange Schalen in ► Kjökkenmöddingern gefunden wurden. Ebenso geschätzt sind die vor den Küsten Brasiliens, Uruguays und Argentiniens lebenden ► „mariscos" und „senambis" [*P. mactroides* (DESHAYES 1854)]. Auch auf chilenischen Märkten werden *P.*-Arten als ▶ „macha“ oder ▶ „conquihuen“ gehandelt, insbesondere die etwa 9 cm lang werdende *Paphies* (*Mesodesma*) *donacium* (LAMARCK 1818).

Mesogastropoda THIELE 1925, eine der drei Hauptgruppen von Thieles System der ▶ Vorderkiemerschnecken; umfasst Arten mit einseitig reduzierten ▶ Pallialorganen, meist ▶ taenioglosser ▶ Radula, ohne Perlmutterschicht im Gehäuseinneren.

mesohalin, Wasser mit mittlerem Salzgehalt von 18–3 ‰. Siehe ▶ Brackwasser.

Mesoplax, ▶ akzessorisches Schalenstück auf dem dorsad verlagerten ▶ Schließmuskel von ▶ Bohrmuscheln (▶ *Pholas, Teredo*). Vgl. ▶ Metaplax.

Mesopsammon, ▶ Interstitialfauna, Gesamtheit der Organismen im System der Sandlücken (Mesopsammal oder Interstitial), das besonders im Küstenbereich zahlreiche kleine Arten beherbergt, die interessante Anpassungen zeigen. Die Schnecken sind u. a. durch ▶ *Caecum glabrum* und *Microhedyle lactea* (▶ Parhedylidae) vertreten.

Mesostracum, die mittlere Schalenschicht der Muscheln. Sie liegt zwischen ▶ Ektostracum und ▶ Endostracum und tritt außerhalb der ▶ Mantellinie auf der Innenseite der ▶ Schale zutage. Sie ist Teil des ▶ Palliostracums.

Messermuscheln, ▶ Messerscheiden, ▶ Scheidenmuscheln, ▶ Schwertmuscheln, die ▶ Solenidae.

Messerscheiden, die ▶ Solenidae.

Mesurethra, unsicheres Taxon der ▶ Stylommatophora, deren Angehörige einen kurzen Harnleiter haben und deren Penis keinen langen Anhang aufweist. Früher wurden 5 Familien hierhergerechnet (Cerionidae, ▶ Clausiliidae, Dorcasiidae, Megaspiridae, Strophocheilidae), aktuell werden nur die Clausilioidea zu den M. gestellt.

Metaldehyd, CH_3CHO, ein polymerer Acetaldehyd, siehe ▶ Molluskizide.

Metamerie, Segmentierung, auf die paarige Anordnung der ▶ Coelomsäcke zurückgehende Untergliederung des Metazoenkörpers in sich gleichförmig wiederholende Abschnitte mit einer identischen Grundausstattung von Organsystemen; bei ▶ Mollusca ist keine M. nachweisbar.

Metaplax, akzessorische Schalenplatte bei ▶ *Pholas*.Sie bedeckt den Spalt zwischen den beiden Schalenklappen hinter dem ▶ Wirbel und wird nach vorn ergänzt durch ▶ Mesoplax und ▶ Protoplax. Alle drei Schalenstücke schützen den nach dorsal verlagerten vorderen ▶ Schließmuskel dieser ▶ Bohrmuscheln.

Metapodium, hinterer Abschnitt des Prosobranchier-Fußes, oft deutlich vom ▶ Propodium abgesetzt (z. B. ▶ Naticidae) und mit seitlich ansitzenden ▶ Parapodien ausgestattet (▶ Aplysiidae).

Metathorax, zylindrisch geformter Körperabschnitt der ▶ Caudofoveata, zwischen ▶ Prothorax und ▶ Abdomen gelegen.

Metatroch, mittlerer Wimperkranz der ▶ Veligerlarve.

Metazoa, vielzellige Tiere.

Methiocarb, $C_{11}H_{15}NO_2S$, siehe ▶ Molluskizide.

Micraesthet, (auch: Mikrästhet), in das ▶ Tegmentum der ▶ Polyplacophora eingebettete einzelne photorezeptorische Sinneszellen, die von Lateralsträngen innerviert werden. Oft gruppieren sie sich im Kranz um größere Sinneszellen und bilden dann einen ▶ Macraestheten.

Micropilina WARÉN 1989, Gattung der ▶ Monoplacophora, ▶ Urmützenschnecken.

Midasohr, *Ellobium aurismidae*, ▶ Ellobiidae, Küstenschnecken.

Miesmuscheln, ▶ Mytilidae, Familie der ▶ Pteriomorpha, Muscheln mit zugespitztem Vorderende, meist unter 10 cm lang, braun, blau oder schwarz, oft radial gestreift. ▶ Fuß und ▶ Byssus sind wohlentwickelt. Etwa 30 Gattungen mit 250 Arten, darunter die Essbaren M. oder ▶ Blaumuscheln, ▶ *Mytilus edulis*, die in der Gezeitenzone der nördlichen Halbkugel Bänke bilden. Sie filtrieren das Meerwasser (bei 14 °C etwa 1,5 l/h) und scheiden Sinkstoffe als ▶ Pseudofaeces aus. M. werden vom Menschen kultiviert und kommen in großen Mengen in den Handel.

Mikadotrochus LINDHOLM 1927, ▶ Millionärsschnecke, Gattung der ▶ Pleurotomariidae, lebt im Tiefenwasser japanischer Meere, wurde früher sehr selten gefunden und daher von Sammlern teuer bezahlt (deutscher Name!).

Mikimoto, Kokichi (1858–1954), zunächst japanischer Lebensmittelhändler, der als Erster die Methodik erfolgreicher Perlenzucht entwickelt und in Zusammenarbeit mit K. Mitsukuri, T. Mise und T. Nishikawa verfeinert hat. 1893 erhielt er die ersten Halbperlen, 1907 kugelige und damit wertvolle ▶ Perlen. In Kashikojima, dem Zentrum japanischer Perlenzucht, wurde den drei Pionieren Mikimoto, Nishikawa und Mise ein Denkmal errichtet.

Mikromeren, kleine Furchungszellen. Ggs.: ▶ Makromeren.

Mikrovilli, fadenförmige Zellfortsätze, zur Oberflächenvergrößerung von Zellen, sorgen für einen verbesserten Stoffaustausch.

Milacidae, ▶ Kielschnegel, ▶ Kielnacktschnecken, Familie der ▶ Limacoida. ▶ Nacktschnecken mit symmetrischer innerer Schale und ▶ Kiel auf dem Hinterrücken. Die Arten von ▶ *Milax* und ▶ *Tandonia*, ursprünglich südeuropäisch, haben sich mit menschlicher Hilfe (Gemüseimporte) in Mitteleuropa weit verbreitet.

Milax J. E. GRAY 1855, ▶ Kielschnegel s. s., Gattung der ▶ Milacidae, in Mitteleuropa vor allem durch die Dunkle Kielnacktschnecke, *M. gagates* (DRAPARNAUD 1801), vertreten.

Millionärsschnecke, ▶ *Mikadotrochus*.

Mitra LAMARCK 1798, Mitraschnecke, Papstmitra, Gattung der ▶ Mitridae (Muricoidea), carnivore Meeresschnecken, vor allem in warmen Meeren verbreitet. Dem bis 18 cm hohen, schlanken bis dick spindelförmigen Gehäuse fehlt ein ▶ Operculum.

Mitridae, ▶ Bischofsmützen, Papstmitren, Mitraschnecken, Familie der Muricoidea (▶ Neogastropoda), etwa 500 Arten in allen Meeren, viele in der Gezeitenzone in Korallensand und unter Steinen. Carnivore Schnecken ohne ▶ Operculum.

Mitteldarmdivertikel (Abb. 31, Tafel VII), Ausstülpungen der Magenwand der Muscheln, aus den verbindenden Gängen und den Verdauungssäcken bestehend.

Mitteldarmdrüsen (Abb. 2, Tafel II, Tafel IV, Tafel V, Tafel VI), wichtige Stoffwechselzentren der ▶ Mollusca, in denen Verdauungsenzyme gebildet und Nährstoffe resorbiert und gespeichert werden.

Mittelmeer-Ackerschnecke, *Deroceras panormitanum* (LESSONA & POLLONERA 1882).

Mittelmeersandschnecke, ▶ *Theba*.

Mittelschnecken, ▶ Mesogastropoda.

Mittelzahnplatte, Rhachiszahn, der mittlere Radulazahn der Querreihe.

Modiolus LAMARCK 1799, ▶ Pferdemuschel, ▶ Bartmuschel, Gattung der ▶ Mytilidae mit dünnen, eiförmig-gestreckten Klappen und dicht hinter dem Vorderende gelegenen ▶ Wirbeln. Die Große Miesmuschel, *M. modiolus* (LINNAEUS 1758), wird etwa 23 cm lang und heftet sich mit ihrem ▶ Byssus auf Kies- und Hartböden an. Sie lebt in den kalten nördlichen Meeren, auch in der Nordsee.

Moerella P. FISCHER 1887, Gattung der ▶ Tellinidae, im O-Atlantik und der Nordsee durch die kleine Plattmuschel *M. pusilla* (PHILIPPI 1836) vertreten, die bei Helgoland auf sandigem Schlick lebt.

Moitessieriidae, Familie der ▶ Rissooidea aus der Verwandtschaft der ▶ Hydrobiidae, kleine ▶ Süßwasserschnecken.

Mokoro, bis etwa 10 cm langer Stab aus einer Schweinerippe oder dem Scharnierbereich einer ▶ *Tridacna*, als schmückender Nasenpflock in Papua-Neuguinea verwendet.

Mollusca (Abb. 1), ▶ Weichtiere (siehe allgemeine Einführung S. 7).

Molluscicide, ▶ Molluskizide.

Molluscoidea, Muschellinge, veraltete und nach heutigem Kenntnisstand unberechtigte systematische Zusammenfassung einiger Tiergruppen wegen oberflächlicher Ähnlichkeiten mit den Mollusken: Brachiopoda, Bryozoa, Phoronida und oft auch Tunicata.

Molluskengeld, oft ▶ „Muschelgeld“ genannt, obwohl die Hartteile aller schalenbildenden Molluskengruppen einen Wert haben können, wobei zwischen Schmuck und Zahlungsmittel nicht immer zu unterscheiden ist. Schneckenhäuser werden oft ganz verwendet, manchmal bis auf die schimmernde Perlmutterschicht abgeschliffen und durchbohrt, um sie auf Schnüre aufzureihen. Muschelschalen werden dazu meist in Scheiben zerlegt (▶ Kinamuscheln) und durchbohrt. Diese Durchbohrungen sind wahrscheinlich die Vorläufer der Löcher in moderneren, asiatischen Münzen. Am bekanntesten ist das ▶ Kauri-Geld, hergestellt aus ▶ *Monetaria moneta* (▶ Cypraeidae), seltener aus *Erosaria annulus*; es war schon vor 1500 v. Chr. in China und Japan gebräuchlich und wurde später vor allem im Vorderen Orient, in Indien und im Innern Afrikas benutzt. Mitte des 17. Jahrhunderts kostete am Oberen Niger ein Sklave 20.000, ein Ochse 30.000 Kauri. Der Wert ist dann ständig gesunken, die Kauri wurden zunächst durch Porzellanringe und -scheiben verdrängt und schließlich durch europäische Währungen ersetzt. In der zweiten Hälfte des 19. Jahrhunderts wurden die ▶ Kauri-Schnecken in Afrika zunehmend durch den Mariatheresientaler (Prägung von 1780) abgelöst. Ein Taler (0,75 Unzen Silber, heutiger Wert etwa 12 €) entsprach um 1870 in Zentralafrika etwa 5.000 Kauris. Eine Ente kostete ca. 6.000, ein Schaf 40.000 und ein Pferd 80.000 Kauris, während für einen Zentner Elfenbein 150 Taler, also etwa 1.800 € zu zahlen waren. Vorläufer der Kauris war in Angola das ▶ Simbos-Geld. ▶ Aaht, ▶ Angelhaken-, ▶ Dentalium-, ▶ Dongo-, ▶ Nassa-, ▶ Scheiben-, ▶ Tridacna-Geld, ▶ Uuri, ▶ Wampum.

Molluskizide, (auch: ▶ Molluscicide), Molluskengifte, Chemikalien zur Bekämpfung von ▶ Mollusca, vor allem ▶ Gastropoda, die durch Fraßschäden in Pflanzenkulturen oder als Überträger von Krankheiten (z. B. ▶ Bilharziose) für den Menschen schädlich sind. Als wirksam haben sich Aluminiumsulfat $Al_2(SO_4)_3$ und Eisen(III)-Phosphat $FePO_4$ erwiesen, haben jedoch den Nachteil, dass sie u. a. auch in den menschlichen Stoffwechsel geraten können, wo sie wie das auch verwendete ▶ Methiocarb

$C_{11}H_{15}NO_2S$ toxisch wirken. In dem gebräuchlichen ▶ Schneckenkorn ist die wirksame Komponente ▶ Metaldehyd CH_3CHO, ein polymerer Acetaldehyd. Neuere Präparate enthalten aus Moosen gewonnene Wirkstoffe (Oxylipine), die sich von mehrfach ungesättigten Fettsäuren ableiten und in der Natur als Signalstoffe dienen.

Monacha FITZINGER 1833, Kartäuserschnecke, Gattung der ▶ Hygromiidae. Auf Wiesen und in Hecken Mitteleuropas leben die Kleine Kartäuserschnecke, *M. cartusiana* (O. F. MÜLLER 1774), und die Große Kartäuserschnecke, *M. cantiana* (MONTAGU 1803).

Monachoides GUDE & WOODWARD 1921, Gattung der ▶ Hygromiidae. In Mitteleuropa kommt die Rötliche Laubschnecke vor, *M. incarnatus* (O. F. MÜLLER 1774), in Gebüsch und Wäldern.

Monaulie, bei den zwittrigen ▶ Opisthobranchia (z. B. *Philine*) auftretende Konstruktion des pallialen ▶ Gonoducts: er enthält drei parallel verlaufende Lumina (vaginales, ovipares und spermaausleitendes), die in einer gemeinsamen Genitalöffnung münden. Eine bewimperte ▶ Samenrinne führt zu dem rechts vorn am ▶ Kopf gelegenen Penis. ▶ Diaulie, ▶ Pseudomonaulie, ▶ Triaulie.

Mondmuscheln, ▶ *Montacuta*, ▶ *Lucina*.

Mondschnecken, die ▶ Naticidae.

Monetaria TROSCHEL 1863, Gattung der ▶ Cypraeidae mit in Aufsicht rhombischem Gehäuse, dessen Oberseite hellblau oder gelblich mit cremefarbenem Rand ist. Von den drei Arten ist die ▶ Geldschnecke, *M. moneta* (LINNAEUS 1758), die bekannteste. Sie lebt in Korallenriffen des Indopazifik von Ostafrika bis zu den Galápagos und wurde bis ins 19. Jahrhundert in Afrika und SO-Asien als Zahlungsmittel benutzt. ▶ Molluskengeld.

Monia GRAY 1850, Gattung der ▶ Anomiidae.

Monomyaria, Muscheln, deren vorderer ▶ Schließmuskel rückgebildet ist. Als M. werden u. a. ▶ Anomiidae, ▶ Ostreidae, ▶ Pectinidae, ▶ Pteriidae und Glycymeridae zusammengefasst. Mit den ▶ Heteromyaria bilden sie zusammen das Taxon ▶ Anisomyaria.

monopectinat, Typ der Molluskenkieme, bei der an der Kiemenachse nur auf einer Seite Kiemenblättchen inserieren.

Monophorus GRILLO 1877, Gattung der ▶ Triphoridae, in der südlichen Nordsee vertreten durch die ▶ Verkehrtschnecke, *M. perversus* (LINNAEUS 1758). Charakteristisch ist das linksgewundene Gehäuse von etwa 8 mm Höhe, mit knotiger Gitterskulptur und kleiner ▶ Mündung. Sie lebt auf Algen an den europäischen Atlantikküsten, auch in Mittelmeer und Nordsee.

Monophylum, eine geschlossene Abstammungsgemeinschaft, in der neben der Stammart alle aus dieser hervorgegangenen Nachkommen enthalten sind. Das M. wird durch charakteristische Merkmale (Autapomorphien) gekennzeichnet.

Monoplacophora (Abb. 1, Tafel III), ▶ Urmützenschnecken, ▶ Mollusca mit napfförmiger ▶ Schale, deren ▶ Apex nach vorn gewandt ist. Siehe allgemeine Einführung (S. 23).

monostich, eine ▶ Radula mit nur einer Längsreihe einfacher Zähnchen (bei ▶ Solenogastres).

Monotocardia (Abb. 17) MÖRCH 1863, ▶ Vorderkiemerschnecken mit nur einem Herzvorhof; weitgehend identisch mit ▶ Caenogastropoda und ▶ Pectinibranchia. ▶ Archaeogastropoda.

Monsterperlen, ▶ Barockperlen.

Montacuta TURTON 1822, Gattung der ▶ Montacutidae mit der Rostroten Mondmuschel, *M. ferruginosa* (MONTAGU 1808). Die Schalenoberfläche dieser etwa 9 mm langen Muschel hat oft einen rostroten Belag.

Montacutidae, Familie der ▶ Veneroida, kleine, langovale und dünnschalige Muscheln. Hierher gehören u. a. ▶ *Montacuta* und ▶ *Mysella*.

Moos-Blasenschnecke, ▶ *Aplexa*.

Moospuppenschnecke, ▶ *Pupilla*.

Mopaliidae, Familie der ▶ Chitonida, oft bunt gefärbte ▶ Käferschnecken mittlerer Größe. Für die indopazifische ▶ *Placiphorella* wurde eine ungewöhnliche Fangtechnik beschrieben.

Mördermuschel, ▶ Riesenmuschel, ▶ *Tridacna*.

Moroteuthis VERRILL 1881, Gattung der ▶ Onychoteuthidae, bis 4 m lang werdende ▶ Kalmare, kraftvolle Schwimmer, die tagsüber in großer Tiefe leben und nachts zur Oberfläche aufsteigen. Sie sind Beute der Pottwale.

Morula SCHUMACHER 1817, ▶ Maulbeerschnecke, Gattung der ▶ Muricidae mit dickschaligem Gehäuse von etwa 3 cm Höhe und Knotenreihen auf der Oberfläche. In warmen Meeren weitverbreitet, leben sie von Seepocken und anderen ▶ Mollusca, die sie anbohren.

Moschuskrake, Moschuspolyp, ▶ *Eledone*.

Mucocyten, Schleimzellen, bei ▶ Mollusca besonders zahlreich unter dem ▶ Epithel gelegen und zu Schleimdrüsen zusammengefasst, deren Sekret durch Kanäle auf die Körperoberfläche gelangt. Die Abgabe von ▶ Schleim wird durch Kontraktion feiner Muskelfibrillen oder Druckänderungen im ▶ Haemocoel bewirkt.

Müllersches Organ, ▶ Verrillsches Organ, ▶ Trichterorgan, benannt nach dem Zoologen Johannes Peter Müller (1801–1858), einem Lehrer u. a. von Ernst Haeckel.

Mulmnadeln, ▶ *Acicula*, ▶ *Nadelschnecken*.

Mundlappen, ▶ Mundsegel, ▶ Labialpalpen.

Mundsegel, ▶ Mundlappen, ▶ Labialpalpen.

Mündung (Abb. 22), (auch: ▶ Apertura, ▶ Peristom, ▶ Peritrema), die Öffnung des Schneckenhauses, durch die ein großer Teil des Weichkörpers nach außen hervortreten kann. Ihr Rand ist bei Jungtieren scharfkantig („einfach"), bei Adulten oft durch eine verdickte Schwelle, die Lippe, verstärkt. Bei rhythmisch wachsenden ▶ Gastropoda, vor allem marinen Arten, werden ▶ Lippen periodisch ausgebildet, und diese können nach innen mit dornen- oder leistenförmigen Kalkstrukturen, den Zähnen, nach außen mit Höckern und Stacheln besetzt sein (▶ Oberflächenstrukturen). Der Außenteil der M. (▶ Labrum) wird oben vom ▶ Palatalrand (Gaumenwand), unten vom ▶ Basalrand gebildet, der Innenteil (▶ Labium) oben vom ▶ Parietalrand, unten vom ▶ Columellarrand. Selten steht der M.srand frei (z. B. ▶ *Pomatias elegans*), meist wird er auf seiner Innenseite vom vorletzten ▶ Umgang unterbrochen. Er liegt in einer Ebene oder bildet eine dreidimensionale Kurvatur, die in einem typischen Winkel gegen die Gehäuseachse geneigt ist: großer Winkel (ca. 70°) bei vielen ▶ Archaeogastropoda, kleiner Winkel bei den hoch evolvierten Taxa. Dadurch haben diese die Möglichkeit, am M.srand Zusatzstrukturen auszubilden. Basal ist die M. oft zu einem ▶ Siphonalkanal ausgezogen (▶ Muricidae, ▶ Buccinidae, ▶ Turridae), während auf der apicalen Seite der M. ein kurzer ▶ Analkanal entstehen kann (▶ Conidae).

Mündungsarmatur, an und in der ▶ Mündung des Schneckenhauses ausgebildete Leisten und Höcker, die der Führung und Stabilisierung des ▶ Operculum oder ▶ Clausilium dienen oder das Eindringen von Feinden in das Gehäuse behindern. Da die M. spezifisch gebildet wird, kann sie taxonomisch ausgewertet werden (z. B. bei ▶ Clausiliidae).

Muricidae, ▶ Purpurschnecken, auch ▶ Stachel- oder ▶ Felsenschnecken, Familie der Muricoidea, mit ca. 1.000 Arten weltweit verbreitet. Das Gehäuse trägt oft Stacheln, ▶ Knoten oder ▶ Varizen. Die Schnecken leben in Korallenriffen oder auf Felsen und ernähren sich von anderen Schnecken und von Muscheln, die sie anbohren und mit dem ▶ Rüssel ausfressen. Das Sekret ihrer ▶ Hypobranchialdrüsen färbt sich am Licht über Zwischenstufen in ▶ Purpur.

Muschelbank, Ansammlung von festsitzenden Muscheln mit sehr unterschiedlicher Individuendichte: während eine Miesmuschelbank mehrere Tausend Tiere pro m^2 umfassen kann, liegen bei Austernbänken oft nur 3 Muscheln auf dieser Fläche.

Muschelgeld, ▶ Molluskengeld.

Muschelgewölbe, ▶ Conche, ▶ Konche, muschelähnliches Bauelement frühchristlicher Kirchen im Bereich der Apsis und deren Kuppel.

Muschelgifte, Toxine, die von der filtrierenden Muschel mit ihrer Nahrung aufgenommen und zu einem hohen Prozentsatz gespeichert werden, so dass sie über ▶ Austern, ▶ Miesmuscheln und andere ▶ Bivalvia in die Nahrung des Menschen gelangen können, bei dem sie gastrointestinale Störungen und Lähmungen verursachen.

Muschelgold, (auch: Malergold), in Gummi arabicum angeriebenes und damit in Muschelschalen eingegossenes Goldpulver. Entsprechend wird ▶ Muschelsilber hergestellt.

Muschelhaufen, Abfallhaufen für die ▶ Schalen von Muscheln und Schnecken, die von frühhistorischen Menschen verzehrt worden sind. Zuerst in Dänemark gefunden (▶ Kjökkenmöddinger der Jungsteinzeit), sind sie inzwischen an allen Küsten (außer denen der Antarktis) nachgewiesen worden.

Muschelhut, ▶ Pilgerhut, breitkrempiger Hut mit angesteckter ▶ Pilgermuschel (▶ Jakobsmuschel), gehört zur Kleidung der Pilger nach Santiago de Compostela.

Muschelkalk, $CaCO_3$-haltiges Gestein, das vorwiegend aus Muschelschalen besteht. Speziell sind damit in Mitteleuropa Sedimente der Mitteltrias gemeint.

Muschelknacker, *Cymatoceps nasutus* (Castelnau 1861), südafrikanischer Meeresfisch aus der Familie der Sparidae (Meerbrassen) mit kräftigem Gebiss, so dass er hartschalige Beute zerkleinern kann (Krebse, Muscheln).

Muschelkrebse, Ostracoda, Taxon der Crustacea, Krebse mit muschelähnlich zweiklappigem Carapax.

Muschelkulturen, Anlagen zur Gewinnung und Mästung von Speise- und ▶ Perlmuscheln. In Europa und Amerika werden vor allem ▶ Austern und ▶ Miesmuscheln kultiviert, im Indopazifik auch ▶ Grünmuscheln (▶ *Perna*) und Schuhmuscheln [*Choromytilus chorus* (Molina 1782)] sowie ▶ Kammmuscheln (▶ Pectinidae) und ▶ Seeperlmuscheln (▶ Pteriidae). M. werden auf dem Boden oder an Flößen angelegt. Letztere sind ortsveränderlich und lassen sich in Gewässer mit optimalen Lebensbedingungen versetzen. Die Pflege der M. besteht im Wesentlichen darin, Fressfeinde und Nahrungskonkurrenten zu entfernen (▶ Bohrschnecken, Seesterne, Krabben).

Muschellinie, ▶ Conchoide, eine Kurve, deren Verlauf die Form einer Muschelschale hat.

Muschelmilben (*Unionicola*), im ▶ Süßwasser lebende Milben, die bestimmte Entwicklungsstadien parasitär in Muscheln (▶ *Unio*, ▶ *Anodonta*) durchlaufen.

Muscheln, die ▶ Bivalvia (s. allgemeine Einführung, S. 28).

Muschelpflaster, Muschelschalenpflaster, flächige Ansammlungen vorwiegend von Muschelschalenklappen, die durch Strömungen versetzt, zusammengetrieben und in einer bestimmten Position abgelagert worden sind.

Muschelschaler, Conchostraca, Taxon der Blattfußkrebse (Phyllopoda) mit muschelähnlich zweiklappigem Carapax.

Muschelschill, vorwiegend aus Bruchstücken von Muschelschalen, aber auch kleinen Schneckenhäusern bestehender ▶ Schill.

Muschelseide, ▶ seta marina, Handelsname des ▶ Byssus, vor allem von *Pinna*. Das aus den ▶ Fußdrüsen austretende Fadenbüschel ist je nach Alter der Muschel hellgelb bis dunkelbraun. Es wird gereinigt, mehrfach gekämmt und versponnen. Aus M. wurden (und werden heute wieder für Touristen in Süditalien) kleine Textilien, Beutel, Handschuhe u. ä. hergestellt.

Muschelsilber, ▶ Muschelgold.

Muscheltierchen, *Stylonychia*, Gattung der hypotrichen Wimpertierchen.

Muschelvergiftung, Folge der Einwirkung von Toxinen nach Verzehr von Muscheln, die Algen abfiltriert haben; in nördlich-gemäßigten Breiten entsprechend der Algenentwicklung vor allem zwischen Mai und September nach Konsum von ▶ *Ostrea* und ▶ *Mytilus* beobachtet. Die Auswirkungen der M. sind verschieden. 1987 traten an der O-Küste Kanadas bei Patienten neurologische Ausfälle mit Langzeitfolgen auf, dazu Erbrechen, Bauchschmerzen, Leber- und Nierenprobleme; bei älteren Patienten Gedächtnisstörungen, einige fielen ins Koma. Verursacher war ▶ Domoinsäure, produziert von *Pseudonitzschia punga f. multiseries* (Diatomee), die von den Muscheln abfiltriert worden war. Führte zu „Muschelvergiftung mit ZNS-Beteiligung" (amnesic shellfish poisoning, ▶ ASP). 1991 starben Pelikane und Kormorane an der kalifornischen Küste nach Verzehr von Anchovis. 1991 erkrankten Fischer an der W-Küste (Washington) nach Verzehr von ▶ *Siliqua patula* (Pacific Razor Clam). In diesen und in Krabben wurde ▶ Domoinsäure nachgewiesen, die auch in europäischen Muschelzuchten auftritt, jedoch in geringen Konzentrationen. *Pseudonitzschia pungens pungens* lebt auch im Wattenmeer, doch war bisher kein ▶ Gift nachzuweisen. Paralytische (▶ PSP) und Gastrointestinale Muschelvergiftung (▶ GSP) werden durch Dinoflagellaten hervorgerufen. Brevetoxine aus *Gymnodinium* und *Alexandrium* (Dinoflagellata) verursachen die Neurotoxische Vergiftung (▶ NSP), die seit 1993 auf der Nordinsel von Neuseeland, schon früher auch im Golf von Mexiko beobachtet wurde. Besonders gefährlich ist die ▶ PSP (Lähmungsvergiftung) durch ▶ Saxitoxin, die in etwa 8 % der Fälle letal ist. Gegenmittel: Aktivkohle; kein Alkohol !

Muschelwächter, (auch: Erbsenkrabben), *Pinnotheres pisum*, in der ▶ Mantelhöhle großer Muscheln (wie *Pinna*) paarweise ▶ kommensalisch lebende Krabben (Brachyura). Die Männchen sind etwa halb so groß (1 cm) wie die Weibchen, die nach der Paarung zeitlebens in ihrer Muschel bleiben. Ihr Carapax ist weich, die Augen sind stark reduziert. M. ernähren sich von den Partikeln, welche die Muschel mit ihrem Atemwasser einstrudelt. Bei Gefahr flüchten sie in die Muschel, die dann ihre Klappen schließt.

Muschelwerk, ▶ Rocaille.

Muschelzucht, ▶ Muschelkulturen.

Musculium LINK 1807, Gattung der ▶ Sphaeriidae, in Mitteleuropa durch die ▶ Häubchenmuschel, *M. lacustre* (O. F. MÜLLER 1774), vertreten.

Musculus RÖDING 1798, ▶ Bohnenmuscheln, ▶ Fleckenmuscheln, Gattung der ▶ Mytilidae. Die Schalenoberfläche ist vorn und hinten radial gerippt. *M.* wird bis 35 mm lang. In Nordsee und Ostsee durch drei Arten vertreten: die Grüne Bohnenmuschel, *M. discors* (LINNAEUS 1767), die Marmorierte Bohnenmuschel, *M. marmoratus* (FORBES 1838) und die Schwarze Bohnenmuschel, *M. niger* (GRAY 1824).

Musculus collaris, bei den ▶ Nautilidae ein breites Muskelband, von beiden Seitenrändern des Kopfknorpels in die Nackenregion ziehend und dort die ▶ Nackenplatte bildend. Bei den höheren ▶ Cephalopoda umfasst der M. ringförmig den Halsteil des Körpers.

Musculus columellaris, der ▶ Spindelmuskel oder ▶ Columellarmuskel.

Musculus levator pedis, ▶ Fußheber.

Musculus protractor pedis, ▶ Fußheber.

Musculus retractor pedis, ▶ Fußheber.

Muskatnussschnecken, die ▶ Cancellariidae.

Muskelansatzstellen an der ▶ Schale der ▶ Mollusca zeichnen sich generell dadurch aus, dass in ihrem Bereich die Kristallstruktur der ▶ Schale verändert ist, und zwar so, dass sie durch rauhere Oberfläche besseren Halt bietet. Diese ▶ „Muskeleindrücke" erlauben es, wichtige Muskeln fossiler Arten und damit deren Grundorganisation zu rekonstruieren. Bei ▶ Gastropoda stellt der ▶ Columellarmuskel die einzige feste Verbindung zwischen Weichkörper und Gehäuse dar; bei Muscheln sind neben den M. der Schalenretraktormuskeln die der ▶ Mantelrandmuskeln zu erkennen, welche die ▶ Mantellinie bilden. An den M. setzen Tonofibrillen an, die durch die Mantelepithelzellen hindurchziehen und sich in die Myofibrillen des Muskels fortsetzen. Zur Verbesserung der Haftung greifen ▶ mikrovilliartige Zellausläufer des Mantelepithels in die Vertiefungen zwischen den Kalkkristallen im Bereich der M.

Muskeleindrücke, ▶ Muskelansatzstellen.

Muskelmantel, ▶ Mantel der Höheren ▶ Kopffüßer mit seinen vorwiegend radial und zirkulär angeordneten Muskeln, deren durch die ▶ Stellarganglien koordinierte Kontraktion das Wasser aus der ▶ Mantelhöhle durch den ▶ Trichter ausstößt. Dadurch wird schnelles Schwimmen (mit dem physiologischen Hinterende voran) ermöglicht.

Musterbildung auf ▶ Schalen vor allem tropischer Muscheln und Schnecken, macht viele Molluskenarten zu begehrten Sammlerstücken. Die Muster entstehen dadurch, dass Pigmente in der randlichen Zuwachszone der ▶ Schale eingelagert werden. ▶ Musterkalkschicht.

Musterkalkschicht, unter dem ▶ Periostracum gelegene Schalenschicht vieler ▶ Mollusca, oft erst sichtbar, wenn das ▶ Periostracum sehr dünn und durchscheinend oder ganz verschwunden ist. Die M. wird von einem begrenzten Epithelstreifen am

▶ Mantelrand erzeugt, der pigment- und granulabildende Zellen enthält. Die Lage und die periodische Aktivität dieser Zellen sind für die arttypische Farb- und ▶ Musterbildung verantwortlich. Einheitlich gefärbte ▶ Schalen oder radiale Streifen entstehen bei kontinuierlicher Sekretion, während periodische Tätigkeit radiale Punkte, unterbrochene oder konzentrische Linien verursacht.

Mutelidae, Familie der ▶ Unionoidea, mit fehlenden oder durch ▶ Knoten ersetzten Scharnierzähnen. ▶ Kiemen mit Septen und Wasserröhren. Die ▶ Entwicklung verläuft über ▶ Lasidien und ▶ Haustoriallarven. Wenige Arten in Afrika und Südamerika.

Mützenschnecken, mehrere Gruppen nichtverwandter Schnecken mit mützenförmigem Gehäuse, die zu dem marinen ▶ *Capulus* und den limnischen ▶ *Ancylus* und ▶ *Acroloxus* gehören. Als Flache M. werden die Arten von ▶ *Ferrissia* bezeichnet.

Mya LINNAEUS 1758, Klaffmuschel, Gattung der ▶ Myidae, in nördlichen Meeren verbreitete, mittelgroße Muscheln. Die Abgestutzte Klaffmuschel, *M. truncata* LINNAEUS 1758, ist arktisch-zirkumpolar verbreitet und dringt in der Ostsee bis zur Mecklenburger Bucht vor. ▶ *Arenomya*.

Myidae, ▶ Klaffmuscheln, Familie der ▶ Myoida, Muscheln mittlerer Größe mit dünnen, aber festen, meist ovalen, hinten klaffenden Klappen, aus denen die verwachsenen Siphonen herausgestreckt werden. Im Scharnierbereich der linken ▶ Klappe entspringt ein löffelförmiger ▶ Chondrophor, der den inneren Teil des ▶ Ligaments stützt. Die ▶ Mantellinie ist tief eingebuchtet. In Nord- und Ostsee sind ▶ *Arenomya* und ▶ *Mya* vertreten.

Myoida, Taxon (hier als Ordnung gewertet) der ▶ Heterodonta, Muscheln mit dünnen, ungleichseitigen Klappen, deren ▶ Scharnier rückgebildet ist. Die meisten Arten bohren in relativ weichem Substrat (Kreide, Holz, Torf) und haben entsprechend lange Siphonen, mit denen sie die Verbindung nach außen aufrechterhalten.

Myophor, Muskelträger, ▶ Apophyse.

myopsid, mit Schließauge, die vordere Augenkammer wird nach außen fast oder völlig abgeschlossen.

Myopsida, Myopsoidea, ▶ Schließaugenkalmare, Unterordnung der ▶ Teuthida, deren Kennzeichen ein myopsides Auge (Schließauge) ist. Bei diesem wird die vordere Augenkammer durch Lidfalten nach außen fast oder völlig abgeschlossen. Zu den M. gehören die beiden Familien ▶ Loliginidae und ▶ Pickfordiateuthidae. Ggs.: ▶ Oegopsida.

Myosotella MONTEROSATO 1906, Gattung der ▶ Ellobiidae (▶ Archaeopulmonata) mit dem Mäuseöhrchen *M. myosotis* (DRAPARNAUD 1801), das im Supralitoral der mittelmeerischen und ostatlantischen Küsten lebt.

Myostracum, dünne Schalenschicht der ▶ Mollusca, an der die Muskulatur ansetzt. Durch besonders raue Oberflächenstruktur bietet es bessere Haftmöglichkeiten als das vom ▶ Mantel gebildete ▶ Palliostracum. Das M. bildet Ansatzstellen für die Mantelrandmuskulatur und erscheint auf der Innenseite der ▶ Schale als ▶ Mantellinie. Deutlicher ist es meist an den Ansatzstellen der ▶ Schließmuskeln ausgebildet („Schließmuskel-Eindrücke“).

Mysella ANGAS 1877, Gattung der ▶ Montacutidae, Muscheln mit etwa 5 mm Länge und oft einem rostroten Belag auf den Klappen. Die Kleine Linsenmuschel, *M. bidentata* (MONTAGU 1803), lebt ▶ kommensalisch vorwiegend auf Stachelhäutern, aber auch auf Tunicata und Sipunculida der ▶ borealen bis lusitanischen Regionen.

Mysia LAMARCK 1818, Gattung der ▶ Petricolidae, bohrende Muscheln, die in O-Atlantik, Mittelmeer und Deutscher Bucht durch *M. undata* (PENNANT 1777) vertreten sind.

Mytilidae, ▶ Miesmuscheln, Familie der ▶ Pteriomorpha, Muscheln mit zugespitztem Vorder-, breit gerundetem Hinterende und braunem, blauem oder schwarzem, oft gestreiftem ▶ Periostracum. Die Innenseite der Schale wird von einer Perlmutterschicht gebildet. Der vordere ▶ Schließmuskel ist klein und nach ▶ ventral verlagert, selten fehlend. ▶ Fuß und ▶ Byssus sind gut ausgebildet. Zu den M. gehören etwa 250 Arten in 30 Gattungen, die sich mit ihrem ▶ Byssus anheften können. Die bei uns häufigste Art ist die Essbare Miesmuschel oder Blaumuschel, ▶ *Mytilus edulis*. In weichem Gestein bohren die zahlreichen Arten von ▶ *Lithophaga*. Weitere heimische Genera sind ▶ *Crenella*, ▶ *Modiolus* und ▶ *Musculus*. Wirtschaftliche Bedeutung hat auch ▶ *Perna* erlangt.

Mytilopsis CONRAD 1858, ▶ Brackwasser-Dreiecksmuschel, Gattung der ▶ Dreissenidae mit der aus Nordamerika eingeschleppten *M. leucophaeata* (CONRAD 1831), die jetzt vor allem in Ästuarien von Nord- und Ostsee und bis ins Schwarze Meer vorkommt.

Mytilus LINNAEUS 1758, Miesmuschel, Blaumuschel, Gattung der ▶ Mytilidae, in der Gezeitenzone der nördlichen Hemisphäre häufige Muschel. Die Essbare Miesmuschel, *M. edulis* LINNAEUS 1758, wird bis 16 cm lang, sie heftet sich mit ihrem ▶ Byssus an Hartsubstraten an, kann die Verbindung bei Verschlechterung der Lebensbedingungen aber auch wieder lösen. Oft lebt sie in dichten Beständen („Bänken"), die ökologisch von besonderer Bedeutung sind, da sie große Mengen Wasser filtrieren, aus denen sie Nahrungspartikeln, aber auch Schadstoffe aufnehmen. Da die ▶ Miesmuscheln vom Menschen in großen Mengen verzehrt werden, wird den Larven Ansatzmaterial geboten, und sie werden kultiviert. An der südamerikanischen Pazifikküste werden Muschelfarmen mit Arten von ▶ *Aulacomya* und ▶ *Choromytilus* betrieben.

Myxas SOWERBY 1882, ▶ Mantelschnecke, Gattung der ▶ Lymnaeidae, weit verbreitet, in Mitteleuropa nur durch *M. glutinosa* (O. F. MÜLLER 1774) vertreten.

Nabel, (lat. ▶ Umbilicus), Eintiefung der meisten Schneckenhäuser an der Gehäusebasis; er stellt das untere Ende der ▶ Spindel dar, und diese bestimmt seine Form: ist sie weit und hohl, so ist das auch der Nabel: das Gehäuse ist weitgenabelt (▶ phaneromphal, z. B. *Architectonica*). Entsprechend kann das Gehäuse einen schlitzförmigen N. haben (▶ hemiomphal, z. B. *Lacuna*), bedeckt genabelt (▶ cryptomphal, z. B. ▶ *Zebrina detrita*) oder ungenabelt sein (▶ anomphal, z. B. *Littorina littorea*).

Nabelschnecken, die ▶ Naticidae.

Nacken, am Weichkörper vieler Mollusken die Region zwischen dem ▶ Kopf und dem übrigen Körper, die deutlich ausgeprägt sein kann. Beim Schneckenhaus Bezeichnung für die Außenseite der Mündungswand. Siehe ▶ Gaumen, ▶ Mündung.

Nackenband, Muskelband von ▶ Cephalopoda, das den ▶ Mantelrand in der Nackenregion mit dem darunter gelegenen Integument verbindet.

Nackenknorpel, in der Nackenregion der ▸Cephalopoda gelegene Verschlussvorrichtung für die ▸Mantelhöhle, oft druckknopfartig gestaltet.

Nackenplatte, ▸Musculus collaris.

Nacktaugenkalmare, ▸Oegopsida.

Nacktkiemer, ▸Nudibranchia.

Nacktschnecken, zusammenfassende Bezeichnung für nichtverwandte Gruppen von Schnecken, die kein Gehäuse haben. Die Meeres-N. sind ▸Hinterkiemer (z. B. ▸Nudibranchia), die meist im ▸Aufwuchs leben, von dem sie sich ernähren. Viele Arten sind intensiv gefärbt und nutzen ▸Kleptocniden. Bei den Land-N. ist das Gehäuse so reduziert, dass es äußerlich nicht sichtbar ist, oder es fehlt völlig. Hierher gehören z. B. ▸*Deroceras*-, ▸*Milax*- und *Arion*-Arten. ▸Halbnacktschnecken.

nacro-prismatisch, am Aufbau der Perlmutterschichten beteiligte Form von Biokristallen aus ▸Aragonit.

Nadel-Kronenschnecke, ▸*Melanoides*, ▸Thiaridae.

Nadel-Pyramidenschnecke, ▸*Eulimella*.

Nadelschnecken, volkstümliche Bezeichnung für einige nichtverwandte Gruppen von Schnecken. ▸Cerithioidea, ▸*Cecilioides acicula*.

Nähreier, in der ▸Entwicklung zurückbleibende Eizellen, die den sich normal entwickelnden Geschwisterembryonen als Nahrung dienen. ▸Adelphophagie.

Nährsack, bei ▸Veligern einiger ▸Neogastropoda (▸*Nucella*, ▸*Buccinum* u. a.) ausgebildeter Sack, in dem die ▸Nähreier verdaut werden.

Naht, Sutur, (lat. ▸Sutura), beim Schneckenhaus die äußere Grenzlinie zwischen den ▸Umgängen, die sehr unterschiedlich eingetieft sein kann.

Najaden, ▸Unionoidea, die ▸Flussmuscheln.

Name, wissenschaftlicher, durch international vereinbarte Regeln definierte Bezeichnung eines Taxons. Der Artname setzt sich aus Genus- und Speziesnamen zusammen (binäre Nomenklatur), ergänzt durch den Namen des Erstbeschreibenden und das Jahr der Beschreibung. Höhere Kategorien sind durch Suffixe zu kennzeichnen: -oidea (Suprafamilia), -idae (Familia), -inae (Subfamilia), -ini (Tribus) und -ina (Subtribus) (Artikel 29.2 der Internationalen Regeln für die Zoologische Nomenklatur). Weitere Kategorien können eingeschoben werden, wenn das der Aufhellung der Zusammenhänge in artenreichen Gruppen dienlich ist.

Napfschaler, die ▸Monoplacophora.

Napfschnecken, volkstümliche Bezeichnung für nichtverwandte Gruppen von Schnecken mit napfförmigem Gehäuse (z. B. *Patella*, *Siphonaria*, *Gadinia*, ▸Otinidae, Ancylidae, ▸Latiidae). N. s. s. sind die ▸Patellidae.

Narrenkappe, ▸Strahlenkörbchen, ▸*Mactra*, Meeresmuschel.

Nassa-Geld, ▸Tambu-Geld, aus den Gehäusen von *Nassa camelus* von Martens 1897 (▸Muricidae: ▸Neogastropoda) im Bismarck-Archipel (Neuguinea) hergestelltes Zahlungsmittel. Durch Abschlagen des Gehäusehöckers wurde ein Loch zum Auffädeln hergestellt, 350–400 Gehäuse kamen auf 50 cm lange Rotangstreifen, die zu größeren Einheiten verbunden werden konnten.

Nassariidae (früher: Nassidae), ▸Netzreusenschnecken, ▸Sandschnecken, Familie der ▸Neogastropoda mit zahlreichen Arten, die meist in Weichböden leben, aus denen sie den ▸Sipho herausstrecken. Mit diesem führen sie ihrem ▸Osphradium Wasserproben zu, die sie auf Anwesenheit von Beute (Aas, Fleisch) überprüfen. In der Nordsee sind sie durch *Nassarius incrassatus* (Ström 1768) und *reticulatus* (Linnaeus 1758) vertreten.

Naturfarbstoffe, natürliche, anorganische (z.B. Lapislazuli, Malachit, Ocker, Zinnober) oder durch Pflanzen und Tiere erzeugte organische Farbstoffe, bei Mollusken der ▶ Purpur.

Natica Scopoli 1777, Gattung der ▶ Naticidae mit weiter Verbreitung.

Naticidae, ▶ Nabelschnecken, ▶ Bohrschnecken, ▶ Mondschnecken, Familie der ▶ Naticoidea, mit genabeltem, festwandigem, eikegel- bis kugelförmigem Gehäuse. Der ▶ Spindelrand ist oft auffällig verdickt. Die Tiere haben eine lange ▶ Radula und eine ▶ Bohrdrüse. Hierher gehören u. a. ▶ *Amauropsis*, ▶ *Euspira*, ▶ *Natica*, ▶ *Polinices* und ▶ *Sinum*, von denen die beiden Erstgenannten auch in der südlichen Nordsee vorkommen.

Nausitora Wright 1884, Gattung der ▶ Teredinidae, Schiffbohrmuschel.

Nautilidae, Perlbootartige, Schiffsbootartige, einzige Familie der ▶ Nautiloida mit den zwei rezenten Genera ▶ *Nautilus* und ▶ *Allonautilus*.

nautiloid, die spiralig eingerollten Gehäuse der Nautiloida, die sich entlang einer Linie berühren. ▶ advolut.

Nautiloida, Alt-Kopffüßer, Taxon der ▶ Cephalopoda, ▶ Kopffüßer mit zwei Paar ▶ Kiemen (daher auch ▶ Tetrabranchiata) und äußerem Gehäuse (daher auch ▶ Ectocochlia). Zu den N. gehört die einzige Ordnung Nautilomorpha mit der einzigen Familie ▶ Nautilidae und 6, zum Teil umstrittenen rezenten Arten.

Nautilus, ▶ Perlboot, ▶ Schiffsboot, Gattung der ▶ Nautilidae, ▶ Kopffüßer mit äußerem, spiralig ▶ exogastrisch gewundenem Gehäuse. Das Innere wird durch Septen in mit zunehmendem Wachstum weiter werdende ▶ Kammern unterteilt. Der Weichkörper ist in der zuletzt gebildeten, entsendet jedoch einen Gewebsstrang, den ▶ Siphunculus, in die älteren ▶ Kammern und ermöglicht damit Resorption und Abgabe von Flüssigkeit und Gasen, so dass das Gehäuse als hydrostatischer Apparat fungieren kann. Der ▶ Kopf trägt Lochkamera-Augen und etwa 90, in zwei Kränzen angeordnete Tentakel mit ▶ Cirren, die in Scheiden zurückgezogen werden können. Der ▶ Trichter besteht aus zwei nichtverwachsenen Lappen; bei Wasserausstoß kommt eine schaukelnde Bewegung zustande. Mit einer dorsalen ▶ Kopfkappe kann die Gehäuseöffnung verschlossen werden. *N.* hat je zwei Paar ▶ Kiemen, ▶ Osphradien, Atrien und Nieren, aber nur ein Paar Keimdrüsen. Die wahrscheinlich 4 Arten leben im Indopazifik in Tiefen bis etwa 650 m und ernähren sich von Crustacea und deren Exuvien sowie von Aas. Nachts wandern sie in Richtung Wasseroberfläche. Die größte Art ist mit bis zu 25 cm Durchmesser *N. repertus* Iredale 1944 von den südlichen und südwestlichen Küsten Australiens. Zu Souvenirs werden meist die Gehäuse des Gemeinen Perlboots, *N. pompilius* Linnaeus 1758, verarbeitet, oft mit bis auf die Perlmutterschicht heruntergeschliffener Oberfläche.

Nectocaris Conway Morris 1976, mit der einzigen Art *N. pteryx*, in den Burgess-Schiefern der kanadischen Rocky Mountains erhaltenes, kambrisches Fossil unsicherer systematischer Stellung, möglicherweise ein Cephalopode, der vor ca. 505×10^6 Jahren gelebt hat. Die einschließlich der zwei ▶ Arme knapp 7 cm lange Art hat kalmarähnliche Form, beweglichen ▶ Trichter, ein Paar große Augen und ▶ Mantelhöhle mit ▶ Kiemen. ▶ Radula und ▶ Tintenbeutel waren nicht nachweisbar.

Needhamsche Schläuche, die 1745 erstmals beschriebenen, oft kompliziert gebauten ▶ Spermatophoren der ▶ Cephalopoda, die bei ▶ *Octopus* bis 1 m lang werden können. Benannt nach dem englischen Naturforscher John Turberville Needham (1713–1781).

Needhamsche Tasche, ▶ Spermatophorensack, bei höheren ▶ Cephalopoda ausgebildeter, an den ▶ Samenleiter anschließender Abschnitt der Genitalwege, der die im ▶ Vas deferens gebildeten ▶ Spermatophoren bis zur Übertragung auf das Weibchen speichert.

Nekrophagen, Aasfresser, siehe ▶ Saprophagen.

Nekton, zusammenfassende Bezeichnung für alle wasserlebenden Tiere, die so gute Schwimmer sind, dass sie sich auch gegen Strömungen durchsetzen können. Das sind unter den ▶ Mollusca insbesondere ▶ Cephalopoda.

Neogastropoda THIELE 1929, ▶ Schmalzüngler, ▶ Neuschnecken, Taxon der ▶ Caenogastropoda, umfasst neben den ▶ Conidae auch in Mitteleuropa vorkommende Familien.

Neomeniomorpha, die ▶ Solenogastres.

Neomphalidae, Familie der ▶ Vetigastropoda, deren Vertreter an ▶ Hydrothermalquellen im Bereich der Galápagos leben.

Neopilina LEMCHE 1957, bekannteste Gattung der ▶ Monoplacophora. *N. galatheae* war die erste als rezent nachgewiesene ▶ Urmützenschnecke. Sie wurde 1952 vom dänischen Forschungsschiff „Galathea“ vor der W-Küste Mittelamerikas aus 3590 m Tiefe hochgeholt. Die Art ernährt sich von Diatomeen, Radiolarien und Foraminiferen.

Neostyriaca WAGNER 1920, Gattung der ▶ Clausiliidae, mit 2 Arten in Mitteleuropa auftretend.

Neotaenioglossa HALLER 1892, Taxon der ▶ Caenogastropoda; umfasst u. a. auch in der südlichen Nordsee vorkommende Familien wie ▶ Aporrhaidae, ▶ Assimineidae, ▶ Barleeidae, ▶ Caecidae, ▶ Calyptraeidae, ▶ Cerithiidae, ▶ Hydrobiidae, ▶ Lacunidae, ▶ Lamellariidae, ▶ Littorinidae, ▶ Naticidae, ▶ Rissoidae, ▶ Skeneopsidae, ▶ Triviidae, ▶ Turritellidae und ▶ Velutinidae, aber auch im Süß- und ▶ Brackwasser lebende Arten (der ▶ Bithyniidae, ▶ Melanopsidae, ▶ Moitessieriidae und ▶ Thiaridae).

Neotenie, (auch: Neotänie), ▶ Geschlechtsreife früher Entwicklungsstadien, nachgewiesen innerhalb der ▶ Mollusca u. a. bei *Capulus hungaricus*.

Neoteuthidae, Familie der ▶ Oegopsida, überwiegend kleine, schlanke ▶ Kopffüßer mit relativ großem ▶ Kopf, die keine ▶ Leuchtorgane haben. Die 4 beschriebenen Arten werden in die Gattungen ▶ *Alluroteuthis* ODHNER 1923 und *Neoteuthis* NAEF 1921 gerechnet.

Neotypus, ▶ Typus.

Neozoen, Arten, die aktiv oder passiv in von ihnen ursprünglich nicht besiedelten Arealen heimisch geworden sind, die ihnen auf Dauer günstige Lebensbedingungen bieten. Die Einbürgerung kann zu Lasten der ursprünglichen Fauna gehen, die dem Konkurrenzdruck nicht gewachsen ist. Unter den Schnecken und Muscheln gibt es zahlreiche N., zum Teil absichtlich eingeführt, zum Teil eingeschleppt. Zu ersteren gehört ▶ *Achatina fulica* BOWDICH 1822, die 1803 als Nahrungsergänzung nach Réunion und Mauritius eingeführt wurde, 1847 in Indien und ab 1967 in

Tahiti und auf anderen Gesellschaftsinseln nachgewiesen wurde. Da sie sich zur Plage entwickelte, hat man versucht, sie durch ihre Fressfeinde, ► *Euglandina* CROSSE & P. FISCHER 1870, zu bekämpfen. Das ist nur zum Teil gelungen, da ► *Euglandina* sich auf heimische Arten umstellte und bis 1987 allein auf Moorea sieben heimische ► Baumschnecken (► *Partula* FÉRUSSAC 1821) vernichtete. Die Rosige Wolfsschnecke, *Euglandina rosea* (FÉRUSSAC 1821) aus Florida, wurde auch auf den Bermudas ausgesetzt, um eingeschleppte *Otala lactea* (O. F. MÜLLER 1774) zu bekämpfen, hat dort jedoch heimische *Poecilozonites* O. BOETTGER 1884 vernichtet; in Hawaii frisst sie vor allem Baumschnecken. Beispiele für nach Mitteleuropa eingeschleppte Arten sind *Corbicula* MEGERLE VON MÜHLFELD 1811 aus SO-Asien und ► *Dreissena polymorpha* PALLAS 1771. Letztere lebte ursprünglich im Einzugsgebiet des Schwarzen Meeres und hat sich von da aus nach Mittel- und West-Europa ausgebreitet. Wahrscheinlich ist sie im Ballastwasser von Schiffen nach N-Amerika (Große Seen) gelangt; 1988 wurde sie im Lake St.Clair bei Detroit entdeckt, 1991 im Illinois-River, Ende 1994 im Allagheny River, 1995 in der Mississippi-Mündung bei New Orleans. Sie überdeckt die heimischen ► Unionidae. Die Anpassung an den neuen ► Lebensraum wird durch hohe genetische Variabilität erleichtert und durch die ► Entwicklung über ► Veliger gefördert. Mit Siedlungsdichten über 10.000 Tiere/m^2 verstopfen sie Rohre, befallen Schiffsrümpfe und verändern die Nahrungskette, da sie Algen abfiltrieren, die Nahrungsgrundlage anderer Organismen sind.

Nephridialdrüse, Teil des Exkretionssystems. Bei den ► Monoplacophora ist sie ein zentraler Sack, der sich in zahlreiche Läppchen fortsetzt und über das Nephrostom mit den Körperhöhlen verbunden ist. Die N. mündet über den Nierengang und den Exkretionsporus in die ► Mantelrinne. Bei den ► Gastropoda ist die N. eine drüsige, lokale Verdickung des Pericard-Epithels, in die Ausläufer der Niere hineinziehen.

Nephridien (sing. **Nephridium**), Nierenorgane, bei Muscheln früher ► „Bojanussche Organe". Bei ► Mollusca sind sie als Filtrationsnieren ausgebildet und lassen sich vom Metanephridialsystem ableiten. ► Protonephridien.

Nephrocyten, Zellen, die Endprodukte des Stoffwechsels aufnehmen, speichern und ausscheiden.

Nephropneusten, veraltete und falsche, zusammenfassende Bezeichnung für ► Lungenschnecken, deren ► Lungenhöhle sich aus dem erweiterten primären Harnleiter der übrigen ► Gastropoda entwickelt haben soll (entspricht etwa den heutigen ► Stylommatophora). Ggs.: ► Branchiopneusten.

Neptunea RÖDING 1798, Gattung der ► Buccinidae in nördlichen Meeren. *N. antiqua* (LINNAEUS 1758), das Neptunshorn, lebt auch in Nord- und Ostsee auf schlickigem Grund und ist mit 20 cm Gehäusehöhe die größte heimische Schnecke.

Neritidae, ► Nixenschnecken, Familie der ► Neritoidea, mit dem auch in Flüssen Mitteleuropas vorkommenden ► *Theodoxus*. Die etwa 100 Arten von *Nerita* LINNAEUS 1758 sind meist nachtaktive Weidegänger warmer Meere, manche leben im ► Brackwasser.

Neritimorpha GOLIKOV & STAROBOGATOV 1975, ► Neritopsina.

Neritodryas VON MARTENS 1869, indopazifische Gattung der ► Neritidae.

Einige Arten weiden außerhalb des Wassers in der Ufervegetation.

Neritopsina Cox & Knight 1960, Untergruppe der ▶ Archaeogastropoda, mit spiraligem, napfförmigem oder ohne Gehäuse. ▶ Schalenmuskel paarig; Ctenidium bipectinat oder eine ▶ Lungenhöhle. ▶ rhipidoglosse ▶ Radula; nur die linke Niere ausgebildet, ▶ Herz meist monotocard. Kopfständiger Penis, innere ▶ Befruchtung. Einzige Familie sind die ▶ Neritidae, u. a. mit ▶ *Theodoxus*.

Nervensystem, Kürzel NS, Gesamtheit des auf Reizleitung, -speicherung und -verarbeitung spezialisierten Gewebes im Vielzeller. Bei den ▶ Mollusca besteht es im Wesentlichen aus zwei Paar Längssträngen (▶ Pedal- und ▶ Pleurovisceralkonnektive), die von einem Paar dorsal des Schlundes gelegener ▶ Cerebralganglien ausgehen. Die Nervenzellen sind meist zu ▶ Ganglien konzentriert. Neben den ▶ Cerebralganglien sind die wichtigsten weiteren die ▶ Buccal-, ▶ Pedal-, ▶ Pleural-, ▶ Parietal- und ▶ Visceralganglien. In vielen Gruppen sind die ▶ Ganglien sekundär zu größeren Komplexen zusammengeführt und können ein ▶ „Gehirn" bilden (▶ Cephalopoda). Die Sinnesleistungen und Reaktionsgeschwindigkeiten hängen vom anatomischen Entwicklungsgrad des NS ab.

Nesovitrea Cooke 1921, Streifenglanzschnecke, Gattung der ▶ Zonitidae mit 2 Arten in Mitteleuropa.

Nesselsack, in den ▶ Cerata der ▶ Nudibranchia ausgebildete, sackartig erweiterte Endabschnitte von Ausläufern der ▶ Mitteldarmdrüse. Im N. werden die unverdauten Nesselkapseln der Beute aufbewahrt, bis sie als Verteidigungsmittel eingesetzt werden. Siehe ▶ Kleptocniden.

Nesselzellen, (auch: Cnidocyten, Nematocyten), nesselkapselhaltige Zellen der Cnidaria (Coelenterata), die über deren ganzen Körper verteilt sind, aber an den ▶ Tentakeln besonders konzentriert auftreten. Sie werden von spezialisierten Nacktkiemern mit der Nahrung (▶ Polypen) aufgenommen und zum Teil in den Rückenanhängen (▶ Cerata) gespeichert. Siehe ▶ Nesselsack.

Netzmuster, Oberflächenmuster der Molluskenschale, das durch Überlagerung von spiraligen und coaxialen Strukturen entsteht.

Netzreusenschnecken, die ▶ Nassariidae.

Netzschnecken, die ▶ Amphibolidae.

neurosekretorisches System, Gesamtheit von Nervenzellen, die chemisch unterschiedliche Substanzen produzieren, welche als Neurotransmitter wirken. In allen ▶ Ganglien der ▶ Gastropoda wurden neurosekretorische Zellen nachgewiesen.

Neuschnecken, die ▶ Neogastropoda.

Neuseeländische Deckelschnecke, ▶ *Potamopyrgus*.

Neutintenschnecken, ▶ Coleoida.

Nicania Leach 1819, Genus der ▶ Astartidae, Muscheln mit dreieckigen, an der Basis gerundeten Klappen. *N. montagui* (Dillwyn 1817) lebt in nördlichen Meeren, auch in Nord- und Ostsee.

Nidamentaldrüse, im weiblichen Genitalsystem ausgebildeter drüsiger Abschnitt, aus dessen Sekreten im Wesentlichen die ▶ Eihüllen gebildet werden. Besonders groß ist sie bei den ▶ Kopffüßer-Weibchen, bei denen sie den Raum zwischen den ▶ Kiemen ausfüllt und eine Gallertschicht um das Ei erzeugt.

Nierensäcke (Tafel VII), vermutlich nichthomologe Abschnitte des Exkretionssystems der verschiedenen Weichtiergruppen. Sie sind bei den ▶ Gastropoda generell erweiterte, proximale Abschnitte des Exkretionssystems, an die distal die primären ▶ Ureter anschließen. Bei den ▶ Scaphopoda liegen lappige N. beiderseits des ▶ Rectum, bei den ▶ Bivalvia sind N. an das ▶ Pericard anschließende Abschnitte der exkretorischen Schlinge (innerer oder proximaler Schenkel), und bei den ▶ Cephalopoda werden die relativ großen ▶ Renalsäcke auch als N. bezeichnet.

Nixenschnecken, die ▶ Neritidae.

Nomenklatur, Regeln für die Benennung von Arten und unter- oder übergeordneten Taxa, festgelegt in den „Internationalen Regeln für die Zoologische Nomenklatur“. Akzeptiert ist die binäre N.: der Artname besteht aus dem stets groß geschriebenen Gattungs- und dem darauf folgenden, klein geschriebenen Artnamen i. e. S., gefolgt vom Namen des Erstbeschreibers und dem Jahr der Veröffentlichung. Die hierarchisch übereinander gestaffelten Gruppen werden im Namen durch die Verwendung von Suffixen unterschieden. ▶ Name, wissenschaftlicher.

Notarchidae, Familie der ▶ Anaspidea, ▶ Hinterkiemerschnecken mit plumpem, ei- bis spindelförmigem Körper und reduzierter Schale. Die Parapodien bilden einen Kiemenraum und stoßen daraus Wasser aus, so dass sie nach Art der ▶ Cephalopoda schwimmen.

Notaspidea, ▶ Flankenkiemer, Ordnung der ▶ Hinterkiemerschnecken, mit seitlich ansitzenden ▶ Kiemen, einer Schale und gerollten ▶ Rhinophoren. Etwa 150 ▶ carnivore Arten, vorwiegend in tropischen Meeren.

Nototeredo BARTSCH 1923, Gattung der ▶ Teredinidae, in warmen Meeren verbreitete ▶ Bohrmuscheln.

Notum, (auch: Notaeum), Rückenteil des Körpers vieler Mollusken, der peripher bei manchen über den ▶ Fuß vorragt und auf die Ventralseite umgeschlagen ist (▶ Hyponotum).

NS, Kürzel für das ▶ Nervensystem.

NSP, neurotoxic shellfish poisoning, neurotoxische ▶ Muschelvergiftung, Erkrankung nach dem Verzehr von Muscheln, in denen sich von Dinoflagellaten erzeugte Toxine angesammelt haben. Siehe ▶ Muschelvergiftung.

Nucella RÖDING 1798, Gattung der ▶ Muricidae, mit der Nordischen Purpurschnecke *N. lapillus* (LINNAEUS 1758) in nördlichen Meeren, wo sie an Felsküsten lebt. Sie ernährt sich von Seepocken und ▶ Miesmuscheln.

Nuchallappen, ▶ Cervicallappen.

Nucleus, Kern, unterschiedlich gebrauchte Bezeichnung für eine zentral gelegene Struktur: **1**) Zellkern. **2**) innerste Schicht einer ▶ Perle. Der N. kann hier Teil der eigenen ▶ Schale oder eines eingedrungenen Fremdkörpers sein (Sandkorn, Trematoden-Larve, Milbe). **3**) Wachstumszentrum eines ▶ Operculum.

Nuculanidae, Taxon der ▶ Protobranchia, marine Muscheln mit oft nach hinten schmaler werdender Schale ohne Perlmutterschicht. In Nord- und Ostsee kommt *Nuculana* LINK 1807 vor, mit den beiden Arten *N. minuta* (O. F. MÜLLER 1776) und *N. pernula* (O. F. MÜLLER 1779).

Nuculidae, ▶ Nussmuscheln, Familie der ▶ Protobranchia mit auf der Innenseite perlmuttrigen Schalen und mit geknicktem ▶ Scharnier, das zahlreiche, gleichförmige ▶ Zähne trägt. Die Mantelränder sind nicht verwachsen. *Nucula* LAMARCK 1799 bevorzugt Weichböden. In Nord- und Ostsee leben u. a. die Große Nussmuschel, *N. nucleus* (LINNAEUS 1758) und die Dünnschalige Nussmuschel, *N. tenuis* (MONTAGU 1808).

Nudibranchia, ▶ Nacktkiemer, Hauptgruppe der ▶ Nudipleura, gehäuselose ▶ Hinterkiemerschnecken, die äußerlich bilateral sind (mit Ausnahme einiger Körperöffnungen). Kiemen sind entweder reduziert oder bilden einen Kranz um den dorsomedian gelegenen Anus; eine ▶ Mantelhöhle fehlt. Die ▶ Rhinophoren sind stabförmig, die linke ▶ Mitteldarmdrüse ist größer als die rechte. Oft farbenprächtige Tiere, die sich von Schwämmen, Nesseltieren, Moostierchen und Manteltieren ernähren. Zu den N. gehören die Aeolidiacea, Arminacea, Dendronotacea und Doridacea. Ggs.: ▶ „Tectibranchia".

Nudipleura, Taxon der ▶ „Opisthobranchia" mit den ▶ Pleurobranchidae, ▶ Nudibranchia und ▶ Rhodopidae.

Nussmuscheln, die ▶ Nuculidae.

Obeliscus Beck 1837, Gattung der ▶ Subulinidae, ▶ ovovivipare ▶ Landlungenschnecken des tropischen Südamerika mit schlankem, turmförmigem Gehäuse.

Oberkiefer, bei vielen ▶ Gastropoda dorsal an der Grenze zwischen ▶ Buccal- und Pharyngealhöhle ausgebildete feste Struktur, die als Widerlager der ▶ Radula dient. Sie ist ursprünglich paarig, doch bei vielen ▶ Pulmonata zu einer sichelförmigen, längsgestreiften Platte verschmolzen. Pflanzenfresser fassen Blätter zwischen O. und ▶ Radula und beißen ab.

Oberschlundganglion, das ▶ Supraoesophagealganglion.

Obtusella Cossmann 1921, Gattung der ▶ Rissoidae, ▶ Kleinschnecken, in der südlichen Nordsee durch *O. intersecta* (Wood 1856) vertreten.

Ocenebra Gray 1847, Gattung der ▶ Muricidae mit mäßig hohem ▶ Gewinde und kleiner, eiförmiger ▶ Mündung. Die bis 6 cm hohe *O. erinacea* (Linnaeus 1758) bohrt chemisch und mit der ▶ Radula bevorzugt junge ▶ Austern an und wird daher schädlich. Dieser ▶ Austernbohrer lebt im nördlichen Atlantik und Mittelmeer sowie in der westlichen Ostsee.

Ochsenherz, *Glossus humanus* (Linnaeus 1758), ▶ Glossidae, ▶ Zungenmuscheln.

Octobrachia, veraltet für ▶ Octopoda.

Octopin, Endprodukt des Anaerobiose-Stoffwechsels, nachgewiesen in den Muskeln einiger Muscheln (▶ Pectinidae) und ▶ Kopffüßer (▶ Loliginidae).

Octopoda, ▶ Kraken, ▶ Achtfüßer, ▶ Polypen, Taxon (Ordnung) der ▶ Coleoida, vielgestaltige Gruppe der ▶ Kopffüßer mit 8 Armen. Der Körper ist meist sackförmig, bei küstennah lebenden Tieren muskulös, bei ▶ pelagischen weich und gallertig. Die O. haben keine äußere oder gar keine Schale. Die ▶ Arme sind etwa gleich lang, von ihren Basen her sind sie durch eine Zwischenarm- oder ▶ Velarhaut verbunden. Die ▶ Saugnäpfe sind ungestielt, nicht verstärkt und ohne Haken. Bei den Männchen ist meist der dritte rechte Arm zu einem ▶ Begattungsarm (▶ Hectocotylus) umgewandelt. Die kleinsten ▶ Kraken haben etwa 1,5 cm, die größten ca. 3 m Körperlänge. Sie werden nach dem Auftreten von fransenartigen Fortsätzen an den Armen den Unterordnungen ▶ Cirrata und ▶ Incirrata zugerechnet.

Octopodidae, ▶ Kraken, Familie der ▶ Octopodoidea mit nicht transparentem, meist sackförmigem Körper. Die muskulösen ▶ Arme sind mehrfach länger als der Körper und tragen 1–2 Reihen von ▶ Saugnäpfen. Meist ist der 3. rechte Arm ▶ hectocotylisiert. Diese ▶ Kraken leben weltweit in den unterschiedlichsten Tiefen und dienen auch dem Menschen als Nahrung. Die meisten Arten werden in das Genus ▶ *Octopus* gestellt, doch gibt es interessante Arten auch bei ► *Eledone* und ► *Hapalochlaena*.

Octopodoidea, Überfamilie der ► Incirrata, ► Kraken i. e. S., mit etwa 150 beschriebenen Arten weltweit verbreitet, meist am Boden lebend, doch auch ► pelagisch. Hierher gehören die Familien ► Octopodidae, ► Vitreledonellidae und eventuell die ► Laetmoteuthidae.

Octopoteuthidae, ► Achtarmkalmare, Familie der ► Oegopsida, mittlere bis große ► Kopffüßer mit gallertigem, kegelförmigem Körper. Die seitlichen ► Flossen sind etwa so lang wie der ► Mantel. Die ► Arme tragen 2 Reihen kurzer Haken. Die beiden ► Fangarme werden während des Heranwachsens zum ► Adultus völlig reduziert (Name!). Kein ► Hectocotylus, die ► Spermatophoren werden durch einen langen Penis übertragen. Die etwa 10 Arten leben im tropischen und gemäßigten Teil aller Ozeane. Sie werden den beiden Gattungen ► *Taningia* Joubin 1931 und *Octopoteuthis* Rüppell 1844 zugeordnet.

Octopus **(Abb. 27)** Lamarck 1798, ► Kraken i. e. S., Gattung der ► Octopodidae, benthische ► Kopffüßer mit sackförmigem Körper und 8 langen Armen, in allen Weltmeeren verbreitet. Mit ► Tintenbeutel und 2 Reihen von ► Saugnäpfen auf den Armen. Der 3. rechte Arm ist ► hectocotylisiert. Das hochentwickelte ► „Gehirn" ermöglicht zahlreiche Verhaltensweisen wie Veränderungen der Hautoberfläche und der Färbung als Reaktion auf Außenreize. Die bestuntersuchte Art, der Gemeine Krake (*O. vulgaris* Cuvier 1797), ist weitgehend reviertreu, lebt in Höhlen oder baut Wälle um sich herum. Seine Beute sind vor allem Krebse, Muscheln und Fische, die durch ein giftiges Sekret aus den hinteren ► Speicheldrüsen wehrlos gemacht werden. In Krebspanzer wird mit den kräftigen ► Kiefern hineingebissen und Verdauungssekret injiziert. Hauptfeinde sind Muränen. *O. vulgaris* ist in nördlichen Meeren weit verbreitet. Bei Japan werden die Tiere mit etwa 12 cm Mantellänge auf den Markt gebracht. Die weitaus größte Art ist *O. (Enteroctopus) dofleini* (Wülker 1910), der Pazifische ► Riesenkrake: bei einer Mantellänge von 60 cm erreicht er eine Gesamtlänge von bis zu 5 m und ein Gewicht von etwa 45 kg. Er ist im Nordpazifik sublittoral bis in größere Tiefen anzutreffen, und es wurden mindestens 3 Unterarten beschrieben.

Ocythoidae, Familie der ► Argonautoidea (► Cephalopoda) mit der einzigen Gattung *Ocythoe* Rafinesque 1814 und der einzigen Art *Ocythoe tuberculata* Rafinesque 1814, die in subtropischen Meeren weitverbreitet ist. Die Weibchen erreichen Mantellängen von 30, die Männchen von 3 cm. Letztere leben oft in leeren Salpentönnchen. Die Jungen werden im Mantelraum des Weibchens ausgebrütet (► *Vitreledonella*).

Odontoblasten, Zahnbildnerzellen, in der Radulascheide gelegene Gruppen von spezialisierten Zellen, welche die ► Radulamembran und die in dieser verankerten ► „Zähne" ► sezernieren.

Odontocyclas Schlüter 1838, Gattung der ► Orculidae, ► Fässchenschnecken.

Odontophor, aus Muskulatur und Bindegewebe aufgebauter Stützapparat der ► Radula. Bei der Nahrungsaufnahme gleitet diese über ihn hin und her. Er kann auch aus der Mundöffnung herausgedrückt und gegen die Unterlage (z. B. ein Blatt) gepresst werden, von der dann abgeraspelt wird.

Odostomia Fleming 1813, Gattung der ► Pyramidellidae, in der südlichen Nordsee mit bisher 8 Arten nachgewiesen. Ihr turmförmiges, bis 7 mm hohes Gehäuse hat einen linksgewundenen Embryonal- und einen rechtsgewundenen Adultteil (▶heterostroph). Die Schnecken saugen mit ihrem langen ▶Rüssel an Röhrenwürmern, anderen Schnecken und Muscheln.

oegopsid, Augen mit offener äußerer, vom Meerwasser umspülter ▶Kammer.

Oegopsida, **Oegopsoidea**, ▶Nacktaugenkalmare, Überfamilie der ▶Teuthida, ▶Kopffüßer mit Augen, deren äußere ▶Kammer offen ist, so dass das Meerwasser die Außenseite der ▶Linse umspült. Die Angehörigen vieler Arten sind hervorragende Schwimmer, die auch in große Tiefen vordringen und oft mit Leuchtorganen ausgestattet sind. Viele der 24 Familien sind nur auf eine Art gegründet. Wirtschaftliche Bedeutung haben vor allem die ▶*Loligo*-Arten, während die ▶Riesenkalmare (▶*Architeuthis*) die größten rezenten Wirbellosen stellen. Ggs.: ▶Myopsida.

Oenopota MÖRCH 1852, ▶Kleine ▶Treppenschnecken, Gattung der ▶Turridae (Conoidea) mit festwandigem, ungenabeltem Gehäuse, dessen Umgänge treppenartig geschultert sind. In Nordsee und westlicher Ostsee lebt *O. turricula* (MONTAGU 1803) vorzugsweise auf Schlicksand und Schlick.

Oesophagealbulbus, (auch: Oesophagealtasche), im vorderen Abschnitt des ▶Oesophagus der ▶Gastropoda auf beiden Seiten gelegenes, kugelförmiges Organ unbekannter Funktion.

Oesophagus (Abb. 31), Speiseröhre, an die ▶Buccalhöhle anschließender Abschnitt des Verdauungstraktes. Er ist bewimpert, bei vielen ▶Mollusca gefaltet und trägt Anhangsorgane meist unbekannter Funktion: ▶Oesophagealbulbus, ▶Leibleinscher ▶Pharynx und ▶pyriformes Organ. In seinem hinteren Abschnitt wird der O. oft zu einem Vormagen erweitert.

Ohrschlammschnecke, ▶*Radix*.

Oleacina RÖDING 1798, Gattung der Oleacinidae (Testacelloidea), bodenlebende Schnecken in Mittelamerika und Haiti, die sich von anderen ▶Gastropoda ernähren. Sie haben ein festschaliges, kurz-spindelförmiges Gehäuse bis 6,5 cm Höhe.

olfaktorisch, auf den Geruch bezogen.

oligohalin, Wasser mit geringem Salzgehalt. Siehe ▶Brackwasser.

oligopyren, ▶Spermatozoen mit erniedrigtem Chromatingehalt, die daher nicht befruchtungsfähig sind. Vgl. ▶dyspyren.

oligotroph, Gewässer, die arm an Nährstoffen sind. Ggs.: ▶eutroph.

Oliva BRUGUIÈRE 1789, ▶Olivenschnecke, Gattung der Olividae (Muricoidea) mit dickschaligem, glattem und glänzendem Gehäuse mit farbiger Zeichnung, ohne ▶Operculum. Zu *O.* gehören etwa 60 Arten, die auf und in Sandböden warmer Meere von Muscheln und Aas leben.

Olivenschnecke, ▶*Oliva*.

Ölkrug, Großer, ▶*Turbo marmoratus* (LINNAEUS 1758). Das bis 20 cm hohe Gehäuse wurde zur Aufbewahrung von Öl verwendet.

Omalogyridae, Zwergtellerschnecken, Familie i. s., meist zu den ▶Ectobranchia gerechnet. Marine Schnecken mit planspiralem Gehäuse unter 2 mm Durchmesser; sie weiden an Rotalgen.

Ommastrephes D'ORBIGNY 1839, Gattung der ▶Ommastrephidae, sehr schlanke ▶Kalmare mit zylindrischem, nach hinten spitz zulaufendem Körper und relativ kurzen Armen. Kräftige Muskulatur ermöglicht schnelles Schwimmen, so dass die Tiere erfolgreich hinter Fisch- und Garnelenschwärmen herjagen. Viele Arten haben kleine ▶ Leuchtorgane in der Haut. Der Fliegende Kalmar, *O. bartrami* (LeSueur 1821), ist mit mehreren, z. T. bis 86 cm langen Unterarten in allen Weltmeeren verbreitet und kommt gelegentlich in der Nordsee bis Helgoland vor. Er kann sich aus dem Wasser herausschnellen und mehrere Meter durch die Luft fliegen; er wird in großen Mengen im Nordpazifik gefangen und auf den Markt gebracht.

Ommastrephidae, Familie der ▶ Oegopsoidea, schlanke ▶ Kalmare mit muskulösem, zylindrischem Körper, der hohe Schwimmgeschwindigkeiten und damit Fischfang erlaubt. Die kräftigen ▶ Arme haben zwei Reihen ▶ Saugnäpfe mit gezähnelten Ringen, auf den Endkeulen der ▶ Fangarme stehen vier Reihen ▶ Saugnäpfe. Ein bis zwei Arme sind ▶ hectocotylisiert. Die ▶ Entwicklung verläuft über eine ▶ Rhynchoteuthis. Die Arten leben meist im oberflächennahen oder mitteltiefen Bereich. Die O. stellen die wichtigsten Objekte der kommerziellen Fischerei auf ▶ Cephalopoden dar. In der Nordsee kommen gelegentlich ▶ *Illex*, ▶ *Ommastrephes*, ▶ *Todarodes* und ▶ *Todaropsis* vor.

Ommatophoren, ▶ Augenträger, stielartige Fortsätze am vorderen Körperende, an deren Enden Augen sitzen (typisch bei den ▶ Stylommatophora).

Omniglyptidae, Familie der ▶ Dentaliida (▶ Kahnfüßer) mit der einzigen Gattung *Omniglypta* Kuroda & Habe 1953.

Omnivorie, Lebensweise von Tieren, die sowohl pflanzliche wie tierische Nahrung aufnehmen. Bei Mollusken weit verbreitet, insbesondere bei denen, die ▶ Aufwuchs vom Substrat abschaben.

Omphiscola Rafinesque 1819, Gattung der ▶ Lymnaeidae, paläarktisch verbreitet, aber nicht häufig. In Mitteleuropa lebt die Längliche Sumpfschlammschnecke, *O. glabra* (O. F. Müller 1774), mit dünnwandigem, schlankem Gehäuse, bis 12 mm hoch.

Onchidella Gray 1850, Gattung der Onchidiidae (▶ Systellommatophora), ortstreue ▶ Hinteratmer, die den Algenaufwuchs von Steinen abweiden. An europäischen Küsten lebt nur die bis 2,5 cm lange *O. celtica* (Cuvier 1817).

Onchidium Buchanan 1800, Gattung der Onchidiidae (▶ Systellommatophora), gehäuselose Schnecken mit Hautwarzen und Kiemenbüscheln sowie ▶ inversen Augen auf dem Rücken. Sie leben meist amphibisch an den indopazifischen Küsten und Flüssen.

Onchidorididae, Familie der ▶ Euctenidiacea, ▶ Hinterkiemerschnecken.

Oncomelania Gredler 1881, Gattung der Pomatiopsidae (Rissooidea), kleine, limnische Schnecken mit turmförmigem Gehäuse und kleiner, eiförmiger ▶ Mündung mit ▶ Operculum. Überträger der ▶ Schistosomiasis in China, Taiwan und Japan.

Onithochiton Gray 1847, Gattung der ▶ Chitonidae, ▶ Käferschnecken, die an den Küsten von Südafrika, Australien und Neuseeland leben.

Onoba H. & A. Adams 1853, Gattung der ▶ Rissoidae, ▶ Kleinschnecken; in der südlichen Nordsee sind sie durch *O. aculeus* (Gould 1841) und *O. semicostata* (Montagu 1803) vertreten.

Ontogenese, die ▶ Entwicklung des Individuums. Ggs.: ▶ Phylogenese.

Onychoteuthidae, ▶ Hakenkalmare, ▶ Krallenkalmare, Familie der ▶ Oegopsida, sehr schlanke ▶ Kalmare mit endständigen, etwa dreieckigen ▶ Flossen. Der kräftige

▶ Muskelmantel erlaubt sehr schnelles Schwimmen. ▶ Arme mit zwei Reihen von ▶ Saugnäpfen, die ▶ Endkeule der ▶ Fangarme mit zwei Reihen von Haken. Es wird kein ▶ Hectocotylus ausgebildet, sondern die ▶ Spermatophoren werden durch den Penis übertragen. Zu den O. gehören 13 Arten in 6–7 Gattungen. Weltweit in warmen und gemäßigten Meeren und in der nördlichen Nordsee lebt der bis 37 cm lange Gemeine Hakenkalmar, *Onychoteuthis banksi* (LEACH 1817).

Oocyten, Eizellen.

Oopelta MÖRCH 1867, Gattung der Oopeltidae (Arionoidea), gehäuselose ▶ Wegschnecken Südafrikas.

Ootheca, ▶ Eikapsel.

Opeatostoma BERRY 1958, ▶ Walrossschnecken, Gattung der ▶ Fasciolariidae (Muricoidea), Schnecken mit einem zahnartigen Fortsatz am unteren Mündungsrand, mit dem Seepocken aufgehebelt werden. *O. pseudodon* (BURROW 1815) ist im Ostpazifik von Kalifornien bis Peru verbreitet.

Operculum (Abb. 3, 8, Tafel IV) (pl. **Opercula**), Dauerdeckel, bei vielen ▶ Gastropoda von einer bestimmten Stelle des Fußrückens (der Deckelscheibe) ▶ sezernierte Verschlußplatte für die ▶ Mündung. Das bei den meisten ▶ Prosobranchia, aber auch einigen ▶ Opisthobranchia (*Acteon*) und ▶ Pulmonata (*Amphibola*) vorkommende O. besteht zunächst nur aus ▶ Conchin, wird bei vielen Arten aber durch Kalkeinlagerung verstärkt, so dass es sehr massiv werden kann (▶ *Turbo*). Das O. ist mehrschichtig; besonders auf der Innenseite können grob strukturierte Materiallagen aufgebracht sein, die dann als Ansatzstellen kräftiger Muskeln dienen. Die Zuwachsschichten werden um ein Zentrum (▶ „Nucleus“) herum gebildet. Nach der Anordnung der ▶ Zuwachsstreifen sind zu unterscheiden: **1**) das spiralig gewundene O. mit vielen ▶ Windungen (multispiral oder polygyr: ▶ Trochidae, ▶ *Pomatias*, ▶ *Turritella*) oder mit wenigen ▶ Windungen (paucispiral oder oligogyr: ▶ Naticidae, ▶ *Littorina*, ▶ *Theodoxus*); **2**) das konzentrische O. mit zentral gelegenem ▶ Nucleus (*Viviparus*, *Ampullaria*, *Bithynia*) oder mit exzentrischem ▶ Nucleus (▶ Strombidae, ▶ Cassidae, ▶ *Nucella*). Das O. schützt gegen Feinde, setzt bei amphibischen und terrestrischen Schnecken die Verdunstung herab und dient einigen Arten (▶ *Turritella*) mit seinen peripheren Conchinborsten als Filtereinrichtung; ▶ *Strombus*-Arten setzen es als Waffe ein (▶ „Fechterschnecken“). In vielen Verwandtschaftskreisen wird kein O. ausgebildet oder bei ▶ Adulten reduziert (z. B. bei ▶ Patellidae, ▶ Fissurellidae, ▶ Haliotidae, ▶ Capulidae, Janthinidae, ▶ Cypraeidae, ▶ Tonnidae sowie den meisten ▶ Parasiten).

Opisthobranchia (Abb. 17) MILNE-EDWARDS 1848, ▶ Hinterkiemerschnecken, ▶ Hinterkiemer, paraphyletische Gruppe der ▶ Heterobranchia, bei denen die ▶ Torsion durch Rückdrehung des Eingeweidekomplexes aufgehoben ist, so dass die ▶ Kieme hinter dem ▶ Herz liegt; mit ausgeprägter Tendenz zur Reduktion des Gehäuses (▶ Nacktkiemer). Nur bei den für basal gehaltenen O. weist das ▶ Nervensystem streptoneure Merkmale (▶ Streptoneurie) auf, bei den weiter entwickelten ist es, zum Teil durch Konzentration, ▶ euthyneur. Über die phylogenetischen Beziehungen ist kaum etwas bekannt, die ▶ Systematik der Gruppe daher unbefriedigend. Meist werden 8–10 Taxa („Ordnungen“) unterschieden.

opisthocyrt, ein Schneckenhaus, dessen bogig verlaufende Zuwachslinien mit ihrer konvexen Seite von der ► Mündung weg zeigen; Gegensatz: ► prosocyrt; vgl. auch ► opisthoklin.

opisthodet, Form des ► Scharniers zwischen zwei ► Schalenklappen der Muscheln, bei der das ► Scharnierband (► Ligament) sich von einer gedachten Linie zwischen den ► Wirbeln ausschließlich nach hinten erstreckt. Ggs.: ► amphidet.

opisthogyr, nach hinten geneigte ► Wirbel der Muschelschale. Ggs.: ► prosogyr.

opisthoklin, ein Schneckengehäuse, dessen ► Zuwachsstreifen mit ihren apicalen Enden gegen die Wachstumsrichtung, also von der ► Mündung weg geneigt sind; vgl. ► prosoklin, ► orthoklin.

Opisthopneumona, ► Gymnomorpha, ► Hinteratmer, Gruppe gehäuseloser Schnecken unsicherer systematischer Stellung. Das verdickte Mantelepithel des Rückens ist so verbreitert, dass es am ► Kopf und den Körperseiten dachartig vorspringt. Die Atemhöhle liegt hinten oder rechts. Die ca. 200 beschriebenen Arten werden zu den ► Systellommatophora und ► Soleolifera gestellt.

Opisthopodium, bei manchen Muscheln (► Anomalodesmata) ausgebildeter, gegabelter Anhang am hinteren Teil des Eingeweidesackes. Es wird als Sinnesorgan gedeutet, das die Intensität des Wasserstroms prüft, der durch den ► Ingestionssipho eintritt.

Opisthoteuthidae, Familie von ► Kraken (► Cirrata), die scheibenförmig abgeflacht sind und deren ► Eingeweidesack sich buckelartig erhebt. Der Körper erreicht Durchmesser von etwa 80 cm. Die mit kleinen ► Saugnäpfen bestückten ► Arme sind durch die ► Velarhaut verbunden. Zur einzigen Gattung *Opisthoteuthis* VERRILL 1883 gehören knapp zehn Arten, die in der ► Tiefsee quallenartig schwimmen und sich von Glaskrebsen und Ruderfußkrebsen ernähren.

Orculidae, ► Fässchenschnecken, Familie der ► Orthurethra, in Mitteleuropa durch *Orcula* HELD 1837, ► *Pagodulina* CLESSIN 1876 und das oft nur als Untergattung zu *Orcula* gestellte ► *Sphyradium* CHARPENTIER 1837 mit insgesamt etwa 16 Arten vertreten.

Ordnung, (lat. Ordo), allgemein: Gruppierung von Elementen in einem sinnvollen Zusammenhang. Im biologischen System eine Kategorie zwischen ► Familie und ► Klasse, bei formenreichen Taxa weiter differenziert in ► Überordnung (lat. Supraordo) und ► Unterordnung (lat. Subordo).

Ornament, nach menschlichem Verständnis schmückende Strukturen auf Tierkörpern, bei ► Mollusca insbesondere auf den ► Schalen. Die genauere Analyse zeigt jedoch in vielen Fällen, dass das O. Ausdruck einer speziellen Funktion oder periodischer Stoffwechselprozesse ist. So vermindern oder verhindern die bei marinen ► Gastropoda häufig auftretenden ► Knoten und Stacheln auf dem Gehäuse das Hin- und Herrollen des Gehäuses im Seegang.

orthocon, Bezeichnung für ein gerades, kegelförmiges Gehäuse (wie bei ► Belemniten).

Orthogastropoda PONDER & LINDBERG 1995, Unterklasse der ► Gastropoda, artenreichste Gruppe der Schnecken, Schwestergruppe der ► Eogastropoda.; umfasst u. a. die ► Vetigastropoda, ► Caenogastropoda und ► Heterobranchia.

orthogonal, Bezeichnung für ein ► Nervensystem, das wie bei den ► Polyplacophora paarige Lateral- und Ventralstränge aufweist, die durch ► Kommissuren verbunden sind.

orthogyr ist eine Muschelschale, wenn sich die ► Wirbel ihrer Klappen zueinander neigen (z. B. ► Thraciidae).

orthoklin, ein Schneckengehäuse, dessen ► Zuwachsstreifen parallel zur Gehäuseachse verlaufen; vgl. ► prosoklin, ► opisthoklin.

Orthoneurie, primäre ► Geradnervigkeit, die theoretisch angenommene ursprüngliche Geradnervigkeit der fossilen ► Urschnecken. Vgl. ► Euthyneurie.

orthostroph, ► Gehäuseformen.

Orthurethra, Gruppe der ► Stylommatophora, Schnecken, deren Niere parallel zum ► Herzen liegt und deren ► Ureter ohne Biegung nach vorn verläuft. Hierher werden 19 Familien gerechnet, darunter 9 mitteleuropäische: ► Chondrinidae, ► Cochlicopidae, ► Enidae, ► Orculidae, ► Pleurodiscidae, ► Pupillidae, ► Pyramidulidae, ► Valloniidae und ► Vertiginidae.

Osphradialganglion, langgestrecktes ► Ganglion in den ► Osphradien vor allem der ► Neogastropoda.

Osphradium (pl. **Osphradien**) **(Tafel IV)**, früher: ► Spengelsche Organe, ursprünglich paarige, chemische und wahrscheinlich auch mechanische Sinnesorgane in der ► Mantelhöhle wasserlebender ► Mollusca. Sie liegen zwischen ► Kiemen und ► Mantelrand und werden bei amphibischen Arten reduziert. Bei den ► Neogastropoda ist das nur links erhaltene O. groß; es besteht aus einer Achse und beidseitig ansitzenden Blättchen mit Cilienbändern.

Ossa sepiae, veralteter Handelsname für den ► Schulp.

Osteopeltidae, Familie der Lepetelloidea (► Vetigastropoda), deren Angehörige an ► Hydrothermalquellen des Pazifiks leben.

Ostien, 1) bei vielen Wirbellosen ausgebildete schlitzförmige Öffnungen am ► Herzen, durch welche die ► Haemolymphe in das Herz hineinfließen kann. **2)** bei manchen Muscheln (► Septibranchia) in den ► Septen liegende Öffnungen für den Durchtritt des Atemwassers.

Ostracum, (auch: Ostrakum), die ► Schale der ► Mollusca, bestehend aus taschenartig angeordneten ► Conchin-Lamellen, in denen $CaCO_3$ in verschiedenen Formen auskristallisiert. Die innerste Schicht ist bei als altertümlich bewerteten Arten als ► Perlmutter ausgebildet. Das O. wird überwiegend vom Mantelepithel erzeugt (► Palliostracum), in geringerem Maße an den ► Muskelansatzstellen (► Myostracum). Neben dem organischen ► Periostracum sind allgemein das ► Ektostracum und das ► Endostracum zu unterscheiden.

Ostrea LINNAEUS 1758, Gewöhnliche Auster, Gattung der ► Ostreidae, mit ungleichen Schalenklappen. Die zugehörigen Arten, insbesondere die Europäische Auster (*O. edulis* LINNAEUS 1758), werden im 2. Lebensjahr als Männchen geschlechtsreif, wandeln sich im dritten zu Weibchen und setzen den regelmäßigen Wechsel des Geschlechts noch einige Jahre fort (mehrfach-konsekutiver ► Hermaphroditismus). Ein weibliches Tier produziert pro Jahr bis zu 3 Millionen Eizellen, die in der ► Mantelhöhle befruchtet werden und sich da bis zum planktischen ► Veliger entwickeln. Die Jungmuschel kippt ihre linke ► Klappe in ein selbsterzeugtes Sekret, das in Seewasser erstarrt, und heftet sich so auf Hartsubstrat an. Die ► Austern dienen dem Menschen seit vorgeschichtlicher Zeit als Nahrung (► Kjökkenmöddinger). Sie leben auf natürlichen Austernbänken und werden in Austernfarmen herangezogen (► Austernzucht).

Ostreidae, ► Austern, Familie der ► Pteriomorpha, Muscheln mit einer bauchigen linken und einer flachen rechten ▶ Klappe, verbunden durch ein zahnloses ▶ Scharnier (▶ dysodont). Die linke wird auf Hartsubstrat festgekittet. Die Schalenoberfläche ist oft blättrig. Der ▶ Fuß ist rückgebildet und nur ein ▶ Schließmuskel vorhanden. Die Äste der ▶ Fadenkiemen sind zu ▶ Scheinblattkiemen verbunden; mit Hilfe der Bewimperung wird ein Wassereinstrom erzeugt, mit dem auch Nahrungspartikeln eingestrudelt werden. Diese werden durch ▶ Schleim verklebt und zum Mund transportiert. Während ▶ Dickaustern (▶ *Crassostrea*) und ▶ Blattaustern (▶ *Pycnodonta*) getrenntgeschlechtlich sind, ist ▶ *Ostrea* zwittrig mit mehrfach wechselndem Geschlecht.

Otinidae, Familie der ▶ Eupulmonata. *Otina* GRAY 1847 mit ohrförmigem, bis 2,5 cm langem Gehäuse lebt in der Gezeitenzone Westeuropas auf Steinen und Algen.

Otoconien, ▶ Statoconien.

Otocysten, Hörbläschen, veraltet für ▶ Statocysten.

Otolithen, Hörsteine, ▶ Statolithen.

Otterköpfchen, Ringkauri, *Erosaria annulus* (LINNAEUS 1758), früher auch als ▶ Kauri-Geld benutzt.

Ottermuschel, ▶ *Lutraria lutraria*.

Ovarium (Tafel IV), (auch: Ovar), Eierstock, weibliche Keimdrüse.

Ovatella, ▶ *Myosotella*.

Oviduct, Eileiter.

Oviparie, Ablaichen von Eiern, die meist noch unbefruchtet sind oder sich in einem sehr frühen Entwicklungsstadium befinden. Der Embryo ernährt sich vom Dotter, der während der Oogenese in die ▶ Oocyte eingelagert worden ist. O. ist bei ▶ Mollusca sehr häufig. Bei wasserlebenden Arten werden die reifen Eier meist vom Weibchen ausgestoßen und außerhalb des Körpers besamt und befruchtet. Der Übergang zur ▶ Ovoviviparie ist gleitend.

Ovotestis, ▶ Zwitterdrüse, Zwittergonade, eine Keimdrüse, die sowohl Spermien wie auch Eizellen erzeugt. Innerhalb der ▶ Mollusca gibt es sie regelmäßig bei den ▶ Euthyneura.

Ovoviviparie, die frühontogenetische ▶ Entwicklung des Embryos erfolgt innerhalb der ▶ Eikapsel, bei Eiablage wird bereits das ▶ Kriechstadium frei (z. B. *Littorina saxatilis*). Die Übergänge zur ▶ Oviparie und zur ▶ Viviparie sind fließend.

Oxychilidae, Streifenglanzschnecken, Familie der ▶ Limacoida, mit flach gewundenem, dünnem und glänzendem Gehäuse. Neben ▶ *Oxychilus* wird z. Z. meist auch ▶ *Daudebardia* hierher gerechnet.

Oxychilus FITZINGER 1833, Gattung der ▶ Oxychilidae, in Mitteleuropa mit ca. 7 Arten vertreten. Die bekanntesten sind die ▶ Knoblauch-Glanzschnecke, *O. alliarius* (MILLER 1822), und die ▶ Keller-Glanzschnecke, *O. cellarius* (O. F. MÜLLER 1774).

oxygnath, Bezeichnung für einen glatten Schnecken-Kiefer, wie er bei einigen ▶ Stylommatophora ausgebildet ist.

Oxylipin, ▶ Molluskizide.

Oxyloma WESTERLUND 1885, Gattung der ▶ Succineidae, ▶ Bernsteinschnecken.

Paarkiemer, Pleurotomarioidea, ▶ Zeugobranchia.

pachyodont (Abb. 44), eine Form des ▶ Scharniers der Schalenklappen von Muscheln: 1–3 asymmetrische, zapfenförmige ▶ Zähne greifen in tiefe Gruben der Gegenklappe ein.

Paedophoropus IWANOW 1933, Gattung der Paedophoropodidae (Eulimoidea). Die einzige Art lebt in den Polischen Blasen einer ▶ Seewalze japanischer Küsten. Der ▶ Oesophagus endet blind. Die Weibchen, größer als die Männchen, haben einen Brutsack, die ▶ Entwicklung verläuft über einen ▶ Veliger. Im Verlaufe der ▶ Ontogenese werden ▶ Mantel, ▶ Fuß, ▶ Operculum, ▶ Kiefer, ▶ Radula, ▶ Osphradien, ▶ Kiemen und Augen völlig reduziert.

Pagodenschnecken, ▶ Taubenschnecken, ▶ Columbariidae (jetzt meist als Unterfamilie Columbariinae der ▶ Turbinellidae gewertet, Muricoidea). Insbesondere wird *Columbarium pagoda* (LESSON 1831) als Pagodenschnecke bezeichnet. Ihr kegelförmiges Gehäuse setzt sich in eine lange Siphonalrinne fort, die Umgänge sind mit schräg apicad weisenden Stacheln besetzt. Sie lebt in den Meeren um Japan.

Pagodulina CLESSIN 1876, ▶ Orculidae.

Paladilhia BOURGUIGNAT 1865, ▶ Brunnenschnecken, Gattung der ▶ Hydrobiidae.

Palatalrand, ▶ Mündung, ▶ Labrum.

Palaeoheterodonta NEWELL 1965 (auch Paleoheterodonta oder ▶ Schizodonta), Gruppe (Unterklasse) der ▶ Bivalvia mit den Taxa (Überfamilien) ▶ Unionoidea und den überwiegend fossil erhaltenen ▶ Trigonioidea. Bis 30 cm große Muscheln mit einem ▶ schizodonten ▶ Scharnier und oft ▶ Perlmutter auf der Innenseite der Schalen. Kein ▶ Byssus.

Paletten, Verschlussplättchen der Siphonen von ▶ Teredinidae; sie ermöglichen, dass diese bohrenden Muscheln eine Verschlechterung der Lebensbedingungen überstehen können (z. B. geringere Salzgehalte).

Pallialbucht, (auch ▶ Pallialsinus), ▶ Mantelbucht.

Pallialkiemen, ▶ Pseudobranchien, lappig ausgezogene Fortsätze des ▶ Mantelrandes bei wasserlebenden Schnecken, die (vermutlich) als ▶ Kiemen fungieren (z. B. *Patella*).

Pallialkomplex, (auch: ▶ Mantelkomplex), zusammenfassende Bezeichnung für die Organe der ▶ Mollusca, die in der ▶ Mantelhöhle liegen: ▶ Kiemen, ▶ Hypobranchialdrüsen, ▶ Osphradien, Anus sowie die Exkretions- und Genitalöffnungen.

Palliallinie, die ▶ Mantellinie.

Pallialorgane, die Organe des ▶ Pallialkomplexes.

Pallialraum (Tafel I), die ▶ Mantelhöhle.

Pallialsinus, (auch: ▶ Pallialbucht), ▶ Mantelbucht.

Pallialwasser, in der ▶ Lungenhöhle vieler ▶ Landschnecken enthaltene Flüssigkeit. Diese wird als Vorrat gespeichert, auf den bei Trockenheit zurückgegriffen werden kann.

Palliostracum, der vom Mantelgewebe ▶ sezernierte Teil der Muschelschale. Er besteht aus dem äußeren ▶ Periostracum und den darunterliegenden (meist drei) Kalkschichten: ▶ Ektostracum, ▶ Mesostracum und ▶ Endostracum.

Pallium, ▶ Mantel, siehe ▶ Mollusca.

Pandoridae, ▶ Büchsenmuscheln, Familie der ▶ Anomalodesmata mit der einzigen Gattung *Pandora* BRUGUIÈRE 1797, Muscheln mit ungleichen Klappen: die linke ist gewölbt, die rechte flach. Die Schale besteht außen aus unregelmäßigen Kalkprismen, innen aus ▶ Perlmutter.

Panomya GRAY 1857, Gattung der ▶ Hiatellidae (▶ Adapedonta), bohrende Muscheln.

Panopea MÉNARD 1807, Gattung der ▶ Hiatellidae, meist bis etwa 28 cm lang werdende Meeresmuscheln mit rechteckigen, hinten abgestumpften Klappen. Die Siphonen sind knapp viermal so lang wie die Klappen, das im Wachstum geförderte Mantelgewebe tritt weit aus dem Schalenspalt hervor. Die etwa 9 Arten leben in gemäßigten und warmen Meeren, wo sie senkrecht im Sediment stecken. Die größte bekannte Art ist *P. generosa* (GOULD 1850) im NO-Pazifik, die bei 23 cm Schalenlänge eine Gesamtlänge von fast 1 m und ein Gewicht von ca. 9 kg erreicht. Getrenntgeschlechtliche, ▶ larvipare Muscheln.

Pantoffelschnecke, ▶ *Crepidula fornicata* (LINNAEUS 1758), Familie ▶ Calyptraeidae. Die P. hat ein ungenabeltes Gehäuse in Form eines umgekehrten Pantoffels, zu welchem Eindruck das die ▶ Mündung verengende ▶ Septum wesentlich beiträgt. Auffällig ist, dass die Schnecken sich zu einer „Kette" aufeinandersetzen, in der das älteste (unterste) Tier weiblich, das jüngste (oberste) männlich ist, während die mittleren unfruchtbar sind.

Papageischnabel, anschauliche Bezeichnung für die ▶ Kiefer der ▶ Cephalopoda, bei denen allerdings der Unterschnabel vorn über den Oberschnabel greift.

Papierboot, ▶ *Argonauta*.

Papillarsack, umgewandeltes, ursprünglich linkes ▶ Nephridium bei einigen ▶ Archaeogastropoda, das nicht mehr exkretorisch tätig ist, aber die Verbindung zwischen ▶ Pericard und ▶ Mantelhöhle herstellt. Von seiner Wand entspringen zahlreiche, warzenartige Vorsprünge ins Innere.

Papillen, warzenartige Erhebungen von Haut- oder Organoberflächen.

Papstkrone, Papstmitra, ▶ *Mitra papalis*. ▶ Bischofsmützen.

Parapedalcommissur, bei einigen Schnecken (z.B. *Acteon*) vorkommender Nervenstrang zwischen den ▶ Pedalganglien, der zusätzlich zur Pedalcommissur ausgebildet ist.

paraffinieren, Methode zur Haltbarmachung von Weichkörpern, z.B. von Schnecken. Diese werden zunächst schonend fixiert, entwässert und mit einem Medium durchtränkt, das mit Paraffin mischbar ist. Das Objekt wird in diese Mischung eingelegt, das Medium (z.B. Xylol oder Xylolersatz) stufenweise unter Erwärmen (bis 60 °C) durch Paraffin ersetzt. Das Objekt wird schließlich dem verflüssigten Paraffin entnommen, dessen Überschuss man in der Wärme ablaufen lässt. Abschließend kann der Weichkörper wieder in das Gehäuse eingesetzt werden. In neuerer Zeit werden auch Kunstharze (Araldit, Vestopal u. ä.) anstelle von Paraffin verwendet.

Parapodien, seitliche, lappenartige Fortsätze am ▶ Fuß vieler Schnecken, vor allem von ▶ Opisthobranchia, die mit ihrer Hilfe schwimmen (z.B. ▶ *Aplysia,* Theco- und ▶ Gymnosomata) oder die sie über der ▶ Schale zusammenschlagen können. ▶ tectibranchiat.

Parasit, Schädling, der sich von dem als Wirt bezeichneten Organismus ernährt und diesen dadurch schädigt; Parasitismus kann bis zum Tod des Wirts führen. Vgl. ▶ Kommensale.

Paraspermatozoen, ▶ Spermatozoen mit verändertem Chromosomensatz, die daher nicht befruchten können. Sie dienen wahrscheinlich der Ernährung der ▶ Euspermatozoen (▶ *Littorina*) oder werden zu Transporteinrichtungen für diese umgewandelt (▶ Spermatozeugmen).

Paratypus, ▶ Typus.

Parenchym, durch Funktionszellen gebildetes organspezifisches Gewebe innerhalb eines Organs.

Parhedylidae, wahrscheinlich zu den ▶ Aplysiomorpha zu rechnende, sehr kleine, gehäuselose und wurmförmige

▶ Hinterkiemer, die im küstennahen Sandlückensystem leben. Im Gebiet *Microhedyle lactea* HERTLING 1932.

Parietalganglien (Abb. 17, 50), zur Grundausstattung des Nervensystems der ▶ Pulmonata gehörige ▶ Ganglien, die vermutlich den ▶ Intestinalganglien anderer ▶ Gastropoda entsprechen. Sie versorgen die Körperwand und die Eingeweide.

Parietallippe, der verstärkte ▶ Parietalrand an der ▶ Mündung des Schneckenhauses.

Parietalrand, ▶ Mündung, vgl. ▶ Labium.

Parmacella CUVIER 1804, Gattung der Parmacellidae (▶ Limacoida), terrestrische ▶ Nacktschnecken des Mittelmeergebiets, mit einem Schälchen als Gehäuserest im Rücken; nachtaktive Pflanzenfresser.

parolfactorische Vesikeln, bei den ▶ Sepiida und ▶ Teuthida an den Lobi optici dorsal und ▶ ventral ansitzende Lichtsinneszellen, deren Nervenfasern in die ▶ efferente Hauptbahn der ▶ Lobi optici münden.

Parthenogenese, Jungfernzeugung, ▶ Entwicklung aus unbefruchteten Eizellen. Sie ist bei einigen Schnecken nachgewiesen (z. B. ▶ *Potamopyrgus*, ▶ Planaxidae, ▶ Thiaridae).

parthenogenetisch, durch Jungfernzeugung entstanden.

Partula FÉRUSSAC 1821, Gattung der Partulidae (Partuloidea), polymorphe ▶ Stylommatophora mit eikegelförmigem, rechts- oder linksgewundenem Gehäuse. Sie sind ▶ ovovivipar und leben auf pazifischen Inseln, wo sie durch importierte ▶ Raubschnecken (▶ *Euglandina*) stark reduziert worden sind.

Parvicardium MONTEROSATO 1884, Gattung der ▶ Cardiidae mit rundovalen Klappen. Die Gebänderte Herzmuschel, *P. ovale* (G. B. SOWERBY 1840), verbreitet vom Weißen Meer über die ostatlantischen Küsten bis ins Mittelmeer, ist in Nord- und Ostsee selten.

Paryphanta ALBERS 1850, Gattung der ▶ Rhytididae (Rhytidoidea), Lungenschnecken in Neuseeland und Australien.

Patellidae, ▶ Napfschnecken, Familie der ▶ Eogastropoda mit kappen- bis kegelförmigem Gehäuse, ohne ▶ Operculum. Mit Sekundärkiemen; ▶ docoglosse ▶ Radula ohne Mittelplatte. Ortstreue Weidegänger an Felsküsten. In der südlichen Nordsee nur durch *Patella vulgata* LINNAEUS 1758 und *pellucida* (LINNAEUS 1758) vertreten.

Patellogastropoda LINDBERG 1986, ▶ Docoglossa, ▶ Balkenzüngler, Gruppe („ÜO“) der ▶ Eogastropoda mit napfförmigem Gehäuse und ▶ docoglosser ▶ Radula. Mit großem Saugfuß halten sie sich am Substrat fest; der ▶ Schalenmuskel ist hufeisenförmig. ▶ Herz ▶ monotocard. Eine bipectinate Kieme oder Sekundärkiemen oder ohne ▶ Kiemen. ▶ Gameten werden über die rechte der sehr unterschiedlichen Nieren ausgeleitet. ▶ Befruchtung meist äußerlich, ▶ Larve ▶ lecithotroph und ohne Schale.

Paua, Handelsname für australisch-neuseeländische ▶ *Haliotis*-Gehäuse und daraus hergestellte Schmuckstücke. Charakteristisch ist die farbig schimmernde Perlmutterschicht.

Pavillon, am apicalen Ende des rohrförmigen Mantels der ▶ Scaphopoda gelegener, schaufelartiger Fortsatz.

Pecten O. F. MÜLLER 1776, ▶ Kammmuscheln s. s., Gattung der ▶ Pectinidae mit Verbreitungsschwerpunkt in warmen Meeren. ▶ Jakobsmuschel, ▶ Pilgermuschel.

Pectinibranchia DE BLAINVILLE 1814, ▶ Kammkiemer, Gruppe von ▶ Vorderkiemerschnecken, die nur eine einseitig gefiederte und daher kammähnlich aussehende Kieme haben.

Pectinidae, ▶ Kammmuscheln, Familie der ▶ Pteriomorpha, marine Muscheln mit meist gerundeten, dünnen Klappen, die linke oft abgeflacht. Viele Arten können die Schalen auf- und zuklappen und dadurch einen Wasserstrom erzeugen, der ihnen ermöglicht, auf der ▶ Flucht vor Feinden über das Substrat zu hüpfen oder zu schwimmen. Andere sitzen fest und können 50 cm Schalenhöhe erreichen. Die Oberfläche ist meist radial, oft konzentrisch gerippt und farbig. An der Mittelfalte des ▶ Mantelrandes inserieren ausstreckbare ▶ Tentakeln und Augen. Verbreitungsschwerpunkt der etwa 360 Spezies sind warme Meere. In der Nordsee leben Arten der Gattungen ▶ *Pecten* und ▶ *Chlamys*. Alle P. sind schmackhaft und kommen in den Handel. Die ausgemuldete rechte ▶ Klappe dient als Ragout-fin-Schale.

Pedaldrüsen, Drüsenkomplex der ▶ Solenogastres zwischen ▶ Flimmergrube und Vorderdarm.

Pedalganglien (Abb. 2, 17, Tafel IV, Tafel VI, Tafel VII), (auch: Fußganglien), im ▶ Fuß gelegene, zur Grundausstattung des ▶ Nervensystems der ▶ Mollusca gehörige, paarige ▶ Ganglien. Sie sind durch ▶ Kommissuren miteinander und durch Konnektive mit den ▶ Cerebralganglien sowie mit den ▶ Pleural- und ▶ Intestinalganglien verbunden.

Pedalkommissur, Nervenstrang zwischen dem rechten und linken ▶ Pedalganglion.

Pedalkonnektive, zur Grundausstattung des Nervensystems der ▶ Mollusca gehörende, paarige Längsstränge, welche die ▶ Cerebral- mit den ▶ Pedalganglien verbinden.

Pedalstrang, ▶ Pedalkonnektiv.

Pediveliger, Larvenform vieler mariner ▶ Mollusca, die in der ▶ Entwicklung auf den ▶ Veliger folgt und sich im Wesentlichen durch den vergrößerten ▶ Fuß auszeichnet.

Pedunculus, bei den ▶ Gastropoda ausgebildeter Verbindungsgang zwischen der ▶ Bursa copulatrix und den ausführenden weiblichen Genitalwegen oder der Genitalöffnung.

Peitschenschnurkalmare, ▶ Mastigoteuthidae.

pelagisch, im Raum des freien Wassers lebend.

Pelagos, Gesamtheit ▶ pelagisch lebender Organismen.

Pelecypoda G. A. Goldfuss 1820, Beilfüßer, veraltete Bezeichnung für die ▶ Bivalvia.

Pelikanfuß, ▶ Aporrhaidae.

Pelos, Gesamtheit der Organismen, die in oder auf Schlick leben.

Pelseneeria Köhler & Vaney 1908, Gattung der ▶ Eulimidae, in der südlichen Nordsee vertreten durch *P. stylifera* (Turton 1825), ▶ Pfriemschnecke, die im Stachelkleid von Seeigeln lebt.

Peltodoris Bergh 1880, Gattung der Discodorididae, ▶ Nudibranchia, ▶ Nacktkiemer warmer Meere.

Penisscheide, (auch: Penishülle), bei den ▶ Gastropoda eine rohrförmige Gewebshülle um den ausstülpbaren Penis. Bei manchen ▶ Pulmonata, die den Penis rückgebildet haben, wird die P. zum Kopulationsorgan. Sie ist eine Fortsetzung des ▶ Epiphallus.

Pentaganglionata Haszprunar 1985, umfasst die mit 5 Hauptganglien ausgestatteten Arten der früheren Gruppen der ▶ Euthyneura ohne die ▶ Heterostropha.

perennierend, ausdauernd, überwinternd.

Perforatella Schlüter 1838, ▶ Laubschnecken, Gattung der ▶ Hygromiidae, mit mehreren Arten am und im feuchten Boden mitteleuropäischer Wälder.

Pericalymma, die ▶ Hüllglockenlarve.

Pericard (Abb. 2, Tafel I, Tafel II, Tafel V, Tafel VII), ▶ Herzbeutel, das ▶ Herz umschließender, ▶ endothel-umgrenzter Hohlraum, der sich vom ▶ Coelom herleitet. Das P. ist ursprünglich durch die ▶ Reno- und ▶ Gonopericardialgänge mit den Nieren bzw. ▶ Gonaden verbunden.

Pericardialdrüsen, bei ▶ Mollusca weit verbreitete, drüsige Differenzierungen der ▶ Endothelwand des ▶ Pericard, die vermutlich exkretorische Funktion haben. Bei den ▶ Cephalopoda werden sie durch die ▶ Kiemenherzanhänge repräsentiert.

Pericyten, Zellen, die sich epithelartig um Blutgefäße legen. Innerhalb der ▶ Mollusca sind sie auf den nahezu geschlossenen Blutbahnen der ▶ Cephalopoda häufig.

Perikaryen, Zellkörper von Nervenzellen.

Peringia PALADILHE 1874, Glatte Wattschnecke, Gattung der ▶ Hydrobiidae. *P. ulvae* (PENNANT 1777) bildet auf Wattflächen oft Massenpopulationen (im Jadebusen bis zu 300.000 Schnecken/m^2). Sie ernähren sich von ▶ Detritus, ▶ Bakterien, Diatomeen und Grünalgen.

Perinotum, der ▶ Gürtel der ▶ Polyplacophora.

Periostracum (Abb. 42), Schalenhaut, die aus dem organischen ▶ Conchin bestehende, äußerste Schalenschicht der ▶ Mollusca.

Periplomatidae, Familie der ▶ Anomalodesmata, Muscheln mit dünnen, ungleichklappigen Schalen. Klappen mit transversalem Schlitz, der vom ▶ Periostracum bedeckt wird. ▶ Ligament oft mit ▶ Lithodesma. Das Genus ▶ *Cochlodesma* COUTHOUY 1839

Abb. 33. ▶ Perlen auf der Innenfläche der Schalenklappe einer ▶ Miesmuschel (REM-Aufnahme, ca. 30:1).

kommt mit *C. praetenue* (PULTENEY 1799) auch in der Nordsee gelegentlich vor.

Peripodialdrüsenzellen, lateral in der Fußsohle der terrestrischen ▶ Pulmonata gelegene, einzellige Drüsen.

Peristom, der Mündungsrand des Schneckenhauses. Sein äußerer Rand wird von der Außenlippe, sein innerer von der Innenlippe gebildet, oft aber nicht zusammenhängend.

Peritrema, die ▶ Mündung des Schneckenhauses.

Perlboot, ▶ *Nautilus*.

Perlen (Abb. 33, 34), in mehreren Molluskengruppen an der Innenseite der ▶ Schale (▶ Schalenperlen) oder im Gewebe gebildete, kalkige Körper (freie Perlen), die zur Einkapselung eingedrungener Fremdkörper (inkl. ▶ Parasiten und deren Exkretballen) dienen. Diese, als Kern oder ▶ Nucleus bezeichnet, werden von den benachbarten Zellen des Weichtiers mit radialen und konzentrischen Conchinlamellen umgeben. In den dadurch entstandenen Taschen kristallisiert $CaCO_3$ als ▶ Calcit (Perlen mit stumpfer Oberfläche) oder ▶ Aragonit (perlmuttrig). Perlmuttergehalt, ▶ Lüster, Größe und Form bestimmen den Handelswert der P. „Schwarze" P. erhalten ihre Farbe durch hohen Gehalt an ▶ Conchin.

Perlencyste, ▶ Perlsack.

Perlenessenz, ▶ Perlsilber, essence d'orient, Suspension von ▶ Guaninkristallen, gewonnen aus Haut und Schuppen von Weißfischen (Ukelei) und Heringen; früher zur Herstellung künstlicher ▶ Perlen benutzt, die mikroskopisch leicht von echten ▶ Perlen zu unterscheiden sind.

Perlenfarmen, Einrichtung zur Hälterung von ▶ Seeperlmuscheln, aus denen ▶ Zuchtperlen nach Implantation von „Kernen" gewonnen werden. Die bekanntesten P. liegen in geschützten Meeresbuchten der japanischen Küste bei Toba; doch gibt es sie auch in anderen, ausreichend warmen Gebieten (Australien, Philippinen, Neukaledonien, Tahiti, Palau u. a. pazifische Inseln, Sri Lanka, Persischer Golf, Rotes Meer, Mittelamerika). Die zu hälternden Muscheln werden entweder als Jungtiere gesammelt oder, in

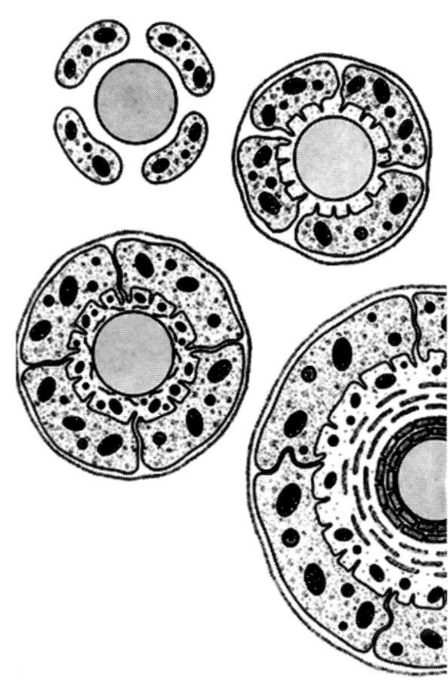

Abb. 34. Perlen-Entstehung. Oben links: ständig im Körper patrouillierende ▶ Amoebocyten haben einen Fremdkörper entdeckt und schließen ihn ein. Rechts: Ausbildung zahlreicher ▶ Mikrovilli nach innen, Conchinlamelle nach außen. Unten links: Ausschleusung von Vorstufen von ▶ Conchin und $CaCO_3$ in den Zwischenraum. Rechts: Fremdkörper von ersten Kristallschichten und Vorstufen weiterer Conchinlamellen umgeben und damit isoliert.

neuerer Zeit, nach ► Befruchtung in vitro herangezogen und in an Flößen befestigten Behältern gepflegt und vor Fressfeinden (► Bohrschnecken, Krebse, Seesterne) geschützt.

Perlenfischerei, Gewinnung von ► Perlen aus natürlichen oder künstlichen Vorkommen von ► Perlmuscheln. In Mitteleuropa wurden handelswerte ► Perlen aus ► *Margaritifera margaritifera* gewonnen, ursprünglich in vielen Mittelgebirgsbächen heimisch, Grundlage einer vor allem im Vogtland aufkommenden Industrie. Seit Kurfürst Johann Georg I. von Sachsen (1585–1656) wurde die P. Staatsregal, nicht genehmigte Ausbeutung der Perlmuschelbestände z. T. mit drakonischen Strafen bedroht. Ab 1856 wurden aufgrund zurückgehender heimischer Bestände ► Seeperlmuscheln importiert, die heute ausschließlich verarbeitet werden, da ► *Margaritifera* geschützt ist.

Perlmuscheln, Muscheln verschiedener Verwandtschaftskreise, die ► Perlen von Handelswert bilden können. Im ► Süßwasser sind das ► *Margaritifera margaritifera* (Mitteleuropa, vom Aussterben bedroht !), ► *Cristaria plicata* (China) und ► *Hyriopsis schlegeli* ; im Meer haben die Arten von ► *Pinctada* und *Pteria* besondere Bedeutung.

Perlmutter (Abb. 42), (auch: Perlmutt), innere Schalenschicht von ► Mollusca, beliebtes Material für Kunst-, Kult- und Gebrauchsgegenstände. P. wird von ► Conchifera erzeugt, die eine insgesamt als ursprünglich zu bewertende ► Schale aufbauen: ► *Nautilus*, viele ► Vetigastropoda (► *Haliotis*, ► *Turbo*, *Trochus*, *Gibbula*), unter den Muscheln vor allem die ► Pteriidae, aber auch ► Nuculidae, ► Pinnidae, Trigoniidae, ► Mytilidae, ► Unionidae u.a. Aus den ► Schalen werden Gebrauchsgegenstände (Angelhaken, Löffel, Knöpfe, Griffe), Einlegearbeiten und Schmuckstücke hergestellt. Nachahmungen von P. wurden vor allem unter Verwendung von ► „Perlenessenz" mit Hilfe von Zelluloid und plexiglasartigen Gußmassen hergestellt, sind aber durch die preiswerten Zuchtperlmuschelschalen nahezu verdrängt worden. ► Perlen.

Perlsack, (auch: ► Perlencyste), Hüllschicht einer Perle aus modifizierten ► Amoebocyten, die den Stoffaustausch zwischen Gewebe und sich entwickelnder Perle ermöglichen.

Perlsilber, ► Perlenessenz.

Perna Philipsson 1788, Gattung der ► Mytilidae. Ursprünglich in indopazifischen Ästuarien vorkommend, ist die bis 10 cm lange ► Grünmuschel, *Perna viridis* Linnaeus 1758, heute durch den Menschen in alle warmen Meere verbreitet worden. Sie wird gegessen und ist in Europa und Nordamerika ein geschätztes Nahrungsergänzungsmittel.

Persicula Schumacher 1817, Gattung der ► Marginellidae, ► Randschnecken mit ovalem Gehäuse und flachem ► Gewinde. Einige Arten auf Sandböden der Karibik und des südlichen Atlantik.

Perspektivschnecken, ► Sonnenuhrschnecken, ► Architectonicidae.

Petasina Beck 1847, ► Haarschnecken, oft als Subgenus von ► *Trichia* gewertetes Taxon der ► Hygromiidae, in Mitteleuropa mit zwei Arten vorkommend, die jeweils mehrere Formen bilden.

Petricola Lamarck 1801, Gattung der ► Petricolidae (Veneroidea), Muscheln, die sich in Schlamm, Kalk und Korallen einbohren und weltweit verbreitet sind. Die Amerikanische Bohrmuschel, *P. pholadiformis* (Lamarck 1822), hat eine dünne, weiße und langgestreckte Schale mit raspelartiger Oberfläche. Sie wurde (mit ▶ Austern) um 1890 aus Amerika zunächst nach SO-England eingeschleppt und hat sich von da aus bis in die westliche Ostsee verbreitet.

Petricolidae, ▶ Engelsflügel, Familie der ▶ Veneroidea, bohrende Muscheln, die mit ▶ *Mysia* und ▶ *Petricola* auch in der Deutschen Bucht und westlichen Ostsee verbreitet sind.

Pfahlmuschel, Blaumuschel, ▶ *Mytilus edulis*.

Pfahlwurm, ▶ Schiffsbohrer, ▶ *Teredo*.

Pfauenstein, ▶ Helmintholithus androdamas (LINNAEUS), im Bereich des ▶ Scharnierbandes der ▶ Seeperlmuscheln entstehende ▶ Conchin-Verhärtung von fasriger Struktur und blaugrünem Glanz; wird zu Schmuck verarbeitet.

Pfeffermuscheln, nach ihrem Geschmack so bezeichnete Muscheln der ▶ Semelidae (= ▶ Scrobiculariidae: ▶ Tellinoidea). Im Einzelnen sind zu nennen die Großen P., ▶ *Scrobicularia plana* (DA COSTA 1778), die Kleinen P., ▶ *Abra alba* (WOOD 1802), die Langen P., *A. prismatica* (MONTAGU 1808), und die Glänzenden P., *A. nitida* (O. F. MÜLLER 1776).

Pfeildrüse, im ▶ Pfeilsack gelegene, auf einer Papille mündende Drüse, die den ▶ Liebespfeil ▶ sezerniert (z. B. bei ▶ Helicidae).

Pfeilkalmare, ▶ Ommastrephidae, insbesondere ▶ *Todarodes*.

Pfeilsack, (lat. ▶ Bursa telae), sackartige Ausstülpung im männlichen Teil zwittriger Schnecken (▶ Helicidae), in welcher der ▶ Liebespfeil gebildet wird. Einige ▶ Hygromiidae und ▶ Bradybaenidae haben mehrere Pfeilsäcke.

Pfeilzunge, ▶ Giftzunge, ▶ toxoglosse ▶ Radula.

Pfeilzüngler, Giftzüngler, mit einer ▶ toxoglossen ▶ Radula ausgestattete ▶ Neogastropoda. Die einzeln liegenden, meist pfeilartig umgeformten ▶ Zähne sind hohl und enthalten toxische Sekrete, die der Beute (Polychaeta, ▶ Gastropoda, kleine Fische) injiziert werden. Zu den P.n gehören die ▶ Conidae, ▶ Terebridae und ▶ Turridae.

Pferdefuß, volkstümliche Bezeichnung für die Schale einer ausgewachsenen Auster.

Pferdehufmuschel, ▶ *Hippopus*.

Pferdemuschel, **1**) ▶ *Modiolus*, **2**) Handelsname für ▶ *Cristaria plicata*, **3**) khur-mohun, altpersische Bezeichnung für ▶ *Cypraea*-Gehäuse, die als Schmuck und Amulette am Zaumzeug von Pferden und Kamelen angebracht wurden.

Pfriemenschnecken, ▶ *Melanella*.

Pfriemschnecken, **1**) ▶ *Turbonilla*. **2**) die ▶ Subulinidae.

Phacoides BLAINVILLE in GRAY 1847, Gattung der ▶ Lucinidae, marine Muscheln, die mit wenigen Arten in warmen Gewässern vorkommen. In der Karibik lebt *P. pectinata* (GMELIN 1791). Sie gräbt sich im Feinsand von Seegraswiesen oder im Schlick der Mangrove bis zu 50 cm Tiefe ein.

Phalium LINK 1807, Gattung der ▶ Cassidae (▶ Tonnoidea), ▶ Helmschnecken mit niedrigem ▶ Gewinde und weiter Endwindung. Ihre ▶ Mündung ist außen verdickt und oft gezähnt. Die zahlreichen Arten leben auf Sand- und Weichböden warmer Meere.

phanerobranch, (auch: phanerobranchiat), sind ▶ Hinterkiemer mit sichtbaren ▶ Kiemen. Vgl. ▶ tectibranch.

phaneromphal, weit genabelt; ▶ Nabel.

Phantom, ein Scheinbild, das einen angreifenden Feind verwirren und vom Opfer ablenken soll. ▶ *Octopus* und andere ▶ Cephalopoda nutzen ihre ▶ Tinte zur Erzeugung einer Wolke, mit der sich der Angreifer beschäftigt, während der Krake das Weite sucht.

Pharetra, ▶ Begattungstasche in der ▶ Mantelhöhle bei einigen ▶ Sepiida.

Pharus Leach in T. Brown 1844, Gattung der ▶ Psammobiidae (▶ Tellinoidea) mit geraden, langgestreckten Schalen. In der Nordsee kommt gelegentlich die ▶ Taschenmessermuschel, *P. legumen* Linnaeus 1758, vor.

pharyngeal, im Schlund (▶ Pharynx) positioniert.

Pharyngealdivertikel, taschenartige, paarige Ausstülpungen am Ende des ▶ Pharynx der ▶ Monoplacophora.

Pharynx, Schlund, zwischen Mundhöhle und Vorderdarm gelegener Abschnitt des Verdauungstraktes, der ▶ ektodermal gebildet wird.

Pharynx-Platten, die Seitenwände der ▶ Kiefer der ▶ Cephalopoda.

Phasianella Lamarck 1804, Gattung der Phasianellidae (▶ Trochoidea), mit länglich-eiförmigem, buntem Gehäuse und dickem, weißem ▶ Operculum. Einige Arten im Indopazifik.

Phaxas Leach in Gray 1852, Messerscheide, Gattung der ▶ Cultellidae, Meeresmuscheln mit langgestreckten Schalenklappen, glasig durchscheinend und leicht gebogen. Im O-Atlantik und der Nordsee sowie in der Ostsee östlich bis Warnemünde lebt die Durchsichtige Messerscheide, *P. pellucidus* (Pennant 1777), in Sand und Schlick dicht unter der Oberfläche; sie ist eine wichtige Nahrung für Plattfische und Dorschartige.

Phenacolimax Stabile 1859, Gattung der ▶ Vitrinidae mit zwei Arten in Deutschland: der Großen Glasschnecke *P. major* (Férussac 1807) und der Alpenglasschnecke *P. annularis* (Studer 1820).

Philinidae, ▶ Seemandeln, Familie der ▶ Cephalaspidea mit dünnem, eiförmigem, vom ▶ Mantel umhülltem Gehäuse, das den Körper nicht ganz aufnehmen kann. Kein ▶ Operculum. Die Schnecke schützt sich mit salzsäure- und schwefelsäurehaltigen Sekreten (pH um 1). Carnivore, zwittrige Tiere, die sich über planktische ▶ Veliger entwickeln. In der Nordsee kommen die Offenen Seemandeln, *Philine aperta* (Linnaeus 1767), vor, die von kleinen Muscheln, Schnecken und Ringelwürmern leben.

Philinoglossidae, Familie der ▶ Cephalaspidea (?) mit kleinen (unter 3 mm), wurmförmigen und im Sandlückensystem lebenden ▶ Hinterkiemern.

Phoenicurus Rudolphi 1819, ▶ *Tethys*.

Pholadidae, ▶ Bohrmuscheln, Familie der ▶ Myoida, Muscheln ohne ▶ Ligament und ▶ Scharnier, so dass die Klappen nur durch die ▶ Schließmuskeln zusammengehalten werden. Der vordere ▶ Schließmuskel ist so weit nach dorsal verlagert, dass er als Antagonist zum hinteren wirkt und daher als Schalenöffner fungiert. Die Schalenoberfläche ist raspelartig strukturiert und dient als Reibfläche beim Bohren in Kreide, Holz oder Torf. In Nord- und Ostsee leben Arten von ▶ *Barnea*, ▶ *Pholas* und ▶ *Zirfaea*, die durch Anlegen von Bohrgängen schädlich werden können. Weitere Bohrmuscheln sind die ▶ Teredinidae.

Pholadomyidae, ▶ Rippenmuscheln, Familie der ▶ Anomalodesmata, rezent nur mit der Gattung *Pholadomya* Sowerby 1823 und einer Art: *P. candida* (Sowerby 1823). Sie haben dünne, ovale und ungleiche Klappen mit radialer Struktur, die an beiden Enden klaffen. Die Klappen sind durch ein äußeres ▶ Ligament miteinander verbunden. ▶ Mantelbucht und ▶ Sipho sind wohlentwickelt. Die muskulösen Siphonen sind groß und miteinander verwachsen. Am hinteren Ende des Eingeweidesackes liegt ein ▶ Opisthopodium. Die Tiere leben in Korallensand in der Karibik, sind aber äußerst selten.

Pholas LINNAEUS 1758, Gattung der ▶ Pholadidae, langgestreckte ▶ Bohrmuscheln, die in O-Atlantik, Mittelmeer und Nordsee durch die ▶ Dattelmuschel, *P. dactylus* LINNAEUS 1758, vertreten sind. Diese bohrt vorwiegend in Kreide und kann leuchtenden ▶ Schleim produzieren.

Phragmocon, der gekammerte Teil des Cephalopoden-Gehäuses, der an die ▶ Wohnkammer anschließt.

pH-Wert, Maß für die Wasserstoffionen-Konzentration, der Organismen im Wasser und Boden ausgesetzt sind. Ist der pH gleich 7, so liegt ein Säure-Base-Gleichgewicht vor. Werte unter 7 zeigen saures, über 7 basisches Milieu an. Meerwasser ist basisch, Flusswasser meist sauer. Zahlreiche physiologische Prozesse sind vom pH-Wert abhängig, der daher die Verbreitung von Organismen beeinflussen kann. So sterben von 10 ▶ *Pisidium*-Arten 6 bei Absenkung auf 5,8. Bei pH 5 sind nur noch 2 Arten lebensfähig, die bei 4,7 auch verschwinden. Besonderen Einfluss hat der „saure Regen" auf landlebende ▶ Gastropoda: es kommt u. a. zur ▶ Korrosion der Gehäuse (z. B. bei ▶ *Ena*-Arten in der Rhön).

Phylliroe PÉRON & LESUEUR 1810 (früher: *Phyllirrhoe*), Gattung der Dendronotoidea, marine ▶ Nudibranchia, ▶ pelagische Schnecken, bei denen ▶ Fuß, Augen und ▶ Radula rückgebildet sind. Der transparente Körper ist seitlich abgeflacht. *P. bucephala* PÉRON & LESUEUR 1810 wird 4 cm lang. Ihre Juvenilen heften sich an die innere Glockenwand einer Meduse (*Zanclea costata* GEGENBAUR 1857) an, von der sie sich ernähren, während die ▶ Adulten von Hydrozoen leben.

Phyllocaulis COLOSI 1922, Gattung der ▶ Veronicellidae (▶ Soleolifera), gehäuselose ▶ Landschnecken Südamerikas. Die 5 Arten leben in Wäldern und auf Weiden unter Holz und Steinen.

Phylogenese, Stammesgeschichte. Ggs.: ▶ Ontogenese.

Phymorhynchus DALL 1908, Gattung der ▶ Turridae (Conoidea), mit bis 28 mm hohem, spindelförmigem Gehäuse. Sie lebt an ▶ Hydrothermalquellen des SW-Pazifiks, wo sie mit ihrem langen ▶ Rüssel und kanülenartigen Giftzähnen andere ▶ Mollusca überwältigt.

Physa DRAPARNAUD 1801, ▶ Quellblasenschnecke, Gattung der ▶ Physidae, mit der einzigen mitteleuropäischen Art *P. fontinalis* (LINNAEUS 1758).

Physidae, ▶ Blasenschnecken, Familie der ▶ Hygrophila, mit linksgewundenem Gehäuse und links gelegenen Genitalöffnungen. Sie sind in Mitteleuropa durch ▶ *Aplexa* und ▶ *Physa* sowie die eingeschleppte *Physella* HALDEMAN 1842 repräsentiert.

Pickfordiateuthidae, ▶ Seegraskalmare, Familie der ▶ Myopsida, mit der einzigen Gattung *Pickfordiateuthis* VOSS 1953, kleine ▶ Kalmare (bis 2 cm Mantellänge) mit gerundetem Hinterende und nierenförmigen ▶ Flossen. Die einzige Art, *P. pulchella* VOSS 1953, lebt auf Sand und in Seegraswiesen von Florida bis in die Karibik.

Pila RÖDING 1798, Gattung der ▶ Ampullariidae (Viviparoidea), ▶ Apfelschnecken mit rundlichem Gehäuse und verkalktem ▶ Operculum, die an und in Flüssen Südostasiens, Afrikas und Madagaskars leben.

Pilgerhut, Muschelhut, breitkrempige Kopfbedeckung der Pilger, meist gekennzeichnet mit einer ▶ Pilgermuschel, die ursprünglich auch als Ess- und Trinkgefäß diente.

Pilgermuschel, ▶ *Pecten maximus* (LINNAEUS 1758), eine bis 15 cm lange

Kammmuschel mit gerundeten ▶ Rippen auf der Schalenoberfläche. Die P., ursprünglich wohl als Trinkgefäß dienend, wurde zum Symbol der Pilger nach Santiago de Compostela, die sie am Gewand oder am Hut trugen. ▶ Jakobsmuschel.

Pilzförmiger Körper, sich an den ▶ Glochidien entwickelnde Gewebswucherung, welche in das Gewebe des Wirtstieres eindringt, die Muschellarve in diesem verankert und Stoffaustausch ermöglicht.

Pilzschnegel, ▶ *Malacolimax*.

Pinctada Röding 1798, Seeperlmuschel, Gattung der ▶ Pteriidae.

Pinkperlen, von *Pinna* erzeugte, rosafarbene, wenig haltbare ▶ Perlen. Als P. werden auch die porzellanartigen, seidig schimmernden ▶ Perlen der ▶ Strombidae bezeichnet.

Pinnidae, ▶ Steckmuscheln, Familie der ▶ Pteriomorpha mit etwa 20 Arten in 3 Gattungen, mit langen, vorn zugespitzten und hinten klaffenden Klappen, die dünn und zerbrechlich sind. Der vordere ▶ Schließmuskel ist klein, der hintere groß. Die P. stecken mit dem Vorderende im Schlicksand und heften sich mit ihrem großen ▶ Byssus fest. Im Mittelmeer lebt die selten gewordene Schinkenmuschel, *Pinna nobilis* (Linnaeus 1758), die mit 80 cm Schalenlänge die größte Muschel europäischer Meere ist. In ihrer ▶ Mantelhöhle leben oft ▶ Muschelwächter als ▶ Kommensalen.

Pinselzellen, ▶ Haarzellen, bipolar erscheinende Epithelsinneszellen, in der Regel unter das ▶ Epithel versenkt.

Pipettierer, Muscheln, die mit ihrem langen, ausstreckbaren ▶ Ingestionssipho die Umgebung abtasten und geeignete Nahrungsobjekte mit einem Wasserstrom aufnehmen. Dabei entstehen auf der Sedimentoberfläche oft sternförmige Spuren (z. B. bei ▶ *Scrobicularia plana*), die den Wohnsitz der Muschel markieren.

Pisania Bivona 1832, Gattung der ▶ Buccinidae mit eispindelförmigem Gehäuse und verdickter, gezähnelter Außenlippe. Die etwa 30 Arten leben in subtropischen und tropischen Meeren. Im Mittelmeer kommt *P. striata* (Gmelin 1791) an Felsen der Gezeitenzone vor.

Pisidiidae, ▶ Kugelmuscheln, ▶ Sphaeriidae.

Pisidium Pfeiffer 1821, ▶ Erbsenmuscheln, Gattung der ▶ Sphaeriidae, kleinste ▶ Süßwassermuscheln, die in Mitteleuropa mit ca. 17 Arten vertreten sind, darunter die Große Erbsenmuschel, *P. amnicum* (O. F. Müller 1774), etwa 8 mm lang.

Pitar Römer 1857, Gattung der ▶ Veneridae, Muscheln mit nach vorn gerichteten ▶ Wirbeln. Zahlreiche Arten in warmen Meeren.

Placenta Philipsson 1788, jetzt ▶ *Placuna* Solander 1786. ▶ Placunidae.

Placiphorella **(Abb. 35)** Dall 1879, Gattung der ▶ Mopaliidae, ▶ Käferschnecken mit nach vorn stark erweitertem Kopflappen, der hochgestellt werden kann und herunterklappt, sobald sich ein geeignetes Opfer (z. B. Amphipoda) darunter befindet. Diese Art, Beute zu gewinnen, erleichtert das Leben im tieferen Wasser (s. Abb. 35).

Placophora (Abb. 1), ▶ Käferschnecken, ▶ Polyplacophora.

Placunidae, ▶ Fensterscheibenmuscheln, ▶ Sattelmuscheln, Familie der ▶ Pteriomorpha, mit runden, flachen und transparenten Klappen bis 18 cm Durchmesser. Das ▶ Chinesische Fenster, auch ▶ Capiz-Muschel genannt (*Placuna placenta* Linnaeus 1758), wurde früher in SO-Asien als Glasscheibenersatz verwendet, heute wird es in China und Japan zu Windglockenspielen verarbeitet.

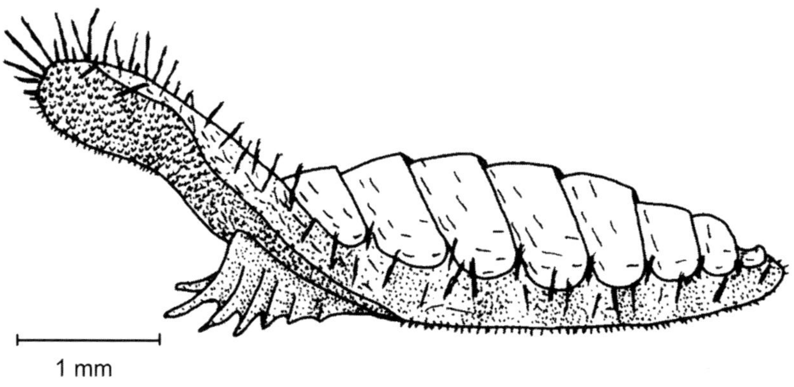

Abb. 35. ► *Placiphorella*. Der vordere Teil des Gürtels ist stark verbreitert und kann als Fangapparat hochgestellt werden.

Planaxidae, ► Flachspindelschnecken, Familie der Cerithioidea, mit meist unter 2 cm hohem, eikegelförmigem Gehäuse. Bisher wurden nur Weibchen gefunden, Fortpflanzung also wahrscheinlich ► parthenogenetisch. Die Eier entwickeln sich in einer Brutkammer des Nackens, aus der planktische ► Veliger schlüpfen. Die P. leben im Flachwasser warmer Meeresküsten, auch an Mangrove.

Planctoteuthis, Jugendform von ► Cephalopoda der Familie ► Chiroteuthidae.

Plankton, Gesamtheit der im Wasser treibenden Organismen mit geringer oder fehlender Eigenbewegung (vgl. ► Nekton), die allerdings oft die Höhenschicht, in der sie leben, im Tages- oder Jahresrhythmus verändern können. Dabei geben vermutlich Faktoren wie Schwerkraft, Lichtrichtung und -intensität Orientierungshilfen. Die ► Veliger der ► Mollusca gehören im Allgemeinen zum P., während die ► Adulten mit relativ wenigen Arten vertreten sind. Unter den Vorderkiemern sind es nur die ► Heteropoda, die sich durch tiefgreifende Umgestaltung ihres Körperbaus angepasst haben. Dichte Populationen („Schwärme") gibt es bei einigen ► Hinterkiemern, die Nahrung für Fische und Wale stellen (► Whalaat). Die ► Cephalopoda sind in der Regel nektonisch, nur kleine Arten (unter 2 cm Mantellänge) wie *Sepiola*-Spezies gehören zum P.

planktotroph, Ernährungstyp (auch) von Molluskenlarven (► Veliger), die sich von Planktonorganismen ernähren. Vgl. ► lecithotroph.

Planorbarius Duméril 1806, Posthornschnecke, Gattung der ► Planorbidae, in Mitteleuropa durch die Große Posthornschnecke, *P. corneus* (Linnaeus 1758), vertreten.

Planorbidae, ► Tellerschnecken, Familie der ► Hygrophila. Neben den in Mitteleuropa heimischen Genera ► *Ancylus*, ► *Anisus*, ► *Bathyomphalus*, ► *Ferrissia*, ► *Gyraulus*, ► *Hippeutis*, ► *Planorbarius*, ► *Planorbis* und ► *Segmentina* sind in letzter

Zeit auch Arten von *Menetus* H. & A. ADAMS 1855 und *Planorbella* HALDEMAN 1842 eingeschleppt worden.

Planorbis O. F. MÜLLER 1773, ▶ Tellerschnecken, Gattung der ▶ Planorbidae, mit scheibenförmigem, gekieltem Gehäuse; in Mitteleuropa mit 2 Arten vorkommend.

planspiral, (auch: ▶ isostroph), ist ein in der Ebene aufgewundenes Schneckenhaus.

plantigrades Stadium, gut bewegliches Entwicklungsstadium der Muscheln kurz nach der Metamorphose. Der ▶ Fuß hat eine Sohle und ist zuständig für die Beweglichkeit, die Nahrungsaufnahme und die Abgabe der ▶ Pseudofaeces. Oft ist auch eine ▶ Byssusdrüse vorhanden, die bei den meisten Muscheln später reduziert wird. Im Anschluss an diese Phase bleibt der ▶ Fuß im Wachstum zurück und die Bewegungsmöglichkeiten der Muscheln werden beschränkt.

Plattmuscheln, allgemein die ▶ Tellinidae. Hierher gehören die Baltischen P., *Macoma balthica* (LINNAEUS 1758), und die Dicken P., *Macoma calcarea* (GMELIN 1791).

Platyla MOQUIN-TANDON 1856, Gattung der Aciculidae (▶ *Acicula*).

Pleuralganglien (Abb. 2, 17, 50, Tafel IV, Tafel VI), zur Grundausstattung des Nervensystems der ▶ Mollusca gehörendes ▶ Ganglienpaar, vorn seitlich im Körper gelegen und durch Konnektive mit den ▶ Cerebralganglien sowie mit den ▶ Pedal- und ▶ Intestinalganglien verbunden.

pleurembol, (auch: pleurembolisch), einer der Konstruktionstypen des ▶ Rüssels der ▶ Neogastropoda.

Pleurobranchidae, Familie der ▶ Nudipleura mit vom ▶ Mantel völlig umschlossener Schale. Besonders weit verbreitet ist *Pleurobranchus* CUVIER 1804 mit *P. membranaceus* (MONTAGU 1815), der bis 12 cm lang wird und im ▶ Epithel schweflige Säure bildet, die bei Verletzung frei wird und gegen Fische schützt. P. ernähren sich von Seescheiden.

Pleurodiscidae WENZ 1923, Familie der ▶ Orthurethra, im östlichen Mittelmeerraum durch die ▶ ovoviviparen Arten von *Pleurodiscus* WENZ 1919 vertretene Schnecken, die gelegentlich in mitteleuropäische Gewächshäuser eingeschleppt werden.

Pleurointestinalkonnektive, ▶ Pleurovisceralkonnektive, verbindende Nervenstränge der ▶ Gastropoda, ursprünglich zwischen den ▶ ipsilateralen ▶ Pleural- und ▶ Intestinalganglien. Als Folge der ▶ Torsion überkreuzen sich die P., das ▶ Nervensystem wird chiastoneur. ▶ Chiastoneurie.

Pleuropedalkonnektive, nervöse Vebindungen zwischen den ipsilateralen Pleural- und Pedalganglien.

pleurothetisch, Bezeichnung für Muscheln mit asymmetrischen Klappen. Solche Muscheln liegen mit einer ▶ Klappe auf dem Grund, auf dem sie sich mittels ihres ▶ Byssus oder durch Kalkabscheidung fest verankern, wenige bleiben frei beweglich (▶ *Pecten maximus*). In der frühen ▶ Ontogenese wird ein ▶ euthetisches Stadium durchlaufen.

Pleurotomariidae, Millionärsschnecken, Familie der ▶ Vetigastropoda, Schnecken mit kegeligem Gehäuse mit ▶ Perlmutter-Innenschicht und ▶ Schalenschlitz. Schwammfresser im Indopazifik mit ▶ hystrichoglosser ▶ Radula. Früher selten und daher sehr wertvoll (deutscher Name!), mittlerweile durch Sammler gefährdet.

Pleurovisceralkonnektive, die ▶ Pleurointestinalkonnektive.

Pleuston, Gesamtheit der Organismen, die auf und an der Wasseroberfläche leben. Unter den ▶ Mollusca sind das z. B. ▶ *Glaucus* und ▶ *Janthina*.

plexiformes Lager, ein fünfschichtiges Neuropil im Cortex von ▶ Cephalopoda, in dem die visuellen Axone 1. Ordnung aus der ▶ Retina enden.

plicat, ▶ „Opisthobranchia" mit einer aus der gefalteten Mantelwand gebildeten ▶ Kieme.

Plicatidium, ▶ Faltenkieme, gefaltetes Kiemenblatt in der ▶ Mantelhöhle einiger ▶ Architectibranchia.

Plötzenschnecke, *Valvata piscinalis* (O. F. Müller 1774), ▶ Valvatidae.

Pneumodermatidae, Familie der ▶ Gymnosomata, ▶ Ruderschnecken mit rundlichem oder hinten zugespitztem Körper. ▶ Herz und Niere liegen rechts. Die zwittrigen Arten leben in warm-gemäßigten Meeren. Etwa 8 Genera, darunter *Pneumoderma* Roissy 1805 und *Crucibranchaea* Pruvot-Fol 1942.

Pneumostom, das Atemloch der ▶ Pulmonata.

Podocyten, Zellen der Nierenkörperchen, mit der Basalmembran für die Filterfunktion der Nieren zuständig.

Poecilogonie, Auftreten unterschiedlicher Entwicklungsweisen innerhalb einer Art. So werden z. B. in den Eikapseln einiger Populationen von ▶ *Rissoa membranacea* alle 40–100 Eier zu ▶ Veligerlarven, während in anderen Populationen ▶ Nähreier gebildet werden und sich nur 18–75 Eier normal entwickeln, die dafür größer werden.

Poiretia Cuvier 1800, Gattung der Spiraxidae (Testacelloidea) mit schlank-turmförmigem, dünnem Gehäuse. Etwa 5 Arten im Mittelmeergebiet. *P. algira* (Bruguière 1792) packt kleinere ▶ Pulmonata (▶ Clausiliidae, ▶ Pupillidae) mit ihrer Fußsohle, schabt mit der ▶ Radula ein Loch in deren Gehäuse und frisst es aus.

Polinices Montfort 1810, Gattung der ▶ Naticidae, ▶ Bohrschnecken mit abgeflachtem oder eikegelförmigem, offen genabeltem Gehäuse. Mit Spindelschwiele und ▶ conchinösem ▶ Operculum. *P. josephina* Risso 1826 lebt in der Laminarienzone des Mittelmeeres.

Pollappen, ▶ Dotterlappen, sich bei der ersten Furchungsteilung mancher ▶ Mollusca mit dotterreichen Eiern abgliedernder Sack. Dieser bleibt mit einer ▶ Blastomere verbunden und vereinigt sich später mit der D-Blastomere. Er beeinflusst die Lage der Furchungsspindeln und hat wichtige organogenetische Funktionen.

Polyceridae, ▶ Hörnchenschnecken, Familie der ▶ Euctenidiacea.

polyembol, (auch: polyembolisch), einer der Konstruktionstypen des ▶ Rüssels der ▶ Neogastropoda.

Polygyratia Gray 1847, Gattung der ▶ Camaenidae (▶ Helicoidea) mit festem, scheibenförmigem Gehäuse (4–5 cm Durchmesser) und schiefer ▶ Mündung. Die einzige Art, *P. polygyrata* (Born 1778) lebt in Brasilien.

Polygyroidea, Überfamilie der ▶ Sigmurethra mit kugel- bis scheibenförmigem Gehäuse, die ▶ Mündung oft gezähnt und verdickt. Hierher gehören 3–4 Familien, die in feuchten Wäldern leben und sich von Pilzen ernähren.

Polygyroidea Pilsbry 1930, Gattung der Megomphicidae (Acavoidea) mit einer Art in Kalifornien.

polyhalin, ▶ Brackwasser.

Polymita Beck 1837, ▶ Buntschnecken, Gattung der ▶ Helminthoglyptidae (▶ Helicoidea) mit rundlichem, glattem, oft buntem Gehäuse (3 cm Durchmesser). Wenige Arten, die in Kuba auf Bäumen leben. Als wegen ihrer Farben beliebte Sammelobjekte sind sie vom Aussterben bedroht.

Polymorphismus, (auch: Polymorphie, Heteromorphie), Vielgestaltigkeit, genetisch bedingtes Auftreten bestimmter Merkmale in verschiedenen Ausbildungen bei Individuen einer Art am selben Ort. Die unterschiedlichen Ausprägungen einzelner Merkmale sind nicht durch Übergänge verbunden. P. gibt es bei äußeren (z. B. Muster- und Farbpolymorphismen des Gehäuses bei ► Schnirkelschnecken) wie bei inneren Merkmalen (z. B. Genitalsystem), aber auch bei genetischen (z. B. Chromosomen-P.) und biochemischen Faktoren (z. B. Blutgruppen). Häufig sind verschiedene Ebenen der Organisation gleichzeitig betroffen (z. B. ► Sexualdimorphismus).

Polypen, früher volkstümlich für ► Kraken (► Octopoda). Eigentlich Bezeichnung für die radiärsymmetrische, benthische Ausbildungsform der Cnidaria (Nesseltiere).

Polyplacophora (Abb. 1, Tafel II), ein Taxon der ► Aculifera, ► Käferschnecken, marine Mollusca, deren rezente Arten auf dem Rücken 8 ► Schalenplatten tragen (siehe allgemeine Einführung S. 21).

polystiche Radula, Form der ► Reibzunge bei den ► Solenogastres: in jeder Querreihe stehen mehrere ► Zähne. ► distiche ► Radula.

Pomacea Perry 1811, Gattung der ► Ampullariidae (Ampullarioidea: ► Caenogastropoda), jetzt oft zu *Ampullaria* Montfort 1810 gestellt.

Pomatias Studer 1789, ► Landdeckelschnecken, Gattung der ► Diplommatinidae (► Cyclophoroidea), in Mitteleuropa nur durch die Schöne Landdeckelschnecke, *P. elegans* (O. F. Müller 1774) vertreten, die auf lockeren, kalkreichen Böden in West- und Südeuropa lebt.

Poromyidae, Familie der ► Anomalodesmata, Muscheln, die früher mit den ► Cuspidariidae und ► Verticordiidae als ► Septibranchia zusammengefasst wurden. Sie haben meist eiförmige bis kugelige Schalen und leben in großen Meerestiefen. *Poromya* Forbes 1844 mit *P. tornata* (Jeffreys1876) kommt im Atlantik und Indik in Tiefen zwischen 2000 und 5400 m vor.

Portlandia Mörch 1857, Gattung der ► Yoldiidae (Nuculanoidea), marine Muscheln mit dünnen, langovalen, ► ventral etwas klaffenden Schalen. Sie leben eingegraben in kalten Meeren und ernähren sich von ► Detritus. *P. arctica* (Gray 1824), früher *Yoldia arctica*, ist Leitform in bestimmten arktischen ► Biozönosen und kennzeichnend für ein Entwicklungsstadium der Ostsee, das ► Yoldia-Meer.

Porzellanschicht, ► Schmelzschicht, eine oberflächliche Kalkschicht, die bei manchen Schnecken (► Cypraeidae) auf die anderen Schalenschichten aufgelagert wird und damit u. a. das Farbmuster schützt.

Porzellanschnecken, die ► Cypraeidae.

Postabdomen, ► Abdomen.

Posthörnchen, volkstümliche Bezeichnung von im ► Süßwasser lebenden Schnecken der Gattungen ► *Gyraulus*, ► *Planorbis* und ► *Planorbarius* und des marinen Kopffüßers ► *Spirula*.

Posthornschnecken, die ► Planorbidae.

Potamopyrgus Stimpson 1865, ► Neuseeländische (Zwerg-)Deckelschnecke, Kleine Süßwasserturmschnecke, Gattung der ► Hydrobiidae. *P. antipodarum* (J. E. Gray 1843) wurde in der ersten Hälfte des 19. Jahrhunderts von der Südinsel Neuseelands bis nach Europa verschleppt, wo sie wahrscheinlich durch Fische und Wasservögel weiter verbreitet wurde. Sie lebt in Wasser bis zu 17 ‰ Salzgehalt und vermehrt sich überwiegend ► parthenogenetisch.

Praeabdomen, ► Abdomen.

Präanaldrüse, in der Nähe der ▶ Kloake gelegene Drüse der ▶ Solenogastres, von der exkretorische Funktion vermutet wird.

praeatriale Sinnesorgane, bei einigen ▶ Solenogastres [*Heathia porosa* (HEATH 1911)] am ▶ atrialen Sinnesorgan gelegene Sinnesorgane.

Praecerebralganglien, bei einigen ▶ Caudofoveata nachgewiesene, am dorsalen Teil des ▶ Cerebralganglions gelegene ▶ Ganglien, von denen bis zu 5 Paar vorhanden sein können.

Praecloacalorgan, in den ▶ Pallialraum der ▶ Solenogastres einmündender Endabschnitt der ▶ Laichgänge, die miteinander verschmolzen sind und einen gemeinsamen Ausführgang bilden.

praecorneale Lakune, in den ▶ Blasenaugen mancher ▶ Mollusca zwischen äußerer und innerer ▶ Cornea ausgebildete ▶ Lakune.

Praepodium, vor dem ▶ Fuß der Muscheln entspringender, zungenförmiger Auswuchs, der als zweiter Fuß fungiert (z. B. bei *Malleus* LAMARCK 1799).

Präparation der Mollusken, Anleitungen dazu in der Literatur bei: GÖTTING, K.-J. (2008): Meeres-Gehäuseschnecken Deutschlands. Bestimmungsschlüssel, Lebensweise, Verbreitung. In: DAHL (begr.), Die Tierwelt Deutschlands und der angrenzenden Meeresteile nach ihren Merkmalen und nach ihrer Lebensweise. Bd. 80, ConchBooks: Hackenheim, 180 S. – PIECHOCKI, R., & HÄNDEL, J. (2007[5]): Makroskopische Präparationstechnik. Teil II. Wirbellose. Schweizerbart: Stuttgart, 346 S. – STURM, PEARCE & VALDÉS (2006): The Molluscs. A Guide to their Study, Collection, and Preservation. Amer. malacol. Soc.: Los Angeles, 445 S.

Primärschale, die bei den ▶ Conchifera als Synapomorphie von der ▶ Schalendrüse und vom Mantelepithel gebildete ▶ Schale, die ein wesentliches Charakteristikum dieses Taxons darstellt. Die P. wird in manchen Verwandtschaftsgruppen reduziert bis zum völligen Verschwinden; dann wird von einigen Arten eine ▶ Sekundärschale gebildet. Die P. besteht aus dem ▶ Periostracum und darunter gelegenen Kalkschichten, meist ▶ Aragonit und ▶ Calcit, aber auch anderen Kristallisationsformen.

Prismenschicht (Abb. 42), meist aus ▶ Calcit gebildete Schalenschicht der ▶ Conchifera, die unter dem ▶ Periostracum liegt und an die sich nach innen eine ▶ Perlmutterschicht anschließen kann. Die P. ist wesentlich für die Stabilität der ▶ Schale verantwortlich, ihre kristalline Feinstruktur sehr vielfältig.

Proboscis, **1**) der ▶ Rüssel der ▶ Gastropoda, **2**) der Mundkegel der ▶ Scaphopoda.

Proboscis-Drüsen, spezialisierte Teile der ▶ Speicheldrüsen der ▶ Tonnoidea, die schwefelsäurehaltige Sekrete erzeugen. Die ▶ Radula beißt ein Loch in das Kalkskelett eines Stachelhäuters und die von kräftiger Muskulatur umgebenen P. injizieren das Sekret, in dem neben der Säure (pH 0,13 bei *Galeodea echinophora*, 1,1 bei *Argobuccinum argus*) bei einigen Arten auch Neurotoxine nachgewiesen sind (*Cymatium*, *Bursa*).

Procerebrum, ▶ Laterallappen.

Proctodaeum, Enddarm.

Prodissoconcha, frühes Entwicklungsstadium der Schalen von Muschellarven: die Schalenanlage bildet eine einheitliche Platte (P. I), die durch randlichen Zuwachs zur P. II und schließlich zur ▶ Dissoconcha heranwächst.

prokaryotisch sind Organismen ohne echten Zellkern, mit ringförmig im Cytoplasma liegender DNA, also die Bakterien, Archaebakterien und Cyanobakterien.

Promachoteuthidae, Familie der ▶ Oegopsida, ▶ Kopffüßer mit gallertigem, dickem ▶ Mantel und endständigen, halbkreisförmigen ▶ Flossen. Die Augen sind sehr klein, die Tiere haben weder ▶ Leuchtorgane noch ▶ Tintenbeutel und der ▶ Gladius ist reduziert bis zum völligen Verschwinden. Die beiden bekannten Arten werden in das einzige Genus *Promachoteuthis* HOYLE 1885 gestellt.

Propodium, vorderer Teil des Fußes vieler ▶ Prosobranchia, oft deutlich vom ▶ Metapodium abgesetzt (z. B. ▶ *Natica*).

„Prosobranchia" MILNE-EDWARDS 1848, ▶ Vorderkiemerschnecken, Schnecken mit dem Vorderende genäherter ▶ Mantelhöhle, ▶ chiastoneurem ▶ Nervensystem und vor dem ▶ Herzen gelegener Kieme. Inhaltlich entspricht die Gruppe den ▶ Streptoneura SPENGEL 1881. Sie ist polyphyletisch; z. Z. wird sie in die Taxa ▶ Eogastropoda, ▶ Vetigastropoda und ▶ Caenogastropoda aufgegliedert.

prosocyrt, ein Schneckenhaus, dessen bogig verlaufende Zuwachslinien mit ihrer konvexen Seite in Richtung ▶ Mündung zeigen. Ggs.: ▶ opisthocyrt.

prosogyr, eine Muschelschale mit nach vorn geneigtem ▶ Wirbel. Ggs.: ▶ opisthogyr.

prosoklin, ein Schneckengehäuse, dessen ▶ Zuwachsstreifen mit ihren apicalen Enden in Wachstumsrichtung (also zur ▶ Mündung hin) geneigt verlaufen; die meisten Gehäuse sind prosoklin; vgl. ▶ opisthoklin, ▶ orthoklin.

Prosopoconcha, der von der ▶ Larve erzeugte Teil der Molluskenschale; bildet zusammen mit der ▶ Embryonoconcha die ▶ Protoconcha.

Prostata, Samenleiterdrüse, beim männlichen Genitalsystem vieler ▶ Mollusca aus dem proximalen ▶ Vas deferens hervorgegangene Drüse. Bei manchen ▶ Stylommatophora ist die P. keine abgesetzte Drüse, sondern zieht sich als Band am ▶ Spermoviduct entlang.

Protandrie, (auch: Proterandrie), Vormännlichkeit, konsekutiv-zwittrige Tiere werden zunächst als Männchen geschlechtsreif, die weibliche Phase folgt erst später. Bei einigen ▶ Mollusca ist P. nachgewiesen (z. B. ▶ *Calyptraea*, ▶ *Crepidula*, *Crucibulum*). Ggs.: ▶ Protogynie.

Prothorax, vorderer Körperabschnitt einiger ▶ Caudofoveata, an den sich ▶ Metathorax und ▶ Abdomen anschließen.

Protobranchia, ▶ Fiederkiemer, meist als Unterklasse gewertetes Taxon der ▶ Bivalvia. Typisch sind die zweizeilig gefiederten ▶ Kiemen (▶ Ctenidien), der am Ende gezackte ▶ Fuß (ohne ▶ Byssus) und die langen, fühlerartigen Fortsätze an den ▶ Mundlappen. Die Wimpern der ▶ Kiemen, der ▶ Mantel- und Körperwand erzeugen einen Wasserstrom, der Atmen ermöglicht und Nahrungspartikeln heranführt, die mit einem Schleimnetz abgefangen und als Zusatznahrung zu dem verwendet werden, was die ▶ Mundlappen auftupfen. Zu den P. gehören die ursprünglichsten der rezenten Muscheln. Sie sind in Nord- und Ostsee mit den ▶ Nuculidae, ▶ Nuculanidae und ▶ Yoldiidae vertreten.

Protobranchie, Ausbildung von ▶ Fiederkiemen bei Muscheln.

Protobranchien, ▶ Fiederkiemen, paarig angeordnete ▶ Kiemen (▶ Ctenidien), die aus einem Schaft bestehen, der auf jeder Seite eine Reihe breit dreieckiger Kiemenblätter trägt. Diese können durch versteifte ▶ Cilien miteinander verbunden sein.

Protoconcha (auch: Protoconch), Primitivschale (irreführend auch ▶ Primärschale genannt), der während der frühen ▶ Ontogenese gebildete Teil der Molluskenschale, der sich in seiner Struktur meist deutlich von der ▶ Teloconcha unterscheidet und auch bei Adulten im ▶ Apex- bzw. ▶ Umbo-Bereich erhalten bleibt. Die auf der Dorsalseite der ▶ Gastrula entstehende ▶ Schalendrüse produziert ein dünnes ▶ Conchin-Häutchen, das mit Kalk unterlagert und damit stabilisiert wird (▶ Embryonoconcha); dieser Prozeß setzt sich während der Larvalentwicklung fort (▶ Prosopoconcha). Charakteristisch ist dabei für die P., dass sie nahezu synchronen Zuwachs in allen ihren Bereichen hat, während die Teloconcha nur am Rand vergrößert wird.

Protogynie, (auch: Proterogynie), Vorweiblichkeit, konsekutiv-zwittrige Tiere werden zunächst als Weibchen geschlechtsreif und erst in einer späteren Phase männlich. Im Ggs. zur ▶ Protandrie selten.

Protonephridien, Typ der Filtrationsnieren, der vor allem bei ▶ Metazoa ohne ▶ Coelom vorkommt. P. beginnen mit einer keulenförmigen Terminalzelle, die in das ▶ Parenchym eingebettet ist und ▶ Cilien enthält. Durch Ultrafiltration über ▶ Podocyten gelangt das Filtrat in das ▶ Pericard und wird von da durch Gänge über die Exkretionsporen und die ▶ Mantelhöhle nach außen befördert. Auf diesem Wege wird durch Sekretion und Reabsorption aus dem Primärharn der Sekundärharn. Innerhalb der ▶ Mollusca sind P. vor allem bei den Larven vorhanden, während die ▶ Adulten über modifiziert metanephridiale Systeme verfügen. ▶ Exkretion.

Protoplax, siehe ▶ Metaplax.

Protostomia, ▶ Urmünder.

Protostyl (Abb. 31), im ▶ Stielsack mancher herbivorer ▶ Vorderkiemerschnecken liegender Schleimstrang, der die Nahrungsrolle in den ▶ Magen zieht und die Futterpartikeln in dessen Sortierfelder weiterleitet. ▶ Kristallstiel.

Protothaca Dall 1902, Gattung der ▶ Veneridae mit festen, ovalen Schalen. *P. thaca* (Molina 1832) ist eine an der pazifischen Küste Südamerikas relativ häufige Muschel, die als ▶ „taca" oder ▶ „almeja" auf den Markt kommt. Sie wird etwa 8 cm lang.

Prototroch, vorderer Wimperkranz der ▶ Veligerlarve.

Proventriculus, Vormagen, erweiterter Abschnitt des ▶ Oesophagus bei einigen ▶ Patellogastropoda und vielen ▶ Pulmonata, wo er auch als ▶ Kropf bezeichnet wird.

Psammobiidae, ▶ Sandmuscheln, Familie der ▶ Veneroida mit zahlreichen Arten in allen Meeren. Langgestreckt-elliptische Muscheln mit dünnen Schalen, die oft an den Enden klaffen. Im Gebiet sind sie durch ▶ *Gari*, ▶ *Pharus* und ▶ *Solecurtus* vertreten. ▶ *Tagelus*.

Pseudanodonta Bourguignat 1876, Teichmuschel, Gattung der ▶ Unionidae. Die Abgeplattete Teichmuschel, *P. complanata* (Rossmässler 1835), tritt in Mitteleuropa mit mehreren geographischen Unterarten auf.

Pseudoblastoporus, bei ▶ Solenogastres während der ▶ Gastrulation am abapicalen Pol auftretende Vertiefung, aus deren Bereich Zellen ins Innere wandern (Immigration), während die verbleibenden zum ▶ Ektoderm werden. Ausgenommen davon sind zwei Zellgruppen: die zentral im P. gelegenen bilden den ▶ Prototroch und das ▶ Proctodaeum, die ▶ ventralen Zellgruppen bilden das ▶ Stomodaeum.

Pseudobranchien, ▶ Pallialkiemen.

Pseudoconcha, die unverkalkte und daher zarte sekundäre Schale der ▶ Thecosomata.

Pseudofaeces, ▶ Scheinkotpillen, die von Muscheln aus dem Wasser abfiltrierten, aber als Nahrung ungeeigneten Partikeln. Diese werden nicht in den Verdauungstrakt aufgenommen, sondern mit ▶ Schleim durchmischt, zu meist ovoiden Pillen geformt und mit dem Atemwasserstrom aus der ▶ Mantelhöhle ausgespült. Durch die Bildung der P. tragen Muscheln wesentlich zur Reinigung des Wassers und zur Erhöhung der Sedimentschicht bei.

Pseudofusulus H. Nordsieck 1977, Gattung der ▶ Clausiliidae, ▶ Schließmundschnecken, in Mitteleuropa selten.

Pseudolamellibranchie, ▶ Scheinblattkieme, ▶ Pteriomorpha.

Pseudomonaulie, Sonderfall des diaulen Zwittersystems der ▶ Hinterkiemer: prinzipiell ein diaules System, doch vereinigen sich ▶ Oviduct und ▶ Vas deferens vor der Ausmündung in einem gemeinsamen ▶ Atrium genitale, das mit nur einer Öffnung mündet. Vgl. ▶ Monaulie, ▶ Diaulie, ▶ Triaulie.

Pseudopallialhöhle, Körperhöhle der Weibchen parasitischer ▶ Entoconchidae (Eulimoidea). Sie ist bei Juvenilen durch einen bewimperten Gang mit dem ▶ Oesophagus ihres Wirtes (Holothurien) verbunden, und durch diesen dringen die bewimperten Larven in die P. ein, wo sie sich an einer präformierten Stelle, dem „männlichen ▶ Receptaculum", festsetzen.

Pseudoperculum, Scheindeckel, verdicktes Gewebe auf dem Fußrücken einiger neukaledonischer ▶ Pulmonata (▶ Endodontidae: Punctoidea). Beim Rückziehen ins Gehäuse verschließt das P. die ▶ Mündung.

Pseudosipho, ▶ Cervicallappen.

Pseudotrichia Likharev 1949, Gattung der ▶ Hygromiidae, meist als Subgenus zu ▶ *Zenobiella* oder ▶ *Perforatella* gestellt. *P. rubiginosa* (Rossmässler 1838) hat den Schwerpunkt ihrer Verbreitung in Osteuropa, kommt in Mitteleuropa in den großen Flusstälern auf nassen Wiesen und in Auwäldern vor.

PSP, paralytic shellfish poisoning, paralytische ▶ Muschelvergiftung, Erkrankung nach dem Verzehr von Krebsen und Muscheln, die toxinproduzierende Dinoflagellaten in sich aufgenommen haben (▶ Saxitoxin).

Psychroteuthidae, Familie der ▶ Oegopsida, schlanke ▶ Kopffüßer mit muskulösem, nach hinten spitz zulaufendem Körper und endständigen ▶ Flossen. Die einzige Gattung *Psychroteuthis* Thiele 1920 enthält eine etwa 45 cm lange Art, *P. glacialis* Thiele 1920, aus der Antarktis.

Ptenoglossa Gray 1853, ▶ Federzüngler, Taxon der ▶ Caenogastropoda, marine Schnecken mit einer ▶ Federzunge und oft purpurähnlichem Sekret der Manteldrüse; ernähren sich meist von Nesseltieren. Hierher werden u. a. die auch in der südlichen Nordsee vorkommenden Familien ▶ Aclididae, ▶ Epitoniidae, ▶ Eulimidae und ▶ Triphoridae gerechnet.

ptenoglosse Radula, ▶ Federzunge.

Pteriidae, ▶ Seeperlmuscheln s. l., ▶ Flügelmuscheln, ▶ Vogelmuscheln, Familie der ▶ Pteriomorpha, marine Muscheln mit abgeflachten, ungleichen Klappen, die innen eine ausgeprägte Perlmutterschicht haben und daher ▶ Perlen bilden können. Nur ein ▶ Schließmuskel ist ausgebildet, die Kiemenblätter sind gefaltet. ▶ *Pinctada* Röding 1798 ist in warmen Meeren weitverbreitet. Sie heftet sich mit ihrem ▶ Byssus an, der durch eine Einbuchtung der rechten ▶ Klappe austritt. *P. margaritifera* ist mit etwa 30 cm Klappendurchmesser und einem Gewicht bis zu 10 kg eine besonders hochgeschätzte, in Kulturen gehegte Perlenbildnerin, deren natürliche Bestände um Australien, in der Südsee und bis zur Westküste Amerikas vorkommen. Weitere etwa 5 Arten werden in Perlfarmen genutzt.

Pterioidea, Überfamilie der ▶ Seeperlmuscheln. Die etwa 95 beschriebenen Arten werden den Familien ▶ Malleidae, ▶ Pteriidae, Isognomonidae und Pulvinitidae zugerechnet.

Pteriomorpha, auch ▶ Filibranchia, ▶ Fadenkiemer, meist als Unterklasse gewertetes Taxon der ▶ Bivalvia, deren ▶ Kiemen im Allgemeinen aus zwei Reihen gleichartiger, zweischenkliger Fäden mit einem ab- und einem aufsteigenden Ast aufgebaut sind. Bei manchen Arten werden Brücken zwischen den ab- und den aufsteigenden Fäden gebildet, so dass ▶ Scheinblattkiemen (▶ Pseudolamellibranchien, z. B. bei ▶ Ostreidae und ▶ Limidae) entstehen. Diese sehr vielfältige Gruppe umfasst u. a. die ▶ Arcidae, ▶ Limidae, ▶ Pinnidae, ▶ Placunidae, ▶ Pteriidae und ▶ Spondylidae sowie Vertreter in Nord- und Ostsee in den Familien ▶ Anomiidae, ▶ Glycymerididae, ▶ Mytilidae, ▶ Ostreidae und ▶ Pectinidae.

Pterocera LAMARCK 1799, jetzt ▶ *Lambis* RÖDING 1798.

Pteropoda, ▶ Flügelschnecken, zusammenfassende Bezeichnung für die ▶ Thecosomata und ▶ Gymnosomata.

Pterotracheidae, ▶ Kielfüßer, Familie der ▶ Heteropoda, bei denen ▶ Mantel und Gehäuse völlig reduziert sind. Der bis etwa 20 cm lange, transparente Körper ist mit einem langen ▶ Rüssel und einer blattförmigen ▶ Flosse ausgerüstet, an der beim Männchen ein Saugnapf sitzt. Die wenigen (ca. 4) Arten leben im Pelagial warmer Meere, zwei auch im Mittelmeer. Sie werden den Genera *Pterotrachea* FORSKÅL 1775 und ▶ *Firoloida* LESUEUR 1817 zugeordnet.

Pugilina SCHUMACHER 1817, Gattung der ▶ Melongenidae, ▶ Kronenschnecken, oder Subgenus von *Volema* RÖDING 1798 (Buccinoidea), in warmen Meeren verbreitet. ▶ Größe.

Pulmonata (Abb. 17) CUVIER in BLAINVILLE 1814, ▶ Lungenschnecken, Gruppe in der Regel luftatmender Schnecken, die keine ▶ Kiemen haben, sondern über die umgestaltete Wand der ▶ Mantelhöhle (oder Teile davon) atmen. Ihr ▶ Bauplan entspricht weitgehend dem der ▶ „Prosobranchia“, von denen sie sich wahrscheinlich ableiten. Nur ausnahmsweise werden ▶ Operculum (*Amphibola*) und ▶ chiastoneures ▶ Nervensystem (*Chilina*) ausgebildet. Die ▶ Radula trägt zahlreiche, meist gleichförmige ▶ Zähne. Bei Fleisch- und Aasverzehrern sind diese sichelförmig. Die P. sind Zwitter mit oft kompliziertem Genitalsystem, die ▶ Entwicklung verläuft in der ▶ Eikapsel bis zum ▶ Kriechstadium. Die phylogenetischen Zusammenhänge in der Gruppe sind weitgehend ungeklärt und umstritten.

Pulpo (pl. **Pulpen**), volkstümliche Bezeichnung für ▶ Kraken.

Pulsellidae, Familie der ▶ Gadilida (▶ Kahnfüßer).

Punctidae, Punktschnecken, Familie der ▶ Punctoidea, überwiegend kleine ▶ Landlungenschnecken. In Mitteleuropa lebt die Eigentliche Punktschnecke, *Punctum pygmaeum* (DRAPARNAUD 1801), deren scheibenförmiges Gehäuse nur etwa 1,5 mm Durchmesser hat.

Pupilla LEACH in FLEMING 1828, Gattung der ▶ Pupillidae, mit 4 Arten in Mitteleuropa vorkommend, darunter die ▶ Moospuppenschnecke *P. muscorum* (LINNAEUS 1758).

Pupillidae TURTON 1831, ▶ Puppenschnecken, Familie der ▶ Orthurethra mit einigen mitteleuropäischen Arten von ▶ *Lauria* und ▶ *Pupilla*.

Puppenschnecken, ▶ Pupillidae, ▶ *Lauria*.

Purpur, Farbstoff aus der ▶ Hypobranchialdrüse von Meeresschnecken, vor allem der Gattung *Murex* LINNAEUS 1758. In der Drüse werden die noch farblosen Vorstufen erzeugt, die unter Lichteinwirkung über verschiedene Zwischenstufen typische Farben hervorbringen. Besonders geschätzt waren das sehr dunkel werdende und beständige Sekret von *Murex trunculus* [von Plinius (ca. 23 bis 79 n. Chr.) als „purpura" bezeichnet)] und das rötlichere Sekret von *M. brandaris* (Plinius: „dialutense"), weniger wertvoll waren die nicht so lichtbeständigen Sekrete von ▶ *Thais haemastoma* („bucinum"), von *Murex erinaceus* („taeniense") und ▶ *Nucella lapillus* („calculense"). Der Drüsenbereich wurde den Schnecken entnommen, eingesalzen und nach 3 Tagen erwärmt. Nach 10 Tagen wurden die Gewebsreste abgeschöpft, die ungesponnene Wolle eingetaucht und erhitzt, bis der gewünschte Farbton erreicht war. Bei *Murex trunculus* verlief die Umfärbung über gelb, hellgrün, dunkelgrün zu blau und violett. Besonders kostbar war der tyrische Purpur, die Farbe des Kaisers von Byzanz. Ähnliche Farbstoffe werden auch von anderen Schnecken erzeugt, z. B. bei ▶ *Aplysia* als Abwehrsekret und bei ▶ *Janthina*.

Purpura BRUGUIÈRE 1789, Gattung der ▶ Muricidae (Muricoidea) mit einigen Arten in warmen Meeren.

purpurarius (lat.), der Purpurfabrikant.

Purpurschnecken, die ▶ Muricidae.

Pusia SWAINSON 1840, Gattung der Costellariidae (Muricoidea). Die etwa 30 Arten mit oval-spindelförmigem Gehäuse leben in warmen Meeren.

Pusillina MONTEROSATO 1884, Gattung der ▶ Rissoidae, ▶ Kleinschnecken; in der südlichen Nordsee sind sie durch *P. inconspicua* (ALDER 1844) und *P. sarsi* (LOVÉN 1846) vertreten.

Pustularia SWAINSON 1840, Gattung der ▶ Cypraeidae mit indopazifischen Arten.

Pycnodonta SOWERBY 1842, Blattauster, Gattung der ▶ Ostreidae.

Pyramidellidae, Pyramidenschnecken, Familie der ▶ Pyramidelloidea mit zahlreichen kleinen Arten, die parasitisch an anderen Wirbellosen leben. In der südlichen Nordsee sind ▶ *Chrysallida*, ▶ *Eulimella*, ▶ *Odostomia* und ▶ *Turbonilla* vertreten.

Pyramidulidae, Pyramidenschnecken, Familie der ▶ Pupilloidea, auch in Mitteleuropa durch die ▶ ovovivipare *Pyramidula* FITZINGER 1833 vertreten.

Pyrene RÖDING 1798, Gattung der ▶ Columbellidae (Buccinoidea) mit dickwandigem, eispindelförmigem Gehäuse. Zahlreiche Arten leben im Flachwasser des Indopazifik, oft auch in Korallenriffen, wo sie von Algen leben.

pyriformes Organ, am ▶ Oesophagus einiger Vorderkiemer ansitzendes Organ unbekannter Funktion.

Pyropeltidae, Familie der Lepetelloidea (▶ Vetigastropoda), deren Arten an den ▶ Hydrothermalquellen des Pazifik auf der Sulfidkruste leben. Das napfförmige, weiße Gehäuse ist kleiner als 5 mm.

Pyroteuthidae, ▶ Feuerkalmare, Familie der ▶ Oegopsida, oft auch als Unterfamilie zu den ▶ Enoploteuthidae gestellt, ▶ Kopffüßer mit relativ kleinem Rumpf, mit Haken auf der ▶ Endkeule der ▶ Fangarme und auf dem 4. Armpaar. Sie haben zwar nur etwa 6 cm Mantellänge, sind aber mit zahlreichen Leuchtorganen versehen: 9 große und 3 kleine auf der Augenunterseite, 10 in der ► Mantelhöhle, 6–8 an den Fangarmen. Der rechte untere Arm ist ► hectocotylisiert. In die Gattung *Pyroteuthis* HOYLE 1904 gehören zwei Arten, darunter *P. margaritifera* (RÜPPELL 1844) aus dem tropischen und subtropischen Atlantik und dem Indopazifik.

Pythia RÖDING 1798, Gattung der Elobioidea (► Eupulmonata i. s.), ► Küstenschnecken mit seitlich abgeflachtem Gehäuse (unter 2 cm hoch) und gezähnter ► Mündung. Einige Arten an den Küsten des Pazifik.

Quartettbildung, während der ► Spiralfurchung der ► Mollusca bei jedem Teilungsschritt auftretende Gruppierungen von jeweils vier ► Blastomeren.

Quellblasenschnecke, ► *Physa*.

Quellenschnecken, ► *Bythinella*.

Quendelschnecke, ► *Candidula*.

Quickella C. BOETTGER 1939, ► Salzbernsteinschnecken, Gattung der ► Succineidae, mit *Q. arenaria* (BOUCHARD-CHANTEREAUX 1837), in feuchten Dünen an westeuropäischen Küsten lebend.

Rachiglossa, ► Rhachiglossa.

Radiärsymmetrie, Form eines Körpers, der mehrere durch die Längsachse

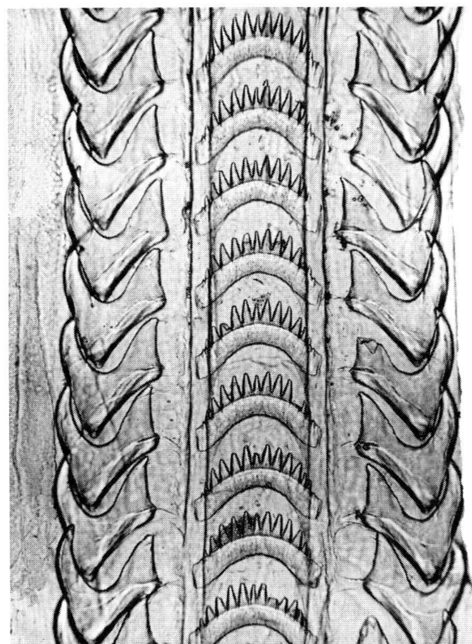

Abb. 36. ► Radula. Lichtmikroskopisches Bild einer (► stenoglossen) Radula von *Buccinum undatum*. Beidseits des mehrfach gezähnten Mittelzahnes steht ein hakenförmiger Zahn.

verlaufende Symmetrieebenen aufweist. Ggs.: ▶ Bilateralsymmetrie.

Radix MONTFORT 1810, ▶ Schlammschnecken, Gattung der ▶ Lymnaeidae, zahlreiche, wahrscheinlich ökologisch bedingte Formen („Arten") bildend, oft mit so weiter ▶ Mündung, dass das Gehäuse ohrförmig aussieht. Hierher gehören die ▶ Ohrschlammschnecke *R. auricularia* (LINNAEUS 1758), die Weitmündige Schlammschnecke *R. ampla* (HARTMANN 1821) und die Gemeine Schlammschnecke *R. balthica* (LINNAEUS 1758).

Radula (Abb. 2, 36–38, Tafel I, Tafel IV, Tafel V), (auch: ▶ Reibzunge, ▶ Raspelzunge), für ▶ Mollusca typisches Organ im Schlundbereich, das prinzipiell aus einer ▶ Radulamembran und darin verankerten Plättchen („Zähnen") besteht, die in Längs- und Querreihen angeordnet sind. Die R. ist Teil eines komplexen Muskel-Knorpel-Systems (▶ Odontophor), mit dessen Hilfe sie hin und her, vor und zurück bewegt wird. Dabei kann sie Substratteilchen abraspeln, abschneiden, zerkleinern und in den Schlund befördern. Entsprechend der Mannigfaltigkeit der ▶ Mollusca ist auch die R. sehr unterschiedlich in Form und Funktion. Sie fehlt nur den ▶ Bivalvia, da diese sich filtrierend ernähren. Besonders vielgestaltig ist sie bei den ▶ Vorderkiemerschnecken (▶ hystrichogloss, ▶ rhipidogloss, ▶ docogloss, ▶ taeniogloss, ▶ stenogloss = ▶ rhachigloss, ▶ ptenogloss, ▶ toxogloss). Bei aas- und fleischfressenden ▶ Mollusca ist die R. mit langen, sichelförmigen Zähnen ausgestattet. Sie entsteht im ▶ Radulasack, der hinten neue Zahnquerreihen in dem Maße bildet, in dem sie am Vorderrand abgenutzt werden. Mit zunehmendem Alter verringert sich die Anzahl neugebildeter Zahnreihen.

Radulamembran, im ▶ Radulasack gebildete Membran aus Proteiden und chitinähnlichen Glykoproteiden, in der die ▶ Zähne verankert sind. Die R. und damit die ganze ▶ Radula kann über den ▶ Odontophor hin und her gezogen werden.

Radularganglion, am Ventralkonnektiv der ▶ Caudofoveata gelegenes ▶ Ganglion.

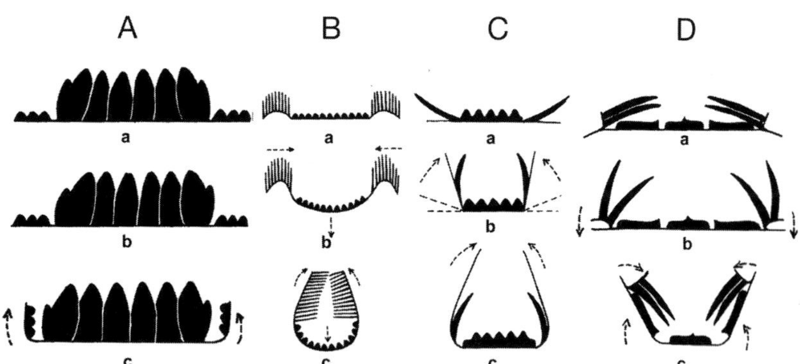

Abb. 37. ▶ Radula. Die vier Haupttypen der ▶ Vorderkiemer-Radulae. A) ▶ docogloss, B) ▶ rhipidogloss, C) ▶ stenogloss, D) ▶ taeniogloss. a) vor, b) auf, c) hinter der Knickkante des Radulapolsters (n. G. Richter 1962).

Abb. 38. ▶ Radula. Rasterelektronenmikroskopische Bilder verbreiteter Radula-Typen. Oben links: ▶ rhipidogloss (*Monodonta turbinata*). Oben rechts: ▶ taeniogloss (*Littorina littorea*). Mitte links: ▶ docogloss (*Patella vulgata*). Mitte rechts: ▶ stenogloss (*Buccinum undatum*). Unten links: ▶ Opisthobranchier-Radula (*Aplysia depilans*). Unten Mitte und unten rechts: ▶ Pulmonaten-Radula (*Helix pomatia*).

Radulasack, (auch: Radulascheide), Ausstülpung des ▶ Pharynxbereichs, in der die ▶ Radula gebildet wird.

Randschnecken, ▶ Marginellidae.

Ranellidae (früher ▶ Cymatiidae), Tritonschnecken, Familie der ▶ Tonnoidea mit einigen, zum Teil sehr groß werdenden Arten der Genera ▶ *Argobuccinum* HERMANNSEN 1846, ▶ *Charonia* GISTL 1848 und *Gyrineum* LINK 1807 (früher ▶ *Apollon* MONTFORT 1810). Die oft auch hierher gestellte Gattung ▶ *Distorsio* RÖDING 1798 wird jetzt zu den Personidae (▶ Tonnoidea) gezählt.

Raspelzunge, ▶ Reibzunge, ▶ Radula.

Raubschnecken, volkstümliche Bezeichnung für Schnecken, die sich von anderen Schnecken und Würmern ernähren. In Anpassung an diese Lebensweise zeigen sie konvergente Merkmale wie Reduktion des Gehäuses, ▶ Radula mit sichelförmigen Zähnen und hohe Beweglichkeit. Beispiele sind Arten von ▶ *Daudebardia*, ▶ *Euglandina*, ▶ *Poiretia* und *Testacella* (▶ Testacellidae).

Räucherklauen, (lat. unguis odoratus), früher in der indischen Volksmedizin zum Ausräuchern von Epilepsie benutzte ▶ Opercula, vor allem von ▶ Fasciolariidae, auch von ▶ *Turbo*- und *Murex*-Arten.

Receptaculum, männliches, ▶ Pseudopallialhöhle.

Receptaculum seminis, im weiblichen Genitaltrakt vieler ▶ Mollusca ausgebildeter Hohlraum, in den bei der ▶ Kopulation die ▶ Spermatophoren des Partners übertragen werden. Deren Wand wird im R. s. enzymatisch aufgelöst, so dass die Spermien freiwerden und zur ▶ Bursa copulatrix wandern können. Vgl. ▶ Genitalsystem, ▶ Pseudopallialhöhle.

Rectaldrüse, ▶ Wasserlunge, am Enddarm der ▶ Scaphopoda gelegenes, aus fingerförmigen Schläuchen zusammengesetztes Organ unbekannter Funktion.

Rectum (Abb. 47), (auch: Rektum), Enddarm, hinterster Abschnitt des Darms, der oft erweitert ist und mit dem Anus in die ▶ Mantelhöhle mündet. Er ist wesentlich an der Formung der Kotpillen aus den unverdaulichen Resten der Nahrung beteiligt.

Redwood-Schnecken, ▶ Ariolimacidae.

Reflektorschicht, ▶ Tapetum lucidum (lat.), eine vor allem bei ▶ Cephalopoda ausgebildete Gewebeschicht, die einfallendes Licht zurückwirft. Wesentliches Element sind die ▶ Iridocyten.

Reibzunge, ▶ Raspelzunge, ▶ Radula.

Reihenzähner, die ▶ Taxodonta.

Rektum, ▶ Rectum.

Renalductus, Nierengang, distaler Abschnitt des Exkretionssystems.

Renalsäcke, ▶ Nierensäcke, Abschnitte des Exkretionssystems der ▶ Cephalopoda. Bei den ▶ Nautiloidea sind vier, bei den Coleoidea zwei R. ausgebildet, die durch den bewimperten ▶ Renopericardialgang mit dem ▶ Herzbeutel verbunden sind.

Renea NEVILL 1880, Gattung der Aciculidae (▶ *Acicula*). *R. veneta* (PIRONA 1865), die Gerippte Nadelschnecke, lebt südalpin und in den bayerischen Kalkalpen.

Renopericardialgang, bei den ▶ Mollusca ursprünglich vorhandener Verbindungsweg zwischen ▶ Pericard und Exkretionssystem.

Resilifer, eine gerundet-dreieckige Vertiefung am ▶ Scharnierrand mancher Muscheln. Der R. nimmt das ▶ Resilium in sich auf und dient damit der Stabilisierung des Schließapparates der Klappen.

Resilin, ein hochelastisches, langkettiges Strukturprotein, das bei den ▶ Mollusca vor allem im ▶ Resilium der Muscheln vorkommt.

Resilium, ► Schließknorpel, ein knorpelartiges, gerundet-dreieckiges und elastisches Material (► Resilin), das am ► Scharnierrand vieler Muscheln aus dem inneren ► Ligament entstanden und oft in eine Grube (den ► Resilifer) eingepasst ist. Bei anderen Muscheln liegt es auf einem löffelartigen Fortsatz einer ► Klappe, dem ► Chondrophor. In allen Fällen wird das R. bei Kontraktion der ► Schließmuskeln zusammengepresst; sobald diese erschlaffen, unterstützt es das ► Ligament beim Öffnen der Klappen.

Respiration, Atmung, Gasaustausch zwischen Organismus und Umwelt. Dieser kann über die Körperoberfläche erfolgen, sofern diese feucht ist, oder über spezialisierte Respirationsorgane, bei wasserlebenden ► Mollusca über ► Kiemen, bei landlebenden Arten über die ► Lungenhöhle.

Retina, Netzhaut, Schicht der Lichtsinnes- und Pigmentzellen in den ► Augen vor allem von ► Gastropoda und ► Cephalopoda, aber auch einiger ► Bivalvia. Die Rezeptorzellen sind in den in der Regel eversen Augen der ► Mollusca dem Licht zugewandt und tragen einen photorezeptorischen ► Mikrovillisaum. ► inverse Augen sind selten (z. B. bei ► *Onchidium*).

Retinella FISCHER in SHUTTLEWORTH 1877, Gattung der ► Zonitidae mit 2 Schnecken-Arten in den Pyrenäen und Südalpen.

Retractor capitis, zwischen der ► Schale und der Kopfkapsel der ► Dibranchiata verlaufender Muskel, der das (beschränkte) Rückziehen des Kopfes ermöglicht.

Retusidae, ► Tönnchenschnecken, Familie der ► Cephalaspidea, marine Schnecken mit zylindrischem bis birnförmigem, weißem Gehäuse und ohrförmig ausgezogenem ► Kopfschild. ► Chiastoneur und zwittrig. Zwei der wenigen Arten leben auch an deutschen Küsten: *Retusa obtusa* (MONTAGU 1803) (bis 15 mm hoch) gräbt sich auf der Suche nach Hydrobiiden durch das Sediment, *Retusa truncatula* (BRUGUIÈRE 1792) (bis 7 mm) nimmt außerdem auch Foraminifera auf.

rhachigloss (auch: ► stenogloss), schmalzüngig, Form der ► Radula, die meist nur einen Mittel- und jederseits einen Seitenzahn pro Querreihe hat. Die meisten ► Neogastropoda sind r.

„Rhachiglossa" GRAY 1853, ► Schmalzüngler, ► Neogastropoda mit ► rhachiglosser ► Radula. Hierher werden u. a. ► Buccinidae, ► Fasciolariidae, ► Harpidae, ► Muricidae, ► Nassariidae und ► Volutidae gestellt.

Rhinophoren, fühlerähnliche Fortsätze am ► Kopf von ► Hinterkiemern, oft mit Lamellen besetzt und kompliziert gestaltet. Bei einigen ► Nudibranchia können sie in R.-Scheiden zurückgezogen werden. Sie tragen Chemorezeptoren und können Wasserströmungen wahrnehmen. Vgl. ► Fühler.

rhipidogloss, ► fächerzüngig, Radulatyp, bei dem eine kräftige Mittelplatte jederseits von 1–10 Zwischenplatten und einer größeren Anzahl von Seitenplatten umgeben wird.

Rhipidoglossa MÖRCH 1865, ► Fächerzüngler, ► rhipidoglosse Schnecken. Hierher gehören die ► Neritimorpha und die ► Vetigastropoda

Rhodopidae, Familie der ► Nudipleura.

Rhombuskalmare, ► Thysanoteuthidae.

Rhynchodaeum, Rüsselsack, der Hohlraum zwischen ► Rüssel und ► Rüsselscheide bei den ► Neogastropoda.

Rhynchostom, die Öffnung der ► Rüsselscheide.

Rhynchoteuthis, die Jugendform einiger ► Kopffüßer, z. B. von ► Ommastrephidae (► *Dosidicus*).

Rhytididae, Familie carnivorer ▸Landlungenschnecken (Rhytidoidea), von Indonesien über Australien und Neuseeland bis in die Südsee verbreitet. Häufig ist ▸*Paryphanta* ALBERS 1850.

Riechgruben, Vertiefungen der Körperoberfläche in der Nähe der ▸Augen, am ▸Trichter und in der ▸Mantelhöhle der ▸Cephalopoda, in denen (wahrscheinlich chemorezeptorische) Sinneszellen lokalisiert sind.

Riechwarzen, zapfenartige Erhebungen vor allem im ▸Kopf- und Trichterbereich der ▸Cephalopoda, von denen chemorezeptorische Funktion vermutet wird.

Riemenschnecken, ▸*Helicodonta*.

Riementellerschnecke, ▸*Bathyomphalus*.

Riesenfasern, (auch: Riesenaxone), ▸Kolossalfasern, auffällig dicke und synapsenarme Nervenfasern der ▸Cephalopoda, die ein System zur schnellen Reizleitung bilden. Dieses ermöglicht die bilateralsymmetrischen Kontraktionen des Muskelmantels. Es ist aus R. I., II. und III. Ordnung aufgebaut. Die mit etwa 1,2 mm Durchmesser dicksten R. sind bei ▸*Dosidicus gigas* nachgewiesen worden.

Riesenglanzschnecke, ▸*Aegopis*.

Riesenkalmare, ▸Riesentintenschnecken, ▸*Architeuthis* und ▸*Dosidicus*.

Riesenkrake, Pazifischer, ▸*Octopus*.

Riesenmuschel, Riesenklaffmuschel, ▸Mördermuschel, ▸*Tridacna gigas*.

Riesenohr, volkstümliche Bezeichnung für ▸*Strombus gigas*.

Riesenschnecken, Trivialname für mehrere Gruppen großwüchsiger Schnecken, vor allem die ▸Achatinidae, ▸Melongenidae und ▸Turbinellidae.

Riesentintenschnecke, richtiger: Riesenkalmar, ▸*Architeuthis*.

Rippen (Abb. 39), auf den ▸Schalen von Muscheln und Schnecken coaxial verlaufende, leistenartige Erhöhungen, auf denen wiederum ▸Knoten und Stacheln inserieren können.

Rippenmuscheln, ▸Pholadomyidae.

Rissoa DESMAREST 1814, Gattung der ▸Rissoidae; in der südlichen Nordsee sind sie durch *R. membranacea* (J. A. ADAMS 1800), *R. parva* (DA COSTA 1778) und *R. violacea* DESMAREST 1814 vertreten.

Rissoidae, ▸Kleinschnecken, Familie der ▸Rissooidea, zahlreiche, unzureichend bearbeitete marine Schnecken küstennaher, flacher Bereiche, wo sie sich von ▸Detritus und Algen ernähren. In der südlichen Nordsee sind sie durch 6 Gattungen mit 10 Arten vertreten: ▸*Alvania*, ▸*Manzonia*, ▸*Obtusella*, ▸*Onoba*, ▸*Pusillina* und ▸*Rissoa*.

Rissschnecken, ▸Schlitzschnecken, ▸Scissurellidae.

Rocaille, nach dem Vorbild der Muschelschale gestaltetes Grotten- und Muschelwerk, verbreitetes architektonisches Ornament im Rokoko.

Roggenkornschnecke, ▸*Abida*.

Röhren, ▸Wohnröhren.

Röhrenschaler, Röhrenschnecken, ▸Kahnfüßer, ▸Grabfüßer, die ▸Scaphopoda.

Rosalin, rosafarbige Schalenteile aus dem Gehäuse von ▸*Strombus*-Arten, insbesondere *S. gigas*, die zu Schmuck verarbeitet werden. Da die rosa Schicht von einer weißen unterlagert wird, eignet sich das Material besonders zum Schneiden von ▸Kameen.

Rossia **(Abb. 27)** OWEN 1834, Gattung der ▸Sepiolidae, ▸Kopffüßer mit verbreiterter ▸Endkeule der ▸Fangarme, die 6–12 Reihen von ▸Saugnäpfen trägt. Mit ▸Gladius. Etwa 9 Arten, die überwiegend in den kalten nördlichen Meeren und im tropischen Westatlantik leben. Die Große Rossie, *R. macrosoma* (DELLE CHIAJE 1829),

Abb. 39. Rippen auf der Gehäuseoberfläche einer Schnecke (*Chrysallida indistincta*: Pyramidellidae) (REM-Aufnahme).

lebt im Nordatlantik bis Senegal, ihr Vorkommen in der Nordsee ist fraglich.

Rostrum, spitz zulaufender Fortsatz der ▸ Schalen von Schnecken, Muscheln und ▸ Kopffüßern. Am Schneckenhaus kann ein R. am Mündungsrand gebildet werden und nimmt dann den ▸ Sipho auf, bei ▸ Belemniten ist es die hintere, stabile Gehäusespitze, der unter den rezenten ▸ Cephalopoda die hintere Spitze am ▸ Schulp entspricht.

Rotiger, Bezeichnung für eine frühe Muschellarve, sobald sie eindeutig vom Schnecken-Veliger zu unterscheiden ist.

Rucksackschnecken, ▸ Testacellidae.

Ruderschnecken, die ▸ Gymnosomata.

Ruhepotential, elektrische Spannung der Nervenfasern im nichterregten Zustand. Es ist vor allem für die ▸ Cephalopoda untersucht worden und beträgt für ▸ *Loligo* 60 und ▸ *Sepia* 70 mV. Die Erregungsleitung erfolgt bei ▶ *Sepia* (Riesenfaser-Ø 200 µm) mit 7, bei ▶ *Loligo* (Ø 400 µm) mit 20 m/sec.

Rumina Risso 1826, ▶ Stumpfschnecke, Gattung der ▶ Subulinidae, mit der circummediterranen *R. decollata* (Linnaeus 1758), die den apicalen Gehäuseteil abstößt und die entstandene Öffnung durch ein queres ▶ Septum abschließt. Die Art wird gelegentlich nach Mitteleuropa eingeschleppt.

Rundmundschnecken, ▶ Turbanschnecken, ▶ Turbinidae.

Rückzieher, Musculus retractor pedis anterior und posterior, ▶ Fußheber.

Rüssel, ▶ Proboscis, zylindrische Verlängerung der Schnauzenregion bei ▶ carnivoren ▶ Neogastropoda, oft von einer ▶ Rüsselscheide umgeben. Die anatomischen und funktionellen Beziehungen erlauben bisher, vier Typen zu unterscheiden: **1**) beim ▶ pleurembolen R. sitzen die Rückziehmuskeln nahe der Rüsselbasis an, so dass bei Retraktion die Rüsselspitze zwar zurückgezogen, aber nicht umgestülpt wird (z. B. bei ▶ Tonnidae, ▶ *Charonia*). **2**) beim ▶ acrembolen R. inserieren die Rückziehmuskeln innen an der Rüsselspitze, so dass diese eingestülpt werden kann (z. B. bei ▶ Pyramidellidae, ▶ Naticidae). **3**) beim ▶ intraembolen R. kann dieser in der ▶ Rüsselscheide hin- und herbewegt werden (bei ▶ *Oenopota*, ▶ *Mangelia*, *Haedropleura,* alle zu ▶ Turridae). **4**) beim ▶ polyembolen R. bewegt die ▶ Rüsselscheide den ▶ Rüssel, ▶ Buccalhöhle und ▶ Oesophagus sind an der Basis des ▶ Rhynchodaeum befestigt und strecken sich nicht mit dem ▶ Rüssel aus (z. B. bei *Philbertia*: ▶ Turridae und *Cenodagreutes*: ▶ Conidae). Die unterschiedlichen Konstruktionstypen ermöglichen den ▶ Neogastropoda, ein breites Nahrungsspektrum zu erschließen.

Rüsselscheide, ▶ Rüssel.

Ruthenica Lindholm 1924, Gattung der ▶ Clausiliidae mit der Zierlichen Schließmundschnecke, *R. filograna* (Rossmässler 1836), die in der Bodenstreu von Wäldern in Mittel-, Süd- und Osteuropa lebt. Sie ist im Bestand gefährdet.

Sacoglossa, früher auch Saccoglossa, ▶ Schlundsackschnecken, auch Sackschnecken oder ▶ Sackzüngler, Taxon („Ordnung") der ▶ Opisthobranchia; mit einem Blindsack am Vorderende der ▶ Radula, in dem die abgenutzten Radulazähne gesammelt werden. Zahlreiche, vielgestaltige Arten, meist im Küstenbereich, wo sie Algen aufschlitzen und deren Inhalt mit ihrer kräftigen Schlundpumpe aufsaugen. Das ▶ Nervensystem zeigt Übergänge von der ▶ Chiasto- zur ▶ Euthyneurie; viele Arten reduzieren ihr Gehäuse und damit auch die ▶ Ctenidien und ▶ Osphradien. Das Taxon umfasst 10 Familien, darunter die ▶ Limapontiidae und die ▶ Juliidae mit der für eine Schnecke ganz ungewöhnlich gestalteten ▶ *Berthelinia*.

Sackzüngler, ▶ Sacoglossa.

Sägezahnmuscheln, ▶ Koffermuscheln, die ▶ Donacidae.

Salzbernsteinschnecken, ▶ *Quickella*.

Salzgehaltstoleranz, (auch: Halotoleranz), Fähigkeit von Organismen, in einem bestimmten Salzgehaltsbereich leben zu können. So findet man ▶ Herzmuscheln (▶ *Cerastoderma*) in Gewässern mit 22 bis 60 g/l Salzgehalt, dagegen die ▶ Kopffüßer ▶ *Octopus* nur von 30 bis 35 sowie ▶ *Loligo* von 31 bis 36 g/l. Vgl. ▶ euryhalin, ▶ stenohalin, ▶ Brackwasser.

Samenblase (Tafel I), (lat. ▶ Vesicula seminalis), erweiterter Abschnitt des Samenleiters zur Speicherung reifender und reifer ▶ Autospermien. Bei den ▶ Cephalopoda wird die ▶ Spermatophorendrüse I als S. bezeichnet. Im Ggs. zur S. bevorratet das ▶ Receptaculum seminis die bei der Copula aufgenommenen ▶ Allospermien.

Samenleiter, (lat. Spermioduct, ▶ Vas deferens), der spermaausleitende Gang im männlichen und zwittrigen Genitalsystem.

Samenrinne, rinnenförmige Vertiefung der Körperoberfläche bei männlichen Schnecken, welche die Genitalöffnung mit dem (kopfständigen) Penis verbindet.

Samenspeicherung, Aufbewahrung von Sperma im weiblichen oder zwittrigen Genitalsystem nach der ▶ Kopulation. So werden beispielsweise bei *Arianta arbustorum* die bei der wechselseitigen ▶ Begattung übertragenen Spermien bis über 1 Jahr gespeichert, so dass nach mehreren Begattungen Spermien mehrerer Väter für die ▶ Befruchtung der Eizellen zur Verfügung stehen. Dadurch wird die genetische Vielfalt des Nachwuchses erhöht, was in einer sich wandelnden Umwelt vorteilhaft sein kann.

Samtmuscheln, die ▶ Glycymerididae.

Samtschnecke, ▶ *Elysia*.

Sandklaffmuschel, ▶ Strandauster, ▶ Myidae.

Sandkorn-Astarte, ▶ *Goodallia*.

Sandmuscheln, die ▶ Psammobiidae.

Sandschnecken, die ▶ Nassariidae.

sanzai, aus dem Japanischen stammende Bezeichnung für Gehäuse von ▶ *Turbo cornutus* LIGHTFOOT 1786, aus denen u. a. Knöpfe hergestellt werden.

Saprophagen, Tiere, die (auch) von toter organischer Substanz leben. Hierher gehören auch die Kotfresser (▶ Koprophagen) und die Aasfresser (▶ Nekrophagen). Beispiele für S. sind viele *Arion*-Arten.

Sarcobelum, fingerförmiger Fortsatz am Penis, wahrscheinlich durch Reduktion des Pfeilsackes entstandenes Organ, nachgewiesen bei ▶ *Deroceras*-Arten (▶ Agriolimacidae). Es überträgt bei der ▶ Kopulation Sekrete, die vermutlich stimulierend auf die Partner wirken.

Sattelmuscheln, Sattelaustern, Trivialname für **1**) die ▶ Anomiidae und **2**) die ▶ Placunidae.

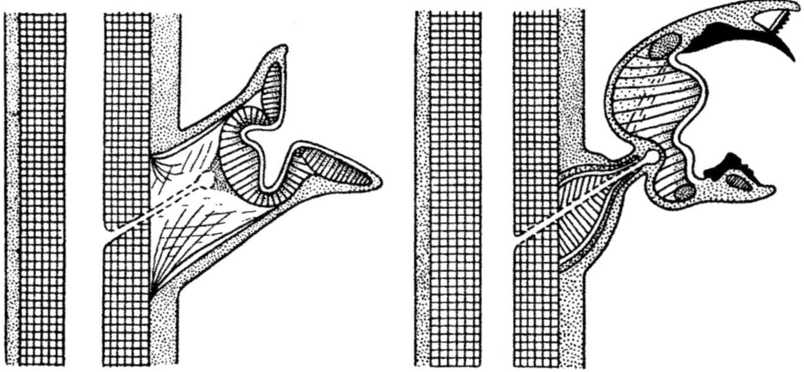

Abb. 40. ▶ Saugnäpfe. Links: mit breiter Basis dem Arm aufsitzender Saugnapf eines Vertreters der ▶ Octopoda, rechts: gestielter Saugnapf der Zehnarmigen.

Sauerstoffkapazität, Aufnahme- und Transportfähigkeit der ► Haemolymphe für Sauerstoff. Sie ist bei ► Mollusca sehr unterschiedlich und hängt mit der physiologischen Leistungsfähigkeit zusammen. So beträgt sie bei ► *Mytilus* 0,32, ► *Helix* 1,10–2,20, ► *Planorbis* 1,20–2,80 und ► *Octopus* 3,10 cm³ O_2/100 cm³ Blut (zum Vergleich: Karpfen 12,50, Mensch 21,30).

Saugkropf, am ► Oesophagus einiger ► Hinterkiemer (z.B. ► Sacoglossa) ansitzende, kugelige Erweiterung des Verdauungstraktes.

Saugnäpfe (Abb. 40, 41), grubenförmige Vertiefungen an der Körperoberfläche, in denen bei Anspannung bestimmter Muskelgruppen ein Unterdruck erzeugt wird, mit dessen Hilfe sich die S. an einer Unterlage festhalten können. Innerhalb der ► Mollusca gibt es S. bei den ► Heteropoda (► Pneumodermatidae) und ► Cephalopoda. Sie sitzen auf der mundzugewandten Seite der ► Arme in charakteristischer Anordnung und Ausbildung. Bei den ► Cephalopoda stehen sie in einer Reihe (► Vampyromorpha, ► Cirroteuthidae, ► Bolitaenidae u. a.), in zwei (viele ► Octopoda) oder in vier Reihen (viele Sepioidea und Teuthoidea). Die S. der ► Octopoda sitzen dem Arm direkt mit ihrer Basis auf, sind radiärsymmetrisch und haben keine harten Strukturen. Dagegen sind die S. der Sepioidea und Teuthoidea gestielt, meist bilateralsymmetrisch und am Rande mit gezähnten Ringen verstärkt. Bei einigen ► Oegopsida sind sie zu Haken umgewandelt.

saurer Regen, ► pH-Wert.

Saxicavella FISCHER 1878, Gattung der ► Hiatellidae, wenig bekannte Muscheln mit glatten, aber sehr ungleichen Klappen. Der Kleine ► Felsen-

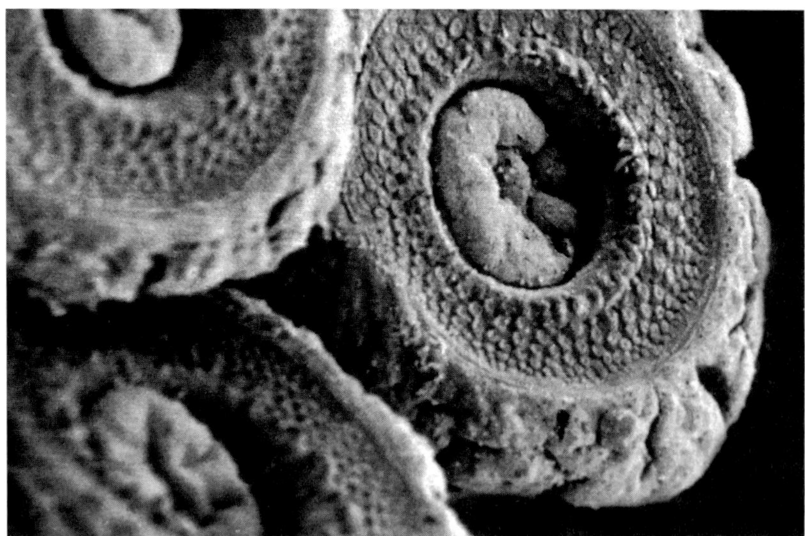

Abb. 41. ► Saugnäpfe von *Sepia officinalis* (REM-Aufnahme).

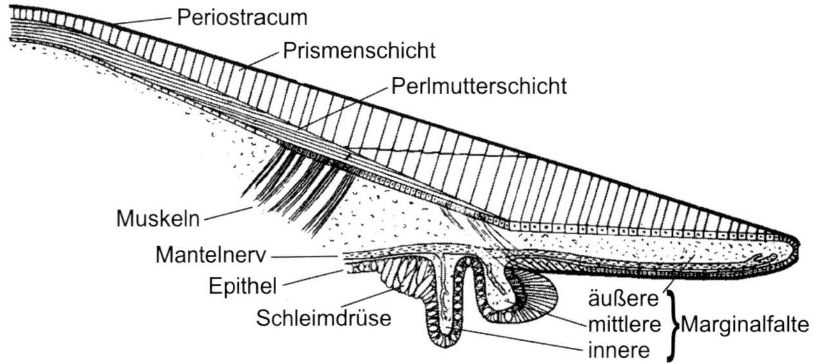

Abb. 42. ▶ Schale der ▶ Mollusca, Grundbauplan am Beispiel von ▶ *Neopilina* (▶ Monoplacophora).

bohrer, *S. plicata* (Montagu 1808), lebt im O-Atlantik und ist durch leere Klappen bei Helgoland nachgewiesen.

Saxitoxin, Verursacher der besonders gefährlichen paralytischen ▶ Muschelvergiftung (▶ PSP); wurde zuerst aus der Muschel *Saxidomus gigantea* Deshayes 1839 (Smooth Washington clam: ▶ Veneridae; W-Küste Nordamerikas) isoliert; die Vergiftung wird wahrscheinlich von ▶ Bakterien verursacht, die in Dinoflagellaten leben (*Alexandrium*, *Gymnodinium*, *Pyrodinium*) und mit diesen von Muscheln abfiltriert werden. Kinder unter 6 Jahren sind besonders gefährdet.

Scalariidae, jetzt ▶ Epitoniidae.

Scaphandridae, ▶ Bootsschnecken, ▶ Kanuschnecken, Familie der Philinoidea, mit zylindrischem bis eiförmigem Gehäuse ohne ▶ Operculum. Es wird größtenteils vom ▶ Mantel bedeckt. Kleinere Schnecken, Ringelwürmer und ▶ Scaphopoda werden ganz verschlungen und im ▶ Magen durch Kalkplatten zermalmt. In Nordsee, Mittelmeer und Ostatlantik gräbt sich *Cylichna cylindracea* (Pennant 1777) durch Sand und Schlick und frisst vor allem Foraminifera. Der etwa 6 cm große *Scaphander lignarius* (Linnaeus 1758) lebt im nördlichen Atlantik bis zum Mittelmeer und ist wichtige Nahrung für den Schellfisch.

Scaphoconcha, ▶ Echinospira.

Scaphopoda (Abb. 1, Tafel VI), ▶ Grabfüßer, ▶ Kahnfüßer, ▶ Elefantenzähne, ▶ Röhrenschaler, ein Taxon („Klasse“) der ▶ Conchifera, das jetzt oft den ▶ Diasoma zugeordnet wird. (Siehe allgemeine Einführung S. 27).

Schädlinge, Organismen an Bauwerken sowie vom Menschen genutzten Tieren und Pflanzen, die deren Stabilität oder Ertrag vermindern oder ganz vernichten. Innerhalb der ▶ Mollusca finden sich S. bei den ▶ Bivalvia (z. B. ▶ Bohrmuscheln) und ▶ Gastropoda (pflanzenfressende ▶ Pulmonata wie manche *Arion*-Arten). Unter den Schnecken sind einige Arten gefürchteter ▶ Krankheitsüberträger. Vgl. ▶ Bilharziose.

Schale (Abb. 2, 3, 17, 42, Tafel VII), ▶ Ostracum, vom Mantelepithel der

►Conchifera ausgeschiedene äußere, feste Schicht aus mehreren Lagen von ►Conchin(-Taschen) und $CaCO_3$ in verschiedenen Kristallisationsformen, meist ►Aragonit und ►Calcit. Die äußerste Schicht der S. ist das organische ►Periostracum, darunter folgen im Allgemeinen zwei anorganische Lagen, die ►Prismen- und die ►Perlmutterschicht.

Schalen, akzessorische, Teile der ►Schale, die in Anpassung an bestimmte Funktionen erzeugt werden. Vgl. ►Metaplax.

Schalenaugen, in das ►Tegmentum der Rückenplatten von ►Käferschnecken eingelagerte, komplexe Lichtsinnesorgane, die in regelmäßigen Mustern angeordnet sind. Jedes Auge besteht aus einer ►Linse, einem Becher von Retinazellen, dem ableitenden Nerven und einer Pigmenthülle. Zusammen mit anderen lichtempfindlichen Strukturen (►Aestheten) ermöglichen S. Hell-Dunkel-Wahrnehmung und den ausgeprägten Beschattungsreflex.

Schalendefekte, Verletzungen der ►Schale, können nur im Arbeitsbereich des ►Mantelrandes repariert werden, doch unterscheidet sich die Struktur von der ursprünglichen.

Schalendrüse, aus einem dorsal gelegenen ►Ektoblast-Bereich der ►Gastrula hervorgehender Abschnitt, der zunächst eine Vertiefung bildet, sich dann aufwölbt und in die Breite wächst. Seine Zellen scheiden nach außen ein ►Conchin-Häutchen als erste Anlage der ►Schale ab, das in der weiteren ►Entwicklung von Kalkschichten unterlagert wird.

Schalenhäutchen, ►Periostracum.

Schalenkonkretionen, von ►Conchifera gebildete Hartstrukturen aus wechselnden Schichten von ►Conchin und $CaCO_3$, die in den extrapallialen Raum eingedrungene Fremdkörper isolieren. Runde Objekte werden dabei so an der ►Schale fixiert, dass im Laufe der Zeit eine Halbperle (Schalenperle) entsteht. Durch Implantieren von Wachsfigürchen des Glücksgottes werden in China und Japan künstliche S. ausgelöst: die Figur wird von der Muschel mit Perlmutterschichten überzogen, nach einiger Zeit herausgesägt und als Glücksbringer gehandelt.

Schalenmuskel, der ►Columellarmuskel.

Schalenperlen, ►Perlen, die zunächst frei im schalennahen Gewebe entstehen und dann mittels einer stielartigen Verbindung der Innenseite der ►Schale angeheftet werden.

Schalenplatten, bei den rezenten ►Polyplacophora vom Gürtelepithel erzeugte acht Platten, welche die Dorsalseite bedecken und dachziegelartig übereinandergreifen, wodurch eine eingeschränkte Beweglichkeit ermöglicht wird. Die S. können vom Gewebe überdeckt und dadurch nur teilweise (*Cryptoplax*) oder gar nicht mehr sichtbar sein (►*Cryptochiton*).

Schalensack, frühontogenetisch bei den ►Coleoida gebildete Gewebshülle um die Schalenanlage und die sich entwickelnde ►Schale.

Schalenschlitz (Abb. 43), Schlitz, entsprechend dem ►Mantelschlitz einiger ►Archaeogastropoda (*Scissurella*, ►Pleurotomariidae) gebildete, langgestreckte Aussparung im Gehäuse, in welcher der Anus mündet. Damit wird vermieden, daß die eigenen Exkremente über den ►Kopf entleert werden.

Schalen, sekundäre, nach Verlust der ursprünglichen ►Schale gebildeter Ersatz mit einer bestimmten Funktion. So erzeugen die Weibchen von ►*Argonauta* eine ►Kammer, in der sie leben und in der sich ihre Eier entwickeln.

Abb. 43. ► Schalenschlitz im ► Gehäuse (und ► Mantel) von *Mikadotrochus beyrichi* (► Pleurotomariidae).

Schalenträger, ► Conchifera.

Schalenweichtiere, ► Conchifera.

Scharnier, (unzutreffend, aber eingebürgert: ► Schloss), verbindende Strukturen zwischen den Klappen am dorsalen Schalenrand der Muscheln. Dieser ist meist zu einer Scharnierplatte verbreitert, auf der zahn- oder leistenförmige Fortsätze des Scharniers liegen, die ineinandergreifen. Dadurch wird eine Scherung der Klappen weitgehend vermieden. Es werden mehrere ► Scharniertypen unterschieden.

Scharnierband, ► Ligament, unzutreffend auch „Schlossband", unverkalkt und damit elastisch bleibender Teil der Muschelschalen im Bereich zwischen den ► Wirbeln. Bei Kontraktion der ► Schließmuskeln wird das S. gespannt und hilft bei deren Erschlaffen, die Schalenklappen zu öffnen. Sein innerer Anteil ist oft zu einem elastischen Scharnierknorpel (► Resilium) verdickt.

Scharnierformel, „Schlossformel", besonders von Paläontologen unternommener Versuch, die Konstruktion des ► Scharniers in Formeln zu fassen und dadurch Bezüge zwischen den Taxa zu erkennen.

Scharnierknorpel, (lat. ► Resilium), ► Scharnierband.

Scharniertypen der Muscheln sind sehr vielfältig und werden einigen

Hauptgruppen zugeordnet: **1)** ▶ taxodont: zahlreiche kleine, kammartig nebeneinanderstehende ▶ Zähne (z. B. ▶ Arcidae, ▶ Nuculidae); **2)** ▶ heterodont: wenige, verschieden geformte ▶ Zähne (▶ Veneridae); **3)** ▶ desmodont: zwei Hauptzähne einer ▶ Klappe sind zu einem löffelähnlichen Fortsatz verschmolzen (Myidae); **4)** ▶ dysodont: ohne ▶ Zähne und Leisten (▶ Ostreidae); **5)** ▶ isodont: wenige, nahezu symmetrisch angeordnete ▶ Zähne (▶ Spondylidae); **6)** ▶ hemidapedont: schwaches ▶ Scharnier mit schwachem Hauptzahn und oft ohne Seitenzähne (▶ Tellinidae); **7)** ▶ anomalodesmatisch: ▶ Zähne schwach, oft fehlend, meist mit ▶ Scharnierknorpel (▶ Anomalodesmata); **8)** ▶ schizodont, spaltzähnig: ein starker, oft gespaltener Mittelzahn einer ▶ Klappe wird von zwei Λ-förmig angeordneten Zähnen der anderen Klappe umfasst (z. B. *Trigonia*, ▶ Palaeoheterodonta).

Schattenlaubschnecke, ▶ *Urticicola*.

Scheibengeld, früher vor allem auf pazifischen Inselgruppen verbreitetes Zahlungsmittel aus Scheiben von Schnecken- und Muschelschalen, die von Natur aus ein Loch haben oder in die ein solches gebohrt wurde, um sie auf Schnüre aufzuziehen. Zur ersten Gruppe gehören die besonders wertvollen ▶ Conus-Gelder, zur zweiten insbesondere flachgeschliffene Schalen von ▶ *Spondylus* (▶ Aaht) und *Chama*. An der kalifornischen Küste wurden Geldschnüre aus den Schalen von *Saxidomus nuttalli*, *Tivela*

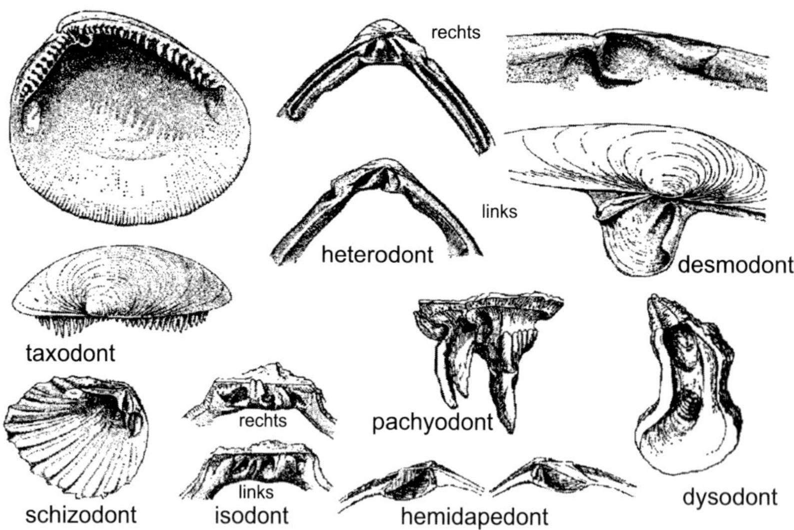

Abb. 44. ▶ Scharnier. Die am weitesten verbreiteten Typen der Verbindungen zwischen den Schalenklappen der Muscheln.

stultorum und *Olivella biplicata* hergestellt, die auch als Kultobjekte dienten; dort wurden ebenfalls trapezförmige Stücke aus ▶ *Haliotis*-Gehäusen hergestellt (▶ Wampum). In Afrika wurden auch ▶ Landschnecken (▶ *Achatina*) verwendet.

Scheibenmuschel, ▶ *Placuna*.

Scheidenmuscheln, ▶ Schwertmuscheln, die ▶ Cultellidae und ▶ Solenidae. Als Kurze S. werden die ▶ *Solecurtus*-Arten bezeichnet.

Scheinblattkieme, ▶ Pseudolamellibranchie, ▶ Pteriomorpha.

Scheinkot, die ▶ Pseudofaeces.

Schiffsbohrer, Schiffsbohrwürmer, ▶ *Teredo*.

Schiffsboot, ▶ Papierboot, ▶ *Argonauta*.

Schild, plattenförmige, aus festem Gewebe bestehende Strukturen am Körper mancher Mollusken: **1**) der durch Verwachsen der ▶ Fühler entstandene ▶ Kopfschild der ▶ Cephalaspidea, dient zum Graben im Sediment auf der Suche nach Beute; **2**) der ▶ Fußschild der ▶ Caudofoveata, im Mundbereich gelegener Rest des Fußes, der besonders viele Sinneszellen enthält. **3**) ▶ Magenschild.

Schildchen, ▶ Area.

Schildfüßer, ▶ Caudofoveata.

Schildkiemer, ▶ Aspidobranchia.

Schildkrötenschnecken, die ▶ Acmaeidae und ▶ Lottiidae.

Schill, Ansammlung von Schnecken- und Muschelschalen, vermischt mit Resten von Krebspanzern und Seeigelstacheln; meist als „Bruchschill" zerkleinert und ▶ Lebensraum einer spezifischen Tiergemeinschaft. Oft dominiert eine Art, nach der der S. benannt wird (z.B. Hydrobien-S.). S. wird zu Kalk gebrannt, zum Bauen, Düngen und als Futterzusatz verwendet.

Schinkenmuscheln, ▶ Pinnidae.

Schirmschnecken, die ▶ Umbraculida.

Schistosomiasis, ▶ Bilharziose, Erkrankung des Menschen vor allem in Afrika und SO-Asien durch parasitäre Trematoda, die vor allem Blase, Darm und Leber befallen und große Teile ihrer ▶ Entwicklung im Menschen durchlaufen. ▶ Wasserschnecken der Genera ▶ *Australorbis*, ▶ *Biomphalaria*, *Bulinus* und ▶ *Oncomelania* spielen als Überträger eine wichtige Rolle und werden daher in den betroffenen Gebieten (chemisch) bekämpft.

Schizocoelie, ▶ Mesodermstreifen.

schizodont (Abb. 44), spaltzähnig, einer der ▶ Scharniertypen.

Schizodonta, ▶ Spaltzähner, ▶ Palaeoheterodonta, Muscheln mit ▶ schizodontem ▶ Scharnier. Das meist als Ordnung gewertete Taxon umfasst ca. 4500 Arten, die den marinen ▶ Trigonioidea und den limnischen ▶ Unionoidea zugerechnet werden.

Schlammschnecken, allgemein Bezeichnung für die Arten der ▶ Lymnaeidae, speziell für die ▶ *Radix*-Spezies.

Schlangenschnecken, Siliquariidae, Familie der Cerithioidea, marine ▶ Nadelschnecken, deren Gehäuse zunächst turmförmig gewunden ist, während die röhrenförmigen jüngeren Umgänge sich nicht berühren. Sie leben in Schwämmen warmer Meere.

Schleierschnecke, ▶ *Tethys*.

Schleim, (lat. Mucus), meist zähflüssiges Sekret der ▶ Mollusca, dessen Konsistenz der jeweiligen Aufgabe entsprechend unterschiedlich ist. Grundlage sind meist saure Mucopolysaccharide, die im Golgi-Apparat spezialisierter Schleimzellen und Schleimdrüsen erzeugt werden. In der Regel wird der S. von Wimperfeldern transportiert. Kriechschleime glätten die Substratoberfläche. Auf der Körperoberfläche das Wasser verlassender Schnecken dient S. dem Verdunstungsschutz und durch schwefelhaltige Inhaltsstoffe dazu, Feinde abzuschrecken. Vor allem bei Muscheln werden Nahrungspartikeln mit S. zusammengerollt und zum Mund befördert. Felsbewohnende ▶ Käferschnecken und Schnecken können sich durch Haftschleim besser an ihrem Wohnort halten.

Schleimkrausen, Gruppen von Schleimzellen bei den ▶ Polyplacophora.

Schleimnetze, aus ▶ Schleim hergestellte Netze bei Schnecken und Muscheln, mit denen Nahrungspartikeln aus dem Atemwasserstrom herausgefangen werden. Höhepunkt der Entwicklung ist die Erzeugung von S. unterschiedlicher Maschenweiten, um bestimmte Größenklassen der Beute (u. a. Diatomeen) gezielt abzufiltrieren (▶ Mytilidae; ▶ Calyptraeidae, ▶ *Turritella*).

Schließaugenkalmare, ▶ Myopsida.

Schließknorpel, (lat. ▶ Resilium), ▶ Scharnierband.

Schließmundschnecken, die ▶ Clausiliidae.

Schließmuskeln, Schalenschließer, ▶ Adduktoren, ursprünglich zwei quer zur Längsachse des Körpers verlaufende Muskeln der Muscheln, bei deren Kontraktion sich die Klappen schließen. Dabei wirken sie antagonistisch zum ▶ Scharnierband und eventuell einem ▶ Schließknorpel. Sie sind aus glatter und schräggestreifter Muskulatur aufgebaut und umfassen physiologisch verschiedene Anteile: einen phasischen, der schnelles Zuklappen ermöglicht, und einen tonischen, der bei geringem Energieaufwand langfristiges Zuhalten erlaubt. Die vorderen S. werden in mehreren Verwandtschaftsgruppen bis zum völligen Verschwinden reduziert. Die hinteren S. sind dann größer und rücken weiter in die Körpermitte. Bei ▶ Bohrmuscheln werden die vorderen S. nach außen zwischen die umgeschlagenen dorsalen Schalenränder verlagert und arbeiten antagonistisch gegen die hinteren.

Schließplatte, ▶ Clausilium.

Schlinger, Tiere, die ihre Beute als Ganzes in ihren Verdauungstrakt aufnehmen. Dessen Wandungen sind sehr elastisch, so dass auch größere Opfer verschlungen werden können.

Schlitz, ▶ Schalenschlitz.

Schlitzband, sichtbarer Rest des zugewachsenen ▶ Schlitzes auf dem letzten ▶ Umgang des Gehäuses urtümlicher Schnecken. ▶ Schalenschlitz.

Schlitzbandschnecken, ▶ Schlitzkreiselschnecken, ▶ Pleurotomariidae.

Schlitzhörner, ▶ Schlitzturmschnecken, ▶ Turridae.

Schlitzkreiselschnecken, ▶ Pleurotomariidae.

Schlitznapfschnecke, ▶ *Emarginula*.

Schlitzschnecken, ▶ Scissurellidae.

Schlitzturmschnecken, ▶ Turridae.

Schloss, besser: ▶ Scharnier.

Schlundsackschnecken, ▶ Sacoglossa.

Schlüpfkleid, bei ▶ Cephalopoda das Chromatophorenmuster der schlüpfreifen und gerade geschlüpften Embryonen. Es ist arttypisch, aber auch individuell verschieden.

Schlüpforgan, ▶ Hoylesches Organ, gebogener, leistenförmiger Komplex mehrzelliger Drüsen am ▶ Kopffüßer-Embryo. Die enthaltenen Enzyme lösen die ▶ Eihüllen an und erleichtern damit das Schlüpfen.

Schlüssellochschnecken, die ▶ Fissurellidae.

Schmalzunge, ▶ rhachigloss, ▶ Radula.

Schmalzüngler, ▶ Rhachiglossa, ▶ Stenoglossa.

Schmelzschicht, ▶ Porzellanschicht.

Schmetterlingsmuschel, ▶ *Hyriopsis*.

Schmetterlingstintenschnecke, ▶ *Stoloteuthis leucoptera*.

Schnauze, Verlängerung des Kopfbereichs bei Prosobranchiern, an deren Spitze die Mundöffnung liegt.

Schnauzenschnecken, Arten der ► Bithyniidae und der ► Hydrobiidae.

Schnecken, ► Gastropoda (siehe allgemeine Einführung S. 24).

Schneckenblütler, ► Malakophile, Pflanzen, die durch über die Blüten kriechende Schnecken bestäubt werden (z. B. Wasserlinsen, einige Korbblütler).

Schneckenhörnlein, ► Simbos-Geld, früher an der westafrikanischen Küste als Zahlungsmittel benutzte Gehäuse bestimmter Olivenschnecken, vor allem *Olivancillaria nana* (LAMARCK 1811).

Schneckenkönig, eine Schnecke, die andersherum gewunden ist als der Norm ihrer Art entspricht. Vgl. ► Situs inversus, ► Deviation.

Schneckenkorn, molluskizidhaltiges, gekörntes Material zur chemischen Bekämpfung von Schnecken, die in Pflanzenkulturen bei massenhaftem Auftreten schädlich werden. Siehe ► Molluskizide.

Schneckenräuber, Drilidae (Cantharoidea: Coleoptera), Weichkäfer, die ► Pulmonata aus den Gehäusen herausfressen.

Schneckenstein, ► Celonites, Topas, Sächsischer Diamant, ein aluminiumsilikathaltiges Mineral von gelblichem Aussehen, früher als Schmuck und Amulett genutzt.

Schnegel, ► Egelschnecken, ► Limacidae.

Schnirkelschnecken, ► Bänderschnecken, die ► Helicidae, i. e. S. die Arten der Gattung ► *Cepaea* HELD 1837.

Schotenmuscheln, ► Solemyidae.

Schraubenschnecken, ► Bohrerschnecken, ► Terebridae.

Schule, Bezeichnung für einen Schwarm wasserlebender Tiere (z. B. ► Kalmare, viele Fische, Delphine), in dem die Verhaltensweisen der Individuen koordiniert sind. In manchen Fällen wird die S. von einer Familiengruppe gebildet.

Schulp (Tafel V), ins Innere verlagerter Rest des ► Gehäuses vieler ► Coleoida, der als hydrostatisches Organ fungiert. Er besteht aus schräg übereinanderliegenden, von ► Aragonitlamellen gebildeten ► Kammern, die durch Interseptallamellen in 6–8 Etagen unterteilt sind. Posterior stehen sie in Kontakt mit der intensiv durchbluteten ► Siphuncularmembran, welche die Flüssigkeit aus den ► Kammern resorbieren und durch Gas ersetzen kann. So können Auftrieb und Neigungswinkel des Tieres reguliert werden. Die S.e sind als Kalkquelle für Käfigvögel im Handel. ► Gladius.

Schuppenfußschnecke, ► *Crysomallon*.

Schüsselschnecken, volkstümlich für ► Discidae und ► Endodontidae.

Schwanenmuschel, ► *Anodonta*.

Schwarze Perlen, ► Perlen.

Schwermetalle werden bei ► Mollusca vor allem in der ► Mitteldarmdrüse angereichert und bleiben dort zeitlebens. ► Landschnecken verfügen über Enzyme, die Cadmium dem Stoffwechsel entziehen und durch Speicherung (weitgehend) unschädlich machen. Die Schwermetall-Entsorgung (Blei) erfolgt in England und Wales, wo seit langem (Römerzeit) Blei gefördert wird, in die Gehäuse (*Helix aspersa*), während Schnecken aus anderen Regionen dieses in ihre Weichteile einlagern.

Schwertmuscheln, die ► Cultellidae und ► Solenidae.

Schwimmfüßer, ► Heteropoda, ► Kielfüßer, ► Atlantoidea.

Schwimmhaut, ► Umbrella.

Schwimmlarve, Larvenstadium, das seine ► Entwicklung im freien Wasser durchläuft. Die molluskentypische S. ist der ► Veliger, in einigen Gruppen die ► Hüllglockenlarve.

Schwimmschnecken, ► Flusskahnschnecken, ► Neritidae.

Scissurellidae, ► Rissschnecken, Familie der Pleurotomarioidea, mit weißem, dünnschaligem, kugel- bis linsenförmigem Gehäuse, innen mit Perlmutterschicht. Auf der Peripherie der 2–5 Umgänge verläuft ein ► Schlitzband, das sich am Mündungsrand zum Schlitz öffnet. Das ► Operculum ist ► conchinös. ► rhipidoglosse Schnecken, die vom ► Detritus leben und getrenntgeschlechtlich sind. Die Familie umfasst etwa 60 Arten, die 3 Gattungen zugeordnet werden. Kosmopolitisch ist *Scissurella* D'ORBIGNY 1824.

Scrobicularia SCHUMACHER 1815, Große Pfeffermuscheln, Gattung der ► Scrobiculariidae, Muscheln mit gerundet-dreieckigen, dünnen und zerbrechlichen Schalen. *S. plana* (DA COSTA 1778) ist Charaktertier der Schlickwatten an den Nordsee-Küsten.

Scrobiculariidae (inkl. ► Semelidae), ► Pfeffermuscheln, Familie der ► Tellinoidea, Muscheln mit dünnen, hinten klaffenden Schalenklappen, die sich so tief eingraben, dass sie mit ihrem ► Ingestionssipho die Sedimentoberfläche nach Nahrung abpipettieren können. In der Nordsee sind sie vertreten durch ► *Abra* und ► *Scrobicularia*.

Scurria GRAY 1847, ► Schildkrötenschnecken, Gattung der Lottiidae (► Patellogastropoda), mit wenigen Arten an westamerikanischen Küsten. *S. scurra* (LESSON 1841) an der chilenischen Küste, frisst Höhlungen in die Rhizoide und Cauloide von Tangen (Kelp).

Seehasen, die ► Aplysiidae; auch gebräuchliche Bezeichnung für eine Fischart (*Cyclopterus lumpus*, Seehase oder Lumpfisch).

Seemandeln, die ► Philinidae.

Seenadeln, die ► Cerithiidae.

Seeohren, ► Meerohren, ► Haliotidae.

Seeperlmuscheln, die ► Pteriidae.

Seeschmetterlinge, die ► Thecosomata.

Seeseife, die Laichballen der Wellhornschnecke **(Abb. 20)** (*Buccinum undatum:* ► Buccinidae), früher von den Küstenfischern zum Reinigen der Hände verwendet.

Seewalze, (auch Seegurke), Holothurioidea, mit 1.200 Arten die artenreichste Gruppe der Stachelhäuter. ► Entoconchidae leben parasitierend in den Eingeweiden von S.

Segelkalmare, ► Histioteuthidae.

Segellarve, der ► Veliger.

Segeltuch, irreführende volkstümliche Bezeichnung für Gehäuse von ► *Cymbium* (► Volutidae), die in der Südsee zum Kochen auf heißer Asche benutzt wurden.

Segmentina FLEMING 1818, Gattung der ► Planorbidae mit durchschimmernden Septen in den Gehäuseumgängen. Einzige mitteleuropäische Art ist die ► Glänzende Tellerschnecke, *S. nitida* (O. F. MÜLLER 1774).

Seegraskalmare, ► Pickfordiateuthidae.

Segregation, die chemische und strukturelle Differenzierung von Arealen in der sich entwickelnden ► Oocyte (oocytäre S.) und in den Furchungszellen (ooplasmatische S.) bis zum 8-Zell-Stadium.

Sehzellen, Lichtsinneszellen, Photorezeptorzellen, spezialisierte Zellen, welche die Wahrnehmung von Licht ermöglichen. Die Anzahl der S. pro Flächeneinheit bestimmt u. a. das Auflösungsvermögen des Auges. In hochentwickelten ► Augen tragen die S. einen ► Mikrovilli-Besatz, dem die eigentliche photorezeptorische Leistung zukommt. Die Augen vieler ► Cephalopoda sind denen der Wirbeltiere vergleichbar, jedoch im

Gegensatz zu diesen ▶ evers, da sie als Hauteinstülpungen entstehen und daher die Stäbchen dem Licht zuwenden.

Sekundärschale, von den ▶ Conchifera gebildete Hartstruktur, die unabhängig von der ▶ Schalendrüse entsteht und damit keinen entwicklungsgeschichtlichen Bezug zur ▶ Primärschale hat. Die S. ist unverkalkt (▶ Pseudoconcha) oder wird nur aus ▶ Calcit gebildet; bei einigen Muscheln (*Penicillus* BRUGUIÈRE 1789: Clavagelloidea) verwächst sie mit der Primärschale, bei ▶ *Argonauta* bildet sie den Eibehälter der Weibchen.

Semelidae, Familie der ▶ Tellinoidea, in allen Meeren verbreitete Muscheln, mit kreisrunden bis ovalen Klappen, die durch ein inneres und ein äußeres ▶ Ligament verbunden sind. ▶ Scharnier in jeder ▶ Klappe mit 1–2 Hauptzähnen und 2 Seitenzähnen. Sie graben sich in Sand und Schlick ein und ernähren sich von ▶ Detritus. ▶ *Scrobicularia*.

Semelparie, (auch: Semelparität), im Leben eines Organismus gibt es nur eine Fortpflanzungsphase, die Adulten sterben kurz nach der Eiablage. S. gibt es bei vielen ▶ Süßwasserschnecken der gemäßigten Breiten. Dadurch wird das Überlappen der Generationen und damit die innerartliche ▶ Konkurrenz weitgehend vermieden. Oft sind äußere Einflüsse (Temperatur) entscheidend, ob die S. in die ▶ Iteroparie übergeht: *Bithynia tentaculata* ist in Ost-Kanada semelpar, während sie in Europa 3 Jahre alt wird und sich jedes Jahr fortpflanzt, also ▶ iteropar ist.

Semidiaulie, Konstruktionstyp der Genitalwege zwittriger ▶ Gastropoda: der ▶ Zwittergang setzt sich in den pallialen ▶ Gonoduct fort. Proximal ist ein ▶ Spermoviduct ausgebildet (einige ▶ Ellobiidae, *Chilina*, ▶ Stylommatophora).

Semifusus AGASSIZ 1846, jetzt ▶ *Pugilina*.

Semilimax AGASSIZ 1845, Gattung der ▶ Vitrinidae mit 3–4 mitteleuropäischen Arten mit reduziertem, ohrförmigem Gehäuse, das den Weichkörper nicht aufnehmen kann. Große Mantellappen bedecken das Gehäuse zum Teil. Sie sind an feuchten, kühlen Stellen in der Bodenstreu von Wäldern zu finden. In Deutschland leben zwei im Bestand potentiell gefährdete Arten: die Weitmündige Glasschnecke, *S. semilimax* (FÉRUSSAC 1802) und die Bergglasschnecke, *S. kotulae* (WESTERLUND 1883).

Sempersches Organ, bei ▶ Pulmonata lateral zwischen Schlundmasse und Tentakelbasen gelegenes, wahrscheinlich endokrines Organ. Es steht durch Nerven mit den ▶ Cerebralganglien in Verbindung.

senambis, Trivialname für bestimmte, als Speise geschätzte Muscheln (*Paphies*-Arten) vor den Küsten des südlichen Südamerika. ▶ Mesodesmatidae.

Sepia (Abb. 47), ▶ Tinte, in der ▶ Tintendrüse produziertes Sekret vieler ▶ Kopffüßer (▶ Coleoida) und einiger ▶ Hinterkiemer (z. B. ▶ *Aplysia*), als bräunliche, lichtbeständige Malerfarbe geschätzt, früher auch zum Schreiben benutzt. Hauptlieferant war in Europa ▶ *Sepia officinalis*. S. besteht aus einer Suspension von braunen bis schwarzen Melanin-Granula, wird meist im ▶ Tintenbeutel gespeichert und über den Enddarm einem Angreifer entgegengespritzt. Die S. gaukelt diesem ein ▶ Phantombild vor, das ihn von der Beute ablenkt, und lähmt in manchen Fällen seinen Geruchssinn. Bei vielen Tiefsee-Cephalopoden wird die ▶ Tinte durch ein Leuchtsekret ersetzt.

***Sepia* (Abb. 27)** LINNAEUS 1758, Sepie, Gemeine Tintenschnecke, Gattung der ▶ Sepiidae, ▶ Kopffüßer mit kraftvollem ▶ Muskelmantel, der etwas länger ist als der ▶ Kopf. Der ▶ Mantel ist oberhalb des Kopfes zungenartig vorgezogen. Die seitlichen ▶ Flossen ziehen sich über die ganze Länge des Mantels hin, sind hinten aber nicht verbunden. Der Rest der Schale ist als ▶ Schulp erhalten und stellt ein wichtiges hydrostatisches Organ dar, mit dessen Hilfe der Höhenbereich im Wasser und der Neigungswinkel des Körpers gegen die Horizontale energiesparend eingestellt werden können. Bekannteste Art ist *S. officinalis* LINNAEUS 1758 mit mehreren Unterarten, die zum Teil 50 cm Mantellänge und ein Gewicht von 12 kg erreichen (vor der westafrikanischen Küste, südlich Namibia). Sie bewohnen im Allgemeinen das obere Sublitoral und ernähren sich von Krebstieren und Fischen, die mit Hilfe der schnabelartigen ▶ Kiefer zerkleinert werden. Bei Erregung läuft ein intensives Farb- und Musterspiel über ihre Oberseite. Werden sie angegriffen, stoßen sie den Inhalt ihres großen Tintenbeutels aus, wodurch der Angreifer verwirrt oder narkotisiert wird. Die hochentwickelten Augen haben eine geschlossene Vorderkammer (▶ Myopsida) und etwa 105.000 Stäbchen pro mm². Die Konzentration der ▶ Ganglien im ▶ Gehirn und die nervöse Verschaltung über ▶ Riesenfasern ermöglichen schnelle Reaktionen und gutes Gedächtnis. Bei den Männchen ist der 4. rechte Arm als ▶ Hectocotylus ausgebildet. Nach einem charakteristischen Liebesspiel überträgt dieser eine ▶ Spermatophore in die zwischen Mund und Armbasen gelegene ▶ Begattungstasche des Weibchens, wo die etwa 550 Eier befruchtet werden. Diese werden in Form einer Traube an Pflanzen und Korallen abgelegt. Die frischgeschlüpften Juvenilen ähneln bereits den Adulten. Die Art lebt im Ostatlantik von den Shetlands und den norwegischen Küstengewässern bis in die südliche Nordsee, in das Mittelmeer und um das Kap der Guten Hoffnung bis Mosambik. Entsprechend der weiten Verbreitung werden vier Subspezies unterschieden: die Nordseeform wird zu *S. officinalis fillouxi* LAFONT 1868 gerechnet. Sie kommt auf die Fischmärkte, die Schulpe finden sich im Angespül. Ganz ähnlich, aber kleiner (bis 9 cm, in der Nordsee 4 cm Mantellänge) und schlanker ist *S. elegans* D'ORBIGNY 1826. Das Vorkommen der ▶ Dornsepie, *S. orbignyana* FÉRUSSAC 1826, in der Nordsee ist fraglich.

Sepiadariidae, ▶ Flaschenschwanzsepien, Familie der ▶ Sepiida, kleine ▶ Kopffüßer (bis 4 cm lang) mit runden, hinten gelegenen ▶ Flossen. Der linke ▶ ventrale Arm ist ▶ hectocotylisiert; ein ▶ Gladius und ▶ Leuchtorgane fehlen. Die 7 beschriebenen Arten werden den Genera ▶ *Sepiadarium* und ▶ *Sepioloidea* zugeordnet.

Sepiadarium STEENSTRUP 1881, Gattung der ▶ Sepiadariidae.

Sepietta NAEF 1912, Gattung der ▶ Sepiolidae, ▶ Kopffüßer mit einem bis auf einen organischen Rest reduzierten ▶ Schulp. Der 1. linke Arm des Männchens ist ▶ hectocotylisiert, die beiden dorsalen ▶ Arme des Männchens sind an der Basis verschmolzen. Kein Leuchtorgan auf dem ▶ Tintenbeutel. Von den drei beschriebenen Arten lebt die Große Sepiette, *S. oweniana* (D'ORBIGNY 1839) auch in der Nordsee.

Sepiida, ▶ Tintenschnecken, Taxon („Ordnung") der ▶ Coleoida, ▶ Kopffüßer mit einem Paar ▶ Fangarme

(Tentakel) und vier Paar ▶ Armen, die mit gestielten, durch einen chitinösen Ring gestützten ▶ Saugnäpfen bestückt sind. Der Schalenrest ist ins Innere verlagert und spiralig eingerollt oder als ▶ Schulp in einer oben gelegenen Tasche enthalten. Er ist gekammert und dient als hydrostatischer Apparat.

Sepiidae, Familie der ▶ Sepiida, ▶ Kopffüßer mit abgeflachtem Körper, der ▶ Mantel ist deutlich länger als der ▶ Kopf. Der (physiologisch) obere Vorderrand des Mantels ist breit-zungenförmig vorgezogen. ▶ Flossen auf beiden Seiten, aber hinten nicht verbunden. Die Schale ist zum innen gelegenen ▶ Schulp umgeformt. Die ▶ Arme sind mit 2–4 Reihen von ▶ Saugnäpfen besetzt, der linke Ventralarm ist ▶ hectocotylisiert. Die ▶ Fangarme sind rückziehbar und tragen auf der ▶ Endkeule 4–6 Reihen oft verschieden großer ▶ Saugnäpfe. Der ▶ Tintenbeutel ist gut ausgebildet. Die S. leben benthisch und sind meist nachtaktiv. Die über 100 Arten werden den Genera ▶ *Sepia* und *Sepiella* GRAY 1849 zugeordnet.

Sepiolidae, ▶ Stummelschwanzsepien, Familie der ▶ Sepiida, nur wenige cm große ▶ Kopffüßer mit rückziehbaren Fangarmen und nicht verkalkendem Schalenrest (▶ Gladius), der rudimentär sein oder ganz fehlen kann. In Mittelmeer und Atlantik lebt die Zwergsepie, *Sepiola* LEACH 1817, mit ▶ Leuchtdrüsen auf dem ▶ Tintenbeutel. Häufig ist die bis 4 cm lange *S. rondeleti* LEACH 1817. In der Nordsee und gelegentlich in der westlichen Ostsee ist die Atlantische Sepiole, *Sepiola atlantica* D'ORBIGNY 1839, anzutreffen. Unter den ca. 12 weiteren Genera sind ▶ *Sepietta* sowie ▶ *Rossia*, ▶ *Heteroteuthis* und ▶ *Stoloteuthis* als bestuntersuchte hervorzuheben.

Sepioloidea D'ORBIGNY 1845, Gattung der ▶ Sepiadariidae.

Septibranchia, ▶ Verwachsenkiemer, Muscheln unsicherer systematischer Zuordnung, jetzt als Taxon der ▶ Anomalodesmata aufgefasst. Die S. bilden ein muskulöses, horizontales ▶ Septum aus, das die ▶ Mantelhöhle in eine Einström- und eine Ausströmkammer unterteilt, die durch Poren (▶ Ostien) verbunden sind und mit dessen Hilfe sie atmen und sich ernähren. Viele Arten leben ▶ carnivor in großen Meerestiefen. Vgl. ▶ Septum 4.

Septibranchie, Ausbildung eines horizontalen ▶ Septums, das die ▶ Mantelhöhle in eine Einström- und eine Ausströmkammer unterteilt, die durch Poren (▶ Ostien) verbunden sind und mit dessen Hilfe Muscheln atmen und sich ernähren.

Septum (Abb. 28), Scheidewand, im Allgemeinen eine Trennwand in Hohlräumen von Organismen, bei ▶ Mollusca sehr unterschiedliche Strukturen: **1**) Verkalkende Platten, die das Gehäuse verschließen, wenn dieses seinen apicalen Teil abgestoßen hat (z. B. ▶ *Rumina*). **2**) Die Gehäusemündung verengende Platten (▶ *Crepidula*). **3**) Im ▶ Schulp die ▶ Kammern trennende Wand. **4**) Bei bestimmten Muscheln (▶ Septibranchia) die ▶ Mantelhöhle waagerecht durchziehendes und diese in eine obere und eine untere Kammer teilendes Gewebsband. Dieses ▶ Kiemenseptum oder ▶ Horizontalseptum wird von 4–5 Paaren von Schlitzen durchbrochen, die auch zu bewimperten Poren mit kleinen Klappen verengt sein können. Das S. hebt und senkt sich 4–5 mal pro Minute und erzeugt so den Atemwasserstrom, der auch Nahrungspartikeln und kleine Beutetiere einschwemmen kann.

Sertoli-Zelle, Stützzelle, ▶ Cytophor, ▶ Acinus.

sessil, Lebensweise von Tieren, die sich als ►Adulte nicht vom einmal gewählten Wohnplatz wegbewegen. Hierher gehören Muscheln wie ►*Ostrea*, die ihre Schale am Substrat festkitten oder sich mit ihrem ►Byssus anheften (►*Mytilus*). Die Verbreitung dieser Arten erfolgt durch planktische Larvenstadien. Ggs.: ►vagil.

seta marina, ►Muschelseide, Handelsbezeichnung für den ►Byssus von ►*Pinna*.

Sexualdimorphismus, Geschlechtsverschiedenheit, die im Tierreich häufige Erscheinung, dass sich die Geschlechter in einem oder mehreren Merkmalen unterscheiden. Diese Differenzen können die Körpergröße, die Form, Farben und Muster, aber auch Physiologie und Verhalten betreffen. Häufig sind die Weibchen größer als die Männchen, was u. a. in dem höheren Aufwand für die Eibildung begründet ist. Die Männchen sind bei manchen Mollusken zu ►Zwergmännchen (z. B. ►*Argonauta*) oder gar bis auf den ►Testis reduziert (z. B. ►Entoconchidae).

Sexualität, Geschlechtlichkeit, alle Differenzierungen der Individuen einer Art, die im Zusammenhang mit geschlechtlicher Fortpflanzung stehen und die meist in Form morphologischer, physiologischer und ethologischer Eigenheiten der ►Adulten bestehen. S. ermöglicht genetische Neukombinationen, an denen die Auslese ansetzen kann. S. bringt auch Vorteile im Wettrüsten zwischen Wirt und ►Parasit: so bildet ►*Potamopyrgus antipodarum* in Neuseeland sexuelle und asexuelle Populationen. Dabei wird der Anteil der Männchen nicht beeinflusst durch eine Änderung der physikalischen Umweltbedingungen, sondern in parasitierten Populationen erhöht. Die Anzahl der Männchen ist signifikant korreliert mit der Häufigkeit der Parasiten.

sezernieren, ein Sekret absondern.

Siebmuscheln, ►Gießkannenmuscheln, ►Keulenmuscheln, ►Clavagellidae.

Sigmurethra PILSBRY 1900, Gruppe der ►Stylommatophora, bei denen der ►Ureter im Bogen unter der Lunge nach außen führt. Hierher werden 39 Familien gerechnet, darunter auch 6 mitteleuropäische: ►Clausiliidae, ►Endodontidae, ►Ferussaciidae, ►Streptaxidae, ►Subulinidae und ►Testacellidae. Vorwiegend tropisch sind die große ►Landschnecken umfassenden ►Achatinidae, ►Orthalicidae und ►Placostylidae.

Signalhörner, ►Tsankahorn.

Silberfisch, Handelsname für ►*Haliotis*-Gehäuse.

Siliqua MEGERLE VON MÜHLFELDT 1811, Gattung der ►Cultellidae, Muscheln mit langgestreckten, dünnen Schalen, vorn und hinten abgerundet und klaffend. Die ►Wirbel sind flach und liegen vor der Schalenmitte. Die etwa 14 Arten graben sich in küstennahen Sandböden ein.

Siliquaria BRUGUIÈRE 1789 (früher: ►*Tenagodus*), Gattung der Siliquariidae (►Schlangenschnecken).

Simbos-Geld, Gehäuse von ►*Oliva* BRUGUIÈRE 1789, die früher in Angola und Benin als Zahlungsmittel benutzt wurden. Um 1500 war ein Hahn 50, eine Ziege 300 Gehäuse wert.

Sinum RÖDING 1798, Gattung der ►Naticidae, mit dünnschaligem, ohrförmigem Gehäuse und ►conchinösem ►Operculum, das kleiner ist als die ►Mündung. Der Weichkörper kann nicht ins Gehäuse zurückgezogen werden. In warmen Meeren verbreitet, wo sie die Schalen anderer Schnecken und Muscheln durchbohren.

Sinupalliata, zusammenfassende Bezeichnung für Muscheln, deren ►Mantellinie eine Ausbuchtung für die Aufnahme der Siphonen hat. Ggs.: ▸ Integripalliata.

Sinus, allgemeine Bezeichnung für einen erweiterten Raum an oder in einem Organ. Bei ▸ Mollusca sind S. weit verbreitet in den offenen Kreislauf einbezogen. In ihnen sammelt sich das durch Gewebsspalten und ▸ Lakunen herangeführte Blut. Bei den ▸ Gastropoda sind arterielle und venöse S. durch Bindegewebe getrennt. Oft ist vorn ein ausgedehnter Cephalopedalsinus ausgebildet, hinten ein Perivisceralsinus, die beide durch Gewebslücken verbunden sind. Ein großer Teil der ▸ Haemolymphe passiert die Niere, bevor er in den Basibranchialsinus an der Kiemenwurzel gelangt. Bei den ▸ Cephalopoda liegen besonders große S. im ▸ Kopf und um den Darm.

Sinus venosus, funktionell wichtiger ▸ Sinus im offenen Kreislauf der Muscheln. Er liegt unter dem ▸ Renopericardialkomplex und wird von der ▸ Haemolymphe auf dem Weg in die Nieren durchströmt.

Sipho (pl. **Siphonen**) **(Abb. 8, Tafel IV)**, röhrenförmige Hart- oder Weichstrukturen bei den ▸ Mollusca. **1**) Hartstrukturen: **a**) am Hinterende mancher ▸ Bohrmuscheln (▸ Pholadidae) den S. umgebende, zusätzliche Schalenstücke (▸ Siphonoplax). **b**) Schalensipho: bei gehäusebildenden ▸ Cephalopoda eine kalkige Röhre, die den Gewebsstrang des S. umgibt. **2**) Weichstrukturen: **a**) rohrförmige, vorn links gelegene Verlängerung des ▸ Mantelrandes bei vielen wasserlebenden Schnecken (▸ Buccinidae, ▸ Muricidae, ▸ Nassariidae, ▸ Turridae); dient vor allem der gezielten Wasserprobenentnahme aus der Umgebung. **b**) bei den luftatmenden ▸ Ampullariidae ist der ▸ Mantelrand vorn links zu einem ▸ Inhalationssipho ausgezogen, der die Ventilation der ▸ Mantelhöhle mit Luft erlaubt. **c**) bei vielen Muscheln ausgebildete Siphonen entspringen hinten und sind funktionell in einen ▸ ventralen Ingestions-S. und einen dorsalen Egestions-S. differenziert; beide können miteinander verwachsen. **d**) bei ▸ Nautilidae und ▸ Spirulidae (▸ Cephalopoda) verlängert sich das Ende des Eingeweidesackes in einen (auch als ▸ Siphunculus bezeichneten) S., der die Scheidewände der ▸ Kammern etwa median durchzieht.

Siphonaldute, (auch: Siphonaldüte, ▸ Siphonaltüte), bei ▸ Nautilidae die tütenförmige Durchtrittsstelle des ▸ Siphunculus durch die ▸ Kammerwand.

Siphonalfasciole, auf der Spindelseite der Schneckenhausmündung gelegene Schalenverdickung, die frühere Endpositionen des ▸ Siphonalkanals wiedergibt (z. B. bei *Nassarius incrassatus*).

Siphonalia A. Adams 1863, Gattung der ▸ Buccinidae, ▸ Wellhornschnecken mit dickschaligem, oval-spindelförmigem Gehäuse. Der ▸ Siphonalkanal ist bei einigen Arten stark zurückgebogen. S. lebt auf Sand- und Weichböden des nördlichen Pazifik, besonders um Japan.

Siphonalkanal, rinnenförmige Verlängerung des basalen ▸ Mündungsrandes der höheren Schnecken zur Aufnahme des ▸ Sipho (2 a); die Ränder des S. können zu einem Rohr verwachsen (▸ Siphonalrohr). Der S. ist ein typisches Merkmal der ▸ Neogastropoda.

Siphonalrohr, ▸ Siphonalkanal.

Siphonaltüte, ▸ Siphonaldute.

Siphonariidae, Familie der ▸ Basommatophora mit napfförmigem Gehäuse, das innen glänzt und oft bunt ist. Der Schnecke fehlen ▸ Fühler, ihre

Atemhöhle enthält ein ▶ Osphradium und hinten eine Kieme. Zwittrige, oft ▶ protandrische Schnecken mit innerer ▶ Befruchtung, manche entwickeln sich über ▶ Veliger. Die etwa 70 Arten in vier Gattungen sind reviertreue Weidegänger an Felsen der Gezeitenzone des Indopazifik und der Karibik. Die S. werden oft als basale Gruppe der ▶ Pulmonata gewertet.

Siphoniata, ▶ Siphonostomata, veraltete, zusammenfassende Bezeichnung für Schnecken, die einen Atemwassersipho ausbilden. Ggs.: ▶ Asiphoniata.

Siphonodentaliidae, Familie der ▶ Gadilida mit 3–4 Gattungen, ▶ Kahnfüßer mit gebogener, glänzend-glatter Röhre, deren ▶ Apex 2–10 Schlitze aufweist. Hauptgattung ist ▶ *Siphonodentalium*.

Siphonodentalium M. Sars 1859, Gattung der ▶ Siphonodentaliidae (▶ Kahnfüßer) mit dem etwa 6 mm langen *S. lofotense* M. Sars 1865; ▶ Fuß mit gezackter ▶ Endscheibe, verbreitet im tiefen Wasser des Nordatlantik.

Siphonoplax, ▶ Sipho 1 a.

Siphonostomata, ▶ Siphoniata.

Siphoscheide, vom ▶ Periostracum gebildete Hüllschicht um die Siphonen mancher Muscheln (*Mya*).

Siphunculus, Fortsetzung des Eingeweidesackes der ▶ Nautilidae, der als Gewebsstrang durch die nicht mehr bewohnten ▶ Kammern zieht. Er ermöglicht den Gas- und Flüssigkeitsaustausch in den ▶ Kammern und regelt damit den Auf- und Abstieg des Perlbootes und seine Lage im Wasser. Vgl. ▶ Sipho.

Situs inversus, (auch: S. mutatus, S. perversus, S. transversus viscerum), Bezeichnungen für die innere Organisation einer Schnecke, die entgegen ihrer normalen Richtung gewunden ist. Ursache ist eine Umkehr der Furchungsrichtungen, die z. B. aus einem Individuum einer rechtsgewundenen Art wie *Helix pomatia* ein linksgewundenes Tier (einschließlich Gehäuse) macht. Da der S. selten ist (ca. 20.000:1 bei ▶ *Helix*), werden durch ihn modifizierte Tiere als ▶ „Schneckenkönige" bezeichnet.

Skelettmuskelkörper, freibeweglicher, bei vielen ▶ Mollusca ausgebildetes Stützsystem, das ohne Hartstrukturen auskommt. Es ist im ▶ Fuß der ▶ Gastropoda besonders ausgeprägt, wo dreidimensional verflochtene Muskulatur antagonistisch mit flüssigkeitserfüllten ▶ Lakunen zusammenwirkt.

Skeneopsidae, Meeres-Tellerschnecken, Familie der ▶ Littorinoidea, kleine Schnecken (Gehäuse meist unter 2 mm) im Mittelmeer und an beiden Seiten des nördlichen Atlantik; in der südlichen Nordsee sind sie durch *Skeneopsis planorbis* (Fabricius 1780) vertreten.

Skorpionschnecke, ▶ Fechterschnecke, ▶ *Strombus*.

Söhlchenträger, ▶ Soleolifera, Taxon der ▶ Opisthopneumona.

Sohlendrüsenzellen, unterschiedliche Typen einzelliger Drüsen, die vor allem in der Kriechsohle, den ▶ Fühlern und in der ▶ Kopf- und Nackenhaut der ▶ Gastropoda lokalisiert sind.

Solariidae, veralteter Name der ▶ Architectonicidae.

Solaropsis Beck 1837, meist als Gattung der ▶ Camaenidae gewertete ▶ Helicoidea, ▶ Stylommatophora mit stark gedrücktem Gehäuse und erweitertem Mündungsrand; wenige Arten leben in Süd- und Mittelamerika.

Solecurtus Blainville 1824, Kurze Scheidenmuscheln, Gattung der ▶ Solecurtidae (▶ Tellinoidea) mit an beiden Enden klaffenden Klappen.

Solemyidae, ▶ Schotenmuscheln, marine Muscheln (▶ Protobranchia) mit ungleichklappiger, zerbrechlicher Schale und zahnlosem ▶ Scharnier. Die dicke Schalenhaut überragt den verkalkten Klappenteil. Etwa 25 weltweit verbreitete Arten, die sich in Sand und Schlamm eingraben.

Solen LINNAEUS 1758, ▶ Scheidenmuscheln, Gattung der Solenidae (▶ Myida ?) mit langgestreckten, schotenähnlichen Klappen, bei manchen Arten schwach gebogen. Der ▶ Wirbel liegt am oder dicht am Vorderende. Die etwa 60 Arten leben an den Westküsten Europas bis Mauretanien und im Mittelmeer in Sand und Schlamm von der Gezeitenzone bis etwa 120 m Tiefe.

Solenidae, Scheiden- oder Schwertmuscheln, Familie der Solenoidea, mit langgestreckten, an den Enden klaffenden Schalen; ohne Byssus, aber mit großem, kräftigem Fuß, mit dem sie sich in Sand eingraben. Weltweit verbreitet.

Solenoconcha, frühere Bezeichnung für die ▶ Scaphopoda.

Solenogastres (Abb. 1, Tafel I), ▶ Furchenfüßer, bilden ein meist als Klasse gewertetes Taxon der ▶ Aplacophora mit ca. 250 Arten in 22 Familien, mit langgestrecktem, im Querschnitt rundem Körper (siehe allgemeine Einführung S. 20).

Soleolae, Sohlenfelder, auf der Fußsohle einiger Schnecken optisch und funktionell umgrenzte Flächen.

Soleolifera, ▶ Söhlchenträger, Taxon der ▶ Opisthopneumona.

Somatolyse, Typ der Tarnung durch optische Auflösung der Körpergestalt, bei ▶ Mollusca vor allem durch farbliche Angleichung an die Umgebung (z. B. bei ▶ *Elysia* und *Sepia*) oder Musterung der Schalenoberfläche. Vgl. ▶ Spiralstreifung.

Sonnenuhrschnecken, ▶ Architectonicidae.

Spadix, Kopulationsarm der ▶ Nautilidae, entstanden durch Verschmelzung von vier Armen des inneren Kranzes. Vgl. ▶ Arme.

Spaltzähner, ▶ Schizodonta, ▶ Palaeoheterodonta.

Spanische Tänzerin, *Hexabranchus sanguineus* (RÜPPELL & LEUCKART 1828), mit bis zu 40 cm Körperlänge eine der größten marinen ▶ Nacktschnecken, verbreitet im Indopazifik und im Roten Meer. ▶ Hexabranchidae.

Spanische Wegschnecke, ▶ Kapuzinerschnecke.

Speicheldrüsen (Tafel V), (lat. Glandulae salivales), in den Bereich der Mundhöhle mündende Drüsen, die sehr unterschiedliche Sekrete abgeben. Meist enthalten sie verdauungsfördernde Enzyme, die aber auch toxisch wirken können. Als S. werden die ▶ Buccaldrüsen der ▶ Polyplacophora aufgefasst, die am Übergang zum ▶ Pharynx münden. Bei den ▶ Caudofoveata ist der Vorderdarm mit dorsalen und ▶ ventralen S. ausgestattet. Bei den ▶ Gastropoda ist in der Regel ein Paar S. ausgebildet, die ergänzt werden durch ▶ Buccal- und ▶ Proboscisdrüsen sowie eine unpaare Oesophagusdrüse (▶ Leibleinsche Drüse) bei den ▶ Stenoglossa. Diese S. produzieren ein stark saures Sekret, das bei Überwältigung und Verdauung der Beute hilft. Bei ▶ *Nautilus* liegt ein Paar flacher S. neben der ▶ Radula, während die ▶ Coleoida mehrere S. haben. Vor allem das Sekret der hinteren S. ist toxisch.

Spelzenschnecke, *Simnia* RISSO 1826, Gattung der Ovulidae (Cypraeoidea) mit convolutem Gehäuse, das großenteils vom ▶ Mantel bedeckt wird. Die S. lebt an und von Korallen, deren Pigmente sie in ihren ▶ Mantel einlagert und sich so farblich der Umgebung anpasst.

Spengelsche Organe, veraltete Bezeichnung für die ▶ Osphradien. Benannt nach Johann Wilhelm Spengel (1852–1921), Professor für Zoologie in Giessen (1887–1921), Herausgeber zoologischer Fachzeitschriften. Von ihm stammt die Erklärung der ▶ Chiastoneurie.

Spermatophoren, Samenkapseln, Samenträger, Spermienpakete, die von einer Hülle umgeben sind, die von einer akzessorischen Drüse des Männchens erzeugt wurde. Nur bei Tieren mit innerer ▶ Besamung, auch bei vielen ▶ Mollusca. Bei den ▶ Gastropoda wandern die Spermien in den ▶ Epiphallus und das ▶ Flagellum und werden dort umhüllt. Die S. werden bei der ▶ Kopulation in die weiblichen Genitalwege übertragen, und die Hülle wird in der ▶ Bursa copulatrix enzymatisch abgebaut. Bei den ▶ Coleoida erfolgt die Umhüllung der Spermien in einer dreiteiligen Drüse und die anschließende akzessorische Drüse. Die S. sammeln sich am Ende des ▶ Vas deferens in einem S.-Sack (▶ Needhamsche Tasche). Bei der ▶ Kopulation werden sie meist in die ▶ Mantelhöhle oder das ▶ Receptaculum seminis des Weibchens übertragen, wo die Hüllen aufgelöst und damit die Spermien freigesetzt werden. Die mit 1 m längsten bekannten S. bildet ▶ *Octopus dofleini* (Spermienlänge ca. 0,5 mm).

Spermatophorendrüse, bei den ▶ Coleoida am Ende des ▶ Vas deferens gelegene, meist dreiteilige Drüse, die an der Bildung der Spermatophorenhülle beteiligt ist.

Spermatophoren-Reaktion, bei den ▶ Cephalopoda nach der Übertragung der ▶ Spermatophoren auf das Weibchen beginnender Prozess der Freisetzung der Spermien durch den „ejakulatorischen Apparat" im dünneren Hinterende der ▶ Spermatophore.

Spermatophorensack, ▶ Needhamsche Tasche.

Spermatozeugmen (Abb. 45), aus ▶ Paraspermatozoen hervorgegangene Transporteinrichtungen für ▶ Euspermatozoen, wohl gleichzeitig deren Ernährung dienend; sie werden bei ▶ aphallischen ▶ Prosobranchiern ausgebildet (▶ Epitoniidae, Janthinidae).

Spermatozoen (Abb. 45), (sing. **Spermatozoon**), Spermien, Samenzellen.

Spermodea Westerlund 1902, ▶ Bienenkörbchen, Gattung der ▶ Valloniidae (▶ Orthurethra), bienenkorbähnliche ▶ Kleinschnecken (bis 2 mm Durchmesser), Waldbewohner, unter Holz und Laub. In West- und Mitteleuropa lebt *S. lamellata* (Jeffreys 1830).

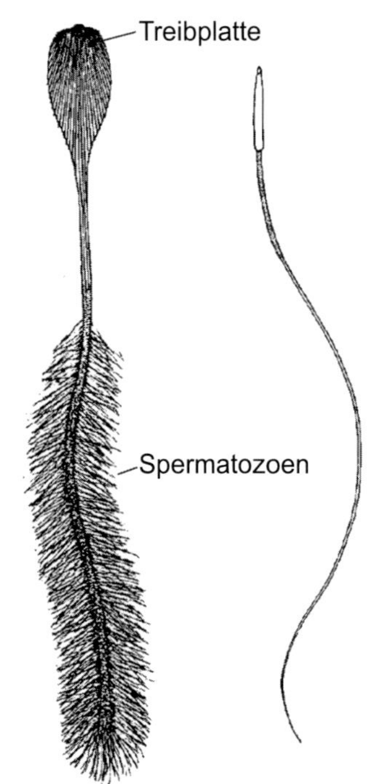

Abb. 45. Typisches ▶ Spermatozoon (rechts) und ▶ Spermatozeugma mit Treibplatte (Epitoniidae).

Spermoviduct, ► Zwittergang.

Sperrmuskel, ► Tragemuskel, Teil des ► Schließmuskels der Muscheln, der die Schalenklappen längerfristig unter minimalem Energieverbrauch geschlossen hält. So können ► Bivalvia unter ungünstigen äußeren Lebensbedingungen wochenlang die Klappen geschlossen lassen, gegen die anhaltende antagonistische Wirkung des elastischen ► Scharnierbandes und gegebenenfalls von ► Schließknorpeln. Die absolute Muskelkraft von Arbeitsmuskeln und S. ist sehr unterschiedlich: Bei ► Austern kann der ► Arbeitsmuskel pro cm^2 seiner Querschnittsfläche 0,5 kg heben, der S. dagegen 12 kg. ► Arbeitsmuskel.

Spezies, (lat. species), Art.

Sphaeriidae JEFFREYS 1862 (auch ► Pisidiidae GRAY 1857), ► Kugelmuscheln, ► Erbsenmuscheln, Familie der ► Veneroida, kleine bis sehr kleine ► Süßwassermuscheln mit dünner Schale. Zwittrige Tiere mit ► Brutpflege in den ► Kiemen. In Mitteleuropa leben Arten von ► *Sphaerium,* ► *Pisidium* und ► *Musculium*.

Sphaerium SCOPOLI 1777, ► Kugelmuscheln, Gattung der ► Sphaeriidae, in Europa vertreten durch die Gemeine Kugelmuschel, *S. corneum* (LINNAEUS 1758), die Flusskugelmuschel, *S. rivicola* (LAMARCK 1818) und die Dickschalige Kugelmuschel, *S. solidum* (NORMAND 1844).

Sphinkter (Abb. 47), konzentrisch schließender und öffnender Muskel an einer Körperöffnung.

Sphyradium CHARPENTIER 1837, Gattung der ► Orculidae, jetzt meist als Untergattung von *Orcula* HELD 1837 gewertet.

Spiculum (pl. **Spicula**) **(Tafel I)**, nadelförmige, ein- oder mehrstrahlige Hartstruktur, bei ► Mollusca in der Regel aus ► Calcit bestehend. Bei den ► Aplacophora sind S. in die ► Cuticula eingelagert, bei ► Polyplacophora finden sie sich in der Cuticula auf dem ► Gürtel. Auch bei manchen Schnecken werden S. ausgebildet (z. B. in den ► Cerata der ► Dorididae).

Spindel (Abb. 46), ► Columella, von den verschmolzenen Innenwänden der Umgänge des Schneckenhauses gebildete, zentrale Achse. Bleibt dabei ein Hohlraum erhalten, so öffnet sich

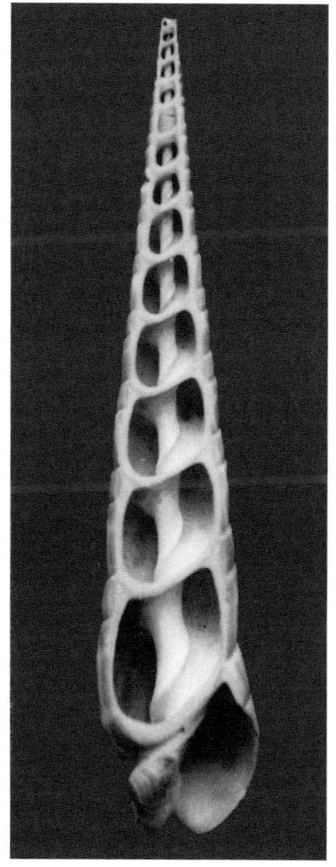

Abb. 46. ► Spindel. Längsschliff durch ein hochturmförmiges ► Gehäuse einer Schraubenschnecke (► *Terebra* spec., Terebridae), um die in der zentralen Achse gelegene Spindel zu zeigen.

dieser an der Gehäusebasis als ▶ Nabel (▶ Umbilicus).

Spindelmuskel (Tafel IV), (lat. ▶ Musculus columellaris), ▶ Columellarmuskel.

Spindelrand, ▶ Mündung, ▶ Labium.

Spindelschnecken, die ▶ Fasciolariidae (Buccinoidea), insbesondere die Gattung *Fusinus* RAFINESQUE 1815.

Spindelwand, der spindelseitig gelegene Teil der Mündungswand des Schneckenhauses, der oft Falten trägt.

Spinnenschnecken, ▶ Fingerschnecken, die Arten der Gattung ▶ *Lambis* RÖDING 1798 (▶ Strombidae).

Spira, das ▶ Gewinde des Schneckenhauses.

Spiraculum, Atemloch, die bei den ▶ Gastropoda ausgebildete Öffnung, durch die Wasser oder Luft in die Atemhöhle eindringen können.

Spiralfurchung, Typ der ▶ Furchung bei einigen Tiergruppen (▶ Spiralia), darunter auch die ▶ Mollusca (mit Ausnahme der ▶ Cephalopoda, ▶ discoidale ▶ Furchung). Charakteristisch ist, dass die ▶ Blastomeren sich auf dem 4- oder 8-Zellstadium bei der Teilung in zwei Ebenen anordnen, in denen die Zellachsen bei Betrachtung vom animalen Pol um ca. 45° gegeneinander nach rechts (▶ dexiotrop) oder links (▶ leiotrop, ▶ läotrop) gedreht sind. Bei jedem Teilungsschritt wechselt die Richtung, so dass von den ▶ Blastomeren ein regelmäßiges Muster gebildet wird und sich deren Schicksal im Verlaufe der ▶ Entwicklung verfolgen lässt. Ab dem 8-Zellstadium entstehen durch ▶ total-inäquale ▶ Furchung ▶ Blastomeren unterschiedlicher Größe: die ▶ Mikromeren am animalen, die ▶ Makromeren am vegetativen Pol der Furchungszellen. Die einzelnen Zellen und die von ihnen gebildeten Quadranten werden durch Kennziffern bezeichnet. Nach dem 6. Teilungsschritt entsteht die ▶ Teloblasten-Mutterzelle 4 d, die sich in die ▶ Urmesodermzellen teilt, aus denen die ▶ Mesodermstreifen entstehen. Ergebnis der Furchungs- und Differenzierungsschritte ist eine der ▶ Trochophora ähnliche, planktische ▶ Larve, die bei den Gruppen sehr unterschiedlich und oft stark reduziert ausgebildet wird (▶ Veliger).

Spiralia, zusammmenfassende Bezeichnung für Tiergruppen, die sich über eine ▶ Spiralfurchung entwickeln. Das sind neben den ▶ Mollusca vor allem die Borstenwürmer (Polychaeta), aber auch andere Tiere weisen zumindest einige Merkmale der ▶ Spiralfurchung auf. Das gilt nach aktueller Auffassung für die Plattwürmer (Plathelminthes), die Schnurwürmer (Nemertini), die Spritzwürmer (Sipunculida) und wahrscheinlich auch die Kelchwürmer (Kamptozoa), die Rädertierchen (Rotatoria) und die Kiefermäulchen (Gnathostomulida).

Spiralisierung, bei ▶ Gastropoda und Nautilida auftretender morphogenetischer Prozess, in dessen Verlauf das ▶ Visceropallium mit ▶ Mantel und ▶ Schale spiralig eingerollt wird. Neben der ▶ Torsion ist die S. der wichtigste gestaltbildende Vorgang für die ▶ Gastropoda.

Spiralstreifung, verbreitetes Muster auf den Gehäuseoberflächen der ▶ Gastropoda, bei dem unterschiedliche Pigmentbänder in der ▶ Windungsrichtung des Gehäuses verlaufen. Dabei werden die Pigmente kontinuierlich in die ▶ Schale eingelagert. Durch Pausen beim Zuwachs der Bänder werden die Spiralstreifen unterbrochen, so dass ein Fleckenmuster entsteht. Dieses wie auch die S. dienen wahrscheinlich der ▶ Somatolyse.

Spiratellidae, gebräuchliches Synonym zu ▶ Limacinidae.

Spirula LAMARCK 1801, ► Posthörnchen, einzige Gattung der ► Spirulidae (► Cephalopoda) mit der einzigen Art *Spirula spirula* (LINNAEUS 1758). Der bis 6 cm lange, zylindrische Körper hat 8 ► Arme und zwei ► Fangarme, die durch eine breite Membran verbunden sind. Die im Inneren liegende Schale ist gekammert und ► endogastrisch aufgewunden. Die ► Kammern stehen durch einen Gewebsstrang (► Sipho) in Verbindung. Jungtiere können den ► Kopf in den Schutz des Mantels zurückziehen; eine ► Radula fehlt. Die Augen sind groß und ► oegopsid. Die kleinen, runden ► Flossen stehen senkrecht am Hinterende. Zwischen ihnen liegt ein Leuchtorgan, das gelbgrünes Licht abstrahlt. Die ► Posthörnchen schweben in „Schulen" in warmen Meeren, mit den Armen nach unten, und ernähren sich von ► Plankton. Die leeren Gehäuse sind häufig im Angespül tropischer Meeresküsten zu finden.

Spirulidae, Familie der ► Sepiida (► Kopffüßer) mit der einzigen Gattung ► *Spirula*.

Spisula GRAY 1837, Kleine Trogmuscheln, Gattung der ► Mactridae mit stabilen Schalen. Die Feste Trogmuschel, *S. solida* (LINNAEUS 1758), lebt in küstennahen Sandböden der Deutschen Bucht und der westlichen Ostsee. Die Gedrungene Trogmuschel, *S. subtruncata* (DA COSTA 1778), bevorzugt schlickigen Sand, ist in der Deutschen Bucht häufig und dient Schollen als Nahrung. Benannt nach Johann Baptist Ritter von Spix (* 9. 2. 1781 in Höchstadt/Aisch, † 13. 5. 1826 in München), bedeutender Naturforscher, der umfangreiche Sammlungen von einer Brasilienreise mitbrachte.

Spitzhorn-Schlammschnecke, ► *Lymnaea*.

Spondylidae, ► Stachelaustern, ► Klappermuscheln, Familie der ► Pteriomorpha, Muscheln mit langen Stacheln und Dornen auf den Klappen, oft intensiv gefärbt. ► Scharnier mit zwei genau in die Gegenklappe eingepassten Zähnen, ► Mantelrand mit Augen, Kiemenblätter gefaltet, kein ► Byssus. Die Tiere kleben sich mit der rechten ► Klappe fest. ► *Spondylus gaederopus* LINNAEUS 1758 lebt im Mittelmeer und wird vom Menschen gegessen. Der deutsche Name Klappermuschel geht auf die Ähnlichkeit der Schalen mit Kastagnetten zurück.

Spondylus, Gattung der ► Spondylidae, ► Stachelaustern.

Spurilla BERGH 1864, Gattung der Spurillidae (Aeolidioidea), ► Fadenschnecken mit lamellären ► Rhinophoren. Im Mittelmeer lebt *S. neapolitana* (DELLE CHIAJE 1841) an und von Seerosen, deren Färbung ihre ► Mitteldarmdrüse übernimmt.

Stachelaustern, ► Klappermuscheln, ► Spondylidae.

Stachelschnecken, volkstümliche Bezeichnung für nicht verwandte Taxa der ► Gastropoda: **1**) ► *Acanthinula*, **2**) ► Muricidae.

Stachelweichtiere, ► Aculifera.

Stagnicola JEFFREYS 1830, ► Sumpfschlammschnecken, Gattung der ► Lymnaeidae, mit etwa 5 Arten in Mitteleuropa vertreten, die nur anatomisch einwandfrei zu bestimmen sind. Die Große Sumpfschlammschnecke, *S. corvus* (GMELIN 1791), hat ein bis 22 mm hohes, festwandiges Gehäuse mit stark erweiterter Endwindung. Die Schlanke Sumpfschlammschnecke, *S. turricula* (HELD 1836), erzeugt ein sehr schlankes Gehäuse mit wenig erweiterter Endwindung.

Statoconien, früher ► Otoconien, mehrere kleine Partikeln in den

▶ Statocysten vieler Mollusken, welche die Funktion der ▶ Statolithen übernehmen.

Statocysten (Tafel III, Tafel IV, Tafel VI), Hörbläschen, auch bei den meisten ▶ Mollusca auftretende, paarige Gleichgewichtssinnesorgane in Form von geschlossenen Bläschen. Ihre Innenwand ist mit Wimper- und Sinneszellen ausgekleidet, in ihrem flüssigkeitserfüllten Inneren liegen ▶ Statolithen oder ▶ Statoconien. Die S. sind ▶ ektodermaler Herkunft und werden von den ▶ Cerebralganglien innerviert, obwohl sie den ▶ Pedalganglien näher liegen.

Statolithen, Gehörsteinchen, Schweresteine, in den ▶ Statocysten eingelagerte feste, in der Regel aus $CaCO_3$ bestehende Partikeln, die mit der ▶ Bewegung des ▶ Weichtieres verlagert werden und durch Druck auf verschiedene Sinnesfelder in der ▶ Statocyste die Wahrnehmung der Lage ermöglichen. Während sie bei Muscheln und Schnecken in der ▶ Statocyste frei beweglich sind, verwachsen sie bei den ▶ Cephalopoda mit dem Sinnesepithel.

Steckmuscheln, die ▶ Pinnidae.

Steindattel, ▶ Meerdattel, ▶ *Lithophaga*.

Steinkleber, ▶ *Lithoglyphus*.

Steinpicker, ▶ *Helicigona lapicida*.

Stellarganglien, (auch: ▶ Sternganglien), bei den ▶ Coleoida ausgebildete periphere ▶ Ganglien, die an den Pallialnerven liegen. Sie sind über sich kreuzende ▶ Riesenfasern mit dem ▶ Gehirn verbunden und entsenden sternförmig ▶ Riesenfasern in die Mantelmuskulatur, die dadurch schnell gesteuert werden kann.

Stellaria (Linnaeus 1764), Gattung der ▶ Xenophoridae (Xenophoroidea), Meeresschnecken mit niedrig-kegelförmigem, an der Basis abgeflachtem Gehäuse. Die Umgänge sind gekielt und tragen lange Fortsätze. Im Ggs. zu anderen Genera der Familie tarnt S. ihr Gehäuse nicht.

stenobar, nur in einem engen Bereich schwankenden Luft- oder Wasserdrucks lebens- und fortpflanzungsfähige Organismen. Ggs.: ▶ eurybar.

stenobath, nur in einem begrenzten Wassertiefen-Bereich lebens- und fortpflanzungsfähige Organismen. Ggs.: ▶ eurybath.

stenochor, (auch: stenotop), Organismen mit eng begrenzter Verbreitung. Ggs.: ▶ eurychor.

stenochron, Tiere, die nur in bestimmten Jahreszeiten aktiv sind. Ggs.: ▶ eurychron.

stenogloss, ▶ rhachigloss.

Stenoglossa Bouvier 1887, ▶ Schmalzüngler, Taxon hochentwickelter Vorderkiemer mit ▶ stenoglosser ▶ Radula, ersetzt durch ▶ Neogastropoda Wenz 1938.

stenohalin, nur in einem begrenzten Salzgehaltsbereich auf Dauer lebens- und fortpflanzungsfähige Organismen. Ggs.: ▶ euryhalin.

stenök, (auch: stenözisch), Organismen mit geringer ökologischer Toleranz gegenüber schwankenden Lebensbedingungen. Ggs.: ▶ euryök.

stenophag, (auch: stenotroph), Organismen, die auf bestimmte Nahrung angewiesen sind. Ggs.: ▶ euryphag.

stenophot, Organismen mit begrenzter Lichttoleranz. Ggs.: ▶ euryphot.

stenotherm, nur in einem begrenzten Temperaturbereich auf Dauer lebens- und fortpflanzungsfähige Organismen. Ggs.: ▶ eurytherm.

stenoxen, ▶ Parasiten, die nur an einer oder wenigen Wirtsarten leben können. Ggs.: ▶ euryxen.

stenozon, nur in einer bestimmten Höhenzone lebensfähige Organismen. Ggs.: ▶ euryzon.

Sternganglien, ▶ Stellarganglien.

Sternschnecken, volkstümliche Bezeichnung für nichtverwandte Taxa der ▶ Gastropoda: **1)** ▶ *Astraea,* **2)** ▶ Dorididae

Sterroblastula, eine Form der ▶ Blastula ohne flüssigkeitserfüllten, inneren Hohlraum (▶ Blastocoel), wird bei vielen ▶ Mollusca frühontogenetisch durchlaufen. Ggs.: ▶ Coeloblastula.

Sthenoteuthis VERRILL 1880, ▶ Kopffüßer, die jetzt meist als Untergattung zu ▶ *Ommastrephes* gerechnet werden.

Stielsack (Abb. 31, 32), (lat. ▶ Caecum), siehe ▶ Kristallstiel.

Stiftchensaum (auch: Bürstensaum), im ▶ Linsenauge vieler ▶ Gastropoda auf Lichtsinnes- und Pigmentzellen ausgebildete Struktur aus Bündeln von ▶ Mikrovilli.

Stilifer BRODERIP & SOWERBY 1832, Gattung der Stiliferidae (Eulimoidea), im Indopazifik auf Echinodermata lebende Schnecken mit rundlichem bis lang-eiförmigem, dünnschaligem Gehäuse, das auch fehlen kann. ▶ Fuß und ▶ Fühler sind reduziert. Getrenntgeschlechtliche Schnecken mit ▶ Zwergmännchen und ▶ Entwicklung über ▶ Veliger.

Stiliger EHRENBERG 1831, Gattung der Stiligeridae (▶ Sacoglossa), im nördlichen Atlantik lebende, etwa 1 cm lang werdende ▶ Schlundsackschnecken mit längs eingerollten oder stabförmigen ▶ Rhinophoren. Fortsätze der ▶ Mitteldarm- und ▶ Eiweißdrüsen ziehen in die ▶ Cerata.

Stimulator, akzessorisches Genitalorgan der ▶ Stylommatophora, das die Kopulationsbereitschaft fördern soll. Der S. kann als ▶ Liebesdrüse (bei vielen ▶ Limacoida) oder als ▶ Liebespfeil (▶ Helicidae) ausgebildet sein.

Stirnsegel, ▶ *Tethys*.

Stoloteuthis VERRILL 1881, ▶ Schmetterlingstintenschnecke, Gattung der ▶ Sepiolidae mit der einzigen Art *S. leucoptera* (VERRILL 1878), ▶ Kopffüßer, bei denen die ersten drei Armpaare durch eine Membran verbunden sind. Die seitlichen ▶ Flossen inserieren vorn und sind fast so lang wie der ▶ Mantel. Auf dem ▶ Tintenbeutel liegt ▶ ventral ein Leuchtorgan, die Augen sind relativ klein. Die Tiere leben auf beiden Seiten des Nordatlantik.

Stomatellidae, ▶ Weitmundschnecken, Falsche Meerohren, Familie der ▶ Trochoidea (▶ Vetigastropoda). Indopazifische, in der Gezeitenzone und tiefer lebende Schnecken mit gedrückt-spiraligem bis ohrförmigem, innen perlmuttrigem Gehäuse, oft ▶ *Haliotis*-ähnlich, aber ohne Lochreihen.

stomatogastrisches System, im ▶ Magen- und Darmbereich gelegenes nervöses Teilsystem bei vielen ▶ Mollusca. Es umfasst die ▶ Buccalganglien und -kommissuren und versorgt den vorderen Abschnitt des ▶ Verdauungssystems.

Stomodaeum, der Vorderdarm.

Strahlenkörbchen, ▶ Narrenkappe, ▶ *Mactra cinerea*.

Strandauster, ▶ Sandklaffmuschel, ▶ *Arenomya*.

Strandschnecken, die ▶ Littorinidae.

Straubschnecken, ▶ Bischofsmützen, ▶ Mitridae.

Strauchschnecken, die ▶ Bradybaenidae.

Straußenschnecken, die ▶ Struthiolariidae.

Streptaxidae, Familie der Streptaxoidea; umfasst etwa 500 tropische, carnivore Arten; Schnecken, die in der Laubschicht und unter Steinen leben und in Mitteleuropa gelegentlich in Gewächshäusern vorkommen. Sie sind Zwitter mit vereinfachtem Genitalsystem, legen wenige, große Eier, und manche sind ▶ ovovivipar.

Streptoneura Spengel 1881, ► Prosobranchia, Schnecken mit chiastoneurem ► Nervensystem (► Chiastoneurie); entspricht ► Prosobranchia Milne-Edwards 1848.

Streptoneurie, ► Gekreuztnervigkeit, syn. für ► Chiastoneurie.

Strobilopsidae, Familie der Pupilloidea (► Orthurethra), mit kreiselförmigem oder abgeflachtem, genabeltem Gehäuse. *Strobilops* Pilsbry 1893 lebt in Amerika, Ostasien und auf den Galápagos an faulendem Laub und an Baumstämmen.

Strombidae, ► Fechterschnecken, Familie der Stromboidea mit festwandigem, niedrigkegeligem bis turmförmigem Gehäuse. Die weniger als 100 Arten (in ca. 6 Gattungen) leben vorwiegend im Flachwasser tropischer und subtropischer Meere auf Sandböden, wo sie sich von Pflanzen und ► Detritus ernähren. Der deutsche Name bezieht sich auf das ► conchinöse, langgestreckt-gebogene ► Operculum, das bei der ► Bewegung und als Waffe eingesetzt wird. Der muskulöse ► Fuß ist funktionell quergeteilt und ermöglicht, zusammen mit dem Gehäuse, ein ► „Krückengehen".

Strombus Linnaeus 1758, ► Fechterschnecke, Gattung der ► Strombidae, mit der Riesenschnecke, *S. gigas* Linnaeus 1758, aus deren Schalen Schmuck und Gebrauchsgegenstände hergestellt werden. ► Rosalin.

Strontianit, $SrCO_3$, neben ► Calcit und ► Aragonit in geringen Mengen in der ► Schale einiger Molluskenarten eingelagert.

Strophocheilus Spix 1827, Gattung der Strophocheilidae (Acavoidea) mit eiförmigem, festschaligem, bis 16 cm hohem Gehäuse. Zwitter, die große Eier mit Kalkschale legen. Die etwa 30 Arten leben in Südamerika, Trinidad und Tobago, einige Spezies gehören zu den größten und schwersten ► Landschnecken.

Strukturanalogie, ► Homoplasie.

Struthiolariidae, ► Straußenschnecken, Straußenfußschnecken, Familie der ► Stromboidea, marine Schnecken mit dickwandigem, eikegelförmigem Gehäuse und stark gewölbten Umgängen. Mit kleinem, ► conchinösem ► Operculum. Die S. graben sich in Schlick und Schlicksand ein. Getrenntgeschlechtliche Schnecken mit offenen pallialen ► Gonoducten. Die Weibchen einiger Arten bilden im ► Mantel einen ► Brutraum.

Stummelschwanzsepien, die ► Sepiolidae.

Stumpfmuscheln, ► Sägezahnmuscheln, ► Donacidae.

Stumpfschnecke, ► *Rumina*.

Sturmhauben, ► Helmschnecken, Arten der Gattung ► *Cassis* (► Tonnoidea). ► Königshelm.

Stutzschnecken, die ► Truncatellidae.

Stygobionten, die im Grundwasser lebenden Organismen mit ihren speziellen Anpassungen an den extremen ► Lebensraum, darunter Reduktion der Augen und von Pigmenten, aber Ausbildung leistungsfähigerer Tast- und Geruchsorgane. Unter den ► Mollusca sind als S. vor allem einige ► Hydrobiidae anzusehen (z. B. ► *Bythiospeum*, ► *Bythinella*, *Belgrandiella*).

Stylommatophora A. Schmidt 1856, ► Landlungenschnecken, Gruppe der ► Eupulmonata, deren Augen an den Enden eines Paares einstülpbarer ► Fühler liegen. Ausschließlich terrestrisch lebende Schnecken. Die formen- und artenreiche Gruppe wird traditionell vor allem nach der Konstruktion des Exkretionssystems und seiner Lage zum ► Herzen in die ► Heterurethra (= ► Elasmognatha), ► Orthurethra, ► Sigmurethra, ► Limacoida sowie eine weitere Gruppe von ca. 25 Familien unterteilt.

Subintestinalganglion (Abb. 17, 50), bei den ▶ chiastoneuren ▶ Gastropoda ein rechts unter dem Darm gelegenes ▶ Ganglion, das aus dem ursprünglich linken ▶ Intestinalganglion durch die ▶ Torsion hervorgegangen ist. Vgl. ▶ Supraintestinalganglion.

Submandibulardrüsen, bei den ▶ Cephalopoda im Vorderdarmbereich gelegene Drüsen unbekannter Funktion.

Suboesophagealganglion, ▶ Unterschlundganglion, in der Visceralschlinge der ▶ Gastropoda gelegenes ▶ Ganglion, das gemeinsam mit dem ▶ Supraoesophagealganglion die Organe der ▶ Mantelhöhle, vor allem ▶ Ctenidien und ▶ Osphradien, versorgt.

subpedunculates Gewebe, bei den ▶ Cephalopoda vom ▶ Gehirn ausgehende, an der Wand der vorderen Augenkammer endende, unregelmäßige Stränge von Zellen und Nervenfasern.

Subradularganglien, unter der ▶ Radula gelegene ▶ Ganglien, die die Sinnesorgane der ▶ Buccalhöhle innervieren.

Subulina BECK 1837, Gattung der ▶ Subulinidae (Achatinoidea) mit turmförmigem, opak-transparentem Gehäuse. Zwittrige Schnecken, die ihre Eier mit einer Kalkschale umhüllen. *S. octona* (BRUGUIÈRE 1798) mit bis 2 cm hohem, schlankem Gehäuse lebt in der feuchten Bodenstreu des tropischen Amerika und wurde in Gewächshäuser Mittel- und Westeuropas eingeschleppt.

Subulinidae, ▶ Pfriemschnecken, ▶ Ahlenschnecken, Familie der ▶ Sigmurethra, in Mitteleuropa nur in Gewächshäusern vorkommend.

Succineidae, ▶ Bernsteinschnecken, Familie der ▶ Elasmognatha, mit zartem, gelblichem Gehäuse mit oft großer letzter ▶ Windung. Sie leben meist in feuchten ▶ Biotopen und ernähren sich von Algen und Blättern der Ufervegetation.

Sultana SHUTTLEWORTH 1856, Gattung der Orthalicidae (Orthalicoidea), auf Bäumen im tropischen Südamerika lebende Schnecken mit eikegelförmigem, ungenabeltem, bis 10 cm hohem und buntem Gehäuse.

Suminoe-Auster, ▶ *Crassostrea*.

Sumpfdeckelschnecken, auch ▶ Flusskiemenschnecken, ▶ Viviparidae.

Sumpfschlammschnecken, die Arten von ▶ *Omphiscola* und ▶ *Stagnicola*.

Suprabranchialraum (Abb. 28), dorsaler Teil der ▶ Mantelhöhle der Muscheln, der durch die ▶ Kiemen nach ▶ ventral begrenzt wird. Der Strom des Atemwassers, der die ▶ Kiemen passiert hat, wird durch den S. zum Hinterende der Muschel geleitet und tritt dort aus.

Supraintestinalganglion (Abb. 17, 50), bei den ▶ chiastoneuren ▶ Gastropoda ein links über dem Darm gelegenes ▶ Ganglion, das aus dem ursprünglich rechten ▶ Intestinalganglion durch die ▶ Torsion hervorgegangen ist. Vgl. ▶ Subintestinalganglion.

Supraoesophagealganglion, (auch: ▶ Oberschlundganglion), in der Visceralschlinge der ▶ Gastropoda gelegenes ▶ Ganglion, das gemeinsam mit dem ▶ Suboesophagealganglion die Organe der ▶ Mantelhöhle, vor allem ▶ Ctenidien und ▶ Osphradien, versorgt.

Suprarectalkommissur, posterodorsale ▶ Kommissur im ▶ Nervensystem der Poly- und ▶ Aplacophora, in der sich die Lateralstränge vereinigen.

Süßwasser, definitionsgemäß Wasser mit einem Salzgehalt unter 0,5 ‰, ▶ Lebensraum zahlreicher ▶ Mollusca.

Süßwasser-Austern, Fluss-Austern, die ▶ Aetheriidae.

Süßwassermuscheln, die ▶ Unionidae. Als Sammelbezeichnung im ökologischen Kontext gehören zu den S. auch ▶ *Dreissena*, ▶ *Pisidium* und ▶ *Sphaerium*.

Süßwasserschnecken, ökologisch begründete Sammelbezeichnung für mehrere, nichtverwandte Taxa der ▶ Gastropoda: die ▶ Basommatophora sowie ▶ Ampullariidae, ▶ *Bythiospeum* (▶ Hydrobiidae), ▶ Valvatidae, ▶ Viviparidae, ▶ *Zospeum* (▶ Ellobiidae) u. a. m.

Sutura, **(Abb. 22)** auch Sutur, ▶ Naht.

Suturalplatten, die ▶ Apophysen der ▶ Käferschnecken.

Symbionten, allgemein Organismen verschiedener Arten, die in einer Wechselbeziehung stehen. Im meistgebrauchten Sinne Spezies, die zum gegenseitigen Vorteil zusammenleben (Mutualismus). Als S. bei ▶ Mollusca treten vor allem ▶ Bakterien und Algen auf.

Symbiose, im meistgebrauchten Sinne das Zusammenleben von ▶ Symbionten zu gegenseitigem Nutzen. So ermöglichen ▶ Bakterien, dass einige Muscheln (z. B. ▶ *Pholas*, ▶ *Teredo*) Holz verwerten können, ▶ Zooxanthellen versorgen großwüchsige Muscheln wie ▶ *Tridacna* (▶ Algenzucht) und in der ▶ Tiefsee liefern bestimmte Bakterien Energie an ▶ *Bathymodiolus* und andere Organismen an den ▶ Hydrothermalquellen.

syntrem, die distalen Genitalgänge zwittriger Schnecken münden in einer gemeinsamen Öffnung. Ggs.: ▶ diatrem.

Syntypus, ▶ Typus.

Syrinx Röding 1798, Gattung der ▶ Turbinellidae (Muricoidea). Hierher gehört die größte rezente Schnecke mit bis 91 cm hohem und 1800 g schwerem Gehäuse (Lebendgewicht bis 18 kg), *S. aruanus* (Linnaeus 1758). Sie lebt auf Sandböden bis 30 m Tiefe bei Neuguinea, Australien und Indonesien und ernährt sich von Polychaeta.

Systellommatophora Pilsbry 1948, Gruppe der ▶ Pulmonata von unsicherer systematischer Stellung. Es ist fraglich, ob die beiden hierher gerechneten Familien der ▶ Onchidiidae und der ▶ Veronicellidae miteinander verwandt sind.

Systematik, in der Biologie ein Ordnungsgefüge der Organismen und der Weg dahin. Ein Organismus wird zunächst beschrieben und benannt (▶ Nomenklatur, ▶ Taxonomie) und nach Bewertung seiner Merkmale in ein hierarchisches Gefüge (▶ Klassifikation, System) eingeordnet, das im Idealfall die stammesgeschichtliche (▶ phylogenetische) Entwicklung und die verwandtschaftlichen Beziehungen widerspiegelt. Wie für andere Tiergruppen ist die S. der ▶ Mollusca zur Zeit im Umbruch: aktuelle Methoden erlauben fortlaufend neue Einsichten, so dass das System ständigen Veränderungen unterworfen ist.

Systrophiidae, Familie der Rhytidoidea (▶ Sigmurethra), ▶ Landlungenschnecken mit dünnem, transparentem und oft scheibenförmigem Gehäuse. Etwa 6 Gattungen in Südamerika, die ▶ Konvergenzen zu den altweltlichen ▶ Zonitidae zeigen.

taca, Trivialname für die marine Muschel ▶ *Protothaca* im westlichen Südamerika.

taeniogloss, Form der ▶ Radula. ▶ Bandzunge.

Tagelus Gray 1847, Gattung der ▶ Psammobiidae, marine Muscheln mit länglichen, abgeflachten Klappen. *T. dombeii* (Lamarck 1818) wird bis 7 cm lang, lebt vor der chilenischen und peruanischen Küste und ist als Nahrung des Menschen geschätzt.

Tahiti-Schale, Handelsname für Schalen von ▶ Seeperlmuscheln des Pazifik, vor allem ▸ *Pinctada margaritifera* (LINNAEUS 1758), die gut ausgebildete Perlmutterschichten auf ihrer Innenseite haben. Diese werden zum Rand hin infolge verstärkter ▸ Conchin-Einlagerung dunkler und werden zu Schmuck verarbeitet. ▸ Gemmen, ▸ Kameen.

Takase, ▸ Trocas.

Tamanovalva KAWAGUTI & BABA 1959, jetzt ▸ *Berthelinia* CROSSE 1875.

Tambu-Geld, ▸ Nassa-Geld.

Tandonia LESSON & POLLONERA 1882, ▸ Kielschnegel, Gattung der ▸ Milacidae (Parmacelloidea), mit mehreren Arten in West- und Mitteleuropa vertreten.

Taningia JOUBIN 1931, Gattung der ▸ Octopoteuthidae (▸ Oegopsida: ▸ Cephalopoda).

Tapes MEGERLE VON MÜHLFELDT 1811, Gattung der ▸ Veneridae, Muscheln mit länglich-ovaler bis rhombischer Schale. Die 7 bisher beschriebenen Arten leben im O-Atlantik und im Indopazifik. *T. rhomboides* (PENNANT 1777) kommt auch im Mittelmeer vor.

Tapetum lucidum, ▸ Reflektorschicht.

Taschenmessermuschel, volkstümliche Bezeichnung für ▸ *Pharus legumen* (LINNAEUS 1758).

Taschenschnecken, ▸ Krötenschnecken, ▸ Bursidae.

Täubchenschnecken, auch ▸ Birnenschnecken, ▸ Columbellidae.

Taubenschnecken, ▸ Pagodenschnecken, ▸ Columbariidae.

taxodont, reihenzähnig, eine Form des ▸ Scharniers der Schalenklappen von Muscheln: Zahlreiche kleine, gleichförmige ▸ Zähne stehen kammartig nebeneinander und greifen in die Zahnzwischenräume der Gegenklappe ein.

Taxodonta, ▸ Reihenzähner, Muscheln mit ▸ taxodontem ▸ Scharnier (z. B. ▸ Arcidae, ▸ Nuculidae).

Taxonomie, nach Ernst Mayr „Theorie und Praxis der ▸ Klassifikation".

Tectarius VALENCIENNES 1833, Gattung der ▸ Littorinidae (Littorinoidea) mit kegelförmigem Gehäuse und mit ▸ Knoten oder Stacheln auf dessen Oberfläche. Wenige, tropische Arten, die an Felsen der Gezeitenzone oder in Korallenriffen leben.

„Tectibranchia", Bedecktkiemer, früher benutzte, zusammenfassende Bezeichnung für Taxa der ▸ Hinterkiemerschnecken (▸ Anaspidea, ▸ Cephalaspidea und ▸ Notaspidea), deren rechts gelegene Kieme meist vom ▸ Mantelrand überdeckt wird. Ggs.: ▸ Nudibranchia.

tectibranch, (auch: **tectibranchiat**), sind ▸ Opisthobranchia, deren seitlich gelegene ▸ Kiemen durch die nach dorsad geschlagenen Mantellappen oder ▸ Parapodien schützend bedeckt werden. Vgl. ▸ phanerobranch.

Tectus MONTFORT 1810, Gattung der ▸ Trochidae (▸ Trochoidea), Meeresschnecken mit meist kegelförmigem, dickschaligem, oft von Kalkalgen überwachsenem Gehäuse. Zahlreiche Arten in stark strömendem Wasser in Korallenriffen des Indopazifik.

Tegmentum, unter dem ▸ Periostracum gelegene Schalenschicht der ▸ Polyplacophora, die von Kanälen durchzogen ist. In diesen verlaufen Fortsätze des Mantelepithels bis zu ▸ Aestheten an der Schalenoberfläche.

Tegula LESSON 1835, Gattung der ▸ Trochidae (▸ Trochoidea) mit kegel- bis konvex-kegelförmigem, dickschaligem Gehäuse. Die zahlreichen Arten leben meist in der Gezeitenzone des tropischen Indopazifik.

Teichmuscheln, nach dem ▸ Lebensraum gewählte, zusammenfassende Bezeichnung für ▸ *Anodonta* und ▸ *Pseudanodonta*. Alle T. sind im Bestand gefährdet und unterliegen der ▸ Bundesartenschutzverordnung.

Teichnapfschnecken, die ▶ Acroloxidae.

Telescopium Montfort 1810, Gattung der Potamididae (Cerithioidea) mit kegelförmigem, dickwandigem Gehäuse, das bis 11 cm hoch wird. *T. telescopium* (Linnaeus 1758) lebt an den Küsten des Indo-W-Pazifik und von N-Australien.

Teleskopaugen, gestielte ▶ Augen bei einigen Arten der Pterotracheoidea sowie der Tiefsee-▶ Cephalopoda (z.B. *Amphitretus pelagicus*: ▶ Amphitretidae); häufig bei Larval- und Juvenilstadien der ▶ Cranchiidae (z.B. ▶ *Bathothauma*).

Tellerschnecke, Glänzende, ▶ *Segmentina*.

Tellerschnecke, Linsenförmige, ▶ *Hippeutis*.

Tellerschnecken, die ▶ Planorbidae.

Tellina Linnaeus 1758, Hauptgattung der ▶ Tellinidae, mit zahlreichen Arten vor allem in tropischen und subtropischen Meeren weltweit verbreitet. Die Klappen sind leicht ungleich gebogen. Die Muscheln liegen oft so auf der linken ▶ Klappe, dass ihr Hinterende etwas nach oben gebogen ist, was das Ausfahren der Siphonen erleichtert. Mit dem ▶ Einströmsipho wird die Sedimentoberfläche auf der Suche nach Nahrung abpipettiert.

Tellinidae, ▶ Tellmuscheln, ▶ Plattmuscheln, Familie der ▶ Tellinoidea, Muscheln mit dünner, rundlicher, oft hinten verjüngter oder geschnäbelter Schale; diese kann asymmetrisch sein und unterschiedliche Strukturen auf rechter und linker ▶ Klappe ausbilden; die ▶ Mantelbucht ist sehr groß. Die Tiere leben in Sand- und Schlammböden und pipettieren ihre Nahrung mit dem lang ausstreckbaren ▶ Einströmsipho. Im Bereich von Nord- und Ostsee sind ▶ *Angulus*, ▶ *Arcopagia*, ▶ *Macoma* und ▶ *Moerella* vertreten. Diese und weitere werden oft als Untergattungen von ▶ *Tellina* gewertet.

Tellinoidea, Überfamilie der ▶ Heterodonta. Ihre Schalenklappen sind oft ungleich und seitlich zusammengedrückt, die Siphonen lang und getrennt. Der ▶ Byssus ist bei Adulten zurückgebildet. Die knapp 600 Arten leben meist eingegraben in warmen Meeren.

Tellmuscheln, ▶ Plattmuscheln, die ▶ Tellinidae.

Teloblasten-Mutterzelle, während der ▶ Spiralfurchung nach dem 6. Teilungsschritt entstehende Mikromere (4 d). Sie teilt sich in die ▶ Urmesodermzellen ($4d^1$ und $4d^2$), die beiderseits des hinteren ▶ Urmundrandes liegen und aus denen wenigzellige ▶ Mesodermstreifen entstehen.

Teloconch, (auch: Teloconcha, Teleoconcha), die ▶ Adultschale der ▶ Mollusca; sie unterscheidet sich strukturell von der ▶ Protoconcha und zeigt meist deutliche Zuwachslinien auf ihrer Oberfläche, die bei Gastropoden oft mit ihren Spitzen zur ▶ Mündung geneigt sind (▶ prosoklin), bei Muscheln mehr oder weniger konzentrisch zum ▶ Umbo verlaufen.

telolecithal ist eine Eizelle, wenn der Dotter ungleich verteilt ist: am vegetativen Pol besonders viel, am animalen wenig. Diese Verteilung bedingt die spätere inäquale ▶ Furchung und die Differenzierung in Makro- und ▶ Mikromeren.

Telotroch, hinterer Wimperkranz der ▶ Veligerlarve.

Tenagodus Guettard 1770, Synonym von ▶ *Siliquaria* Bruguière 1789, Gattung der ▶ Schlangenschnecken.

Tentakeln, nicht eindeutig definierte Anhänge des Körpers, meist muskulös und im Dienste der Nahrungsaufnahme. Besonders hochentwickelt sind die T. der ▶ Cephalopoda, die auch als ▶ Arme oder ▶ Fangarme bezeichnet werden. Sie sind aus Teilen des Fußes hervorgegangen und werden von den ▶ Pedalganglien innerviert. Ihr Endabschnitt ist in der Regel keulenartig verbreitert, und sie sind mit ▶ Saugnäpfen besetzt. ▶ Octopoda und ▶ Vampyromorpha haben 8 T., dazu kommen bei den ▶ Sepiida und ▶ Teuthida noch 2 weitere, die eigentlichen Fangarme. Bei den Männchen der ▶ Coleoida ist einer (oder ein Paar) der T. auf die Übertragung der ▶ Spermatophoren spezialisiert (▶ Hectocotylus).

Teppichmuschel, ▶ *Venerupis pullastra*.

Terebra BRUGUIÈRE 1789, ▶ Schraubenschnecken, Gattung der Terebridae (Conoidea), mit turmförmigem, schlankem Gehäuse und zahlreichen Umgängen. Die ▶ Radula ist sehr unterschiedlich ausgebildet oder ganz reduziert. Die Seitenzähne sind oft harpunenartig und mit einer Giftdrüse verbunden. Etwa 150 Arten im Flachwasser tropischer Meere, wo sie von Polychaeta und Hemichordata leben.

Terebralia SWAINSON 1840, ▶ Brackwasser-Schlammschnecke, Gattung der Potamididae (Cerithioidea), mit turmförmigem, festem Gehäuse. Die Arten leben im Schlamm der tropischen Gezeitenzone, in brackigen Lagunen und Ästuarien.

Teredinidae, ▶ Schiffsbohrer, Schiffsbohrwürmer, Familie der ▶ Myoida, kleine ▶ Bohrmuscheln, bei denen die Schale während des Wachstums relativ zurückbleibt. Der ▶ Mantel ist zu einem Rohr verwachsen, sein hinterer Teil wurmartig langgestreckt und in zwei lange, retraktile Siphonen ausgezogen, die durch kleine, meist löffelförmige Kalkplättchen, die ▶ Paletten, verschlossen werden können. Die kurze Schale klafft vorn und hinten und umfasst den Körper ringartig. Sie fungiert als ▶ Bohrorgan und hat entsprechend raspelartige Strukturen auf ihrer Oberfläche. Alle T. können durch massenhaften Befall hölzerner Bauten zu wirtschaftlich verheerenden Folgen führen. Verbreitet sind insbesondere die Genera ▶ *Bankia*, ▶ *Lyrodus*, ▶ *Nausitora*, ▶ *Nototeredo* und ▶ *Teredo*.

Teredo LINNAEUS 1758, Gattung der ▶ Teredinidae, weit verbreitete, mit drei Arten auch in Nord- und Ostsee vorkommende ▶ Bohrmuscheln: *T. navalis* LINNAEUS 1758, *T. norvegica* SPENGLER 1792 und *T. megotara* (FORBES & HANLEY 1848). Alle bohren in Holz und können bei Massenbefall schwere Schäden an menschlichen Bauten anrichten. Im Gegensatz zu anderen ▶ Bohrmuscheln (▶ Pholadidae) verwerten sie die Holzspäne als Nahrung. Mit etwa 1 m Körperlänge ist *T. norvegica* die längste Art, während *T. navalis* nur etwa 20, ausnahmsweise 45 cm erreicht.

Teredora BARTSCH 1921, Gattung der ▶ Teredinidae mit 2 Arten in tropischen und gemäßigten Meeren.

Tergipedidae, Familie der ▶ Cladobranchia.

Terminalorgan, **1**) Terminalknopf, in der ▶ Endscheibe von ▶ *Spirula* gelegenes Leuchtorgan. **2**) Endabschnitt des Penis der ▶ Octopoda.

Testacellidae, ▶ Rucksackschnecken, Familie der ▶ Testacelloidea (▶ Sigmurethra), ▶ Nacktschnecken mit reduzierter, hinten gelegener, äußerer Schale. Im westlichen Europa nur die Gattung *Testacella* CUVIER 1800, deren Arten nach Mitteleuropa eingeschleppt sind, wo sie sich vorwiegend von Regenwürmern ernähren.

Testis, Hoden, die männliche Keimdrüse.

Tethydidae (früher ▶ Fimbriidae), Familie der ▶ Cladobranchia mit ▶ *Tethys*.

Tethys LINNAEUS 1767, Gattung der ▶ Tethydidae (Tritonioidea: ▶ Cladobranchia) mit der größten Nacktschnecke des Mittelmeeres, der bis 30 cm langen ▶ Schleierschnecke, *T. fimbria* LINNAEUS 1758, deren Körper abgeflacht mit großem, annähernd halbkreisförmigem Kopflappen (▶ Stirnsegel, ▶ Velum) ist. Auf dem Rücken stehen zwei Reihen rübenähnlicher Fortsätze (▶ Cerata), an deren Basis kleine Sekundärkiemen inserieren. Mit dem Kopflappen wird die Beute gefangen (▶ Plankton, kleine Wirbellose wie Echinodermata, Crustacea, ▶ Mollusca und Pisces). *T.* hat weder ▶ Radula noch ▶ Kiefer. Ihr Körper ist transparent, und sie kann leuchten. Die ▶ Cerata fallen leicht ab und bewegen sich noch einige Zeit weiter. Daher wurden sie als eigene Tierart beschrieben (▶ *Phoenicurus* RUDOLPHI 1819, ▶ *Vertumnus* OTTO 1823) und zu den „Vermes" gerechnet.

Tetrabranchiata, Taxon („Überordnung") der ▶ Cephalopoda mit zwei Paar ▶ Kiemen, heute meist als ▶ Nautiloidea bezeichnet, mit der einzigen Familie ▶ Nautilidae. Schwestergruppe sind die ▶ Dibranchiata, zu denen die weitaus meisten rezenten ▶ Kopffüßer gehören.

Tetrodotoxin, (auch: Fugutoxin, Maculotoxin), vor allem in Kugel- und Igelfischen, aber auch in dem Blauringelkraken (▶ *Hapalochlaena maculosa*) gebildetes, sehr starkes Neurotoxin, das auf das ▶ Nervensystem durch Blockade der Na-Kanäle wirkt. Dadurch werden Lähmungen und Krämpfe verursacht, die beim Menschen nach 6–24 h meist zum Tode führen.

Teufelsfinger, volkstümliche Bezeichnung für ▶ Belemniten.

Teufelskralle, Fingerschnecke, ▶ *Lambis*.

Teuthida, ▶ Kalmare, Taxon („Ordnung") der ▶ Coleoida, die vielgestaltigste Gruppe der ▶ Kopffüßer, meist kleine bis mittelgroße Tiere, doch gehört auch der größte rezente Wirbellose hierher, der Riesenkalmar (▶ *Architeuthis* spec.). Der Körper ist meist gestreckt, pfriemförmig mit zugespitztem Rumpf (▶ Muskelmantel mit Eingeweiden) und trägt seitlich dreieckige, muskulöse Hautsäume, die ▶ Flossen. Fächelnde Bewegung der Flossen führt zu langsamer ▶ Bewegung, kraftvolles Ausstoßen von Wasser aus der ▶ Mantelhöhle durch den biegsamen ▶ Trichter ermöglicht schnelles, gerichtetes Schwimmen und damit erfolgreiche Jagd auf Fische. Die Beute wird mit zwei lang ausstreckbaren Fangarmen (▶ Tentakeln) und acht Armen gepackt und zum Mund geführt. Die ▶ Arme sind mit gestielten ▶ Saugnäpfen in arttypischer Form und Anzahl besetzt; bei einigen Gruppen sind die ▶ Saugnäpfe zu Haken umgeformt **(Abb. 40)**. Die Schale ist bis auf den organischen ▶ Gladius reduziert. ▶ Kalmare leben überwiegend ▶ pelagisch und jagen in „Schulen" oft gleichaltriger Tiere. Viele Arten dringen in große Tiefen vor und bilden dann ▶ Leuchtorgane in spezifischer Anordnung und Farbe aus. Besonders hohen Entwicklungsstand haben die Augen erreicht, nach deren Konstruktion die T. in die beiden Überfamilien ▶ Myopsoidea und ▶ Oegopsoidea aufgegliedert werden.

Thais RÖDING 1798, Gattung der ▶ Muricidae, ▶ Stachelschnecken mit festwandigem, turmförmigem Gehäuse und breiter ▶ Spindel. Zahlreiche Arten im Flachwasser und der Gezeitenzone. *T. haemastoma* (LINNAEUS 1758) hat eine intensiv orangefarbene ▶ Mündung. Sie lebt in der Karibik sowie an der brasilianischen, westafrikanischen und portugiesischen Küste.

thalassophil, das Meer liebend. Bezeichnung für Organismen, die bevorzugt am oder im Meer leben.

Thatcheria ANGAS 1877, Gattung der ▶ Turridae (Conoidea) mit der einzigen Art, *T. mirabilis* ANGAS 1877, hat ein bis 10 cm hohes, dünnschaliges Gehäuse, das scharf gekielt ist und dessen Umgänge oben flach sind. Sie lebt in japanischen Meeren auf Sand und Schlamm. Das Genus ist benannt nach dem englischen Sammler Charles Thatcher, der die Schnecke um 1870 aus Japan mitgebracht hat.

Thaumastus ALBERS 1860, Gattung der Bulimulidae (Orthalicoidea), ▶ Landlungenschnecken mit eikegelförmigem, festwandigem, bis 10 cm hohem Gehäuse, dessen ▶ Columellarrand nach außen umgeschlagen ist. Die wenigen Arten leben im nördlichen Südamerika, oft auf Bäumen.

Theba RISSO 1826, Gattung der ▶ Helicidae, ▶ Landlungenschnecken mit gedrückt-kugeligem Gehäuse. Die ▶ Mittelmeersandschnecke, *T. pisana* (O. F. MÜLLER 1774), lebt küstennah im Mittelmeergebiet. Sie steigt bei anhaltender Trockenheit und hohen Temperaturen an Pflanzenstängeln empor und überdauert dort die ungünstigen Bedingungen. Sie wurde bis nach Australien verschleppt.

Thecosomata BLAINVILLE 1824, ▶ Seeschmetterlinge, Taxon der ▶ Opisthobranchia, ▶ pelagische ▶ Hinterkiemer mit teilweise oder völlig reduziertem Gehäuse, das in manchen Fällen durch eine unverkalkt bleibende ▶ Pseudoconcha ersetzt wird. Sie leben in Schwärmen, die ▶ Vertikalwanderungen ausführen, und ernähren sich von Mikroplankton.

Theodoxus MONTFORT 1810, Flussnixenschnecke, Gattung der ▶ Neritidae (▶ Neritopsina), überwiegend süßwasserbewohnende Schnecken mit halbeiförmigem Gehäuse. *T.* ist mit mehreren Arten und Formen auch in Mitteleuropa vertreten, wo *T. fluviatilis* (LINNAEUS 1758) noch verbreitet ist, während die anderen Arten im Bestand gefährdet sind.

Thiaridae, Familie der ▶ Cerithioidea, ▶ Süßwasserschnecken der warmen und gemäßigten Zonen. Die Embryonen entwickeln sich in einem Brutbeutel der Weibchen, die sich überwiegend ▶ parthenogenetisch fortpflanzen. Nach Mitteleuropa ist die ▶ Nadel-Kronenschnecke, *Melanoides tuberculatus* (O. F. MÜLLER 1774), durch Aquarianer eingeschleppt worden.

Thraciidae, Familie der ▶ Anomalodesmata, Muscheln mit dünnen, ungleichklappigen Schalen, die sich eingraben. Am vorderen Ende des ▶ Ligaments liegt ein V-förmiges ▶ Lithodesma. In O-Atlantik, Mittelmeer, Nordsee und westlicher Ostsee kommt *Thracia papyracea* (POLI 1791) vor, die in Grobsand lebt.

Thuridilla BERGH 1872, jetzt ▶ *Elysia*.

Thyasiridae, Familie der ▶ Veneroida, Muscheln mit etwa 60 Arten weltweit verbreitet. Die rundlichen bis rechteckigen Schalen haben einen nach vorn geneigten ▶ Wirbel. Ingestions- und Egestionsöffnungen sind ohne Siphonen, die Erstere erzeugt Turbulenzen, mit deren Hilfe die ▶ Pseudofaeces geformt werden. Die äußeren Kiemenblätter sind reduziert, die übrigen enthalten symbiotische, sulfatoxidierende ▶ Bakterien, die der Muschel Kohlenhydrate und Aminosäuren liefern. Viele T. leben in sauerstoffarmen Weichböden, in die sie sich mit ihrem lang ausstreckbaren ▶ Fuß eingraben. Mit diesem und ▶ Schleim bauen sie ▶ Röhren zur Verbindung mit der Sedimentoberfläche. *Thyasira* LEACH in LAMARCK 1818, mit eiförmiger bis dreieckiger Schale, spitzem ▶ Wirbel und ausgeprägter hinterer Radialfalte, kommt vor allem in kalten Meeren vor.

Thyca H. ADAMS & A. ADAMS 1854, ► Kappenschnecken, Gattung der Thycidae (Eulimoidea), ektoparasitische Schnecken an Seesternen warmer Meere.

Thysanoteuthidae, ► Rhombuskalmare, Familie der ► Oegopsoidea, ► Kopffüßer mit muskulösem Körper und ► Flossen von der Länge des Mantels. Die ► Arme sind relativ kurz und haben 2 Reihen, die ► Fangarme 4 Reihen ► Saugnäpfe. Der linke Ventralarm ist ► hectocotylisiert. Die einzige Gattung *Thysanoteuthis* mit der einzigen Art *T. rhombus* TROSCHEL 1857 entwickelt sich über eine ► Larve und lebt weltweit oberflächennah in tropischen und subtropischen Meeren. Sie erreicht etwa 1 m Mantellänge und wird in Japan gefangen.

Tiefenkalmare, die ► Bathyteuthidae.

Tiefsee, der tiefe, lichtlose Bereich der Meere. Die Eindringtiefe des Lichts ist nicht konstant, sondern von zahlreichen Faktoren abhängig; im Allgemeinen nimmt man vereinbarungsgemäß als obere Grenze die 1000-m-Tiefenlinie an. Die T. ist der größte irdische ► Lebensraum, ihr Boden (► Benthal) nimmt etwa 84 % des gesamten Meeresbodens ein. Die für das Leben bestimmenden Faktoren sind, neben dem Fehlen von Sonnenlicht, vor allem der hohe Druck und die langfristige Konstanz vieler Umweltfaktoren wie Temperatur, Salzgehalt und Wasserströmungen. Die meisten Bewohner der T. ernähren sich von den herabsinkenden Teilen von Pflanzen und Tieren aus der durchleuchteten (euphotischen) Zone und von den organischen Resten im Sediment ihres Lebensraumes. Davon unabhängige Lebensgemeinschaften finden sich im Bereich der ► Hydrothermalquellen. Die Angehörigen vieler Arten werden sehr alt, erreichen überdurchschnittliche Körpergrößen, erzeugen aber wenige Nachkommen. Mollusken stellen oft einen Großteil der Biomasse. So finden sich dort z. B. ► Käferschnecken (vor allem *Leptochiton*), Schnecken (u. a. ► Turridae, ► Trochidae, ► Buccinidae), Muscheln (► Nuculanidae, ► Cuspidariidae, Malletiidae), ► Kahnfüßer und ► Kopffüßer (► Cirrata, ► *Architeuthis*). Kalkschalen bildende Tiere wie Mollusken haben in diesem ► Lebensraum Schwierigkeiten mit der Kalkeinlagerung in ihre Schalen, da – gefördert durch den hohen CO_2-Gehalt in der Tiefe – der Kalk besonders leicht in Lösung geht. Daher werden die Schalen mit zunehmender Tiefe immer dünner. Die Bewohner des freien Wassers (Bathypelagial) sind, neben einigen ► Flügelschnecken (► Gymnosomata, ► Thecosomata) und ► Kielfüßern (► Heteropoda), vor allem ► Kopffüßer, die in vielen Fällen ihre Muskulatur reduzieren und dafür Gallerte einlagern, die ihnen das Schweben im Wasser erleichtert. Viele ► Kopffüßer dieses Bereichs sind mit ► Leuchtorganen bestückt. (► Abyssal).

Tiefsee-Napfschnecken, die ► Lepetellidae.

Tiefseevampire, ► Vampirtintenschnecken, ► Vampyroteuthidae.

Tigerschnecke, ► *Cypraea tigris* LINNAEUS 1758. ► Cypraeidae.

Tigerschnegel, ► *Limax maximus* LINNAEUS 1758.

Tinte, (lat. ► Sepia).

Tintenbeutel (Tafel V), Speicherort für die ► Tinte (► Sepia) bei vielen ► Cephalopoda. Bei den ► Octopoda liegt er dicht an der ► Leber, bei den ► Teuthida der ► Tiefsee ist er zurückgebildet.

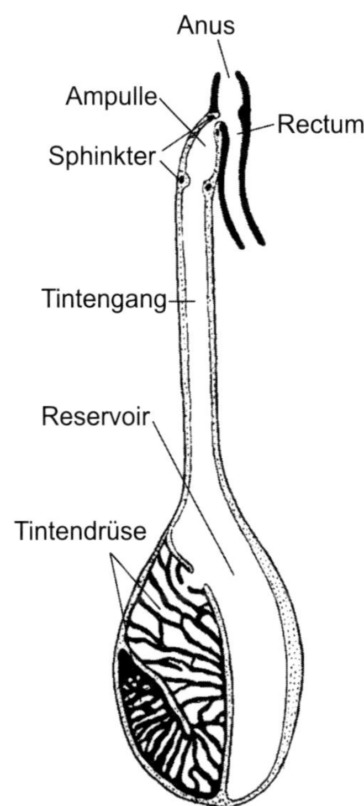

Abb. 47. ▶ Tintendrüse und Tintengang eines ▶ Kopffüßers.

Tintendrüse (Abb. 47), eine mehrzellige Drüse der ▶ Coleoida, welche die ▶ Sepia bildet. Sie liegt posteroventral und mündet in den Enddarm. Ihre Drüsenzellen haben ein basales Labyrinth und sind apical mit zahlreichen ▶ Mikrovilli besetzt.

Tintenfische, unzutreffend gewählte, aber populäre Bezeichnung für die ▶ Kopffüßer, ▶ Cephalopoda.

Tintenschnecken, ▶ Kopffüßer, speziell Bezeichnung für die ▶ Sepiida. ▶ Cephalopoda.

Titiscania BERGH 1890, einzige Gattung der Titiscaniidae (▶ Neritopsina) mit der einzigen Art *T. limacina* BERGH 1890, eine gehäuselose, langgestreckte, gelbliche bis weiße Schnecke mit 12 weißen ▶ Papillen auf dem Rücken. Ihre ▶ Radula ähnelt der der ▶ Neritidae. Die getrenntgeschlechtlichen Tiere leben im Flachwasser des Indopazifik.

Tochuina ODHNER 1963, ▶ Tritoniidae.

Todarodes STEENSTRUP 1880, Gattung der ▶ Ommastrephidae, ▶ Kalmare mit schlank-zylindrischem, hinten spitz zulaufendem Körper, Bewohner gemäßigter und kalter Meere. Der Pfeilkalmar, *T. sagittatus* (LAMARCK 1799), lebt in NO-Atlantik und Nebenmeeren. Er erreicht eine Mantellänge von 65, insgesamt von 150 cm und wird im Mittelmeer und vor den Küsten SW-Europas in größeren Mengen gefangen.

Todaropsis GIRARD 1890, Gattung der ▶ Ommastrephidae, ▶ Kalmare mit relativ kurz-zylindrischem Körper. Die einzige Art ist *T. eblanae* (BALL 1841) mit einer Mantellänge von 27 cm (Weibchen) bzw. 13 cm (Männchen). *T.* lebt im Ostatlantik zwischen den Shetlands und dem Kap der Guten Hoffnung sowie im Indik bis Westaustralien.

toheroa, Trivialname der Maori für als Speise geschätzte Muscheln der ▶ Mesodesmatidae.

Tonicellidae, Familie der ▶ Chitonida, in der Nordsee vertreten durch die etwa 22 mm lange Käferschnecke ▶ *Lepidochitona* GRAY 1821 mit *L. cinerea* (LINNAEUS 1767).

Tonna BRÜNNICH 1771 (früher ▶ *Dolium* LAMARCK 1801), Gattung der ▶ Tonnidae mit großem, ei-kugelförmigem, dünnwandigem Gehäuse mit kurzem ▶ Gewinde, ohne ▶ Operculum. Etwa 35 Arten in warmen Meeren, vor allem dem Indopazifik, wo sie auf Sandböden leben und sich von großen Muscheln und Echinodermen ernähren. Ihr Speichel ist säurehaltig (bis 4% H_2SO_4). *T. galea* LINNAEUS 1758 kommt auch im westlichen Mittelmeer vor. Ihr Gehäuse wird bis etwa 25 cm hoch.

Tönnchenschnecken, die ▶ Retusidae.

Tonnenschnecken, die ▶ Tonnidae.

Tonnidae, ▶ Tonnenschnecken, ▶ Fassschnecken, Familie der ▶ Tonnoidea, mit bauchigem, dünnwandigem Gehäuse und weitem letztem ▶ Umgang. Das ▶ Operculum wird meist abgestoßen. Die planktischen ▶ Veliger brauchen 6–8 Monate für ihre ▶ Entwicklung. Zu den T. gehören etwa 50 Arten, die vor allem in warmen Meeren leben und sich von ▶ Seewalzen, Muscheln, Krebsen oder Fischen ernähren.

Tonnoidea, Taxon („Überfamilie") der Littorinimorpha mit etwa 270 Arten, Schnecken, deren Gehäuse einen weiten letzten ▶ Umgang und eine breite ▶ Mündung haben. Manche Arten erreichen eine Gehäusehöhe von etwa 50 cm. In der ▶ Mantelhöhle inserieren eine einseitig gefiederte Kieme und ein zweiseitig gefiedertes ▶ Osphradium. Die T. packen ihre Beute mit dem vorstreckbaren ▶ Rüssel.

Torsion, die bei den ▶ Gastropoda stammesgeschichtlich vollzogene Drehung des Eingeweidekomplexes gegen die Körperlängsachse, die auch bei einigen rezenten Taxa ontogenetisch wiederholt wird. Bei diesen wird die T. mit der Kontraktion einiger asymmetrischer Muskeln des ▶ Veligers begonnen, die den ▶ Eingeweidesack um ca. 90° drehen, während die weitere Drehung bis ca. 180° durch allometrisches Wachstum erfolgt. Ergebnis der T. ist, dass die ursprünglich links gelegenen Organe auf die rechte Seite verschoben werden und umgekehrt. Die ursprünglich hinten gelegene ▶ Mantelhöhle wird nach vorn verlagert, direkt oder schräg rechts hinter den ▶ Kopf. Die T. führt auch zur ▶ Chiastoneurie. Sie kann durch ▶ Detorsion oder starke Verkürzung der ▶ Pleurointestinalkonnektive aufgehoben werden.

total-inäquale Furchung, für Mollusken mit ihren meist dotterreichen, telolecithalen Eiern typische ▶ Furchung, in deren Verlauf während der frühontogenetischen ▶ Entwicklung unterschiedlich große Tochterblastomeren (▶ Mikromeren, ▶ Makromeren) entstehen.

toxogloss, giftzüngig, ▶ Radula.

Toxoglossa TROSCHEL 1848, ▶ Vorderkiemerschnecken mit ▶ toxoglosser ▶ Radula. Das Taxon umfasst nur die ▶ Conidae, ▶ Turridae und ▶ Terebridae.

Trabeculae, (auch: Trabekeln), leistenartig über die Oberfläche von ▶ Epithelien vorspringende Blutbahnen in der ▶ Mantelhöhle der ▶ Pulmonata.

Tracheopulmonata, ▶ Athoracophoridae.

Tragemuskel, ▶ Sperrmuskel.

Trägerschnecken, ▶ Xenophoridae.

Tragus, lateraler Vorsprung am ohrförmigen Trichterknorpel mancher ▶ Cephalopoda. Vgl. ▶ Antitragus.

Trapezmuscheln, ▶ Kleine Herzmuscheln, ▶ Carditidae.

Tremoctopodidae, ▶ Löcherkraken, Familie der ▶ Argonautoidea (▶ Cephalopoda) mit der einzigen Gattung *Tremoctopus* DELLE CHIAJE 1830 und etwa 3 Arten in allen tropischen und subtropischen Meeren. Der ▶ Mantel ist oben durch eine durchlöcherte Haut mit dem ▶ Kopf verbunden. Die Schale ist bis auf zwei dünne Knorpelstäbe zurückgebildet. Die Juvenilen nutzen Nesselkapseln ihrer Beute zur eigenen Verteidigung. Die T. sind schwarmbildende ▶ Kopffüßer mit ▶ Sexualdimorphismus.

Trennart, (auch: Differentialart), eine Art, deren Anwesenheit oder Fehlen ermöglicht, verschiedene ▶ Biotope voneinander zu unterscheiden. Ausführliche Untersuchungen darüber liegen vor allem von Pulmonatenarten vor, mit deren Hilfe verschiedene Waldtypen definiert werden können.

Trennschärfe, Auflösungsvermögen, die technische Voraussetzung für die Leistungsfähigkeit des Auges. Die T. ist für wenige Mollusken untersucht. Bei *Helix pomatia* wurde der kleinste noch trennbare Winkelabstand zwischen zwei Punkten mit 4,5 ° gemessen.

Treppenschnecken, volkstümlicher Name nichtverwandter Meeresschnecken mit treppenartig abgestuften Umgängen, u. a. von ▶ Melongenidae und ▶ *Oenopota*.

Triaulie, bei einigen ▶ Sacoglossa und ▶ Nudibranchia nachgewiesene Konstruktion des Genitalsystems: der ▶ Zwittergang spaltet sich in ▶ Samenleiter (▶ Vas deferens) und Eileiter (▶ Oviduct), letzterer nochmals in einen oviparen und einen vaginalen Gang. Alle drei Gänge haben ihre eigene Öffnung; der Eileiter mündet bei manchen Arten über ein Vestibulum nach außen. Vgl. ▶ Monaulie, ▶ Diaulie, ▶ Pseudomonaulie.

Trichia W. Hartmann 1841, ▶ Haarschnecken, Gattung der ▶ Hygromiidae (▶ Helicoidea), auf deren Gehäuse borstenartige Fortsätze des ▶ Periostracum (▶ „Haare“) stehen, die bei manchen Arten mit fortschreitendem Alter verlorengehen. Die „Haare“ entstehen in Drüsentaschen der Mantelfurche. Durch verstärkte Sekretion auf einer Seite krümmen sie sich; ihre Funktion ist unklar. *T.* bildet neben gutdefinierten Spezies einige schwierig zu differenzierende Artenkomplexe.

Trichotropidae, Familie der Calyptraeoidea, marine ▶ Haarschnecken mit meist kreiselförmigem Gehäuse und dickem, borstigem ▶ Periostracum.

Trichter (Tafel V), (lat. ▶ Chonium), röhrenartig umgestalteter Teil des Fußes der ▶ Cephalopoda. Der T. besteht bei den ▶ Nautilidae aus zwei aneinander gelegten Gewebslappen, die bei den ▶ Coleoida verwachsen sind. Er liegt unter (vergleichend-morphologisch hinter) dem ▶ Kopf, durch ihn kann der ▶ Kopffüßer einen gerichteten Wasserstrahl aus der ▶ Mantelhöhle ausstoßen. Nach dem Rückstoßprinzip werden hohe Geschwindigkeiten erzielt. Bei schnellen Schwimmern kann der T. gekrümmt werden und ermöglicht so hohe Manövrierleistungen.

Trichterklappe, vor der Trichtermündung der ▶ Cephalopoda gelegene Gewebeklappe, mit deren Hilfe der Wasserausstoß feiner gerichtet werden kann. Die T. ist besonders bei den schnellschwimmenden ▶ Kalmaren gut entwickelt.

Trichterorgan, ▶ Müllersches Organ, ▶ Verrillsches Organ, bei dibranchiaten ▶ Cephalopoda dorsal auf der Innenwand des Trichters gelegenes drüsiges Organ, das möglicherweise durch den von ihm produzierten ▶ Schleim beim Reinigen des Trichters hilft.

Tricolia Risso 1826, Gattung der Phasianellidae (Turbinoidea); Meeresschnecke mit kleinem, meist lang-eiförmigem Gehäuse mit bunter Oberfläche. Mehrere Arten in wärmeren Meeren. Im Mittelmeer lebt *T. speciosa* (Megerle von Mühlfeldt 1824).

Tridacna Bruguière 1797, ▶ Riesenmuschel, ▶ Mördermuschel, Gattung der ▶ Cardiidae (▶ Cardioidea) mit 5

Arten, unter denen *T. gigas* (LINNAEUS 1758) mit bis 1,4 m langen Schalen und einem Gewicht bis zu 500 kg die weitaus größte ist. Die leeren Klappen wurden früher als Brunnen- und Weihwasserschalen benutzt. Die Bezeichnung „Mördermuschel" geht auf die Vermutung zurück, dass die Muscheln Taucher bis zum Ersticken festklemmen, doch gibt es dafür keinen gesicherten Beweis. Sehr viel kleiner, aber häufiger ist *T. crocea* LAMARCK 1819 (bis ca. 15 cm), die so tief in Korallenkalk lebt, dass ihr Mantelspalt im Niveau von dessen Oberfläche liegt.

Tridacna-Geld, aus den Schalen meist subfossiler ▶ *Tridacna* hergestellte, oft ringförmige Wert- und Kultobjekte; vor allem auf den Palau-Inseln (Karolinen) und Salomonen gebräuchlich gewesen.

Tridacninae, ▶ Riesenmuscheln, Unterfamilie der ▶ Cardiidae, marine Muscheln mit oft sehr großen, dicken und prominent radial skulptierten Schalen. Der vordere ▶ Schließmuskel wird beim Heranwachsen völlig rückgebildet. Die ▶ Anatomie ist ungewöhnlich: der Weichkörper ist gegen ▶ Mantel und Schale um etwa 180° gedreht. Die T. liegen mit der ▶ Wirbelseite auf dem Substrat. Durch den geöffneten Schalenspalt gelangt Licht auf das nach oben gewandte Mantelgewebe, das transparente, kegelige Erhebungen mit symbiotischen ▶ Zooxanthellen enthält. Dadurch ist der ▶ Mantelrand intensiv bunt. Die T. sind im Indopazifik, oft in Korallenriffen, verbreitet. Zu ihnen gehören u. a. ▶ *Tridacna* und ▶ *Hippopus*.

Triganglionata HASZPRUNAR 1985, mit 3 (statt 5) Ganglien ausgestattete ▶ heterobranche Schnecken (▶ Allogastropoda). ▶ Pentaganglionata.

Trigonioidea, ▶ Dreiecksmuscheln, Taxon (Überfamilie) der ▶ Palaeoheterodonta, rezent mit der einzigen Familie Trigoniidae und der einzigen Gattung *Neotrigonia* COSSMANN 1912 vertreten, Blattkiemenmuscheln mit unvollständig verwachsenen Kiemenfäden. Etwa 5 Arten leben in australischen Gewässern, wo sie sich in Sand- und Schlammböden eingraben.

Trimusculidae, Familie der Siphonarioidea mit der einzigen Gattung *Trimusculus* F. C. SCHMIDT 1818 mit napfförmigem, festwandigem Gehäuse und nach hinten gerichtetem ▶ Apex. Kein ▶ Operculum, keine ▶ Fühler. Die ▶ Lungenhöhle ist relativ groß, enthält aber weder Kieme noch ▶ Osphradium. Zwittrige Tiere. Etwa 15 Arten in der Gezeitenzone und in lufterfüllten Räumen unterseeischer Höhlen tropischer und subtropischer Meere. Im Mittelmeer lebt der kreisrunde *Trimusculus mammillaris* (LINNAEUS 1758).

Trinchesia JHERING 1879, Gattung der ▶ Tergipedidae (Euaeolidioidea), ▶ Fadenschnecken mit stabförmigen ▶ Rhinophoren. Mehrere Arten leben in Atlantik und Mittelmeer.

Triphoridae, ▶ Verkehrtschnecken, Familie der ▶ Ptenoglossa, mit meist linksgewundenem Gehäuse (daher der deutsche Name), in der südlichen Nordsee vertreten durch ▶ *Monophorus*.

Tritonalia GRAY 1847, jetzt ▶ *Ocenebra* GRAY 1847.

Tritonen, die ▶ Tritonshörner.

Tritoniidae, Familie der Dendronotoidea (▶ Cladobranchia), langgestreckte, gehäuselose Meeresschnecken, mit zusätzlichen ▶ Kiemen an den Seiten des Rückens. Die ▶ Rhinophoren enden mit fingerartigen oder verzweigten Fortsätzen. Kosmopoliten, die sich vorwiegend von Octocorallia ernähren. ▶ *Tochuina tetraquetra* (PALLAS 1788) (früher: *Tritonia gigantea* (BERGH 1904)) wird etwa 30 cm lang, die anderen Arten (ca. 12 Genera) sind kleiner.

Tritonshörner, Trompetenschnecken, ▶ *Charonia tritonis*.

Tritonshörner, Falsche, auch ▶ Zwergtritonshörner, Arten der Colubrariidae (Buccinoidea).

Triviidae, Scheinkauris, ▶ Kerfenschnecken, Familie der ▶ Velutinoidea, mit gedrückt-eiförmigem Gehäuse ohne ▶ Operculum. Die Gattung *Trivia* GRAY 1837 ist in der südlichen Nordsee vertreten durch die seltene *T. arctica* (PULTENEY 1799) und *T. monacha* (DA COSTA 1778).

Trocas, ▶ Takase, Handelsname für Gehäuse von ▶ *Tectus niloticus* (LINNAEUS 1767), aus denen u. a. Knöpfe hergestellt werden.

Trochidae, ▶ Kreiselschnecken, Familie der ▶ Vetigastropoda. Gehäuse kegelig, mit perlmuttriger Innenschicht und ▶ Operculum. Nur eine Kieme, aber zwei Herzvorhöfe und zwei ungleiche Nieren. In der südlichen Nordsee sind sie durch *Gibbula* RISSO 1826 und ▶ *Calliostoma* SWAINSON 1840 vertreten.

Trochoidea BROWN 1827, Gattung der ▶ Hygromiidae (▶ Helicoidea). Auf kalkhaltigen Böden und an Felsen Mitteleuropas lebt die ▶ Zwergheideschnecke, *T. geyeri* (SOOS 1926). Ihr

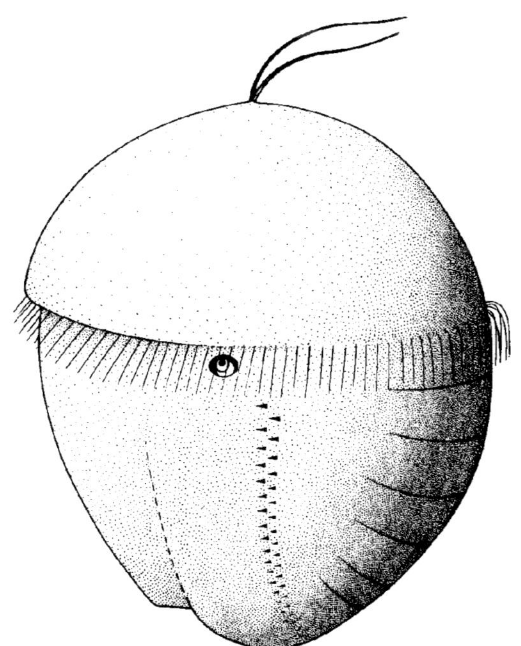

Abb. 48. Trochophoroider ▶ Veliger einer ▶ Käferschnecke mit Anlagen der Schalenplatten.

gedrückt-kegeliges Gehäuse ist weißlich, oft gebändert; sie hat zwei reduzierte Pfeilsäcke.

Trochoidea, Überfamilie der ▶ Vetigastropoda mit 8 Familien, meist in warmen Meeren. Das kreiselförmige oder fast kugelige Gehäuse hat innen eine Perlmutterschicht. In der ▶ Mantelhöhle ist nur die ursprünglich linke Kieme ausgebildet, aber das ▶ Herz hat zwei Vorkammern. Getrenntgeschlechtliche Tiere, die ihre Keimzellen über die rechte Niere ausleiten.

Trochophora (Abb. 48), ▶ Trochosphaera (veraltet), ▶ Lovénsche Larve, ▶ Cephalotrocha, aus der Spiral-Quartett-Bildung in der frühen ▶ Ontogenese hervorgehendes, schwimmendes Larvenstadium. Die T. ist annähernd kugelig und hat eine Scheitelplatte mit Wimperflamme. Ein Wimperkranz (▶ Prototroch) unterteilt die T. in ▶ Episphäre und ▶ Hyposphäre, es kommen oft hintere Wimperkränze (▶ Metatroch und ▶ Telotroch) hinzu. Nach Entstehung der ▶ Coelomsäcke aus Abkömmlingen der ▶ Blastomere 4 d wird aus der T. die Metatrochophora. Die T. ist typisch für die Polychaeta und Echiurida. Einer T. ähnliche Schwimmlarven, die sich aber früh in mehreren Merkmalen von ihr unterscheiden, werden als „trochophoroide Larven" bezeichnet. Diese treten innerhalb der ▶ Mollusca u. a. bei manchen ▶ Archaeogastropoda auf. Sie sind an den Anlagen von ▶ Fuß und ▶ Schalendrüse, den ▶ Statocysten und der Radulatasche früh als trochophoroide Larven erkennbar. Typische Larvenform der ▶ Mollusca ist der ▶ Veliger, der sich von der T. ableiten lässt.

Trochosphaera, frühere Bezeichnung für die ▶ Trochophora.

troglobiont, in Höhlen lebend.

Trogmuscheln, die ▶ Mactridae, insbesondere ▶ *Mactra* und ▶ *Spisula*.

Trompetenschnecke, ▶ Tritonshörner.

Trophon MONTFORT 1810, Gattung der ▶ Muricidae (Muricoidea), ▶ Stachelschnecken mit dünnwandigem, weißlichem bis braunem Gehäuse. Zahlreiche Arten leben vor allem in südlichen Meeren im tieferen Wasser (bis 7000 m).

Trophospongium, ein auf Nährstoffaustausch spezialisiertes Gewebe, wie es z. B. im ▶ Gehirn der ▶ Octopoda vorkommt.

Tropomyosin, vor allem in quergestreifter Muskulatur neben Actomyosin auftretende Proteine, welche die Muskelkontraktionen regulieren. Bei ▶ Mollusca kommt das T. in den Formen A und B vor.

Truncatellidae, ▶ Stutzschnecken, Familie der Rissooidea, mit hochgetürmtem oder eikegelförmigem Gehäuse unter 1 cm Höhe, dessen ▶ Apex bei manchen Arten abgestoßen und durch ein ▶ Septum ersetzt wird. Ovipare ▶ Kleinschnecken, die im Spülsaum tropischer Küsten (*Truncatella* RISSO 1826) oder terrestrisch auf Inseln der Karibik (*Geomelania* PFEIFFER 1845) leben.

Truncatellina LOWE 1852, ▶ Zylinderwindelschnecken, Gattung der ▶ Vertiginidae (Pupilloidea) mit bis zu 2,5 mm hohem, walzenförmigem Gehäuse. In Mitteleuropa leben 4 Arten. Am weitesten verbreitet sind die Gemeinen ▶ Zylinderwindelschnecken, *T. cylindrica* (FÉRUSSAC 1807), die auf trockenen Kalkrasen und Geröllhalden leben.

Truncariopsis COSSMANN 1921, jetzt meist als Untergattung von ▶ *Hexaplex* gewertet.

Tryblidiida, die ▶ Monoplacophora.

Tsankahorn, Heiliges Horn, Dreifaltenbirne, Xancusschnecke, *Turbinella pyrum* (LINNAEUS 1758), zu den ▶ Turbinellidae (Muricoidea) gehörige Schnecke mit birnförmigem, bis etwa 15 cm hoch werdendem Gehäuse, das weiß mit braunen Flecken ist. Die rosa ▶ Mündung wird durch 4 Spindelfalten verengt. Das T. lebt im flachen Wasser des Indischen Ozeans und ernährt sich von Muscheln und Polychaeten. Den Hindus sind die seltenen linksgewundenen Gehäuse Symbole des Gottes Wischnu, dessen Standbilder ein T. in einer ihrer vier Hände halten.

tua-tua, Trivialname der Maori für bestimmte, als Speise geschätzte Muscheln (*Paphies*-Arten). ▶ Mesodesmatidae.

Tudorella FISCHER 1885, Gattung der Pomatiasidae (Littorinoidea), ▶ Landdeckelschnecken mit kreiselförmigem Gehäuse mit ▶ Operculum, Oberfläche mit Spiralreifen. *T. sulcata* (DRAPARNAUD 1805) lebt küstennah und hat sich wahrscheinlich von Italien aus über Sardinien, Algerien bis nach Süd-Frankreich und Süd-Spanien verbreitet.

Tugurium FISCHER in KIENER 1876, jetzt *Xenophora*. ▶ Xenophoridae.

Tulpenschnecken, die ▶ Fasciolariidae.

Turbanschnecken, ▶ Rundmundschnecken, ▶ Turbinidae.

Turbinellidae (früher: ▶ Xancidae), ▶ Vasenschnecken, Familie der ▶ Muricoidea, weltweit im Flachwasser warmer Meere vorkommende Schnecken. Hierher gehört auch das ▶ Tsankahorn.

Turbinidae, Kreismundschnecken, ▶ Turbanschnecken, ▶ Rundmundschnecken, Familie der Turbinoidea (▶ Vetigastropoda) mit festem, meist kreiselförmigem Gehäuse, das innen perlmuttrig ist. Das ▶ Operculum verkalkt. An Pflanzen lebende Schnecken des Litoral.

Turbo LINNAEUS 1758, Gattung der ▶ Turbinidae. Aus Gehäusen der indopazifischen Grünen ▶ Turbanschnecken oder ▶ Marmorkreisel, *T. marmoratus* (LINNAEUS 1758), deren Gehäuse bis etwa 28 cm hoch sind, werden Perlmutterartikel hergestellt. ▶ Ölkrug, ▶ Burgosmuschel.

Turbonilla RISSO 1826, Gattung der ▶ Pyramidellidae, in der südlichen Nordsee nur durch die Milchweiße Pfriemschnecke *T. lactea* (LINNAEUS 1758) vertreten.

turbospiral, Grundtypus eines Schneckenhauses, bei dem die Umgänge spiralig gewunden und aus der Ebene herausgedreht sind. Ggs.: ▶ planspiral. Siehe ▶ Gehäuseformen.

Turmdeckelschnecken, volkstümliche Bezeichnung für nichtverwandte Schnecken, deren Gehäuse turmförmig ist und die ein ▶ Operculum ausbilden: **1**) ▶ *Melanoides tuberculata*, **2**) ▶ Cyclophoroidea, **3**) ▶ *Cochlostoma*.

Turmschnecken, volkstümliche Bezeichnung für nichtverwandte Schnecken, deren Gehäuse turmförmig ist, die aber kein ▶ Operculum ausbilden: **1**) ▶ Turridae, **2**) ▶ Enidae.

Turridae, ▶ Schlitzturmschnecken, ▶ Turmschnecken, Familie der Conoidea, artenreichste Familie der marinen Schnecken und weltweit verbreitet. Die ▶ Radula ist bei vielen Arten ▶ toxogloss (wie bei ▶ Conidae) und injiziert ▶ Gift in die Beute; andere, mit einer der ▶ rhachiglossen ähnlichen Radula, geben das Gift in den Vorderdarmbereich ab.

Turritella LAMARCK 1799, Gemeine Turmschnecke, Gattung der ▶ Turritellidae (▶ Neotaenioglossa), mit schlank-turmförmigem Gehäuse, ungenabelt und mit kleiner ▶ Mündung, die durch ein dünnes, ▶ conchinöses ▶ Operculum verschlossen werden kann. Dieses ist am Rand mit Conchinborsten besetzt, die ermöglichen, dass sich *T.* als ▶ Filtrierer ernährt.

In der Nordsee, in NO-Atlantik und Mittelmeer kommt *T. communis* Risso 1826 vor, deren Gehäuse 30, ausnahmsweise 50 mm hoch wird.

Turritellidae, ▸ Turmschnecken, Familie der ▸ Cerithioidea mit zahlreichen Arten, von denen sich viele eingraben und ▸ Schleimnetze bauen, die sie abweiden. In der Nordsee lebt ▸ *Turritella communis* Risso 1826 auf Sandböden.

Tutufa Jousseaume 1881, Meeresschnecke, Gattung der ▸ Bursidae (▸ Tonnoidea) mit wenigen Arten im Indopazifik.

Tylodinidae, ▸ Verkehrte Schirmschnecken, Familie der ▸ Umbraculida mit äußerem, napfförmigem Gehäuse, das bei *Tylodina* Rafinesque 1819 flach ist und dessen Rand nicht verkalkt. Die T. ernähren sich von Schwämmen, deren Farbe sie annehmen, werden etwa 3,5 cm lang und leben im Mittelmeer und dem angrenzenden Atlantik.

Typhlosolis, im ▸ Magen von Schnecken und Muscheln auftretende Wülste, die bewimpert und oft in Feldern gruppiert sind. Sie durchmischen den Nahrungsbrei mit Enzymen und transportieren ihn weiter in den Mitteldarm.

Typoid, ein Typus von nachrangiger Bedeutung, z. B. ▸ Allotypus und ▸ Paratypus (▸ Typus).

Typus, als Bezugspunkt festgelegter ▸ Bauplan in der biologischen ▸ Nomenklatur und ▸ Taxonomie. Die Beschreibung eines ausgewählten Individuums aus einer Serie macht dieses zum Holotypus. Alle anderen Exemplare dieser Serie werden Paratypen (früher: Paratypoide), die auch wichtig sind, um Variationen (Abweichungen vom Holotypus) zu erfassen. Hat eine Art keinen Holotypus, so sind alle Exemplare der Typusserie gleichrangige Syntypen. Wird nachträglich aus einer Serie ein Individuum als T. ausgewählt, so wird dieses zum Lectotypus. Wurde kein T. festgelegt oder ist dieser verlorengegangen, so kann ein Exemplar aus der Serie als Neotypus bestimmt werden. Für das T.-Verfahren gelten die „Internationalen Regeln für die Zoologische ▸ Nomenklatur“.

Überfamilie, (lat. Superfamilia), taxonomische Kategorie, eingeschoben zwischen ▸ Familie und ▸ Ordnung (bzw. ▸ Unterordnung). Ihr Name soll nach den Internationalen ▸ Nomenklaturregeln auf „-oidea“ enden.

Überklasse, (lat. Superclassis), taxonomische Kategorie zwischen ▸ Klasse und Stamm (bzw. Unterstamm). Nach gängiger Auffassung bilden z. B. innerhalb des Stammes ▸ Mollusca die Klassen ▸ Monoplacophora, ▸ Bivalvia, ▸ Scaphopoda, ▸ Gastropoda und ▸ Cephalopoda die Überklasse ▸ Conchifera.

Überordnung, (lat. Superordo), taxonomische Kategorie zwischen ▸ Ordnung und ▸ Klasse. In dem hier zugrundegelegten System der ▸ Mollusca bilden beispielsweise die ▸ Patellogastropoda, ▸ Vetigastropoda, ▸ Caenogastropoda und ▸ Heterobranchia jeweils eine Ü. innerhalb der Klasse ▸ Gastropoda.

Übersommerung, ▸ Ästivation.

Überwinterung, ▸ Hibernation.

Uferlaubschnecke, ▸ *Pseudotrichia*.

Uferschnecken, ▸ Strandschnecken, die ▸ Littorinidae.

Ultrapenis, Kopulationsorgan einiger Arten der ▸ Planorbidae und Ancylidae (▸ Flagellum), das aus mehreren ineinandergeschachtelten ▸ Röhren besteht.

Umbilicus (Abb. 22), der ▸ Nabel des Schneckenhauses.

Umbilicus marinus, ▸ Meernabel.

Umbo, der ▸ Wirbel der Muschelschalen. Er entsteht durch Abknicken der zunächst einheitlichen ▸ Schale im

Bereich der erhalten bleibenden Kontaktzone zwischen den beiden Klappen. Die Umbonen verstärken sich durch konzentrischen und verdickenden Zuwachs, ihre Struktur weicht meist von der der später gebildeten ▶ Schale ab.

Umbonium LINK 1807, Gattung der ▶ Trochidae (▶ Trochoidea) mit kreisel- bis linsenförmigem, glänzend-glattem Gehäuse. Wenige Arten auf Sandböden des Indopazifik. Das in japanischen Gewässern lebende *U. giganteum* (LESSON 1831) erreicht 4,5 cm Gehäusedurchmesser.

Umbraculida, ▶ Schirmschnecken, Taxon der ▶ Opisthobranchia mit äußerer, napfförmiger Schale mit zentralem ▶ Apex. Zu den U. werden die ▶ Umbraculidae und die ▶ Tylodinidae gestellt.

Umbraculidae, Familie der ▶ Umbraculida mit wenigen Arten der Gattung *Umbraculum* SCHUMACHER 1817 in warmen und gemäßigten Meeren. *U. mediterraneum* (LAMARCK 1819) wird 15 cm lang und lebt im Mittelmeer.

Umbrella, ▶ Schwimmhaut, häutige Verbindung zwischen den Armen von ▶ Cephalopoda. Der so gebildete trichterförmige Raum treibt nach dem Rückstoßprinzip den ▶ Kopffüßer schnell voran, außerdem wird der Beutefang unterstützt.

Umgang, (auch: ▶ Windung, ▶ Anfractus (lat.)), eine Spiralwindung von 360° umfassender Teil des Schneckenhauses; die Zählung der Umgänge beginnt am ▶ Apex (z. B. ▶ *Daudebardia rufa* 2½, *Helix pomatia* 5–6, *Laciniaria plicata* 13 Umgänge). Der letzte U. ist meist besonders erweitert, er beherbergt die Masse des Weichkörpers, während in die früher gebildeten ▶ Windungen (▶ Gewinde) nur der ▶ konisch zulaufende ▶ Eingeweidesack hineinzieht. Dieser ältere Teil des ▶ Gehäuses wird in einigen Taxa von innen her durch Kalkauflagerung verschlossen und bei manchen abgestoßen (▶ Decollation).

Ungarkappe, *Capulus hungaricus*, Art der ▶ Capulidae.

Ungleichmuskler, die ▶ Anisomyaria.

Uniductia, Taxon der ▶ Cephalopoda, bei denen eine Gonade reduziert ist und die ihre ▶ Tentakeln in Taschen zurückziehen können. Zu den U. gehören u. a. die ▶ Spirulidae, die ▶ Sepiidae und ▶ Loliginidae.

Unio PHILIPSSON 1788, Gattung der ▶ Unionidae. Die Schalenklappen sind von einem kräftigen ▶ Periostracum überzogen, das beim Trocknen abplatzt. Die inneren Kiemenblätter sind hinter dem ▶ Fuß miteinander verwachsen. ▶ Brutpflege in den ▶ Kiemen und ▶ Entwicklung über ▶ Glochidien. In Mitteleuropa leben die ▶ Flussmuscheln s. s., nämlich die ▶ Malermuschel, *U. pictorum* (LINNAEUS 1758), die Bachmuschel oder Kleine Flussmuschel, *U. crassus* (PHILIPSSON 1788), und die Aufgeblasene oder Große Flussmuschel, *U. tumidus* (PHILIPSSON 1788).

Unionidae, ▶ Najaden, Familie der ▶ Palaeoheterodonta (▶ Unionoidea), ▶ Süßwassermuscheln, mit zahlreichen Arten in stehendem oder langsam fließendem Süßwasser weltweit verbreitet, in Mitteleuropa vertreten durch ▶ *Anodonta*, ▶ *Pseudanodonta* und ▶ *Unio*.

Unionoidea, Taxon („Überfamilie") der ▶ Palaeoheterodonta, ▶ Süßwassermuscheln mit hochentwickelten ▶ Blattkiemen und langgestreckt-ovalen Schalen mit ▶ schizodontem, aber oft fehlendem ▶ Scharnier. Weltweit verbreitet mit den Familien ▶ Margaritiferidae und ▶ Unionidae. Die früher auch hierher gestellten ▶ Lasaeidae werden jetzt zu den ▶ Heterodonta gerechnet.

univalv, Molluskenschale aus einem Stück wie bei den Schnecken. Ggs.: bivalv (wie bei Muscheln).

Unterart, Subspezies, abgekürzt ssp. oder subsp., in der zoologischen ▶ Taxonomie eine Kategorie unterhalb der ▶ Art, meist in einem bestimmten Verbreitungsgebiet auftretende allopatrische Populationen, die sich untereinander in bestimmten Merkmalen unterscheiden, sich aber fruchtbar miteinander kreuzen (lassen). Die U. wird mit einem dreiteiligen Namen benannt (Trinomen), ergänzt durch ▶ Autor und Jahreszahl der Erstbeschreibung, z. B. *Charonia tritonis tritonis* (Linnaeus 1758) und *C. tritonis variegata* (Lamarck 1816).

Unterfamilie, (lat. Subfamilia), Kategorie der zoologischen ▶ Nomenklatur zwischen ▶ Gattung und Familie, benutzt zur weiteren Unterteilung artenreicher Gruppen. Der Name der U. wird gekennzeichnet durch das Suffix -inae, z. B. wird die Familie ▶ Helicidae in mehrere U.n aufgeteilt wie Helicinae, Helicodontinae, Helicigoninae etc.

Untergattung, (lat. Subgenus), Kategorie der zoologischen ▶ Nomenklatur zwischen ▶ Art und ▶ Gattung. Artenreiche Gattungen können oft sinnvoll in U.en eingeteilt werden. Der Name der U. soll nach den Internationalen Regeln für die Zoologische Nomenklatur in runden Klammern auf den Gattungsnamen folgen, z. B. *Helix* (*Maltzanella*) *maltzani* Kobelt 1883 und *Helix (Helix) pomatia* Linnaeus 1758.

Unterklasse, (lat. Subclassis), Kategorie der zoologischen ▶ Nomenklatur zwischen ▶ Ordnung (bzw. ▶ Überordnung) und ▶ Klasse; z. B. kann die Klasse der ▶ Gastropoda in die U.n ▶ Eogastropoda und ▶ Orthogastropoda eingeteilt werden.

Unterordnung, (lat. Subordo), Kategorie der zoologischen ▶ Nomenklatur zwischen ▶ Familie (bzw. ▶ Überfamilie) und ▶ Ordnung; z. B. werden in der Ordnung ▶ Thecosomata die Familien ▶ Limacinidae und Cavolinidae der U. ▶ Euthecosomata zugeordnet, die Familien Cymbuliidae, Desmopteridae und Peraclidae der U. Pseudothecosomata.

Unterschlundganglion, das ▶ Suboesophagealganglion.

Ureter, Harnleiter, an den Nierensack der ▶ Gastropoda anschließender, dünnwandiger Ausführgang des Exkretionssystems (primärer U.). Bei *Viviparus* und den meisten ▶ Pulmonata und ▶ Opisthobranchia wird er ergänzt durch den sekundären U., der aus einer Mantelwandrinne hervorgeht. Bei den ▶ Cephalopoda leitet der primäre U. die Exkrete aus den ▶ Nierensäcken aus und mündet bei den ▶ Octopoda in den ▶ Pericardialtrichter, der sich auf einer Exkretionspapille in die ▶ Mantelhöhle öffnet. Der primäre U. wird bei den ▶ Sepiida und ▶ Teuthida reduziert und durch einen sekundären U. funktionell ersetzt.

Urmesodermzellen, während der ▶ Furchungen beiderseits des Urmundrandes aus der Teloblastenmutterzelle 4 d hervorgehende Tochterzellen $4d^1$ und $4d^2$. Aus ihnen entstehen wenigzellige ▶ Mesodermstreifen, die sich nach vorn in ▶ Mesenchym auflösen und sich mit Abkömmlingen der ▶ Blastomere 2 d mischen. Aus diesem Komplex leiten sich die Coelothelien, das ▶ Herz mit den Blutbahnen und die ▶ Gonaden der ▶ Mollusca ab.

Urmollusken, Urweichtiere: **1**) die ▶ Aculifera; **2**) auch Bezeichnung für ein rekonstruiertes, stammesgeschichtlich ursprüngliches Weichtier als Ausgangsform für die ▶ Mollusca.

Urmund, ► Blastoporus, vordere Öffnung des Urdarmes, entstanden durch Einstülpung der vegetativen Blastularegion. Bei den ► Mollusca geht wie bei allen ► Protostomia aus dem U. der Mund des ► Adultus hervor („Urmünder"), während der Anus sekundär aus einer Einstülpung des ► Ektoderms entsteht.

Urmünder, ► Protostomia.

Urmützenschnecken, die ► Monoplacophora.

Urnapfschaler, die ► Monoplacophora.

Urocoptidae, taxonomisch umstrittene Familie der ► Landlungenschnecken (Orthalicoidea) mit zylindrischem, spindel- oder hochkegelförmigem Gehäuse mit zahlreichen Umgängen, von denen die ältesten oft abgestoßen werden. Zwitter, einige sind ► ovovivipar, die meisten legen Eier mit durch Kalk verstärkter Schale. Sie leben im südlichen Nordamerika, in Mittelamerika und auf karibischen Inseln.

Urocyclidae, Familie der ► Landlungenschnecken (Helixarionoidea) mit der Afrikanischen Bananenschnecke *Urocyclus flavescens* (KEFERSTEIN 1866), einer bis 6 cm lang werdenden Nacktschnecke, die nachtaktiv ist und durch ihre Fraßspuren den Handelswert von Bananen herabsetzt. Ursprünglich in Ostafrika heimisch, hat sie sich auch in Südafrika weit verbreitet.

Urosalpinx STIMPSON 1865, Gattung der ► Muricidae (Muricoidea) mit spindelförmigem Gehäuse und bauchigen Umgängen. Der Amerikanische Austernbohrer, *U. cinerea* (SAY 1821) wurde von der Atlantikküste Nordamerikas nach Großbritannien verschleppt und durchbohrt mechanisch und chemisch Muschelschalen, vor allem schädigt er Jungaustern.

Urschnecken (Abb. 17), volkstümliche Bezeichnung für Bellerophontidae, nur fossil erhaltene ► Weichtiere (Kambrium bis Trias) mit ► isopleurer Schale und einigen weiteren bilateralsymmetrischen Merkmalen. Es ist umstritten, ob es sich um Schnecken handelt oder Vertreter einer basaleren Gruppe.

Urticicola LINDHOLM 1927, ► Brennnesselschnecke, ► Schattenlaubschnecke, Gattung der ► Hygromiidae (► Helicoidea). *U. umbrosus* (C. PFEIFFER 1828) ist ostalpin-karpatisch in Wäldern und Gebüsch verbreitet.

Uscharin, ein Wirkstoff aus dem Oscher (*Calotropis procera*: Apocynaceae); mögliches Mittel zur Schneckenbekämpfung. Bereits in einer Konzentration von 0,01 % tötet es ► *Theba pisana* und ist damit wirksamer als das herkömmliche, synthetische Molluskizid ► Methiocarb.

Uterus, Gebärmutter, Abschnitt der weiblichen Genitalwege, in dem sich die befruchteten Eier entwickeln. Bei vielen ► Gastropoda ist der U. ein erweiterter Abschnitt des pallialen ► Oviducts.

Uuri, aus ► Kauri-Schnecken bestehendes Zahlungsmittel im zentralen Afrika, noch Ende des 19. Jahrhunderts in Gebrauch. Siehe ► Molluskengeld.

vagil, Lebensweise von Tieren, die frei beweglich sind. Hierher gehören vor allem die kriechenden und schwimmenden Mollusken wie Schnecken und ► Kopffüßer. Ggs.: ► sessil.

Vagina, Scheide, Endabschnitt der weiblichen Genitalwege. Bei den ► Gastropoda werden als V. oder als vaginale Rinne die distalen Teile des ► Oviducts bezeichnet, welche die ► Allospermien bei der ► Kopulation aufnehmen. Dazu ist die V. bei vielen Arten in ihrem Endabschnitt zu einem Speicherbehälter, dem ► Receptaculum seminis, blasig erweitert.

Vaginulus FÉRUSSAC 1829, Gattung der ► Veronicellidae (► Systellommatophora), nacktschneckenähnliche, herbivore ► Gastropoda, nachtaktiv und mit etwa 30 Arten in Südamerika und auf karibischen Inseln vorkommend.

Valenciennes Organ, ► van der Hoevens Organ.

Vallonia RISSO 1826, Gattung der ► Valloniidae (Pupilloidea), kleine Schnecken mit mehr oder weniger scheibenförmigem Gehäuse (bis 3 mm Durchmesser), mit ca. 7 Arten in Mitteleuropa vorkommend.

Valloniidae, ► Grasschnecken, Familie der ► Orthurethra, in Mitteleuropa mit ► *Acanthinula* und ► *Vallonia* sowie ► *Spermodea* und ► *Zoogenetes* vertreten.

Valvatidae, ► Federkiemenschnecken, Familie der Valvatoidea (► Ectobranchia), Süß- oder ► Brackwasserschnecken mit tellerartig flachem oder gedrückt-kreiselförmigem Gehäuse mit kreisrunder ► Mündung und spiralig enggewundenem ► Operculum. Rechts vorn inserieren die Federkieme und ein Pallialtentakel, der diese reinigt. Meist ► ovipare, selten ► ovovivipare Zwitter, die in der nördlichen Hemisphäre zahlreiche ökologische Formen bilden. In Mitteleuropa sind sie mit 4–6 Arten von *Valvata* O. F. MÜLLER 1773 vertreten.

Vampirtintenschnecke, Tiefseevampir, ► Vampyromorpha.

Vampyromorpha, Taxon (Ordnung) der ► Coleoida mit der einzigen Familie ► Vampyroteuthidae, der einzigen Gattung *Vampyroteuthis* CHUN 1903 und der einzigen Art *V. infernalis* CHUN 1903. Diese wird insgesamt nur etwa 38 cm lang bei einer Mantellänge von 13 cm. Die 8 ► Arme sind basal über die Hälfte ihrer Länge durch eine Membran verbunden. Die Larven haben am Hinterende jederseits zwei kleine ► Flossen, von denen die hinteren beim ► Adultus reduziert werden. Die großen Augen sind ► oegopsid. Auf jedem ► Arm stehen eine Reihe von ► Saugnäpfen und zwei Reihen kurzer ► Cirren. Zwei fadenförmige Anhänge auf der Oberseite vorn tragen Sinnesorgane; sie sind wahrscheinlich homolog zu den Fangarmen der ► Kalmare (► Teuthida). Über den Flossenansätzen liegen zwei komplexe ► Leuchtorgane, einfachere finden sich auf der Körperoberfläche, vor allem der Unterseite. Die ► Radula ist wohlentwickelt, ein ► Tintenbeutel fehlt. Das ► Nervensystem hat keine ► Riesenfasern, das ► Stellarganglion ist rudimentär. Getrenntgeschlechtliche Tiere, die Männchen sind ohne ► Hectocotylus. Die V. sind bathypelagisch in tropischen und subtropischen Meeren.

Vampyroteuthidae, einzige Familie der ► Vampyromorpha.

van der Hoevens Organ, ► lamellöses Organ unbekannter Funktion im ► Nervensystem der ► Nautilidae. Es liegt zwischen den circumoralen ► Tentakeln der Männchen und wird vom vorderen Schlundring innerviert. An seiner Stelle liegt beim Weibchen ► „Valenciennes Organ“.

Vanikoro QUOY & GAIMARD 1832, Gattung der Vanikoridae (Hipponicoidea), ► Hufschnecken mit Gehäusen verschiedener Form, unter 2 cm hoch, mit sehr kleinem ► Gewinde und relativ großer Endwindung. Das ► conchinöse ► Operculum ist dünn. Der ► Fuß ist in ein hinteres, scheibenförmiges Mesopodium differenziert, das die Schnecke als Saugnapf benutzt, um sich am Substrat festzuhalten. Vorn liegt das ► Propodium, und seitlich inserieren flügelartige ► Epipodien. Die große ► Mantelhöhle enthält eine gebogene ► Kieme. Getrenntgeschlechtliche Tiere, die Männchen tragen den Penis hinter dem rechten ▶ Fühler. Meist Detritusfresser im tropischen und subtropischen Pazifik.

Varix (pl. Varizen), ▶ Costa.

Vas deferens, (auch: Spermioduct), ▶ Samenleiter, an den ▶ Testis anschließender Abschnitt der männlichen Genitalwege zur Ausleitung der Spermien.

Vasenschnecken, Trivialname für ▶ Turbinellidae.

Vasum Röding 1798, Gattung der ▶ Turbinellidae (Muricoidea), ▶ Vasenschnecken mit dickschaligem Gehäuse. Die etwa 20 Arten leben in tropischen Meeren, wo sie sich von Polychaeta und ▶ Bivalvia ernähren.

Vaterit, $CaCO_3$, neben ▶ Calcit und ▶ Aragonit in geringen Mengen in der ▶ Schale einiger Molluskenarten eingelagert.

Veilchenschnecken, ▶ Floßschnecken, ▶ *Janthina*.

Vektoren, ▶ Krankheitsüberträger.

Velarhaut, zwischen den ▶ Armen mancher ▶ Cephalopoda, vor allem ▶ Kraken, ausgebildete Haut. Sie zieht bei einigen Tiefsee-Kraken bis fast zu den Armspitzen und bildet eine ▶ „Armglocke", mit der Beute gefangen wird.

Veliconcha, Larvenstadium mariner Muscheln und Schnecken, das sich aus dem ▶ Veliger entwickelt. Die V. hat außer der Schalenanlage auch die Anlagen der Adultorgane. Sie schwimmt zunächst noch, geht fortschreitend zum Leben am Boden über und wird schließlich zum ▶ Kriechstadium.

Veliger, (auch: Veligerlarve, ▶ Segellarve), die typische ▶ Schwimmlarve wasserlebender, vorzugsweise mariner ▶ Mollusca. Kennzeichnend und namengebend sind bewimperte, lappenförmige Ausstülpungen (Segel = Vela), mit deren Hilfe die ▶ Larve schwimmt und Nahrung heranstrudelt. Als Planktonorganismus kann der V. mit der Wasserströmung weit verbreitet werden und neue Lebensräume erschließen. Seine Entwicklungsdauer hängt im Wesentlichen von der Wassertemperatur ab, ist aber nur bei wenigen Arten so lang, dass der Schelfbereich verlassen wird (▶ „Lang-Distanz"-V., z. B. ▶ *Tonna*), **(Abb. 29)**. Vgl. ▶ Hüllglockenlarve.

Velum (Abb. 3, Tafel III), **1**) lappenförmige, bewimperte Ausstülpung am ▶ Veliger. **2**) ▶ Mantelwulst. **3**) der innere ▶ Mantelrand bei Muscheln, der den Wassereinstrom in die ▶ Mantelhöhle reguliert. **4**) die vordere Lippe von ▶ *Neopilina* mit seitlichen, lappigen Fortsätzen. **5**) das ▶ Stirnsegel von ▶ *Tethys*.

Velutinidae, Samtschnecken, Familie der ▶ Velutinoidea, mit dünnwandigem, ungenabeltem Gehäuse und weiter ▶ Mündung. In der südlichen Nordsee gibt es *Velutina* Fleming 1822 mit *V. velutina* (O. F. Müller 1776).

Veneridae, ▶ Venusmuscheln, Familie der ▶ Veneroida, besonders artenreiches Taxon mariner Muscheln und entsprechend weltweit verbreitet. Meist mittelgroße Tiere mit vielgestaltigen Schalen, auf deren Oberfläche konzentrische Skulpturen dominieren, doch kommen auch radiär strukturierte oder glatte Schalen vor. ▶ Lunula und ▶ Area sind bei vielen gut ausgebildet, das gilt auch für die oft ▶ prosogyraten ▶ Wirbel. Aktuell werden etwa ein Dutzend Entwicklungslinien unterschieden („Unterfamilien"), von denen hier die folgenden berücksichtigt werden: ▶ *Ameghinomya*, ▶ *Chamelea*, ▶ *Chione*, ▶ *Dosinia*, ▶ *Meretrix*, ▶ *Protothaca*, ▶ *Tapes*, ▶ *Venerupis* und ▶ *Venus*.

Veneroida, (hier als Ordnung gewertetes) Taxon der ▶ Heterodonta, zu dem die meisten rezenten Muscheln gehören, die überwiegend im Meer, aber auch in Süß- und ► Brackwasser leben. Sie graben sich meist oberflächennah in Sand oder Schlick ein, viele heften sich mit ihrem ► Byssus an Hartsubstraten an. Das ► Scharnier trägt meist gutentwickelte ► Zähne. Morphologie, Lebensweise und Fortpflanzungsbiologie sind sehr unterschiedlich, und entsprechend werden die V. in etwa 20 Überfamilien mit ca. 50 Familien unterteilt.

Venerupis (Lamarck 1818), Gattung der ► Veneridae mit etwa 8 Arten. Die ► Teppichmuschel, *V. pullastra* (Montagu 1803), lebt im O-Atlantik bis in die Deutsche Bucht, vorwiegend auf Sandböden.

ventrad, zur Bauchseite hin.

ventral, bauchseitig.

Ventralfurche, Bauchfurche, auf der Ventralseite der ► Solenogastres verlaufende Längsrinne, die als Teilrest der ursprünglichen ► Mantelhöhle aufgefasst wird.

ventricos, eine bauchige Schalenform, bei Gastropoden mit stark gewölbten Umgängen und tiefer ► Naht.

Ventrikel (Tafel II, Tafel III, Tafel V, Tafel VII), Herzkammer, bildet im Grundbauplan der ► Mollusca zusammen mit den beiden Vorhöfen (Atrien, ► Aurikeln) das ► Herz. Der V. pumpt die Blutflüssigkeit in eine anteriore und eine posteriore Arterie, die sich verzweigen und schließlich in ► Lakunen enden.

Ventroplicida, die ► Solenogastres.

„Ventropoda", zusammenfassende, ► phylogenetisch nicht begründete Bezeichnung für die ► Conchifera mit Ausnahme der ► Cephalopoda.

Ventrosia Radoman 1977, Bauchige Wattschnecke, Gattung der ► Hydrobiidae. *V. ventrosa* (Montagu 1803) bevorzugt ruhiges Wasser mit Salzgehalten von 6–25 ‰.

Venus Linnaeus 1758, Gattung der ► Veneridae mit zahlreichen Arten in warmen und gemäßigten Meeren. Die meist festen, oft dicken Schalen sind überwiegend konzentrisch skulptiert mit feineren radialen Streifen, wodurch ein knotiges Muster entsteht. *V. verrucosa* Linnaeus 1758 lebt im O-Atlantik und Mittelmeer.

Venusmuscheln, die ► Veneridae.

Venusmuschel, Chilenische, ► *Ameghinomya.*

Venusnabel, volkstümliche Bezeichnung für die massiven ► Opercula von ► *Turbo* und verwandten Schnecken.

Verdauungssystem der ► Mollusca ist sehr vielgestaltig. Folgende Hauptabschnitte sind zu unterscheiden: **1**) die ► Buccalhöhle mit Mundöffnung, ► Radula und weiterführendem ► Oesophagus und ► Pharynx; **2**) der ► Magen mit den ► Mitteldarmdrüsen, den Zentren der Verdauung; **3**) der Darm, der im Allgemeinen in Mitteldarm, Dünndarm und Enddarm mit Anus untergliedert ist. In allen Bereichen inserieren Drüsen, die ► Schleim und Verdauungsenzyme ► sezernieren.

Verkehrte Schirmschnecken, die ► Tylodinidae.

Verkehrtschnecke, ► *Monophorus.*

Vermetidae, ► Wurmschnecken, Familie der Vermetoidea, deren Gehäuse den ► Röhren von Polychaeta ähnelt. Die ersten 2–4 Umgänge sind normal gewachsen, an sie schließt das unregelmäßig gewundene Adultgehäuse etwa rechtwinklig an. Das meistens vorhandene ► Operculum ist bei manchen bis auf den halben Mündungsdurchmesser reduziert. Die V. fangen ihre Beute (Mikroorganismen) vermittels Schleimfäden, wobei die ► Cilien der vergrößerten ► Kieme den nötigen Wasserstrom erzeugen. Getrenntgeschlechtlich, die Weibchen haben eine Bruttasche und legen

Eier in diese oder sind ► ovovivipar. Die meisten V. leben in tropischen und subtropischen Meeren in der Gezeitenzone, oft in Gruppen oder mit Schwämmen vergesellschaftet. Im Mittelmeer kommen *Vermetus triquetrus* BIVONA 1832 und *Serpulorbis arenarius* (LINNAEUS 1767) vor.

Vermicularia LAMARCK 1789, Gattung der ► Turritellidae (Cerithioidea) mit dünnschaligem Gehäuse, dessen erstgebildeter Teil turmartig ist, während die jüngeren ► Windungen unregelmäßig geformt sind und sich nicht mehr berühren. Wenige, an und in Schwämmen lebende Arten warmer Meere, die sich strudelnd ernähren.

Veronicellidae, Familie der ► Systellommatophora, nacktschneckenähnliche Arten, die unter Steinen und Holz im tropischen Südamerika und auf den Antillen nachtaktiv leben. Zu den V. gehören etwa 30 Arten.

Verrillsches Organ (benannt nach Alpheus Hyatt Verrill, 1871–1954), ► Müllersches Organ, ► Trichterorgan.

Verschiedenzähner, ► Heterodonta.

Verstecktzähner, ► Cryptodonta.

Verticordiidae, ► Verwachsenkiemer, Familie der ► Anomalodesmata, Muscheln, die früher mit den ► Cuspidariidae und ► Poromyidae als ► Septibranchia zusammengefasst wurden. Kleine Muscheln mit oft aufgebläht erscheinenden, ungleichen Klappen. Die Innenseiten der Schalen sind perlmuttrig, ein ► Lithodesma wird ausgebildet. Sekrete von Mantelranddrüsen kleben Sandkörner auf der Schale fest. Die ► Kiemen sind sehr vielgestaltig und zeigen möglicherweise die Entstehung septibrancher ► Kiemen aus ► Eulamellibranchien. In den Tiefen der Weltmeere leben Arten des Genus *Verticordia* SOWERBY 1844.

Vertiginidae, ► Windelschnecken, Familie der Pupilloidea (► Orthurethra), mit zahlreichen, kleinen Arten von ► *Columella* WESTERLUND 1878, ► *Truncatellina* LOWE 1852 und ► *Vertigo* O. F. MÜLLER 1774 in Mitteleuropa.

Vertigo O. F. MÜLLER 1774, Gattung der ► Vertiginidae, ► Windelschnecken mit einem Dutzend sehr kleiner Arten in Mitteleuropa, darunter die linksgewundenen *V. pusilla* O. F. MÜLLER 1774 und *angustior* JEFFREYS 1830.

Vertikalwanderungen, gerichtete, aktive und oft periodisch wiederholte Ortsveränderungen (meist) mariner Organismen im Zusammenhang mit der Ernährung, dem Überstehen ungünstiger Außenbedingungen oder der Fortpflanzung. Besonders auffällig sind V. bei planktischen und nektonischen ► Mollusca (► Thecosomata, ► Cephalopoda), die im regelmäßigen Tag-Nacht-Turnus höhere und tiefere Wasserschichten aufsuchen. Landlebende, circummediterran verbreitete ► Gastropoda (wie viele ► Helicidae) steigen im Tagesrhythmus an Pflanzen aufwärts, um zu hohe Temperaturen zu vermeiden.

Vertumnus OTTO 1823, ► *Tethys*.

Verwachsenkiemer, die ► Septibranchia.

Vesicomyidae, Familie der ► Veneroida, Muscheln der ► Tiefsee. Die Klappen sind ungleich, mit ► prosogyratem ► Wirbel. Mit ► Byssusdrüse, äußerem ► Ligament und kurzen Siphonen. Rezent gehören 7 Genera mit etwa 30 Arten zu den V., darunter *Vesicomya* DALL 1886.

Vesicula seminalis, die ► Samenblase.

Vestia HESSE 1916, Gattung der ► Clausiliidae, mit einigen Arten in den Karpaten vertreten.

Vetigastropoda SALVINI-PLAWÉN 1980 (= ► Rhipidoglossa MÖRCH 1865), Untergruppe der ► Orthogastropoda, oft mit einem Doppelsatz von Mantelorganen, aber auch modifiziert; einige abgeleitete Merkmale wie ▶ Bursikeln. Das kegelige Gehäuse, über dem ▶ Cephalopodium balanziert, ermöglicht effiziente ▶ Bewegung; aktiver, exponierter ▶ Kopf; Entwicklung eines Gehirns mit Wechsel vom ▶ hypoathroiden zum ▶ epiathroiden ▶ Nervensystem. Äußere oder innere ▶ Befruchtung; innere Befruchtung ermöglicht Besiedlung von Land und ▶ Süßwasser. Die ▶ Larve ist ▶ lecithotroph und ohne Schale. Zu den V. gehören u. a. die ▶ Haliotidae, ▶ Pleurotomariidae und ▶ Trochidae.

Vexillum RÖDING 1798, Gattung der Costellariidae (Muricoidea) mit zahlreichen Arten im Indopazifik.

Vielfraßschnecken, ▶ Enidae.

Vierzahnturmschnecke, ▶ *Jaminia*.

vikariierende Arten sind durch Aufspaltung einer Stammart entstanden und vertreten sich in benachbarten Arealen. Da die räumliche Trennung den Genfluss behindert, entwickeln sich die v. A. immer weiter auseinander.

visceral, auf die Eingeweide bezogen.

Visceralganglion (Abb. 2, 50, Tafel VI, Tafel VII), ▶ Eingeweideganglion.

Visceralschleife, ▶ Eingeweideganglion.

Visceropallium, ein Hauptteil des Molluskenkörpers, umfasst den ▶ Eingeweidesack und den ▶ Mantel (▶ Pallium) mit der ▶ Schale. Vgl. ▶ Cephalopodium.

Vitrea FITZINGER 1833, Kristallschnecke, Gattung der ▶ Vitrinidae (Vitrinoidea), ▶ Landlungenschnecken mit flachgewundenem Gehäuse unter 5 mm Durchmesser, mit 4 Arten in Mitteleuropa.

Vitreledonella JOUBIN 1918, Gattung der Vitreledonellidae (▶ Octopodoidea) mit der einzigen Art *V. richardi* JOUBIN 1918, glasartig durchsichtige Tiefsee-Kraken mit einer Gesamtlänge von 45 cm, davon ▶ Mantel 11 cm. Der 3. linke Arm des Männchens ist ▶ hectocotylisiert. Wie bei ▶ *Ocythoe* werden die Eier im Mantelraum des Weibchens bis zum Schlüpfen der Jungen behalten.

Vitrella SWAINSON 1840, jetzt *Akera* (▶ Akeridae).

Vitreolina MONTEROSATO 1884, Gattung der ▶ Eulimidae, ▶ Pfriemschnecken, in der südlichen Nordsee vertreten durch *V. incurva* (BUCQUOY, DAUTZENBERG & DOLLFUS 1883).

Vitrina DRAPARNAUD 1801, Gattung der ▶ Vitrinidae, ▶ Glasschnecken mit nahezu kugeligem Gehäuse. In Mitteleuropa leben zwei Arten an feuchten Standorten, darunter die weit verbreitete Kugelige Grasschnecke, *V. pellucida* (O. F. MÜLLER 1774).

Vitrinidae FITZINGER 1833, ▶ Glasschnecken, Familie der ▶ Limacoidea, in Mitteleuropa mit Arten von ▶ *Eucobresia*, ▶ *Phenacolimax*, ▶ *Semilimax*, ▶ *Vitrina* und ▶ *Vitrinobrachium*.

Vitrinobrachium KÜNKEL 1929, Gattung der ▶ Vitrinidae, in Mitteleuropa durch die Kurze Glasschnecke, *V. breve* (FÉRUSSAC 1821), vertreten.

vivipar, lebendgebärend.

Viviparie, Lebendgebären, die ▶ Entwicklung erfolgt innerhalb des weiblichen Körpers, der auch die Nährstoffe für den heranwachsenden Embryo liefert. Die den Mutterleib verlassenden Stadien sind schon weit entwickelt, ihre Anzahl ist wegen des höheren stoffwechselphysiologischen Aufwandes für das Muttertier geringer als bei oviparen Arten (z. B. ▶ *Achatinella*, *Ocythoe*). Ein Sonderfall ist die ▶ Larviparie.

Viviparidae, ▶ Sumpfdeckelschnecken oder ▶ Flusskiemenschnecken, Familie der ▶ Viviparoidea (▶ Caenogastropoda), im ▶ Süßwasser aller Erdteile außer Südamerika und Antarktis lebende Schnecken mit mittelgroßem, getürmt-kugeligem Gehäuse, dessen

► Mündung durch ein ► Operculum verschließbar ist. Der rechte ► Fühler des Männchens ist zu einem Penis umfunktioniert, die Weibchen sind ► ovovivipar. Die V. sind Weidegänger und Planktonfiltrierer. *Viviparus* MONTFORT 1810 ist in Mitteleuropa mit 4 Arten vertreten.

Vogelmuscheln, ► Seeperlmuscheln, ► Pteriidae.

Volutidae, ► Walzenschnecken, ► Faltenschnecken, Familie der ► Muricoidea, mit ca. 200 Arten in 43 Gattungen, meist in warmen Meeren. Sie ernähren sich von anderen ► Weichtieren und von Aas und setzen dabei toxische Speicheldrüsensekrete ein. Die mittelgroßen bis großen Gehäuse sind beliebte Sammlerobjekte. Bekannteste Art ist *Voluta musica* LINNAEUS 1758 mit notenähnlichem Muster auf dem Gehäuse.

Vorderkiemerschnecken, ► „Prosobranchia".

Vorzieher, (lat. ► Musculus protractor pedis), ► Fußheber.

Vulsella RÖDING 1798, Gattung der ► Malleidae (► Pterioidea), eine Hammermuschel aus tropischen Meeren.

WA, ► Washingtoner Artenschutzabkommen.

Waffenkalmare, die ► Enoploteuthidae.

Walaat, Bezeichnung für zum Teil sehr große Schwärme schwimmender Schnecken (► Gymnosomata und ► Thecosomata) in nördlichen Meeren, die Bartenwalen als Nahrung dienen.

Walddeckelschnecke, ► *Cochlostoma*.

Waldegelschnecke, ► Baumschnegel, ► *Lehmannia*.

Walrossschnecke, ► *Opeatostoma*.

Walvisteuthidae, Familie der ► Oegopsoidea mit der einzigen Gattung *Walvisteuthis* NESIS & NIKITINA 1986 und der einzigen Art *Walvisteuthis rancureli* (OKUTANI 1981) (syn. *W. virilis* NESIS & NIKITINA 1986), ► Kalmare des tiefen Wassers (1000m), unter 8 cm lange ► Kopffüßer im Südatlantik und tropischen Indik.

Walzenschnecken, ► Volutidae.

Wampum, von den Einwohnern Nordamerikas hergestellte Gürtel mit Scheiben von *Mercenaria* und anderen Mollusken, oft auf Hirschhaut genäht, als Schmuck, Urkunde oder Kultobjekt verwendet.

Wandermuschel, ► Dreikantmuschel, ► Zebramuschel, ► *Dreissena*.

Washingtoner Artenschutzabkommen, ► WA, ► CITES (Convention on International Trade in Endangered Species of Wild Fauna and Flora), 1973 geschlossenes internationales Abkommen zur Regelung des Handels mit existenzgefährdeten Tieren und Pflanzen und deren Produkten. Es ist seit 1976 in der Bundesrepublik in Kraft und wird durch weitere Vereinbarungen auf europäischer und nationaler Ebene ergänzt, z B. die ► Bundesartenschutzverordnung, die Berner Konvention und die Fauna-Flora-Habitat-Richtlinie. Wichtige Grundlagen für die Beurteilung des Gefährdungsgrades einer Art liefern die Roten Listen, die von Zeit zu Zeit aktualisiert werden müssen.

Wasserdeckelschnecken, die ► Hydrobiidae.

Wassergehalt des Körpers ist bei ► Mollusca relativ hoch im Vergleich zu anderen Tiergruppen. So beträgt er im Weichkörper von ► *Helix* 84 %, bei ► *Planorbis* 88 %.

Wasserkanalsystem, (auch: Wassergefäßsystem), veraltete Bezeichnung für ein enges, dickwandiges Kanalsystem bei ► Octopoda, das aus dem reduzierten ► Coelom hervorgegangen ist.

Wasserlunge, ► Rectaldrüse.

Wasserlungenschnecken, ► Basommatophora.

Wasserschnecken, nach ihrem Vorkommen im Süß-, Meer- und ► Brackwasser so bezeichnete Schnecken aus verschiedenen Verwandtschaftsgruppen. Zu den W. gehören die überwiegende Anzahl der ► „Prosobranchia" und ► „Opisthobranchia", aber auch einige ► Pulmonata (► Wasserlungenschnecken, ► Basommatophora).

Wasserschnegel, *Deroceras laeve* (O. F. MÜLLER 1774).

Watasenia ISHIKAWA 1913, Gattung der ► Enoploteuthidae (► Oegopsoidea), ► Kalmare mit zugespitztem Hinterende, an dem relativ große ► Flossen inserieren. Ihr ► Gladius ist federförmig mit verdickten Rändern. Der Japanische Leuchtkalmar, *W. scintillans* (BERRY 1911), trägt kleine ► Leuchtorgane auf der Körperoberfläche und größere an den Spitzen des 4. Armpaares. Er lebt an den Küsten Japans und Koreas in Schwärmen („Schulen") und laicht im Flachwasser. Die 6–8 cm langen ► Kalmare werden in Mengen gefangen, vom Menschen verzehrt oder als Köder benutzt und sind wichtige Nahrung für Dorschartige und Robben.

Wattschnecken, ► Schnauzenschnecken, ► *Hydrobia*.

Wechselzähner, ► Heterodonta.

Wegschnecken, die ► Arionidae.

Weichtiere, Mollusken, die ► Mollusca (siehe allgemeine Einführung, S. 7).

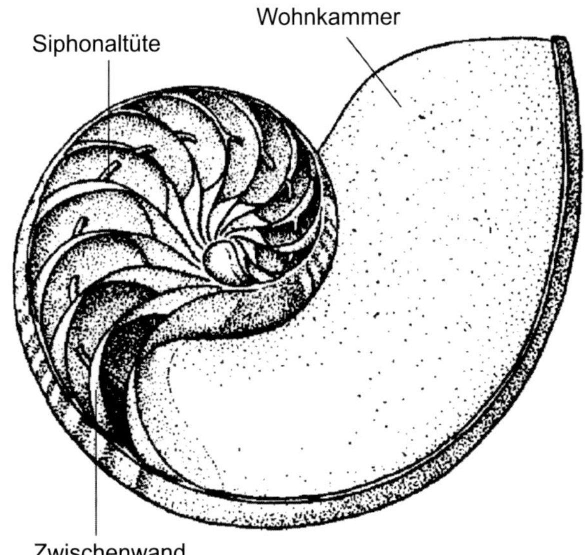

Abb. 49. ► Wohnkammer. Längsschnitt durch das ► Gehäuse von ► *Nautilus*. Beim lebenden Tier sitzt der Weichkörper in der zuletzt gebildeten, größten Kammer. Die älteren Kammern sind mit ihm durch einen Gewebsstrang verbunden (► Siphunculus), der mit den Siphonaltüten durch die Querwände hindurchtritt.

Weinbergschnecken, ► *Helix*.
Weißes Fischbein, ► Fischbein.
Weitmundschnecken, Falsche Meerohren, ► Stomatellidae.
Wellhornschnecken, ► Kinkhörner, ► Buccinidae.
Wendeltreppen, ► Epitoniidae.
Wenigzähner, ► Adapedonta.
Windelschnecken, ► Vertiginidae.
Windung, (lat. ► Anfractus), der ► Umgang des Schneckenhauses.
Windungsrichtung, siehe ► Gehäuse.
Wirbel, ► Umbo.
Wirtelschnecke, ► *Aegopis*.
Witherit, $BaCO_3$, neben ► Calcit und ► Aragonit in geringen Mengen in der ► Schale einiger Molluskenarten eingelagert.
Wohnkammer (Abb. 49), bei gehäusebildenden ► Cephalopoda der zuletzt gebildete Hohlraum ihres ► Gehäuses, in dem sich der Weichkörper befindet.
Wohnröhren, vor allem von Bewohnern des Endopsammals erzeugte, röhrenförmige Aufenthaltsräume im sandigen Milieu. Die W. bestehen aus einer vom Tier ausgeschiedenen, im Seewasser erhärtenden Schleimschicht, in und auf die Partikeln des jeweiligen Sediments gekittet werden. W. sind ziemlich stabil und können oft als Ganzes ausgespült werden. Im Gegensatz dazu sind Gänge durch Anpressen an die Wand und Schleimeinlagerung erzeugte Bauten, die wenig stabil sind und leicht zerfallen.
Wolfsschnecke, ► *Euglandina*, ► Neozoen.
Wulstige Kornschnecke, ► *Granaria*.
Wulstschnecken, ► Purpurschnecken, ► Muricidae.
Wunderlampe, ► *Lycoteuthis*.
Wurmmollusken, ► Aplacophora.
Wurmnacktschnecken, die ► Boettgerillidae.
Wurmschnecken, ► Vermetidae.
Wüstenschnecken, zusammenfassende, ökologisch begründete Bezeichnung für pulmonate Schnecken, die aufgrund physiologischer Anpassungen in Wüsten und Halbwüsten dauerhaft leben können. Bei unzuträglichen Außenbedingungen (Hitze, Trockenheit) ziehen sie sich in ihr Gehäuse zurück und verschließen dieses mit einem ► Epiphragma.

Xancidae, jetzt ► Turbinellidae.
Xanthonychidae, Familie der ► Helicoidea, ► Landlungenschnecken, oft nur als Unterfamilie der ► Helminthoglyptidae bewertet. Wenige Arten von *Xanthonyx* Crosse & P. Fischer 1867 leben in Zentralamerika.
Xenophoridae, ► Lastträger, ► Trägerschnecken, Familie der Xenophoroidea, mit kegel- bis kreiselförmigem Gehäuse, dessen Oberseite meist durch Fremdkörper wie Steine oder Muschelschalen getarnt ist. *Xenophora* Fischer 1807 lebt in warmen Meeren.
xenök, (auch: xenotop, xenozön), nur als seltener „Gast" in einem bestimmten ► Lebensraum auftretend.
xerobiont, nur in einem trockenen ► Lebensraum vorkommend.
Xerocrassa Monterosato 1892, meist als Subgenus zu ► *Trochoidea* gestelltes Taxon.
Xerolenta Monterosato 1892, Gattung der ► Hygromiidae (auch als Untergattung von ► *Helicella* gewertet) mit der Weißen Heideschnecke, *X. obvia* (Menke 1828), deren kreideweißes Gehäuse dunkelbraune, oft aufgelöste Bänder und eine kreisrunde ► Mündung hat. Sie lebt auf Böschungen mit Kalk und Sand und ist ursprünglich wohl in Südosteuropa heimisch. Die Art ist gefürchtet als ► Zwischenwirt des Kleinen Leberegels, *Dicrocoelium dendriticum*, dessen Miracidien, Sporocysten und Cercarien sich in ihr entwickeln und vermehren.

xerophil, einen trockenen ▸ Lebensraum bevorzugend.

Xylochitonidae, Familie der Lepidopleurina (Neoloricata: ▸ Polyplacophora). Die in neuseeländischen Gewässern vorkommende Käferschnecke *Xylochiton xylophagus* Gowlett-Holmes & Jones 1992 lebt an unterseeischem Holz.

Xylophagaidae, Familie der ▸ Myoida, kleine Muscheln (Schalenlänge bis 15 mm), die in Treibholz sowie in Pflanzenresten bohrend leben, in Morphologie und Ernährungsbiologie an ▸ *Teredo* erinnern. Am ▸ Magen sitzt ein holzspeichernder Blindsack (▸ Caecum); mit Hilfe von ▸ Bakterien wird im Darm Zellulose verdaut. In Meerestiefen unter 200 m übernehmen sie offensichtlich die Funktion der ▸ Teredinidae des flacheren Wassers. Sie sind bis in 6000 m Tiefe nachgewiesen, wo sie dichte Bestände bilden können. Die etwa 50 Arten werden drei Genera zugeordnet: *Xylophaga* Turton 1822, *Xylopholas* Turner 1972 und *Xyloredo* Turner 1972.

Yoldia-Meer, in der Geschichte der Ostsee durchlaufene, marine bis brackige Periode mit typisch arktischer Fauna, charakteristisch vor allem die kleine Muschel *Yoldia* (jetzt: ▸ *Portlandia*). Das Y. folgt auf den limnischen Baltischen Eisstausee und wird gefolgt vom ebenfalls limnischen Ancylus-See (etwa 8000 bis 6200 v. Chr.).

Yoldiidae, Taxon der ▸ Protobranchia, mit ▸ *Portlandia* Mörch 1857, die früher der Gattung *Yoldia* Möller 1842 zugeordnet wurde und mit *P. arctica* (Gray 1824) eine Leitform für ein bestimmtes Entwicklungsstadium in der Geschichte der Ostsee stellt (▸ Yoldia-Meer).

Zähne, bei den ▸ Mollusca **1**) in der Basalmembran der ▸ Radula verankerte Plättchen unterschiedlicher Form und Größe, die in ihrer Gesamtheit meist eine raspelartige Radulaoberfläche bilden (▸ Radula). Jeder Zahn wird von einer Gruppe von ▸ Odontoblasten gebildet und besteht aus Basalplatte, Mittelteil und Spitze, die zunächst aus einem dreidimensionalen Maschenwerk fibrillärer Proteide angelegt werden. Zur Zahnfestigung werden besonders in die Spitze Kristallite (z. B. ▸ Magnetit) eingelagert, was den Spitzenbereich aber auch spröde macht. **2**) höckerartige Vorsprünge im ▸ Scharnier der Muscheln, die jeweils in eine entsprechende Vertiefung der Gegenklappe eingreifen. **3)** Dornartiger Vorsprung an der Gehäusemündung von ▸ *Opeatostoma pseudodon*, mit dessen Hilfe die Schnecke u. a. Seepocken aufhebelt.

Zahnlose (Muscheln), ▸ Anomalodesmata.

Zahnschnecken, veralteter Trivialname der ▸ Scaphopoda, zurückzuführen auf die frühere, falsche Vermutung, es handele sich um Zähne von Fischen.

Zebramuschel, ▸ Wandermuschel, ▸ *Dreissena*.

Zebrina Held 1838, Gattung der ▸ Enidae (Enoidea), mittelgroße Schnecken (bis 3 cm hoch) kalkhaltiger Böden Südosteuropas; in Mitteleuropa nur die Weiße Turmschnecke, *Z. detrita* (O. F. Müller 1774), auf begrenzten Arealen.

Zehnfüßer, ▸ Decapoda, ▸ Decabrachia, ▸ Coleoida.

Zenobiella Gude & Woodward 1921, Gattung der ▸ Hygromiidae (Helicoida), ▸ Heideschnecken, mit der in feuchten Wäldern Westeuropas vorkommenden *Z. subrufescens* (J. S. Miller 1822).

Zeugobranchia, ▸ Zygobranchia, Pleurotomarioidea, ▸ Paarkiemer, Taxon der ▶ Vetigastropoda, Schnecken mit 2 ▶ Fiederkiemen, 2 Herzvorhöfen und 2 Nieren. Die Z. werden als ursprünglich bewertet. Ihr Gehäuse hat eine perlmuttrige Innenseite, einen Schlitz oder eine Lochreihe. Sie sind ▶ rhipidogloss oder ▶ hystrichogloss und getrenntgeschlechtlich mit äußerer ▶ Befruchtung. Die ▶ Entwicklung verläuft über planktische Larven. Hierher gehören u. a. die ▶ Pleurotomariidae, die ▶ Scissurellidae und die ▶ Haliotidae.

Zippora LEACH in GRAY 1847, Synonym von ▶ *Rissoa*.

Zirfaea GRAY 1842, Gattung der ▶ Pholadidae (Myoida), mit der Krausen oder Rauen Bohrmuschel, *Z. crispata* (LINNAEUS 1758), in NO-Atlantik, Nordsee und westlicher Ostsee vertreten, wo sie in submarinem Holz, Torf und Kreide bohrt.

Zirkulationssystem, ▶ Kreislaufsystem, Blutkreislauf, bei ▶ Mollusca ein prinzipiell offenes System, bei dem die Blutflüssigkeit nur streckenweise in epithelial umhüllten Bahnen verläuft, in die erweiterte Räume (▶ Lakunen, ▶ Sinus) zwischengeschaltet sind und die sich schließlich in Gewebslücken öffnen. In mehreren Taxa gibt es eine Tendenz zum geschlossenen Z., so vor allem bei den ▶ Cephalopoda, aber auch bei einigen ▶ Stylommatophora. Das ▶ Herz liegt ursprünglich posterodorsal. Es besteht aus einer Herzkammer (▶ Ventrikel) und zwei Vorhöfen (Atrien, früher auch Herzohren, Auriculae cordis, ▶ Aurikeln). Aus dem ▶ Ventrikel entspringen eine kopfwärts ziehende ▶ Aorta anterior und eine zum Hinterende verlaufende Aorta posterior. Die von diesen ausgehenden Arterien öffnen sich in Gewebslücken (▶ Lakunen), das Blut sammelt sich in ▶ Sinus und gelangt wenigstens teilweise durch die ▶ Kiemen und die Atrien wieder in die Herzkammer.

Zonaria JOUSSEAUME 1884, meist als Untergattung von ▶ *Cypraea* gewertetes Taxon.

Zonitidae, ▶ Glanzschnecken, Familie der ▶ Limacoida, ▶ Landlungenschnecken mit dünnem, meist transparentem, scheibenförmigem Gehäuse. Verbreitet in feuchten ▶ Habitaten der nördlichen Hemisphäre, in Mitteleuropa u. a. vertreten durch ▶ *Aegopinella*, ▶ *Aegopis*, ▶ *Nesovitrea*, ▶ *Retinella* und ▶ *Vitrea*. In vielen Fällen ist die Abgrenzung gegen die ▶ Oxychilidae unklar.

Zonitoides LEHMANN 1862, ▶ Dolchschnecken, Gattung der ▶ Gastrodontidae (Gastrodontoidea), mit niedrig-kreiselförmigem, dünnwandigem und radial gestreiftem Gehäuse, das perspektivisch genabelt ist. Einige holarktische Arten, in Mitteleuropa die Glänzende ▶ Dolchschnecke, *Z. nitidus* (O. F. MÜLLER 1774), die sehr feuchte ▶ Habitate bevorzugt und sich von zerfallenden Pflanzenteilen ernährt.

Zönose, ▶ Biozönose.

Zoogenetes MORSE 1864, Gattung der ▶ Valloniidae (Pupilloidea), vorzugsweise in Nadelwäldern lebende ▶ Kleinschnecken (Gehäusedurchmesser 3 mm), holarktisch verbreitet, aber selten.

Zooxanthellen, marine ▶ Endosymbionten, die vor allem in Muscheln vorkommen (z. B. (▶ *Tridacna*). Z. sind mehrere Arten einzelliger Algen, meist Dinoflagellaten, die mit ihren Assimilationsprodukten zur Ernährung ihres Wirtes beitragen.

Zospeum BOURGUIGNAT 1856, Gattung der ▶ Ellobiidae (Ellobioidea), blinde ▶ Zwergschnecken (Gehäuse bis 1,5 mm hoch), in Höhlen der SO-Alpen lebend.

Zuchtfarmen, vom Menschen geschaffene Einrichtungen zur Massenproduktion von Organismen, die als Nahrung oder Schmuck dienen. In Z. schützt der Mensch diese vor ihren Fressfeinden und Krankheitserregern und füttert sie. Dadurch sollen Besatzdichte und Ertrag angehoben werden. Unter den terrestrischen Schnecken sind ▶ *Achatina*- und ▶ *Helix*-Arten beliebte Zuchtobjekte. An den Küsten werden vor allem marine Muscheln in Z. gehalten (▶ *Ostrea* und Verwandte, ▶ *Mytilus*, ▶ *Pinctada*), während die Haltung von Meeresschnecken (▶ *Haliotis*) noch im Versuchsstadium ist.

Zuchtperlen, Ergebnis einer künstlich induzierten Perlbildung. Diese erfolgt durch Implantieren eines kugelförmig gedrechselten Muschelschalenstückes mit etwas Mantelepithel, meist in das gonadennahe Bindegewebe. Der Fremdkörper wird von der Muschel durch konzentrische Schichten von ▶ Conchin und ▶ Perlmutter (pro Tag 10–15 Schichten) isoliert; so entsteht im Verlaufe von 3–6 Jahren eine kugelige Perle von Handelswert. Versuche zur Herstellung von Z. sind alt; ein praktikables Verfahren hat erst der Japaner Kokichi ▶ Mikimoto entwickelt, der 1913 die erste kugelige Perle erhielt. Da die Implantation frühestens bei 3jährigen Muscheln erfolgen kann, diese aber nicht älter als etwa 12 Jahre werden, ist die Dicke der gebildeten ▶ Perlmutterschicht begrenzt. Der Schichtzuwachs beträgt pro Jahr ca. 0,3 mm (zum Vergleich: bei ▶ *Margaritifera* 0,05 mm). Die gewonnenen ▶ Perlen werden nach Größe, Lüster, Farbe und Gestalt sortiert, eventuell gefärbt oder mittels Neutronenbeschuss gedunkelt. Naturperlen und Z. sind anhand des Kernes zu unterscheiden, der bei Z. parallel geschichtet ist.

Zuckerdrüsen, Drüsen am vorderen Ende des ▶ Oesophagus der ▶ Käferschnecken. Das Sekret enthält Amylasen und wahrscheinlich weitere Enzyme, so dass Stärke, Glykogen, Laminarin, Natriumalginat, Cellulose, Maltose, Glucoside und andere organische Stoffe abgebaut werden können.

Zungenlose Schnecken, ▶ Aglossa, ▶ Entoconchidae.

Zungenmuscheln, ▶ Glossidae.

Zuwachsstreifen, während des periodischen Schalenwachstums der ▶ Polyplacophora und ▶ Conchifera auf der Schalenoberfläche ausgebildete Streifung, die auf unterschiedliche Quantität und Qualität der abgelagerten Schalensubstanz zurückzuführen ist. Bei den Muscheln zeigen die Z. die früheren Positionen des Klappenrandes an und verlaufen konzentrisch zum ▶ Wirbel. Bei Schnecken ziehen die Z. etwa parallel zum Mündungsrand (▶ orthokline Z.). Oft verschiebt sich während des Wachstums der Winkel zur Gehäuseachse mit seinem apicalen Ende zur ▶ Mündung hin (▶ prosoklin) oder von der ▶ Mündung weg (▶ opisthoklin).

Zweikiemer, ▶ Dibranchiata.

Zwergfassschnecken, die ▶ Diaphanidae.

Zwergheideschnecke, ▶ *Trochoidea*.

Zwerghöhlenschnecken, ▶ Brunnenschnecken.

Zwerghornschnecken, ▶ *Carychium*.

Zwergkalmare, ▶ *Alloteuthis*.

Zwergmännchen, extreme Form des ▶ Sexualdimorphismus, bei der die Männchen sehr viel kleiner als die Weibchen und oft bis auf die Fortpflanzungsorgane zurückgebildet sind. Besonders reduzierte Z. gibt es bei den parasitischen ▶ Entoconchidae. Deren Weibchen leben in Holothurien, und ihre Körperhöhle

(▶ Pseudopallialhöhle) ist, wenn sie jung sind, durch einen bewimperten Gang mit dem ▶ Oesophagus-Lumen des Wirtes verbunden. Durch diesen Gang dringen die bewimperten männlichen Larven in die ▶ Pseudopallialhöhle ein und heften sich in dieser an einem männlichen ▶ Receptaculum an, in das sie nach Verlust der Bewimperung eindringen. Zunächst wurde das Z. irrtümlich als ▶ „Testis" bezeichnet und die Familie daher für zwittrig gehalten. Z. werden auch bei anderen Schnecken (z. B. ▶ *Stilifer*), bei Muscheln (▶ Chlamydoconchidae) und bei ▶ Cephalopoda (extrem bei ▶ *Argonauta*) ausgebildet.

Zwergschnecken, ▶ *Carychium*.

Zwergschüsselschnecke, ▶ *Helicodiscus*.

Zwergsepien, ▶ Idiosepiidae.

Zwergtintenschnecken, ▶ Idiosepiidae.

Zwergtritonshörner, auch ▶ Falsche Tritonshörner, Arten der Colubrariidae (Buccinoidea) mit länglich-spindelförmigem Gehäuse. Getrenntgeschlechtliche Meeresschnecken mit reduzierter ▶ Radula. Wahrscheinlich ernähren sie sich saugend. Mehrere Arten leben im Flachwasser warmer Meere.

Zwiebelmuscheln, ▶ Sattelmuscheln, ▶ Anomiidae.

Zwischenwirt, ein Wirt, in dem sich ein Entwicklungsstadium eines ▶ Parasiten ungeschlechtlich oder ▶ parthenogenetisch vermehrt. Besonders Schnecken dienen den Larvenstadien parasitischer Trematoden als Z. Befallene ▶ Gastropoda sind oft an deformierten Gehäusen zu erkennen (▶ *Nucella*), ▶ Massenvermehrung der ▶ Parasiten führt zur Unfruchtbarkeit des Z. Für den Menschen gefährlich sind vor allem die Überträger der ▶ Bilharziose.

Zwitterdrüse, (auch: Zwittergonade), (lat. ▶ Ovotestis, Ovariotestis), die Keimdrüse zwittriger Organismen, welche sowohl ▶ Oocyten wie auch Spermien bildet. Sie tritt bei ▶ Solenogastres, selten bei ▶ Polyplacophora, regelmäßig bei ▶ Pulmonata und ▶ Opisthobranchia sowie bei einigen Muscheln

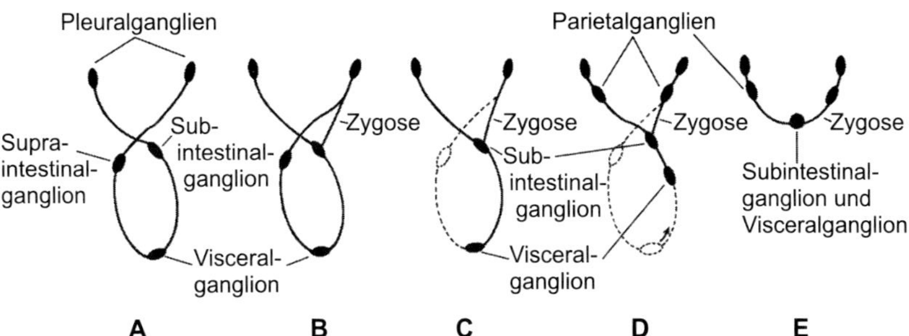

Abb. 50. ▶ Zygose. Kreuzung der ▶ Pleurointestinalkonnektive und Verkürzung der Verbindungswege durch Ausbildung von Zygosen. A) ▶ Chiastoneure Ausgangssituation, B) Übergangsform, C) ▶ Helicinidae, D) ▶ Pulmonata, E) ▶ Pulmonata nach Verkürzung der ▶ Konnektive.

auf. Sie ist bei ► Pulmonata aus Acini oder Follikeln zusammengesetzt und in das Gewebe der ► Mitteldarmdrüse eingebettet. Bei den meisten Arten entstehen Ei- und Samenzellen zusammen in einem ► Follikel. Dabei werden meist die ► Spermatozoen im zentralen, die Eizellen im peripheren Teil des Follikels gebildet. Die ► Acinus-Lumina können durch vorragende ► Sertoli-Zellen in weibliche und männliche Abschnitte unterteilt werden.

Zwittergang, (lat. ► Ductus hermaphroditicus), der Gang, durch den die Keimzellen aus der ► Zwitterdrüse ausgeleitet werden.

Zygobranchia, ► Zeugobranchia.

Zygoneurie, im ► Nervensystem von ► Gastropoda auftretende, direkte nervöse Verbindung (► Zygose) zwischen ursprünglich contralateralen Ganglien, insbesondere den Parietal- und ► Pleuralganglien. Die Z. ist funktionell von Vorteil durch die damit einhergehende Verkürzung der Leitungswege.

Zygose (Abb. 50), (auch: Zygosis), bei den ► Gastropoda sekundär gebildetes Konnektiv zur Verbindung der (posttorsional) ► ipsilateralen Ganglien. ► Dialyneurie, ► Zygoneurie.

Zylinderschnecken, die ► Scaphandridae.

Zylinderwindelschnecken, ► *Truncatellina*.

Zymocyten, zusammenfassende Bezeichnung für Zellen verschiedener Typen in den ► Speicheldrüsen der ► Pulmonata, die Verdauungsenzyme enthalten. Am besten bekannt sind granuläre Zellen, die Amylase liefern.

Weiterführende Literatur

Bieler, R., Carter, J. G., & Coan, E. V. (2010): Classification of Bivalve Families. – In: Bouchet, P., & Rocroi, J.-P. (2010): Nomenclator of Bivalve Families. Malacologia **52** (2), 113–133. ConchBooks (Hackenheim).

Bouchet, P., & Rocroi, J.-P (2005): Classification and Nomenclator of Gastropod Families. – Malacologia **47**(1–2), 1–397. ConchBooks (Hackenheim).

Fretter, V. & Graham, A. (1994²): British Prosobranch Molluscs. Their Functional Anatomy and Ecology. – 820 S., 342 SW-Abb. inclusive einiger SW-Fotos. Dorset Press (Dorchester, UK).

Götting, K.-J. (1974): Malakozoologie. Grundriß der Weichtierkunde. – 320 S., 160 Abb., G. Fischer (Stuttgart).

Götting, K.-J. (1999–2004): Mollusca. In: Lexikon der Biologie in fünfzehn Bänden. – Spektrum Akademischer Verlag (Heidelberg).

Götting, K.-J., Kilian, E. F. & Schnetter, R. (1982): Einführung in die Meeresbiologie. I. Marine Organismen, Marine Biogeographie. – 179 S., Vieweg Studium, Grundkurs Biologie. – Vieweg (Braunschweig, Wiesbaden).

Haszprunar, G. & Götting, K.-J. (2007²): Mollusca, Weichtiere. – In: Westheide, W. & Rieger, R., Spezielle Zoologie. I. Einzeller und wirbellose Tiere. S. 305–362. Spektrum Akademischer Verlag, Elsevier (München).

Jungbluth, J. H. (1985): Deutsche Namen für einheimische Schnecken und Muscheln. – Malakol. Abh. (Dresden) **10**, 79–94. Überarbeitete Fassung.

Kaas, P., & Van Belle, R. A. (1998): Catalogue of Living Chitons (Mollusca, Polyplacophora).– Backhuys (Leiden), 204 S.

Kilias, R. (1982): Stamm Mollusca, Weichtiere. – In: Kästner, A., Lehrbuch der Speziellen Zoologie. Wirbellose Tiere, Bd. **1**, 3. Teil. S. 9–245. G. Fischer (Stuttgart).

Kilias, R. (1993): Stamm Mollusca – Weichtiere. – In: Gruner, H. E., et al. (Hrsg.), Urania Tierreich in sechs Bänden. – Bd. **1**, 390–631. Urania (Leipzig).

Nesis, K. N. (1987): Cephalopods of the World. Übersetzung aus dem Russischen ins Englische. – 351 S., 88 zum Teil mehrfigurige SW-Abb., 17 Tafeln mit Farbfotos, einige SW-Fotos. TFH Publications (Neptune City, NJ).

Ponder, W. F., & Lindberg, D. R. (1997): Towards a Phylogeny of Gastropod Molluscs: an Analysis using morphological Characters. – Zoological Journal of the Linnean Society London, **119**, 83–265.

Ponder, W. F., & Warén, A. (1988): Classification of the Caenogastropoda and Heterostropha. A list of the family-group names and higher taxa. – Malacological Review, Suppl. **4**, 288–328.

Salvini-Plawen, L. von (1979): Weichtiere. – In: Grzimeks Tierleben **3**, 19–225. dtv (München).

Sturm, C. F., Pearce, T. A. & Valdés, A. (2006): The Mollusks. A Guide to Their Study, Collection, and Preservation. – 445 S., zahlreiche Fotos und Zeichnungen. Universal Publishers (Boca Raton, FL).

Thiele, J. (1931/1935): Handbuch der Systematischen Weichtierkunde. 2 Bde,. 1154 S., G. Fischer (Jena).

Vaught, K. C. (ed. by Abbott, R. T., & Boss, K. J.) (1989): A Classification of the Living Mollusca. – 189 S., American Malacologists (Melbourne, FL).

Bestimmungsliteratur für mitteleuropäische Mollusken

Bogon, K. (1990): Landschnecken. Biologie – Ökologie – Biotopschutz. 404 S, inclusive zahlreicher Farbtafeln, Strichzeichnungen. Natur-Verlag (Augsburg).

Dance, S. P., deutsche Bearbeitung von Rudo von Cosel (1977): Das große Buch der Meeresmuscheln. Schnecken und Muscheln der Weltmeere. – 304 S., 1520 Farbfotos, 73 Zeichnungen. Ulmer (Stuttgart).

Deckert, K., Gruner, H. E., & Hannemann, H.-J. (1999[8]): Stresemann – Exkursionsfauna von Deutschland. – 638 S., Spektrum Akademischer Verlag (Heidelberg).

Fechter, R., & Falkner, G. (1990): Weichtiere. Meeres- und Binnenmollusken Europas. – 286 S., Steinbachs Naturführer, Mosaik (München).

Glöer, P. (2002[2]): Mollusca I. Süßwassergastropoden Nord- und Mitteleuropas. Bestimmungsschlüssel, Lebensweise, Verbreitung. – In: Dahl, F., Die Tierwelt Deutschlands **73**, 327 S., ConchBooks (Hackenheim).

Götting, K.-J. (2008): Mollusca II. Meeres-Gehäuseschnecken Deutschlands. Bestimmungsschlüssel, Lebensweise, Verbreitung. – In: Dahl, F., Die Tierwelt Deutschlands **80**, 180 S., 8 Farbtafeln, 160 SW-Abb. ConchBooks (Hackenheim).

Graham, A. (1988[2]): Mollusca: Prosobranch and Pyramidellid Gastropods. – Synopsis of the British Fauna (N. S.) **2**, 662 S., 274 SW-Abb. inclusive einiger SW-Fotos. Brill & Backhuys (Leiden).

Kerney, M. P., Cameron, R. A. D., & Jungbluth, J. H. (1983): Die Landschnecken Nord- und Mitteleuropas. Ein Bestimmungsbuch für Biologen und Naturfreunde. – 384 S., 24 Farbtafeln, 472 SW-Abb., 368 Verbreitungskarten. Parey (Hamburg).

Lindner,G. (1999[5]): Muscheln und Schnecken der Weltmeere. – 319 S., 64 Farbtafeln, 198 SW-Abb. BLV (München).

Nordsieck, F. (1982[2]): Die europäischen Meeres-Gehäuseschnecken (Prosobranchia). – 539 S., 2035 Abb., 108 Tafeln, einige farbig. G. Fischer (Stuttgart).

Thompson, T. E., & Brown, G. (1976): British Opisthobranch Molluscs. – Synopsis of the British Fauna (N. S.) **8**, 203 S., 1 Farbtafel, 105 SW-Zeichnungen. Academic Press (London).

Ziegelmeier, E. (1962): Die Muscheln (Bivalvia) der deutschen Meeresgebiete. – 56 S., 14 SW-Tafeln. Helgoländer Wissenschaftliche Meeresuntersuchungen (Hamburg) **6** (1).

Ziegelmeier, E. (1966): Die Schnecken (Gastropoda Prosobranchia) der deutschen Meeresgebiete und brackigen Küstengewässer. – 61 S., 20 SW-Tafeln. Helgoländer Wissenschaftliche Meeresuntersuchungen (Hamburg) **13** (1/2).

Informationen aus dem Internet

Checklist of European Continental Mollusca: CLECOM
Check List of European Marine Mollusca: CLEMAM
Datenbank deutscher Land- und Süßwasser-Mollusken (noch im Aufbau): www.mollbase.de/
World Register of Marine Species: WoRMS

In Deutschland verlegte Zeitschriften malakozoologischen Inhalts

Archiv für Molluskenkunde. Herausgeber: Senckenberg-Museum (Frankfurt a. M.)

Mitteilungen der Deutschen Malakozoologischen Gesellschaft (DMG). Herausgeber: Deutsche Malakozoologische Gesellschaft (Frankfurt a. M.)

Heldia. Herausgeber: Friedrich-Held-Gesellschaft für wissenschaftliche Weichtierkunde (München).

Schriften zur Malakozoologie. Herausgeber: Haus der Natur (Cismar).

Club Conchylia Informationen. Herausgeber: Club Conchylia e. V. (Wiesthal).

Anhang

Zuordnung der Familien der rezenten Mollusca zu höheren Kategorien

Tabelle 1. Übersicht über die Großgruppen („Klassen") der ► Mollusca.
Tabelle 2. Familien der artenarmen Großgruppen (► Caudofoveata, ► Monoplacophora, ► Scaphopoda).
Tabelle 3. Zuordnung der Familien der ► Solenogastres.
Tabelle 4. Zuordnung der Familien der ► Polyplacophora.
Tabelle 5. Zuordnung der Familien der ► Gastropoda.
Tabelle 6. Zuordnung der Familien der ► Cephalopoda.
Tabelle 7. Zuordnung der Familien der ► Bivalvia.

Tabelle 1. Übersicht über die Großgruppen der Mollusca (mit geschätzter Anzahl rezenter Arten).
(Abkürzungen: i. s. = ▶ incertae sedis, von unsicherer systematischer Stellung, K = Klasse, O = Ordnung, UK = Unterklasse, UO = Unterordnung, ÜO = Überordnung; die Namen der Überfamilien enden auf -oidea, die der Familien auf -idae)

- Stamm Mollusca (Weichtiere)
  - Unterstamm Aculifera (Stachelweichtiere)
    - Überklasse Aplacophora (Wurmmollusken)
      - K. Caudofoveata (Schildfüßer) (150)
      - K. Solenogastres (Furchenfüßer) (250)
    - Überklasse Placophora (Käferschnecken)
      - K. Polyplacophora (Käferschnecken) (800)
  - Unterstamm Conchifera (Schalenweichtiere)
    - Überklasse Cyrtosoma (Gedrehtschaler)
      - K. Monoplacophora (Urmützenschnecken) (25)
      - K. Gastropoda (Schnecken) (45.000)
      - K. Cephalopoda (Kopffüßer) (750)
    - Überklasse Diasoma (Gestrecktschaler)
      - K. Scaphopoda (Kahnfüßer) (600)
      - K. Bivalvia (Muscheln) (12.000)

Tabelle 2. Familien der artenarmen Großgruppen (► Caudofoveata, ► Monoplacophora, ► Scaphopoda).
(Abkürzungen s. Tab. 1)

K. Caudofoveata		
		Chaetodermatidae
		Limifossoridae
		Prochaetodermatidae
K. Monoplacophora		
		Monoplacophoridae
		Neopilinidae
		Vemidae
K. Scaphopoda		
	O. Dentaliida	
		Dentaliidae
		Gadilinidae
		Laevidentaliidae
		Omniglyptidae
	O. Gadilida	
		Gadilidae
		Entalinidae
		Pulsellidae
		Siphonodentaliidae

Tabelle 3. Zuordnung der Familien der ▶ Solenogastres zu den höheren Kategorien.
(Abkürzungen s. Tab. 1)

K. Solenogastres		
	O. Pholidoskepia	
		Dondersiidae
		Gymnomeniidae
		Lepidomeniidae
		Macellomeniidae
		Meiomeniidae
		Sandalomeniidae
	O. Neomeniamorpha	
		Hemimeniidae
		Neomeniidae
	O. Sterrofustia	
		Heteroherpiidae
		Imeroherpiidae
		Phyllomeniidae
	O. Cavibelonia	
		Acanthomeniidae
		Amphimeniidae
		Drepanomeniidae
		Epimeniidae
		Pararhopaliidae
		Proneomeniidae
		Rhipidoherpiidae
		Rhopalomeniidae
		Simrothiellidae
		Strophomeniidae
		Syngenoherpiidae

(nach Vaught 1989)

Tabelle 4. Zuordnung der Familien der ► Polyplacophora zu den höheren Kategorien. (Abkürzungen s. Tab. 1)

K. Polyplacophora			
	O. Neoloricata		
		UO. Lepidopleurina	
			Leptochitonidae
			Hanleyidae
		UO. Choriplacina	
			Choriplacidae
		UO. Ischnochitonina	
			Ischnochitonidae
			Mopaliidae
			Schizochitonidae
			Chitonidae
		UO. Acanthochitonina	
			Acanthochitonidae
			Cryptoplacidae
	O. Palaeoloricata †		

(zusammengestellt nach Kaas & van Belle 1998)

Tabelle 5. Zuordnung der Familien der rezenten ▶ Gastropoda zu höheren Kategorien. (Abkürzungen s. Tab. 1)

- K. Gastropoda
  - UK. Eogastropoda
    - ÜO. Patellogastropoda (= Docoglossa)
      - O. Patellina
        - Patelloidea
          - Patellidae
        - Nacelloidea
          - Nacellidae
        - Lottioidea
          - Lottiidae
          - Acmaeidae
          - Lepetidae
        - Neolepetopsoidea
          - Neolepetopsidae
  - UK. Orthogastropoda
    - ÜO. Vetigastropoda
      - Ataphridae i. s.
      - Pendromidae i. s.
      - Fissurelloidea
        - Fissurellidae
      - Haliotoidea
        - Haliotidae
      - Lepetelloidea
        - Lepetellidae
        - Addisoniidae
        - Bathyphytophilidae
        - Caymanabyssiidae
        - Cocculinellidae
        - Osteopeltidae
        - Pseudococculinidae
        - Pyropeltidae
      - Lepetodriloidea
        - Lepetodrilidae
        - Clypeosectidae
        - Sutilizonidae
      - Neomphaloidea
        - Neomphalidae
        - Melanodrymiidae
        - Peltospiridae
      - Pleurotomarioidea
        - Pleurotomariidae
      - Scissurelloidea
        - Scissurellidae

		Anatomidae
	Seguenzioidea	
		Seguenziidae
		Chilodontidae
	Trochoidea	
		Trochidae
		Calliostomatidae
		Solariellidae
	Turbinoidea	
		Turbinidae
		Liotiidae
		Phasianellidae
ÜO. Cocculiniformia		
	Cocculinoidea	
		Cocculinidae
		Bathysciadiidae
ÜO. Cycloneritimorpha		
	Helicinoidea	
		Helicinidae
		Neritiliidae
		Proserpinellidae
		Proserpinidae
	Hydrocenoidea	
		Hydrocenidae
	Neritoidea	
		Neritidae
		Phenacolepadidae
	Neritopsoidea	
		Neritopsidae
		Titiscaniidae
ÜO. Caenogastropoda		
	Ampullarioidea	
		Ampullariidae
	Cyclophoroidea	
		Cyclophoridae
		Aciculidae
		Craspedopomatidae
		Diplommatinidae
		Maizaniidae
		Megalomastomatidae
		Neocyclotidae
		Pupinidae
	Viviparoidea	
		Viviparidae

	Cerithioidea	
		Cerithiidae
		Batillariidae
		Dialidae
		Diastomatidae
		Litiopidae
		Melanopsidae
		Modulidae
		Pachychilidae
		Paludomidae
		Planaxidae
		Pleuroceridae
		Potamididae
		Scaliolidae
		Siliquariidae
		Thiaridae
		Turritellidae
	Campaniloidea	
		Campanilidae
		Ampullinidae
		Plesiotrochidae
O. Littorinimorpha		
	Calyptraeoidea	
		Calyptraeidae
	Capuloidea	
		Capulidae
	Cingulopsoidea	
		Cingulopsidae
		Eatoniellidae
		Rastodentidae
	Cypraeoidea	
		Cypraeidae
		Ovulidae
	Ficoidea	
		Ficidae
	Littorinoidea	
		Littorinidae
		Pickworthiidae
		Pomatiidae
		Skeneopsidae
		Zerotulidae
	Naticoidea	
		Naticidae
	Pterotracheoidea (= Heteropoda)	
		Pterotracheidae
		Atlantidae

Carinariidae
Rissooidea
- Rissoidae
- Amnicolidae
- Anabathridae
- Assimineidae
- Barleeiidae
- Bithyniidae
- Caecidae
- Calopiidae
- Cochliopidae
- Elachisinidae
- Emblandidae
- Epigridae
- Falsicingulidae
- Helicostoidae
- Hydrobiidae
- Hydrococcidae
- Iravadiidae
- Lithoglyphidae
- Moitessieriidae
- Pomatiopsidae
- Stenothyridae
- Tornidae
- Truncatellidae

Stromboidea
- Strombidae
- Aporrhaidae
- Seraphsidae
- Struthiolariidae

Tonnoidea
- Tonnidae
- Bursidae
- Laubierinidae
- Personidae
- Pisanianuridae
- Ranellidae

Vanikoroidea
- Vanikoridae
- Haloceratidae
- Hipponicidae

Velutinoidea
- Velutinidae
- Triviidae
- Lamellariidae

Vermetoidea
Vermetidae
Xenophoroidea
Xenophoridae
O. „Ptenoglossa“
Epitonioidea
Epitoniidae
Abyssochrysidae
Provannidae
Janthinidae
Nystiellidae
Eulimoidea
Eulimidae
Aclididae
Triphoroidea
Triphoridae
Cerithiopsidae
Newtoniellidae
O. Neogastropoda
Buccinoidea
Buccinidae
Colubrariidae
Columbellidae
Fasciolariidae
Nassariidae
Melongenidae
Muricoidea
Muricidae
Babyloniidae
Costellariidae
Cystiscidae
Harpidae
Marginellidae
Mitridae
Pleioptygmatidae
Strepsiduridae
Turbinellidae
Volutidae
Volutomitridae
Olivoidea
Olividae
Olivellidae
Pseudolivoidea
Pseudolividae
Ptychatractidae

Conoidea
- Conidae
- Clavatulidae
- Drilliidae
- Pseudomelatomidae
- Strictispiridae
- Terebridae
- Turridae

Cancellarioidea
- Cancellariidae

O. Heterobranchia
- Cimidae i. s.
- Orbitestellidae i. s.
- Tjaernoeiidae i.s.
- Xylodisculidae i. s.

Acteonoidea
- Acteonidae
- Aplustridae
- Bullinidae

Architectonicoidea
- Architectonicidae

Glacidorboidea
- Glacidorbidae

Mathildoidea
- Mathildidae

Omalogyroidea
- Omalogyridae

Pyramidelloidea
- Pyramidellidae
- Amathinidae
- Murchisonellidae

Ringiculoidea
- Ringiculidae

Rissoelloidea
- Rissoellidae

Valvatoidea
- Valvatidae
- Cornirostridae
- Hyalogyrinidae

UK. „Opisthobranchia“

O. Cephalaspidea

Bulloidea
- Bullidae

Diaphanoidea
- Diaphanidae
- Notodiaphanidae

Haminoeoidea
- Haminoeidae
- Bullactidae
- Smaragdinellidae

Philinoidea
- Philinidae
- Aglajidae
- Cylichnidae
- Gastropteridae
- Philinoglossidae
- Plusculidae
- Retusidae

Runcinoidea
- Runcinidae
- Ilbiidae

O. Thecosomata

Cavolinioidea
- Cavoliniidae
- Limacinidae

Cymbulioidea
- Cymbuliidae
- Desmopteridae
- Peraclidae

O. Gymnosomata

Clionoidea
- Clionidae
- Cliopsidae
- Notobranchaeidae
- Pneumodermatidae

Hydromyloidea
- Hydromylidae
- Laginiopsidae

O. Anaspidea (= Aplysiomorpha)

Aplysioidea
- Aplysiidae

Akeroidea
- Akeridae

Acochlidioidea
- Acochlidiidae

Hedylopsoidea
- Hedylopsidae
- Ganitidae
- Livorniellidae
- Minicheviellidae
- Parhedylidae

Tantulidae
Palliohedyloidea
Palliohedylidae
Strubellioidea
Strubelliidae
Pseudunelidae
O. Sacoglossa
Oxynooidea
Oxynoidae
Juliidae
Volvatellidae
Placobranchoidea
Placobranchidae
Boselliidae
Platyhedylidae
Limapontioidea
Limapontiidae
Caliphyllidae
Hermaeidae
Cylindrobulloidea
Cylindrobullidae
O. Umbraculida
Umbraculoidea
Umbraculidae
Tylodinidae
O. Nudipleura
Pleurobranchoidea
Pleurobranchidae
Rhodopidae
O. Holohepatica (= Euctenidiacea)
Bathydoridoidea
Bathydorididae
Doridoidea
Dorididae
Actinocyclidae
Chromodorididae
Discodorididae
Phyllidioidea
Phyllidiidae
Dendrodorididae
Mandeliidae
Onchidoridoidea
Onchidorididae
Corambidae
Goniodorididae

Polyceroidea
Polyceridae
Aegiretidae
Gymnodorididae
Hexabranchidae
Okadaiidae
O. Pseudoeuctenidiacea
Doridoxoidea
Doridoxidae
O. Cladohepatica (= Cladobranchia)
Charcotiidae i. s.
Dironidae i. s.
Dotidae i.s.
Embletoniidae i. s.
Goniaeolididae i. s.
Heroidae i. s.
Madrellidae i. s.
Pinufiidae i. s.
Proctonotidae i. s.
Arminoidea
Arminidae
Doridomorphidae
Tritonioidea
Tritoniidae
Aranucidae
Bornellidae
Dendronotidae
Hancockiidae
Lomanotidae
Phylliroidae
Scyllaeidae
Tethydidae
Flabellinoidea
Flabellinidae
Notaeolidiidae
Fionoidea
Fionidae
Calmidae
Eubranchidae
Pseudovermidae
Tergipedidae
Aeolidioidea
Aeolidiidae
Facelinidae
Glaucidae

Piseinotecidae
UK. Pulmonata
ÜO. Basommatophora
Amphiboloidea
Amphibolidae
Siphonarioidea
Siphonariidae
O. Hygrophila
Chilinoidea
Chilinidae
Latiidae
Acroloxoidea
Acroloxidae
Lymnaeoidea
Lymnaeidae
Planorboidea
Planorbidae
Physidae
ÜO. Eupulmonata
Trimusculoidea
Trimusculidae
Otinoidea
Otinidae
Smeagolidae
Ellobioidea
Ellobiidae
O. Systellommatophora
Onchidioidea
Onchidiidae
Veronicelloidea
Veronicellidae
Rathouisiidae
O. Stylommatophora
UO. Elasmognatha
Succineoidea
Succineidae
Athoracophoroidea
Athoracophoridae
UO. Orthurethra
Partuloidea
Partulidae
Draparnaudiidae
Achatinelloidea
Achatinellidae

Cochlicopoidea
Cochlicopidae
Amastridae
Pupilloidea
Pupillidae
Argnidae
Chondrinidae
Lauriidae
Orculidae
Pleurodiscidae
Pyramidulidae
Spelaeoconchidae
Spelaeodiscidae
Strobilopsidae
Valloniidae
Vertiginidae
Enoidea
Enidae
Cerastidae
UO. Sigmurethra
Clausilioidea
Clausiliidae
Orthalicoidea
Orthalicidae
Cerionidae
Coelociontidae
Megaspiridae
Placostylidae
Urocoptidae
Achatinoidea
Achatinidae
Ferussaciidae
Micractaeonidae
Subulinidae
Aillyoidea
Aillyidae
Testacelloidea
Testacellidae
Oleacinidae
Spiraxidae
Papillodermatoidea
Papillodermatidae
Streptaxoidea
Streptaxidae
Rhytidoidea
Rhytididae

- Chlamydephoridae
- Haplotrematidae
- Scolodontidae

Acavoidea
- Acavidae
- Caryodidae
- Dorcasiidae
- Macrocyclidae
- Megomphicidae
- Strophocheilidae

Plectopyloidea
- Plectopylidae
- Corillidae
- Sculptariidae

Punctoidea
- Punctidae
- Charopidae
- Cystopeltidae
- Discidae
- Endodontidae
- Helicodiscidae
- Oreohelicidae
- Thyrophorellidae

Sagdoidea
- Sagdidae

Gruppe Limacoida

Staffordioidea
- Staffordiidae

Dyakioidea
- Dyakiidae

Gastrodontoidea
- Gastrodontidae
- Chronidae
- Euconulidae
- Oxychilidae
- Pristilomatidae
- Trochomorphidae

Parmacelloidea
- Parmacellidae
- Milacidae
- Trigonochlamydidae

Zonitoidea
- Zonitidae

Helicarionoidea
- Helicarionidae

Ariophantidae
Urocyclidae
Limacoidea
Limacidae
Agriolimacidae
Boettgerillidae
Vitrinidae
Gruppe Helicoida
Arionoidea
Arionidae
Anadenidae
Ariolimacidae
Binneyidae
Oopeltidae
Philomycidae
Helicoidea
Helicidae
Bradybaenidae
Camaenidae
Cepolidae
Cochlicellidae
Elonidae
Epiphragmophoridae
Halolimnohelicidae
Helicodontidae
Helminthoglyptidae
Humboldtianidae
Hygromiidae
Monadeniidae
Pleurodontidae
Polygyridae
Sphincterochilidae
Thysanophoridae
Trissexodontidae
Xanthonychidae

(unter besonderer Berücksichtigung von Ponder & Warén 1988, Ponder & Lindberg 1995 und Bouchet & Rocroi 2005, verändert)

Tabelle 6. Zuordnung der Familien der ► Cephalopoda zu den höheren Kategorien. (Abkürzungen s. Tab. 1)

- K. Cephalopoda
  - UK. Nautilida
    - O. Nautilomorpha
      - Nautiloidea
        - Nautilidae
  - UK. Coleoida
    - O. Sepiida
      - Spiruloidea
        - Spirulidae
      - Sepioidea
        - Sepiidae
        - Sepiolidae
        - Sepiadariidae
        - Idiosepiidae
    - O. Teuthida
      - Myopsoidea
        - Loliginidae
        - Pickfordiateuthidae
      - Oegopsoidea
        - Lycoteuthidae
        - Enoploteuthidae
        - Octopoteuthidae
        - Onychoteuthidae
        - Gonatidae
        - Ctenopterygidae
        - Bathyteuthidae
        - Histioteuthidae
        - Psychroteuthidae
        - Architeuthidae
        - Neoteuthidae
        - Brachioteuthidae
        - Ommastrephidae
        - Thysanoteuthidae
        - Lepidoteuthidae
        - Batoteuthidae
        - Cycloteuthidae
        - Chiroteuthidae
        - Mastigoteuthidae
        - Joubiniteuthidae
        - Promachoteuthidae
        - Grimalditeuthidae
        - Cranchiidae
        - Parateuthidae

O. Vampyromorpha
- Vampyroteuthidae

O. Octopoda
- UO. Cirrata
  - Cirroteuthidae
  - Opisthoteuthidae
- UO. Incirrata
  - Bolitaenoidea
    - Bolitaenidae
    - Amphitretidae
    - Idioctopodidae
  - Octopodoidea
    - Octopodidae
    - Vitreledonellidae
  - Argonautoidea
    - Argonautidae
    - Alloposidae
    - Ocythoidae
    - Tremoctopodidae

(zusammengestellt nach Nesis 1987, verändert)

Tabelle 7. Zuordnung der Familien der ▶ Bivalvia zu den höheren Kategorien. (Abkürzungen s. Tab. 1)

- K. Bivalvia
  - UK. Protobranchia
    - O. Nuculida
      - Nuculoidea
        - Nuculidae
        - Sareptidae
    - O. Solemyida
      - Manzanelloidea
        - Manzanellidae
      - Solemyoidea
        - Solemyidae
    - O. Nuculanida
      - Nuculanoidea
        - Nuculanidae
        - Bathyspinulidae
        - Malletiidae
        - Neilonellidae
        - Phaseolidae
        - Siliculidae
        - Tindariidae
        - Yoldiidae
  - UK. Pteriomorpha
    - O. Mytilida
      - Mytiloidea
        - Mytilidae
    - O. Arcida
      - Arcoidea
        - Arcidae
        - Cucullaeidae
        - Glycymerididae
        - Noetiidae
      - Limopsoidea
        - Limopsidae
        - Philobryidae
    - O. Pteriida
      - Pterioidea
        - Pteriidae
        - Isognomonidae
        - Malleidae
        - Pulvinitidae
      - Pinnoidea
        - Pinnidae
    - O. Ostreida

- Ostreoidea
  - Ostreidae
  - Gryphaeidae
- O. Pectinida
  - Anomioidea
    - Anomiidae
    - Placunidae
  - Dimyoidea
    - Dimyidae
  - Pectinoidea
    - Pectinidae
    - Entoliidae
    - Propeamussiidae
    - Spondylidae
  - Plicatuloidea
    - Plicatulidae
- O. Limida
  - Limoidea
    - Limidae
- UK. Palaeoheterodonta
  - O. Trigoniida
    - Trigonioidea
      - Trigoniidae
  - O. Unionida
    - Unionoidea
      - Unionidae
      - Margaritiferidae
    - Etherioidea
      - Etheriidae
      - Iridinidae
      - Mycetopodidae
    - Hyrioidea
      - Hyriidae
- UK. Heterodonta
  - O. Lucinida
    - Lucinoidea
      - Lucinidae
    - Thyasiroidea
      - Thyasiridae
  - O. Carditida
    - Carditoidea
      - Carditidae
      - Condylocardiidae
    - Crassatelloidea
      - Crassatellidae

Astartidae
O. Venerida
Arcticoidea
Arcticidae
Trapezidae
Hemidonacidae
Cardioidea
Cardiidae
Chamoidea
Chamidae
Cyamioidea
Cyamiidae
Basterotiidae
Galatheavalvidae
Sportellidae
Cyrenoidea
Cyrenidae
Cyrenoidoidea
Cyrenoididae
Dreissenoidea
Dreissenidae
Gaimardioidea
Gaimardiidae
Galeommatoidea
Galeommatidae
Lasaeidae
Glossoidea
Glossidae
Kelliellidae
Vesicomyidae
Mactroidea
Mactridae
Anatinellidae
Cardiliidae
Mesodesmatidae
Sphaeroidea
Sphaeriidae
Tellinoidea
Tellinidae
Donacidae
Psammobiidae
Scrobiculariidae
Semelidae
Solecurtidae
Ungulinoidea
Ungulinidae

Veneroidea
Veneridae
Neoleptonidae
O. Myida
Myoidea
Myidae
Corbulidae
Erodonidae
Pholadoidea
Pholadidae
Teredinidae
Hiatelloidea
Hiatellidae
Solenoidea
Solenidae
Pharidae
Gastrochaenoidea
Gastrochaenidae
O. Anomalodesmata (= Pholadomyida)
Clavagelloidea
Clavagellidae
Penicillidae
Myochamoidea
Myochamidae
Cleidothaeridae
Pandoroidea
Pandoridae
Lyonsiidae
Pholadomyoidea
Pholadomyidae
Parilimyidae
Thracioidea
Thraciidae
Laternulidae
Periplomatidae
UO. Septibranchia
Cuspidarioidea
Cuspidariidae
Halonymphidae
Protocuspidariidae
Poromyoidea
Poromyidae
Cetoconchidae
Verticordioidea
Verticordiidae

	Euciroidae Lyonsiellidae

(zusammengestellt nach Bieler, Carter & Coan 2010, verändert)

Verzeichnis der im Anhang aufgeführten Familien der Mollusca

Ulrich Kull

Evolution in Stichworten

2007. XII, 402 Seiten, 102 Abbildungen, 9 Tabellen, 13 x 18 cm, brosch.
(Hirt's Stichwortbücher)
ISBN 978-3-443-03118-3 29,80 €

Das Buch richtet sich an Studierende der Bio- und Geowissenschaften aller Semester, insbesondere auch zur Prüfungsvorbereitung, aber auch für Lehrkräfte, motivierte Schüler der Sekundarstufe II und interessierte Laien.

Die Evolutionsbiologie hat eine zentrale Stellung innerhalb der biologischen Disziplinen – vieles ist nur aus dem Evolutionsgeschehen zu verstehen.

Der vorliegende Band stellt in knapper Form alle wichtigen Grundlagen und Methoden der Evolutionsbiologie einschließlich neuester Entwicklungen und Interpretationen dar: Die Evolutionstheorie zusammen mit ihrer populationsgenetischen Basis, die molekulare Evolutionsforschung, Verfahren der Stammbaum-Forschung sowie Voraussetzungen, Entstehung und Geschichte des Lebens auf der Erde und die Evolution des Menschen, die in die Entwicklung der menschlichen Kultur mündet. Der derzeitige Stand des „Tree of Life" wird durch zahlreiche Stammbäume wiedergegeben.

Wilhelm Wenz

Gastropoda. Teil II

Euthyneura
Fortgesetzt von Adolf Zilch.
Nachdruck 1960

1944. VII, 834 Seiten, 2515 Abbildungen, 17 x 26 cm, gebunden
ISBN 978-3-443-39029-7 268,– €

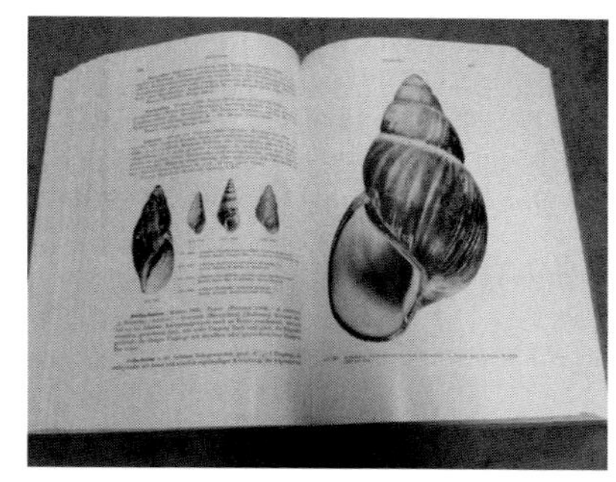

Luitfried von Salvini-Plawen

Antarktische und subantarktische Solenogastres Eine Monographie: 1898–1974

Zoologica, Heft 128 (Lieferung 1)
1978. IV, 155 Seiten, 149 Abbildungen, 4 Tabellen, brosch.
ISBN 978-3-510-55012-8 87,– €

Zoologica, Heft 128 (Lieferung 2)
1979. IV, 159 Seiten, 185 Abbildungen, 1 Tabelle, brosch.
ISBN 978-3-510-55013-5 90,– €

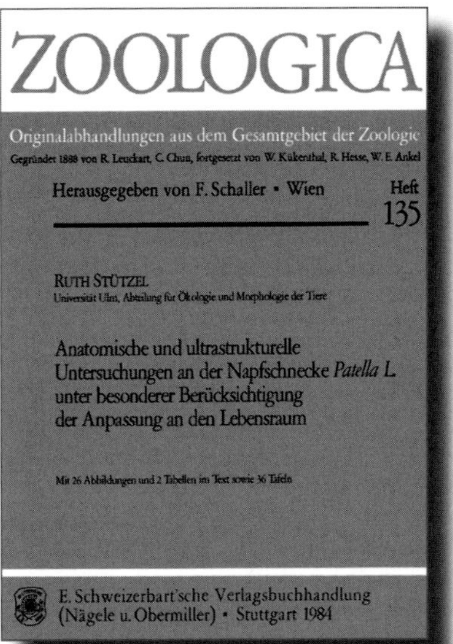

Ruth Stützel

Anatomische und ultrastrukturelle Untersuchungen an der Napfschnecke *Patella* L. unter besonderer Berücksichtigung der Anpassung an den Lebensraum

Zoologica, Heft 135
1984. VI, 54 Seiten, 26 Abbildungen, 2 Tabellen, 36 Tafeln, brosch.
ISBN 978-3-510-55021-0 89,– €

Schweizerbart Science Publishers
Tel. 0711/351456-0 Fax 0711/351456-99 www.schweizerbart.de